安全生产标准汇编

（第七辑）

国家安全生产监督管理总局政策法规司　编

煤炭工业出版社

·北京·

图书在版编目（CIP）数据

安全生产标准汇编．第 7 辑／国家安全生产监督管理
总局政策法规司编 ．－－北京：煤炭工业出版社，2016
（2017.7 重印）

ISBN 978 - 7 - 5020 - 5219 - 5

Ⅰ．①安…　Ⅱ．①国…　Ⅲ．①安全生产—标准—汇编—
中国　Ⅳ．①X93 - 65

中国版本图书馆 CIP 数据核字（2016）第 044583 号

安全生产标准汇编　第七辑

编　　者　国家安全生产监督管理总局政策法规司
责任编辑　廖永平　曹　靓
编　　辑　康　维
责任校对　邢蕾严
封面设计　安德馨

出版发行　煤炭工业出版社（北京市朝阳区芍药居 35 号　100029）
电　　话　010 - 84657898（总编室）
　　　　　010 - 64018321（发行部）　010 - 84657880（读者服务部）
电子信箱　cciph612@126.com
网　　址　www.cciph.com.cn
印　　刷　北京建宏印刷有限公司
经　　销　全国新华书店

开　　本　880mm×1230mm$^1/_{16}$　印张　37　字数　1125 千字
版　　次　2016 年 9 月第 1 版　2017 年 7 月第 2 次印刷
社内编号　8070　　　　　　　　　定价　160.00 元

编委会名单

主　编　支同祥

副主编　高世民

编　委　沈　平　周煦人

前　言

习近平总书记在中共中央政治局第二十三次集体学习时强调，公共安全连着千家万户，确保公共安全事关人民群众生命财产安全，事关改革发展稳定大局。要牢固树立安全发展理念，自觉把维护公共安全放在维护最广大人民根本利益中来认识，扎实做好公共安全工作，努力为人民安居乐业、社会安定有序、国家长治久安编织全方位、立体化的公共安全网。国务院印发深化标准化工作改革方案，建立政府主导制定的标准与市场自主制定的标准协同发展、协调配套的新型标准体系，健全统一协调、运行高效、政府与市场共治的标准化管理体制，形成政府引导、市场驱动、社会参与、协同推进的标准化工作格局，有效支撑统一市场体系建设，让标准成为对质量的"硬约束"，推动中国经济迈向中高端水平。

安全生产标准作为保障生产经营单位安全生产的重要技术规范，是加强安全生产监管监察的手段之一，是规范安全中介服务的基础，也是防止和减少生产安全事故、促进安全生产稳定好转的重要保证。为此，我们将国家安全生产监督管理总局近年发布实施的安全生产行业标准进行梳理汇编出版，以方便读者使用。

本汇编在出版过程中难免出现疏漏，在此恳请广大读者予以批评指正。

编　者

二○一五年九月

目　　次

第四部分　应急救援

煤　矿

ICS 13.100
D 09
备案号：20416—2007

中华人民共和国安全生产行业标准

AQ 1045—2007
代替 MT 78—1984

煤尘爆炸性鉴定规范

Criterion of explosive identification of coal dust

2007-03-30 发布　　　　　　　　　　　　2007-07-01 实施

国家安全生产监督管理总局　　　发 布

前　言

本标准是对煤炭行业标准 MT 78—1984 进行修订的标准。

本标准代替 MT 78—1984《煤尘爆炸性鉴定方法》。

本标准与 MT 78—1984 相比主要变化如下:

a)　按照 GB/T 1.1—2000(标准化工作导则　第一部分:标准的结构和编写规则)的要求,对 MT 78—1984 的部分内容编写格式进行了规范;

b)　增加了"规范性引用文件"(本标准 2);

c)　增加了"定义"(本标准 3);

d)　增加了"鉴定机构及人员、鉴定范围"(本标准 4);

e)　对煤尘爆炸性鉴定装置进行了设备更新(原标准 1、本标准 5);

f)　增加了试验环境的要求(本标准 5.4);

g)　将"煤尘爆炸性鉴定用煤样的采取方法"(原标准附录 A)作为标准正式条文(本标准 6);

h)　将"岩石的采取方法"(原标准附录 E)作为标准正式条文(本标准 8);

i)　修订了试验步骤(原标准 3、本标准 9)。

本标准由国家安全生产监督管理总局提出。

本标准由全国安全生产标准化技术委员会煤矿安全分技术委员会归口。

本标准起草单位:煤炭科学研究总院重庆分院。

本标准主要起草人:张延松、张引合、黄维刚、刘新强。

原标准于 1984 年 9 月首次发布。

本标准是第一次修订,修订后由 MT 标准转为 AQ 标准。

煤尘爆炸性鉴定规范

1 范围

本标准规定了煤尘爆炸性鉴定的鉴定机构、人员、鉴定范围、仪器设备、煤样的采取与缩制、鉴定试样及工业分析试样的制备、岩石的采取与岩粉的制备、煤尘爆炸性鉴定的试验步骤及试验结果的评定以及鉴定报告。

本标准适用于利用大管状煤尘爆炸性鉴定装置对开采煤层和地质勘探煤层有无煤尘爆炸性的鉴定。

2 规范性引用文件

下列文件中的条款通过本标准的引用而成为本标准的条款。凡是注日期的引用文件,其随后所有的修改(不包括勘误的内容)或修订版均不适用于木标准,然而,鼓励根据本标准达成协议的各方研究是否可使用这些文件的最新版本。凡是不注日期的引用文件,其最新版本适用于本标准。

GB/T 212 煤的工业分析方法

GB/T 474 煤样的制备方法

《煤矿安全规程》

3 定义

下列定义和术语适用于本标准。

3.1

鉴定试样 sample used for identification

煤炭经机械破碎研磨而成的、粒度小于 0.075 mm 的煤样。

3.2

火焰长度 ignition length

煤尘云燃烧着火以加热器为中心传播的火焰长度。

4 鉴定机构、人员、鉴定范围

4.1 鉴定机构及人员

煤尘爆炸性鉴定工作由国家授权的煤尘爆炸性鉴定机构进行。

煤尘爆炸性试验人员应进行岗前培训。

4.2 鉴定范围

新矿井的地质精查报告中,必须有所有煤层的煤尘爆炸性鉴定资料。生产矿井每延深一个新水平,应进行一次煤尘爆炸性鉴定工作。

5 仪器设备

5.1 煤尘爆炸性鉴定装置

煤尘爆炸性鉴定装置示意图如图1所示,煤尘爆炸性鉴定装置电气原理图如图2所示。

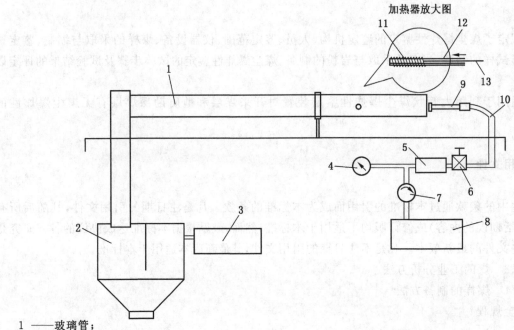

1——玻璃管;

2——除尘箱;

3——吸尘器;

4——压力表;

5——气室;

6——电磁阀;

7——调节阀;

8——微型空气压缩机;

9——试样管;

10——弯管;

11——铂丝;

12——加热器瓷管;

13——热电偶。

图 1 煤尘爆炸性鉴定装置示意图

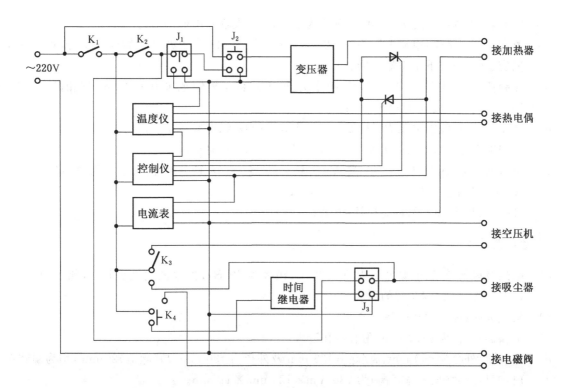

图 2　煤尘爆炸性鉴定装置电气原理图

5.2　煤尘爆炸性鉴定装置的组成

煤尘爆炸性鉴定装置由以下构件、仪器、设备组成：

a)　弯管：内径为 $\phi 7$ mm，由不锈金属管制成。

b)　试样管：长为 100 mm，内径为 $\phi 9$ mm，喷料口直径为 $\phi(4.5\sim5)$ mm，由不锈金属制成。

c)　玻璃管：内径为 $\phi(75\sim80)$ mm，壁厚为 3^{+1} mm，长为 1 400 mm，由九五硬质料玻璃制成；在一端距管口 400 mm 处开一个直径为 $\phi(12\sim14)$ mm 的小孔。

d)　除尘箱：外形尺寸(长×宽×高)为 500 mm×200 mm×475 mm；内设有挡板。

e)　吸尘器：电源电压为 AC220 V，频率为 50 Hz，功率为 1 000 W。

f)　热电偶：长度 150 mm，直径 $\phi 1.5$ mm，K 分度型。

g)　加热器：将铂丝沿瓷管的螺纹槽缠绕，铂丝之间的间隔距离为 1 mm，共缠绕 50～55 圈，缠绕段总长度比玻璃管的内径小 6 mm(每端的端点距管壁都为 3 mm)，用铂丝将缠绕起点和终点捆牢，并将导丝的一端固定在起点上，另一端引出玻璃管，热电偶的接点插在瓷管内，位于加热丝的中部。

加热器瓷管：外径为 $3.8^{\pm0.2}$ mm，内径为 $1.6^{+0.2}$ mm，长为 105 mm；在一端的 3 mm 处起，表面具有螺距为 1.3 mm、槽宽为 0.3 mm、槽深为 $0.12^{+0.02}$ mm 的三角形螺纹槽，全长为 75 mm；在 1 200 ℃下不发生弯曲变形；不与盐酸发生化学反应。

h)　铂丝：直径为 $\phi 0.3$ mm，长 1.1 m。

i)　微型空气压缩机：电源电压为 AC220 V，频率为 50 Hz；额定压力为 1 MPa；额定流量为 0.3 m³/min。

j)　电磁阀：电源电压为 AC220 V，频率为 50 Hz；额定压力为 0.6 MPa。

k)　气压表：表压 0.25 MPa；精度 2.5。

l)　气室：内径 $\phi 40$ mm，长 100 mm；额定承压压力 1 MPa。

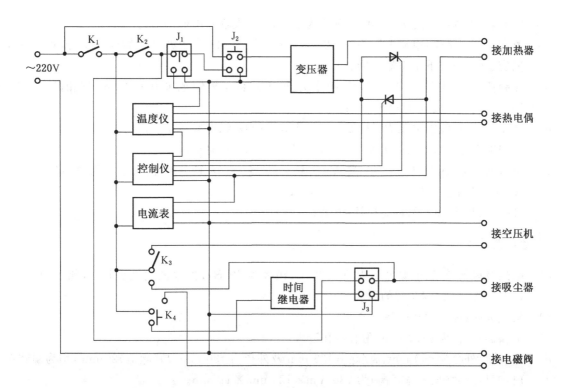

图中标注：K₁、K₂、J₁、J₂、变压器、接加热器、~220V、温度仪、接热电偶、控制仪、电流表、接空压机、K₃、时间继电器、接吸尘器、J₃、K₄、接电磁阀

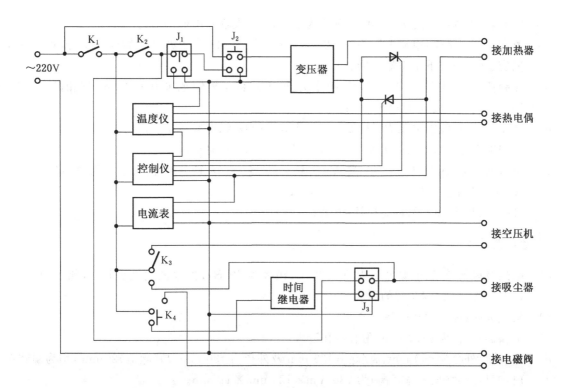

7

m) 电流表:电源电压为 AC220 V,频率为 50 Hz;最大输入电流 10 A。

n) 数字温度显示仪:电源电压为 AC220 V,频率为 50 Hz;0.3 级 PID 智能调节;双四位显示;模拟变送输出;上下限报警功能。

o) 控制仪:电源电压为 AC220 V,频率为 50 Hz;移相控制范围 0～100%;移相贮存范围 0～100%;测量精度 0.2%FS±1 字。

p) 交流接触器:线圈电压为 AC220 V,频率为 50 Hz;触点容量 10 A。

q) 时间继电器:电源电压为 AC220 V,频率为 50 Hz;延时范围 0～30 s。

r) 交流变压器:线圈电压为 AC220V,频率为 50 Hz;功率 150 W;输入电压为 AC220 V,频率为 50 Hz;输出电压为 AC40 V,频率为 50 Hz。

s) 可控硅:耐压 500 V;额定电流 30 A。

5.3 其他仪器设备

a) 电热鼓风干燥箱:电源电压为 AC220 V,频率为 50 Hz;恒温波动度±1 ℃,能控制 105 ℃～110 ℃及 45 ℃～50 ℃的温度。

b) 架盘天平:称量 100 g,感量 0.1 g。

c) 干燥器:内径为 ϕ300 mm,附有带孔瓷板。

d) 称量瓶:外径为 ϕ50 mm、高(除盖)30 mm 及外径为 ϕ30 mm、高(除盖)20 mm,均为扁圆形。

e) 白铁盘:尺寸(长×宽×高)为 180 mm×120 mm×12 mm。

5.4 煤尘爆炸性鉴定装置的试验条件

煤尘爆炸性鉴定装置必须安装在通风良好并且安装有排风装置的实验室内。

6 煤样的采取与缩制

6.1 采样总则

6.1.1 以每一水平的每一煤层为单位,在新暴露的采掘工作面上采取煤样,由矿井的煤质和地质部门共同确定能代表该煤层煤质特性的地段为采样地点。

6.1.2 在煤田地质勘探钻孔的煤芯中采取每个煤层的煤样。

6.1.3 采取的煤样中不包括矸石,在采样时混入煤样中的矸石也应除去。

6.1.4 由受过专门训练的人员进行采样。

6.1.5 装样容器上必须系上不易损坏和污染的煤样采样标签。煤样采样标签内容见附录 A。

6.2 采样方法

6.2.1 煤层煤样

a) 首先平整煤层表面和扫净底板浮煤,然后沿着与煤层层理垂直的方向,由顶板到底板划两条直线,当煤层厚度在 1 m 以上时,直线之间的距离为 100 mm;当煤层厚度在 1 m 以下时为 150 mm,在两条直线间采取煤样,刻槽深度为 50 mm。

b) 在底板上铺一块塑料布或其他防水布,收集采下的煤样,除去矸石后全部装入口袋内,运输中不得漏失。

c) 倾斜分层法开采厚煤层时,可在每个分层的回采工作面上按照刻槽法采取。

d) 水平分层法开采厚煤层时,沿煤层全厚,由上帮到下帮,在一条水平线上,按照刻槽法采取。

6.2.2 煤芯煤样

a) 煤层厚度小于 2 m 时,以全煤层煤芯作为一个煤样,煤层厚度大于 2 m 时,以 1 m 左右划为一个人工分层,作为一个煤样。如果煤层很厚,当煤层上下部煤质有显著不同时,可将分层厚度减小。

b) 如果煤芯是一个整齐的煤柱,用水洗净后,可用劈岩机等方法沿纵轴方向劈开,取四分之一部分,剔除矸石。如果煤芯中不含矸石,也可在送煤质化验的二分之一煤柱中分取一半;也可在破碎好的煤样中直接缩取煤样。

c) 如果取出的煤芯不整齐,碎块较多或全为碎块时,应先用水洗净煤样,除去泥浆、钢砂及杂质等,干燥后分取四分之一部分。

6.3 煤样的缩制

按照 GB/T 474 对煤样进行缩制。

对煤层煤样,在粒度小于 3 mm 的条件下缩取 0.8 kg。

对煤芯煤样,在粒度小于 6 mm 的条件下缩取 0.8 kg;当重量不能满足要求时,可缩取 0.6 kg。

6.4 煤样的包装

6.4.1 装袋

将缩制好的煤样分成两份,每份 0.4 kg(煤芯煤样不足时可取 0.3 kg),分别装在完好的厚塑料袋内,每个煤样袋内放入一份塑料薄膜包裹好的标签。将袋口封好,然后倒过头来,再套上一个塑料袋,再放入一份标签,封好袋口,标签的格式与附录 A 相同。

6.4.2 装箱

将一式两份中的一个煤样袋装入木箱。木箱盖上要写有"鉴定煤样"字样。另一个煤样袋由供样单位保存,直至对鉴定结果无疑问时为止;如有疑问,可将此样寄出送检。

6.5 煤样的验收

承担鉴定工作的单位收到煤样后,按附录 B 的格式对煤样袋中的标签内容进行登记。

7 鉴定试样及工业分析试样的制备

7.1 设备及工具

鉴定试样及工业分析试样的制备由以下设备及工具组成:

a) 颚式破碎机:进料口尺寸(长×宽)为 100 mm×100 mm,最大进料粒度为 45 mm,出料粒度为 1 mm~6 mm 可调,功率为 1.7 kW。

b) 密封式制样粉碎机:装料重量 100 g,装料粒度≤13 mm,出料粒度<0.2 mm。

c) 自动振筛机:应符合直径 ϕ200 mm 标准筛振筛的要求,在回转的同时进行振动。

d) 标准筛(分样筛):筛子直径 ϕ200 mm,筛孔边长为 0.075 mm、0.2 mm 及 1 mm,并带筛底、筛盖。

e) 分样器:小型二分器。

f) 白铁盘:铁盘尺寸(长×宽×高)为 260 mm×140 mm×30 mm,由镀锌白铁皮制成。

g) 白铁铲:由镀锌白铁皮制成。

h) 毛刷:猪鬃毛刷。

i) 广口无色玻璃塞试剂瓶:容量为 250 mL 及 125 mL。

7.2 破碎机械及用具的清扫

颚式破碎机、密封式制样粉碎机等,每更换一个煤样必须清扫干净。

7.3 鉴定试样与工业分析试样的缩分

先用颚式破碎机将煤样破碎到 1 mm 以下,然后用三分器将煤样缩分成三份,装在三个瓶中,第一份重量约为 80 g,装入 125 mL 广口玻璃瓶中,用以制备鉴定试样;第二份重量约为 50 g,装入 125 mL 广口玻璃瓶中,用以制备工业分析试样;第三份重量约为 150 g,装入 250 mL 广口玻璃塞瓶中,作为存查煤样。装有三份试样的瓶上要贴上标签,试样标签格式见附录 C。

7.4 粉碎前煤样的干燥

缩分后的煤样,如果潮湿而难以粉碎时,应将煤样放入白铁盘中(煤样厚度不超过 10 mm),置于空气中晾干;或放在 45 ℃～50 ℃电热鼓风干燥箱内干燥,除去外在水分(以过筛时不糊筛网为准)。

7.5 鉴定试样的粉碎

用密封式制样粉碎机对 7.3 中第一份煤样进行粉碎,并用振筛机和筛孔为 0.075 mm 的标准筛过筛,使其全部通过筛子,装入原瓶中,作为鉴定试样。

7.6 鉴定试样的干燥

将鉴定试样放在白铁盘中(煤样厚度不大于 10 mm),置于电热鼓风干燥箱内,在 105 ℃～110 ℃下干燥 2 h,取出稍冷后放进装有硅胶的干燥器内,完全冷却后装入原瓶中备用。

7.7 存查煤样的保存时间

存查煤样的保存时间,从发出鉴定报告之日算起,有爆炸性的煤样,保存 3 个月,无爆炸性的煤样,保存 1 年。保存 1 年的煤样,除瓶上必须贴有标签外,瓶内还应放入一个用塑料薄膜包好的标签。

7.8 工业分析试样的粉碎及分析

用密封式制样粉碎机对 7.3 中第二份煤样进行粉碎,并用振筛机和筛孔为 0.2 mm 的标准筛过筛,使其全部通过筛子,装入原瓶中,作为工业分析试样,按 GB/T 212 进行工业分析,分析结束后,按附录 E 填写工业分析报告。

8 岩石的采取与岩粉的制备

8.1 岩粉原料的质量

采用石灰岩作为岩粉的原料,其化学成分应符合以下要求:不含砷,五氧化二磷不超过 0.01%,游离二氧化硅不超过 10%,可燃物不超过 5%,氧化钙不少于 45%。

8.2 岩石的采取

8.2.1 岩石采取总则

a) 采取的岩石要尽可能接近矿床的岩石性质。

b) 应在新暴露的岩层面上或采落不久的岩石堆上采取。

c) 不得采取含有其他夹石的岩石。

d) 采取的岩石必须附有采取说明书,岩石采取说明书格式见附录D。

8.2.2 岩石的采取方法

a) 在露天采石场或巷道的岩层上,选择适当地点,用刻槽法采取。刻槽的规格为宽度:深度＝2:1,具体尺寸应根据采取量来定。如果用刻槽法采取有困难时,可用挖块法采取,在岩层上布置若干采石点,每点刨下 50 mm～100 mm,每点采取的石块要尽量一样大。

b) 在岩石堆采取岩石时,可用布点拣块法采取,将岩石堆表面分成若干格子,在每个格子内的表面层下 100 mm～200 mm 处拣石块,石块尽量一样大。

8.3 岩粉的制备

8.3.1 岩石的粉碎

首先用颚式破碎机将岩石破碎到 6 mm 左右,掺匀后,缩分到所需的数量。然后再用密封式制样粉碎机粉碎,并用振筛机和筛孔为 0.075 mm 的筛子过筛,使其全部通过筛子,将过筛后的岩粉混合均匀,装在瓶中备用。

8.3.2 岩粉的干燥

将岩粉放在白铁盘中(岩粉厚度不大于 10 mm),再置于电热鼓风干燥箱内,在 105 ℃～110 ℃下干燥 2 h,取出稍冷后放进装有硅胶的干燥器内,完全冷却后装入原瓶中备用。

9 煤尘爆炸性鉴定的试验步骤

9.1 打开装置电源开关,检查仪器工作是否正常工作。

9.2 打开装置加热器升温开关,使加热器温度逐渐升温至(1 100±1)℃。

9.3 用 0.1 g 感量的架盘天平称取(1±0.1)g 鉴定试样,装入试样管内,将试样聚集在试样管的尾端,插入弯管。

9.4 打开空气压缩机开关,将气室气压调节到 0.05 MPa。

9.5 按下启动按钮,将试样喷进玻璃管内,造成煤尘云。

9.6 观察并记录火焰长度。

9.7 同一个试样做 5 次相同的试验,如果 5 次试验均未产生火焰,还要再作 5 次相同的试验。

9.8 做完 5 次(或 10 次)试样试验后,要用长杆毛刷把沉积在玻璃管内的煤尘清扫干净。

9.9 对于产生火焰的试样,还要做添加岩粉试验:按估计的岩粉百分比用量配置总重为 5 g 的岩粉和试样的混合粉尘,放在一个直径为 φ50 mm 的称量瓶内,加盖后用力摇动,混合均匀。然后称取 5 份各为 1 g 的混合粉尘,分别放在直径为 30 mm 的称量瓶内,逐个按上述试验步骤进行试验。在 5 次试验中,如有一次出现火焰(小火舌),则应重新配置混合粉尘,即在原岩粉百分比用量的基础上再增加百分之五,继续试验,直至混合粉尘不再出现火焰为止;如果第一次配置的混合粉尘在 5 次试验中均未产生火焰,则应配置降低岩粉用量百分之五的混合粉尘,继续试验,直至产生火焰为止。

9.10 对鉴定试样和添加岩粉的混合粉尘进行试验时,必须随时将试验结果记录在煤尘爆炸性鉴定原始记录表上,原始记录格式及内容见附录F。

9.11 每试验完一个鉴定试样,要清扫一次玻璃管,并用毛刷顺着铂丝缠绕方向轻轻刷掉加热器表面上的浮尘,同时开动实验室的排风换气装置,进行通风,置换实验室内的空气。

10 鉴定试验结果的评定及鉴定报告

10.1 鉴定试验结果的评定

10.1.1 在 5 次鉴定试样试验中,只要有 1 次出现火焰,则该鉴定试样为"有煤尘爆炸性"。

10.1.2 在 10 次鉴定试样试验中均未出现火焰,则该鉴定试样为"无煤尘爆炸性"。

10.1.3 凡是在加热器周围出现单边长度大于 3 mm 的火焰(一小片火舌)均属于火焰;而仅出现火星,则不属于火焰。

10.1.4 以加热器为起点向管口方向所观测到的火焰长度作为本次试验的火焰长度;如果这一方向未出现火焰,而仅在相反方向出现火焰时,应以此方向确定为本次试验的火焰长度;选取 5 次试验中火焰最长的 1 次的火焰长度作为该鉴定试样的火焰长度。

10.1.5 在添加岩粉试验中,混合粉尘刚刚不出现火焰时,该混合粉尘中的岩粉用量百分比即为抑制煤尘爆炸所需的最低岩粉用量。

10.2 鉴定报告

a) 对鉴定试样进行煤尘爆炸性试验后,必须填写"实验室煤尘爆炸性鉴定报告表",鉴定报告表的格式及内容见附录 G。

b) 鉴定报告必须由鉴定人、审核人、负责人及鉴定单位签字盖章才能有效。

c) 鉴定报告表一式两份,一份由鉴定单位保存,另一份提供给供样单位。煤矿企业应根据鉴定结果采取相应的安全措施。

附 录 A

（资料性附录）

煤样采样标签内容

供样单位：（单位公章）

煤样编号：

煤层名称：

采样地点：

采样日期：

采样人姓名：（签字）

技术负责人姓名：（签字）　　　　　　　电话：

通信地址：

邮政编码：

联系人姓名：（签字）　　　　　　　电话：

附　录　B

（规范性附录）

登记簿的格式

鉴定试样编号	供样单位	通信地址	煤样编号	煤层名称	采样地点	煤样粒度	有无矸石	采样日期	采样人姓名	收样日期	收样人姓名

附　录　C
（规范性附录）
试样的标签格式

鉴定试样编号：
供样单位：
试样编号：
煤层名称：
采样地点：
制样日期：
试样粒度：
试验项目（爆炸性鉴定或工业分析）：

附 录 D

（资料性附录）

岩石采取说明书

岩石编号：

岩石名称：

采取地点：

采取方法：

采取日期：

采取人姓名：

附　录　E

（资料性附录）

工业分析报告表格式

鉴定试样编号	工业分析				备　注
	水分 M_{ad}	灰分 A_{ad}	挥发分		
			V_{ad}	V_{daf}	

负责人：　　　　　　　　　　　　审核人：　　　　　　　　　　　　分析人：

附　录　F

（规范性附录）

煤尘爆炸性鉴定原始记录格式

鉴定试样编号	鉴定日期			鉴定人员	
	年　　月　　日				
试验次数	1	2	3	4	5
火焰长度 mm					
试验次数	6	7	8	9	10
火焰长度 mm					
混合粉尘岩粉用量 %					

附　录　G

（规范性附录）

实验室煤尘爆炸性鉴定报告表

供样单位			鉴定日期　　年　月　日				报出日期　　年　月　日		
鉴定试样编号	煤样编号	采样地点及煤层名称	工业分析				火焰长度 mm	抑制煤尘爆炸最低岩粉量 %	鉴定结论
			水分 M_{ad} %	灰分 A_{ad} %	挥发分 %				
					V_{ad}	V_{daf}			

鉴定单位(盖章):　　　　　负责人:　　　　　审核人:　　　　　鉴定人:

ICS 13.100
D 09
备案号：20417—2007

中华人民共和国安全生产行业标准

AQ 1046—2007
代替 MT/T 77—1994

地勘时期煤层瓦斯含量测定方法

Coalbed gas content measurement methods in geologiccal exploration period

2007-03-30 发布   2007-07-01 实施

国家安全生产监督管理总局   发 布

前　言

本标准由国家安全生产监督管理总局提出。

本标准由全国安全生产标准化技术委员会煤矿安全分技术委员会归口。

本标准替代 MT/T 77—1994,本标准为强制性标准执行。

本标准起草单位:煤炭科学研究总院抚顺分院。

本标准主要起草人:陈大力、姜文忠、孙晓军、张劲松、王辉跃、石永生。

地勘时期煤层瓦斯含量测定方法

1 范围

本标准适用于在煤层地质勘探钻孔中采取煤芯测定煤层瓦斯含量及瓦斯成分。

本标准不适用于严重漏水钻孔、喷瓦斯钻孔、井下倾斜钻孔中测定煤层瓦斯含量,也不适用于测定岩石瓦斯含量。

2 规范性引用文件

下列文件中的条款通过本标准的引用而成为本标准的条款。凡是注日期的引用文件,其随后所有的修改单(不包括勘误的内容)或修订版均不适用于本标准,然而,鼓励根据本标准达成协议的各方研究是否可使用这些文件的最新版本。凡是不注日期的引用文件,其最新版本适用于本标准。

GB/T 212—2001 煤的工业分析方法(eqv ISO 11722:1999)

GB/T 474—1996 煤样的制备方法(eqv ISO 1988:1975)

GB/T 3715—1996 煤质及煤分析有关术语(eqv ISO 1213-2:1995)

GB/T 13610—1992 天然气的组成分析 气相色谱法

GB/T 15663.8—1995 煤矿科技术语 煤矿安全

3 术语及定义

GB/T 15663.8—1995、GB/T 3715—1996 定义的术语适用于本标准。再定义以下术语。

3.1

煤层瓦斯含量 coalbed gas content

在自然条件下,单位质量或单位体积煤体中所含有的甲烷及重烃气体量。

3.2

残存瓦斯含量 residual gas content in coal seam

在 1 个大气压(1.013×10^5 Pa)条件下,解吸后残留在煤体中的瓦斯含量。

4 地勘时期煤层瓦斯含量测定方法

4.1 采样

4.1.1 仪器设备

煤样罐:罐内径大于 60 mm,容积足够装煤样 400 g(图1),在 1.5 MPa 压力下保持气密性,易装卸;

瓦斯解吸速度测定仪(简称解吸仪,见图2):量管体积 800 cm³,最小刻度 4 cm³;

温度计:0～50 ℃,分度 1 ℃;

空盒气压计:80～106 kPa,分度值 0.1 kPa;

胸骨穿刺针头:型号 16。

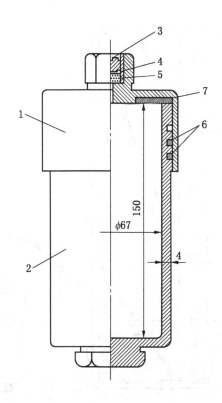

1 ——罐盖;

2 ——罐体;

3 ——压紧螺丝;

4 ——垫圈;

5、7 ——胶垫;

6 ——"O"型密封圈。

图 1 煤样罐结构图

4.1.2 采样前的准备

a) 密封罐在使用前用清水洗净烘干(取下胶垫及密封圈)或风干。检查胶垫及密封圈是否可用,
必要时给予更换。检查密封罐的气密性,加压至 0.3～0.4 MPa 不得有漏气现象。禁止在丝
扣及胶垫上涂润滑油。

b) 解吸仪在使用之前,用吸气球提升量管内水面至零点,关闭螺旋夹(图2),放置 10 min 量管内
水面不动为合格。

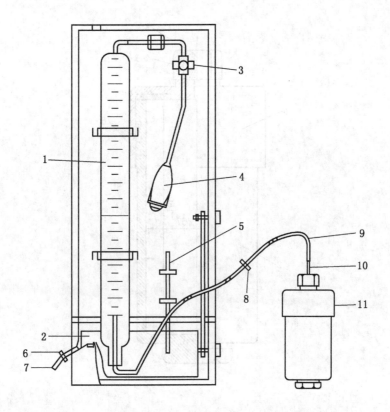

1 ——量管;

2 ——水槽;

3 ——螺旋夹;

4 ——吸气球;

5 ——温度计;

6、8——弹簧夹;

7 ——排水管;

9 ——排气管;

10 ——穿刺针头;

11 ——密封罐。

图 2   瓦斯解吸速度测定仪与密封罐示意图

4.1.3   采取煤样

使用普通煤芯管钻取煤芯,一次取煤芯长度不小于 0.4 m。钻煤完后在提升钻具过程中,向钻孔反灌冲洗液,保持冲洗液经常充满钻孔(如因钻孔严重漏水达不到此项要求,需要在采样记录中注明),提升过程中应当尽量连续进行,如果因为机械故障中途停机,在孔深＜200 m 以内,停顿时间不得超过 5 min;孔深＞200 m,停顿时间不得超过 10 min;孔深＞500 m,停顿时间不得超过 20 min;孔深＞1 000 m,停顿时间不得超过 30 min。

采样时间应按附录 A 表 A-1 格式详细填写有关项目。其中几项操作时间的计时(精确到 min)规定如下:

T_1——起钻时间,min;

T_2——钻具提至井口时间(按提完最后一根钻具计算),min;

T_3——开始解吸测定时间(按解吸仪排气管与穿刺针头连接后打开弹簧夹的时间计算),min。

煤芯提出钻口后,应当尽快拆开煤芯管,把采取的煤样装进密封罐。煤芯在空气中暴露的时间不得超过 8 min。

取出煤芯后,对于柱状煤芯,采取中间含矸石少的完整的部分;对于粉状及块状煤芯,要剔除矸石、泥石及研磨烧焦部分。不得用水清洗煤样,保持自然状态装入密封罐中,不可压实,罐口保留约 10 mm 空隙。

先将穿刺针头插入罐盖上部的密封胶垫,用扳手拧上罐盖,同时并记录此时间为 T_3。再将解吸仪排气管与穿刺针头连接,立即打开弹簧夹 8(图 2),并记录此时间为 T_3。

4.2 瓦斯解吸速度的测定

4.2.1 解吸过程中操作顺序如下,首先用吸气球排气、吸气,将吸气球和吸气导管内的空气排出,将水槽内的水吸入集气瓶到零位线(图 3),然后再进行排水取气。

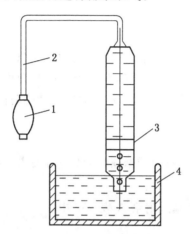

1——吸气球；
2——取气导管；
3——集气瓶；
4——水槽。

图 3 解吸取样装置

4.2.2 瓦斯解吸速度测定装置如图 2 所示。密封罐通过排气管 9 与解吸仪连接后,打开弹簧夹 8,随即有从煤样泄出的瓦斯进入量管,打开水槽的排水管 7,用排水集气法将瓦斯收集在量管内。

4.2.3 每间隔一定时间记录量管读数及测定时间,连续观测 120 min 为止。读数间隔时间规定如下:开始观测前 60 min 内,第一点间隔 2 min,以后每隔 3～5 min 读数一次;第二个小时内每间隔 10～20 min 内读数一次。

4.2.4 如果量管体积不足以容纳 120 min 内从煤样泄出的全部瓦斯,可以中途用弹簧夹 8 夹紧排气管,重新将液面提升至量管零点,同时向水槽内补足清水。然后,打开弹簧夹继续观测。

4.2.5 上述观测应选择在气温比较稳定的地方进行。密封罐要保温防冻。

4.2.6 如果在解吸仪观测中没有瓦斯涌出,应当检查穿刺针头、排气管及密封罐上部排气孔是否堵塞。如果没有堵塞,则是瓦斯含量过小所致。此时,即可终止观测,送实验室测定。

4.2.7 上述观测结束后,抽出穿刺针头,将压紧螺丝稍加拧紧(用力适度,不可过紧,以免胶垫失去弹性)。将观测结果填写到附录 A 表 A-2 中,记录气温、水温及大气压力。

4.3 损失瓦斯量的计算

4.3.1 解吸气体积校正

将瓦斯解吸观测中得出的每次量管读数按公式(1)换算为标准条件下体积:

$$V_0 = \frac{273.2}{101.3 \times (273.2 + t_1)} \times \left(P_1 - \frac{h}{13.6} - P_2\right) \times V'$$

$$\cdots\cdots\cdots\cdots\cdots\cdots\cdots\cdots(1)$$

式中：

V_0——换算为标准条件下的气体体积，cm^3；

V'——量管内气体体积，cm^3；

P_1——大气压力，kPa；

t_1——量管内的水温，℃；

h——量管内水柱高度，mm；

P_2——t_1 时水的饱和蒸汽压（见附录 B），kPa。

将每次量管读数逐个换算填入附录 A 表 A-2 中，求出各观测时间的累计解吸瓦斯量。

4.3.2 煤样解吸瓦斯时间的计算

煤样装罐前的暴露时间（t_0）是孔内暴露时间（t_1）与地表空气中暴露时间（t_2）之和，即为损失量时间。在钻井介质为清水和泥浆时，取芯管提至钻孔一半时的时间作为零时间；钻井介质为泡沫或空气时，钻遇煤层时间为零时间。计算损失量时间为从零时间到装罐时间。

即

$$t_0 = t_1 + t_2 \quad\quad\quad\quad\quad\quad\quad\quad\quad\quad\cdots\cdots\cdots\cdots\cdots\cdots\cdots(2)$$

煤样总的解吸瓦斯时间（T_0）是装罐前的暴露时间（t_0）与装罐后解吸观测时间（t）之和，即 $T_0 = t_0 + t$，解吸观测时间从 T_3 算起。

求出每个观测点的 $\sqrt{t_0 + t}$，逐个填入附录 A 表 A-2 中。

4.3.3 瓦斯损失量的计算

4.3.3.1 图解法

以 V_0 为纵坐标，以 $T = \sqrt{t_0 + t}$ 为横坐标，将全部测点标绘在坐标纸上。将开始解吸一段时间内呈直线关系的各点连线，并延长与纵坐标轴相交；直线在纵轴上的截距即为所求的瓦斯损失量（参见图4）。

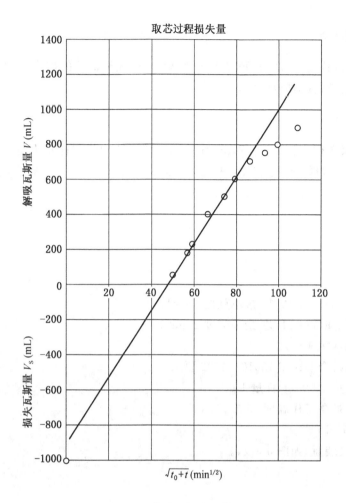

图 4　瓦斯损失量计算图

4.3.3.2　解析法

因为煤样开始暴露一段时间内 V。与 T 呈直线关系，即

$$V_0 = a + bT \quad\quad\quad \cdots\cdots\cdots\cdots\cdots\cdots\cdots\cdots\cdots\cdots（3）$$

式中 a、b 为待定常数，当 $T=0$ 时，$V_0=a$，a 值即为所求的瓦斯损失量。计算 a 值前首先按图解法相同方式作图，由图大致判定呈线性关系的各测点。根据各点的坐标值，按最小二乘法求出 a 值。当解吸观测点比较分散或者解吸瓦斯量比较大时，采用解析法计算。

5　记录及送样

5.1　煤样必须附带资料

a)　采样记录表附录 A 中 A.1；

b)　煤样瓦斯解吸速度测定记录表附录 A 中 A.2；

c)　瓦斯损失量计算图及计算结果；

d)　瓦斯煤样送验单附录 A 中 A.3。

上述资料一式两份，由送样单位审核无误后，一份寄给试验单位，另一份由送样单位留存。

5.2 采样记录中必须注明

采样地点地质情况(构造、火成岩、顶底板岩性等),对煤质做简单的描述(粒度、污染程度、物理性质等),对试验中发生的意外情况加以注明。

5.3 煤样罐标记煤样保存

用钢印打上编号及单位标记,由送样单位统一编号装入特制的试样箱内运送,箱内充以保温材料,在常温(20 ℃)下保存。试样及试验有关资料必须在采样后 2 d~3 d 内发送给试验单位。

6 煤样脱气与气体分析

6.1 仪器设备和材料

a) 脱气仪:

大量管(体积 900 cm³)2 支,最小刻度 4 cm³;

小量管(体积 300 cm³)1 支,最小刻度 2 cm³。

b) 球磨机(附球磨罐 4 个)。

c) 气相色谱仪:符合 GB/T 13610—1992 要求。

d) 托盘天秤:称量 1 000 g,杆量 1 g。

e) 超级恒温器,最高工作温度 95 ℃。

f) 胸骨穿刺针头:16 号。

g) 整套真空脱气装置,如图 5 所示。

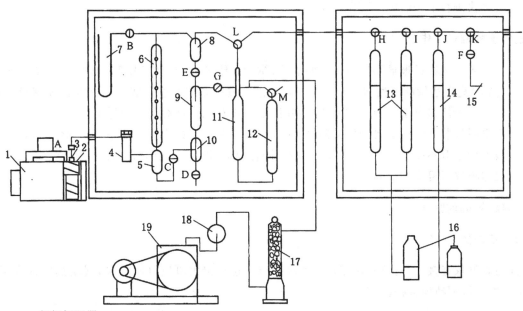

1 —— 超级恒温器;

2 —— 密封罐;

3 —— 穿刺针头;

4 —— 滤尘管;

5 —— 集水瓶;

6 —— 冷却管;

7 —— 水银真空计;

8 —— 隔水瓶;

9 —— 吸水管;

10 —— 排水瓶;

11 —— 吸气瓶;

12 —— 真空瓶;

13 —— 大量管;

14 —— 小量管;

15 —— 取气支管;

16 —— 水准瓶;

17 —— 干燥管;

18 —— 分隔球;

19 —— 真空泵;

A —— 螺旋夹;

B~F —— 单向活塞;

G~K —— 三通活塞;

L、M —— 120°三通活塞。

图 5 真空脱气装置

6.2 煤样检查与登记

——煤样送到实验室后,首先进行试漏。将密封罐沉入清水中,仔细观察 5 min,检查有无气泡冒出。如果发现有气泡渗出,经过处理(将缸盖或压紧螺丝拧紧)后,可以继续进行试验的即作为参考试样,否则为废品。将检查结果在报告中注明。

——检查瓦斯煤样送验单与罐号是否相符,试验资料是否齐全。经检查无误后,统一登记编号。然后尽快进行下一步测定工作。

6.3 脱气前的准备工作

——真空脱气装置各玻璃部件组装前要清洗、烘干。组装后,在吸气瓶 11、真空瓶 12 及量管 13、14 (图 5)充以适量的酸性饱和食盐水做限定液。真空系统各连接部分用真空封胶密封。真空活塞洗净后涂以真空封脂。在擦洗活塞时,要防止有机溶剂对仪器的污染。

——真空脱气装置使用前要严格试漏,要求真空系统在仪器最大真空度下放置 240 min,真空计水银液面上升不超过 5 mm。各量管在水准瓶放低情况下无气体渗漏,液面不动。

——仪器检修后要重新试漏。

6.3.1 煤样粉碎前脱气

6.3.1.1 预抽真空

煤样与脱气仪连接前,对仪器左侧真空系统抽空。达到最大真空度时停泵,观察真空计水银液面,在 10 min 内保持不动为合格。

6.3.1.2 煤样罐与脱气仪连接

首先关闭脱气仪的真空计,通过穿刺针头及真空胶管将密封罐与脱气仪连接(如密封罐上部胶垫压得过紧,插不进针头,需要将压紧螺丝稍加松动)。

6.3.1.3 煤样脱气

煤样首先在 30 ℃常温下脱气,直至真空计水银液面开始下降为止。然后,再将煤样加热至 95 ℃~100 ℃恒温。每隔一段时间重新抽气,一直进行到每 30 min 内泻出瓦斯量小于 10 cm³,煤样中所含水分大部分蒸发出来为止。这一阶段脱气一般需 360 min 左右。个别瓦斯含量大的煤样脱气时间需要适当延长。

煤样脱气终了后,关闭真空计,取下密封罐,迅速地取出煤样立即装入球磨罐中密封(参见 6.3.2)。

脱气过程中如集水瓶 5 积水过多妨碍气流通过时,应及时将积水排出。排水时要防止将真空系统中瓦斯抽出。

6.3.1.4 气体体积的计量

读取量管读数时,应提高水准瓶,使量管内外液面齐平。同时并记录大气压力、气压表温度及室温,将观测结果填写到附录 A 表 A-4 中。

如果三支量管不足以容纳全部脱出的气体时,可以将气体混合均匀后,将两支大量管的气体排出,保留小量管内的气体,同时记录排出的气体体积及相应的参数。脱气完了后,将气样大致按前后脱除气体体积比例混合。然后,取混合气样进行分析。对前后两次脱出气体分别取样分析计算。

6.3.1.5 采取气样

采取气样前,首先抬高水准瓶置于仪器木框上,使量管内气体处于正压状态,打开活塞 K 排空气样。用量管内气体冲洗梳形管,排除管内残留的限定液。然后,用医用注射器(带针头三通)通过取气口吸气,清洗取气支管及针头。连续清洗三次,每次吸气不少于 20 cm。清洗完了后,采取气样备做分析。

用注射器取气样,随用随取,不得保存时间过长(不超过 10 min)。气样保存期间必须保持针头朝下倾斜状态,以免吸进空气。气样在贮气瓶中保存时间(由脱气终了算起)不超过 120 min。

取气样终了后,必须用限定液将贮气瓶及梳形管中残留气体排除干净。以免影响下一次试验结果。

6.3.1.6 气体分析

采用气相色谱仪按气相色谱法(GB/T 13610—1992 天然气的组成分析标准)进行气体分析。测定脱出气体中各种成分的体积百分比浓度。

6.3.2 煤样粉碎

a) 球磨罐使用前按本标准第 4.1.2 条进行气密性检查。

b) 煤样装罐时,如果块度较大,应事先将煤样在罐内捣碎至粒度 25 mm 以下,然后拧紧罐盖密封。

c) 煤样粉碎到粒度小于 0.25 mm 的重量超过 80% 为合格。

6.3.3 煤样粉碎后脱气和称重

煤样粉碎后脱气按本标准第 6.3.1 条进行,本阶段脱气要一直进行到真空计水银柱稳定为止。然后关闭真空计,取下球磨罐,待罐体冷却至常温后,打开罐体,称量煤样重量(称准到 1 g)按 GB 474—1996《煤样的制备方法》缩制成分析煤样,分析 M_{ad}、A_{ad}、V_{daf} 按 GB/T 212—2001 方法进行。剩余煤样保留 1 个月后处理。

7 测定结果计算与评价

7.1 煤层自然瓦斯成分的计算

煤层自然瓦斯成分是根据煤样粉碎前脱气得到的气体成分计算的。

设第一个阶段脱气得到的混合有空气的气体通过气相色谱分析得出各种气体组分的浓度分别为:$C(O_2)$、$C(N_2)$、$C(CH_4)$、$C(CO_2)$、$C(重烃)$……,%。按公式(4)计算各种气体组分无空气基的浓度。

$$A(N_2) = \frac{C(N_2) - 3.57C(O_2)}{100 - 4.57C(O_2)} \times 100 \quad\cdots\cdots\cdots\cdots\cdots\cdots (4)$$

$$A(CH_4) = \frac{C(CH_2)}{100 - 4.57C(O_2)} \times 100 \quad\cdots\cdots\cdots\cdots\cdots\cdots (5)$$

$$A(CO_2) = \frac{C(CO_2)}{100 - 4.57C(O_2)} \times 100 \quad\cdots\cdots\cdots\cdots\cdots\cdots (6)$$

$$A(重烃) = \frac{C(重烃)}{100 - 4.57C(O_2)} \times 100 \quad\cdots\cdots\cdots\cdots\cdots\cdots (7)$$

式中:

$A(N_2)$、$A(CH_4)$、$A(CO_2)$、$A(重烃)$——分别为扣除空气后各种气体组分的浓度,%,即作为煤层自然瓦斯成分。

7.2 煤层瓦斯含量的计算

煤样总瓦斯含量包括:采样过程中瓦斯损失量;煤样 120 min 内解吸瓦斯量;粉碎前脱气瓦斯量;粉碎后脱气瓦斯量。得出的总瓦斯量(换算到标准状态)除以煤样可燃质重量,得出每克可燃质中含有的瓦斯量,称为采样地点煤层瓦斯含量。

7.2.1 两次脱气抽出气体体积的换算

按公式(8)将两次脱气的气体体积换算到标准状态下的体积。

$$V_0' = \frac{273.2}{101.3 \times (273.2 + t_1)} \left(P_1 - \frac{t_2}{8} - P_2\right) \times V'$$

$$\cdots\cdots\cdots\cdots\cdots\cdots (8)$$

AQ 1046—2007

式中：

V_0'——换算到标准状态下的气体体积，cm^3；

t_1——实验室温度，℃；

P_1——大气压力，kPa；

t_2——气压计温度，℃；

P_2——在室温 t_2 下饱和食盐水的饱和蒸汽压，kPa（见附录C）；

V'——在实验室温度 t_1（℃）、饱和水蒸气压或饱和食盐水压 P_2（kPa）条件下贮气瓶内气体体积，cm^3。

7.2.2 试验各阶段各种气体体积的计算

已知野外解吸瓦斯及损失瓦斯的体积，先按公式（4）、公式（5）、公式（6）、公式（7）求出自然瓦斯成分，然后按公式（9）计算某种气体体积。

$$V_i' = \frac{V_0 \times A(x)}{100} \quad\quad\quad\quad (9)$$

式中：

V_i'——换算到标准状态下的混合瓦斯中某种气体体积，cm^3；

$A(x)$——按公式（4）、公式（5）、公式（6）、公式（7）计算的煤层瓦斯成分中某气体的浓度，%。

已知两次脱气的气体体积，并且已知气体分析浓度，按公式（10）计算某种气体体积。

$$V_i'' = \frac{V_0' \times C(x)}{100} \quad\quad\quad\quad (10)$$

式中：

V_i''——换算到标准状态下的混合瓦斯中某种气体体积，cm^3；

$C(x)$——分别为两次脱气气体的分析浓度，%。

7.2.3 煤的瓦斯含量计算

7.2.3.1 煤样可燃质重量计算：

$$G_r = G \times \frac{100 - M_{ad} - A_{ad}}{100} \quad\quad\quad\quad (11)$$

式中：

G——煤样重量，g；

M_{ad}、A_{ad}——分别为煤样水分、灰分含量，%。

7.2.3.2 煤的瓦斯含量计算：

根据公式（9）、公式（10）计算的试验各阶段（120 min 瓦斯解吸量、瓦斯损失量、粉碎后脱气）的某种气体体积，按公式（12）计算其含量。

$$X_i = \frac{V_i}{G_r} \quad\quad\quad\quad (12)$$

式中：

X_i——试验各阶段某种气体的含量，cm^3/g；

V_i——试验各阶段某种气体体积，cm^3。

按公式（12）计算的各阶段的瓦斯含量相加，即得总的瓦斯含量（X）。

$$X = X_1 + X_2 + X_3 + X_4 \quad\quad\quad\quad (13)$$

7.2.3.3 煤层深度大于 500 m 时的钻孔煤样：

$$X = K_x(X_1 + X_2 + X_3 + X_4) \quad\quad\quad\quad (14)$$

式中：

32

K_x ——经验校正系数,一般在 1.15~1.25 之间,取 1.2;

X_1、X_2、X_3、X_4——分别为试验各阶段(120 min 瓦斯解吸量、瓦斯损失量、粉碎前后脱气量)的含量,cm^3/g、m^3/t。

7.2.3.4 煤的可燃气体含量计算:

煤层中可燃气体除了甲烷之外还含重烃、氢等。先按公式(13)、公式(14)计算出每种可燃气体含量,然后将各种可燃气体含量相加,即得出总的可燃气体含量,$cm^3/g \cdot r$。

7.3 计算数值的处理

上述的计算数值按数字修约规则处理后,只保留如下规定的位数。

a) 气体体积计算结果保留一位小数。

b) 气体分析结果保留两位小数。

c) 煤样重量保留一位小数。

d) 煤的瓦斯含量计算保留两位小数。

当计算值小于两位小数时,在试验报告中只写明"微量"。

7.4 试验报告

7.4.1 实验室脱气测定结果填写在附录 A 中 A.4 及附录 A 中 A.5,并将脱气过程发生的各种情况(如密封罐漏气、脱气过程中有瓦斯损失、煤样混有夹矸、煤样粉碎不良等)详细填写在备注中。

7.4.2 由试验单位汇总野外测定结果提出最终试验报告(附录 A 中 A.6)。试验报告一式两份。一份寄给送样单位,一份留存。

7.4.3 试验过程中所形成的下列原始资料及试验报告由试验单位一并归档,作为长期资料保存。

a) 采样记录(附录 A.1);

b) 煤样瓦斯解吸速度测定记录(附录 A.2);

c) 瓦斯损失量计算图;

d) 瓦斯煤样送验单(附录 A.3);

e) 脱气记录(附录 A.4);

f) 气体分析试验报告(附录 A.6);

g) 煤质分析试验报告;

h) 煤层瓦斯含量试验报告(附录 A.7)。

7.5 测定结果的评价

依采样技术条件、测定误差、煤质等因素对测定结果的影响程度,由送样单位对测定结果作出评价,标准如下。

7.5.1 合格样品

a) 提钻过程中在孔深<200 m 以内停顿时间不超过 5 min;孔深>200 m 以外停顿时间不超过 10 min。孔深>500 m 以外停顿时间不超过 20 min。孔深>1 000 m 以外停顿时间不超过 30 min。

b) 钻取煤芯长度>0.4 m,采取煤样重量>250 g。

c) 煤样灰分(A_{ad})<40%。在煤层结构复杂、灰分高的矿区,依当地具体情况由勘探公司自定标准。

d) 解吸仪量管不漏气,气路(包括密封罐排气孔、针头、胶管等)无堵塞。

解吸测点分布比较规则,解吸开始阶段存在线性关系。但对无解吸量或解吸量<50 cm 的样

品无此项要求。

e) 煤样在地表空气中暴露时间（t_2）＜10 min，从煤样装罐完了到开始解吸的时间（T_4-T_3）＜2 min。脱气过程无瓦斯损失。

f) 记录完整齐全（符合本标准第 6.3.1 条的规定），记录中无错记、漏记现象。

7.5.2 参考试样

凡有一项不符合本标准第 7.5.1 条规定的样品，即为参考试样。

7.5.3 废品

密封罐严重漏气，无法进行脱气的样品，为废品。

附　录　A
（规范性附录）
瓦斯含量测定记录表格式

A.1　采样记录（表 A.1）

表 A.1　采样记录

煤样编号			采样日期			年　月　日
采样地点	煤田		区域	钻孔	煤层	
采样罐型式			采样罐号			
钻孔遇煤深度		（m）	采样深度			（m）
工作过程：						
钻孔遇煤时间	日　时　分		备注			
下钻时间	日　时　分		进尺：			（m）
钻进时间	日　时　分		煤芯长：			（m）
起钻时间	日　时　分					
钻具提到井口时间	日　时　分					
煤样装罐时间	日　时　分					
开始解吸测定时间	日　时　分					
煤样暴露时间						（min）
试验地点地质概况：						
煤质描述：						

送样时间：　　年　月　日　　　　工作人员：

A.2 煤样瓦斯解吸速度测定记录（表 A.2）

表 A.2 煤样瓦斯解吸速度测定记录

煤样编号			采样日期		年 月 日		
采样地点			煤田	区域	钻孔	煤层	
采样罐号		仪器号		煤样暴露时间 $t_0=$ (min)			

| | | | | | 测 定 结 果 | | | |

测定时间	观测时间 t, min	量管读数 v, cm^3	水柱高 h_w, mm	校正体积 cm^3		$T=\sqrt{t_0+t}$	备 注
				体积	累计		

| 大气压力 $P=$ (mmHg)；气温 $t_n=$ (℃)；水温 $t_w=$ (℃) | | | | | | | |
| 审核： 工作人员： | | | | | | | |

A.3 瓦斯煤样送验单(表 A.3)

表 A.3 瓦斯煤样送验单

试验编号:		煤样编号:	
采样地点: 煤田 区域 钻孔 煤层			
采样罐号:		装箱号:	
采样日期: 年 月 日			
送样日期: 年 月 日			
要求化验项目:			
瓦斯解吸测定结果:			
瓦斯损失量	图 解 法		cm³
	最小二乘法		cm³
	采 用 数 据		cm³
最大解吸量			cm³
备注:			
工作人员:			审核:
送样单位:			(盖章)

A.4 脱气记录表(表 A.4)

表 A.4 脱气记录表

试验编号:				
采样地点:	煤田 区域 钻孔 煤层			
采样工具:	采样深度:			(m)
测 定 结 果				
脱气阶段	粉 碎 前		粉 碎 后	
脱气时间	起	止	起	止
量管读数 cm³				
累计气体体积				
大气压力 Pa				
气压计温度 ℃				
室温 ℃				
校正后体积 cm³	$V_3 =$		$V_4 =$	
煤样粉碎时间:			起 月 日 时 计: 止	
煤样重量: g 煤质分析: $M_{ad} =$ %; $A_{ad} =$ %; $V_{daf} =$ % 可燃质重量: g				
备注:				
工作人员: 审核:				

提交报告时间: 年 月 日

A.5 煤层瓦斯含量测定结果汇总表(表 A.5)

表 A.5 煤层瓦斯含量测定结果汇总表

试验阶段	瓦斯解吸量				瓦斯损失量		粉碎前脱气瓦斯量			粉碎后脱气瓦斯量			总 计	
气体体积	$V_1=$				$V_2=$		$V_3=$			$V_4=$			$V_5=$	
组 分	自然组分	cm³	cm³/g	cm³	cm³/g	分析组分	cm³/g	cm³/g	分析组分	cm³	cm³/g	cm³	cm³/g
氧													
氮													
二氧化碳													
甲烷													
重烃													

工作人员：　　　　　　审核：　　　　　　报告提出时间：　　年　月

A.6 气体分析试验报告(表 A.6)

表 A.6 气体分析试验报告

试验编号：		采样日期： 年 月 日 时		
采样地点：				
采样方法：				
分 析 结 果				
序号	组 分	分析组分含量(体积) %	无空气基组分含量(体积) %	备 注
1	氦 He			
2	氢 H_2			
3	氖 Ne			
4	氧气 O_2			
5	氮气 N_2			
6	一氧化碳 CO			
7	二氧化碳 CO_2			
8	硫化氢 H_2S			
9	甲烷 C_1^0			
10	乙烷 C_2^0			
11	丙烷 C_3^0			
12	异丁烷 i~C_4^0			
13	正丁烷 n~C_4^0			
14	异戊烷 i~C_5^0			
15	正戊烷 n~C_5^0			
16	总 C_6^0			
17	总 C_7^0			
18	总 C_8^0			

分析日期： 年 月 日 工作人员： 审核：

A.7 煤层瓦斯含量试验报告（表 A.7）

表 A.7 煤层瓦斯含量试验报告

试验编号：	原编号：	采样日期：	年 月 日	测定日期：	年 月 日

采样地点：	煤田：	区域：	钻孔：	煤层：	采样深度：

<table>
<tr><td colspan="5" align="center">测 定 结 果</td></tr>
<tr><td rowspan="2">试验阶段</td><td colspan="3" align="center">瓦斯含量，cm³/g·r</td><td rowspan="2">备 注</td></tr>
<tr><td align="center">CH₄</td><td align="center">CO₂</td><td align="center">C⁰₂～C⁰₈</td></tr>
<tr><td>瓦斯损失量</td><td></td><td></td><td></td><td></td></tr>
<tr><td>瓦斯解吸量</td><td></td><td></td><td></td><td></td></tr>
<tr><td>粉碎前脱气瓦斯量</td><td></td><td></td><td></td><td></td></tr>
<tr><td>粉碎后脱气瓦斯量</td><td></td><td></td><td></td><td></td></tr>
<tr><td>总计（瓦斯含量）</td><td></td><td></td><td></td><td></td></tr>
<tr><td>自然瓦斯成分</td><td colspan="4">CH₄＝ ％，CO₂＝ ％，N₂＝ ％，H₂＝ ％，C⁰₂～C⁰₈＝ ％</td></tr>
<tr><td>煤质分析</td><td colspan="4">Vʳ＝ ％，Aᶠ＝ ％，Wᶠ＝ ％</td></tr>
<tr><td>煤样重量</td><td colspan="4">G＝ g，可燃质重量： Gᵣ＝ g</td></tr>
</table>

出报告时间： 年 月 日　　工作人员：　　　　　　　　　审核：

附　录　B

（资料性附录）

不同温度下的饱和水蒸气压

B.1　不同温度下的饱和水蒸气压（表 B.1）

表 B.1　不同温度下的饱和水蒸气压

温度 ℃	饱和水蒸气压 kPa	温度 ℃	饱和水蒸气压 kPa
0	0.610 5	26	3.360 9
1	0.656 7	27	3.564 8
2	0.705 7	28	3.779 5
3	0.757 9	29	4.005 3
4	0.813 4	30	4.242 8
5	0.872 3	31	4.492 2
6	0.935 0	32	4.754 6
7	1.001 6	33	5.030 0
8	1.072 6	34	5.319 2
9	1.147 8	35	5.622 8
10	1.227 7	36	5.941 1
11	1.312 4	37	6.275 0
12	1.402 3	38	6.624 8
13	1.497 3	39	6.991 6
14	1.598 1	40	7.375 8
15	1.704 9	41	7.777 9
16	1.817 7	42	8.199 2
17	1.937 1	43	8.639 1
18	2.063 4	44	9.100 4
19	2.196 7	45	9.583 0
20	2.337 8	46	10.085 7
21	2.468 4	47	10.612 3
22	2.643 3	48	11.160 2
23	2.808 8	49	11.734 8
24	2.983 3	50	12.333 4
25	3.168 3		

附　录　C
（资料性附录）
不同温度下饱和食盐水的饱和蒸汽压

C.1　不同温度下饱和食盐水的饱和蒸汽压（表 C.1）

表 C.1　不同温度下饱和食盐水的饱和蒸汽压

温度 ℃	饱和食盐水的饱和蒸汽压 kPa	温度 ℃	饱和食盐水的饱和蒸汽压 kPa
5	0.653	20	1.760
6	0.707	21	1.880
7	0.760	22	2.000
8	0.813	23	2.120
9	0.867	24	2.253
10	0.920	25	2.386
11	0.987	26	2.533
12	1.053	27	2.693
13	1.133	28	2.853
14	1.213	29	3.026
15	1.293	30	3.200
16	1.373	31	3.373
17	1.467	32	2.573
18	1.560	33	3.786
19	1.653	34	4.000

ICS 13.100
D 09
备案号：20419—2007

中华人民共和国安全生产行业标准

AQ 1048—2007

煤矿井下作业人员管理系统
使用与管理规范

Specification for the usage and management of the system for
the management of the underground personnel in a coal mine

2007-03-30 发布

2007-07-01 实施

国家安全生产监督管理总局　　发　布

前　言

为规范煤矿井下作业人员管理系统的安装、使用、维护与管理,充分发挥煤矿井下作业人员管理系统的安全保障作用,促进煤矿安全生产,根据国家有关法律法规和标准的要求,制定本标准。

本标准为强制性标准。

本标准由国家安全生产监督管理总局提出。

本标准由全国安全生产标准化技术委员会煤矿安全分技术委员会归口。

本标准起草单位:中国矿业大学(北京),煤炭科学研究总院常州自动化研究所,平顶山煤业(集团)有限责任公司。

本标准起草人:孙继平、彭霞、卫修君、于励民、田子建。

煤矿井下作业人员管理系统
使用与管理规范

1 范围

本标准规定了煤矿井下作业人员管理系统安装、使用、维护与管理要求。

本标准适用于井工煤矿,包括新建和改扩建矿井。

2 规范性引用文件

下列文件中的条款通过本标准的引用而成为本标准的条款。凡是注日期的引用文件,其随后所有的修改单(不包括勘误的内容)或修订版均不适用于本标准,然而,鼓励根据本标准达成协议的各方研究是否可使用这些文件的最新版本。凡是不注日期的引用文件,其最新版本适用于本标准。

GB/T 2887　电子计算机场地通用规范

AQ 6201　煤矿安全监控系统通用技术要求

AQ 6210　煤矿井下作业人员管理系统通用技术条件

MT 209　煤矿通信、检测、控制用电工电子产品通用技术要求

MT/T 1004　煤矿安全生产监控系统通用技术条件

MT/T 1005　矿用分站

MT/T 1007　矿用信息传输接口

MT/T 1008　煤矿安全生产监控系统软件通用技术要求

3 术语和定义

下列术语和定义适用于本标准。

3.1

煤矿井下作业人员管理系统 management system for the under ground personnel in a coal mine

监测井下人员位置,具有携卡人员出/入井时刻、重点区域出/入时刻、限制区域出/入时刻、工作时间、井下和重点区域人员数量、井下人员活动路线等监测、显示、打印、储存、查询、报警、管理等功能。

3.2

识别卡 identification card

由下井人员携带,保存有约定格式的电子数据,当进入位置监测分站的识别范围时,将用于人员识别的数据发送给分站。

3.3

位置监测分站 location monitoring substation

通过无线方式读取识别卡内用于人员识别的信息,并发送至地面传输接口。

3.4

传输接口 transmission interface

接收分站发送的信号,并送主机处理;接收主机信号、并送相应分站;控制分站的发送与接收,多路

复用信号的调制与解调,并具有系统自检等功能。

3.5

主机 host

主要用来接收监测信号、报警判别、数据统计及处理、磁盘存储、显示、声光报警、人机对话、控制打印输出、与管理网络连接等。

3.6

并发识别数量 concurrent identification number

携卡人员以最大位移速度同时通过识别区时,系统能正确识别的最大数量。

3.7

漏读率 misreading rate

携卡人员以最大位移速度和最大并发数量通过识别区时,系统漏读和误读的最大数量与通过识别区的识别卡总数的比值。

3.8

工作异常人员 the absentees

未在规定时间到达指定地点的人员。

3.9

识别区域 identifiable area

系统能正确识别识别卡的无线覆盖区域。

3.10

重点区域 key area

采区、采煤工作面、掘进工作面等重要区域。

3.11

限制区域 forbidden area

盲巷、采空区等不允许人员进入的区域。

3.12

最大位移速度 maximum velocity

识别卡能被系统正确识别所允许的最大移动速度。

4 技术要求

4.1 系统组成

4.1.1 系统一般由主机、传输接口、分站、识别卡、电源箱、电缆、接线盒、避雷器和其他必要设备组成。

4.1.2 中心站硬件一般包括传输接口、主机、打印机、UPS 电源、投影仪或电视墙、网络交换机、服务器、防火墙和配套设备等。中心站均应采用当时主流技术的通用产品,并满足可靠性、开放性和可维护性等要求。

4.1.3 软件

操作系统、数据库、编程语言等应为可靠性高、开放性好、易操作、易维护、安全、成熟的主流产品。软件应有详细的汉字说明和汉字操作指南。

4.2 一般要求

4.2.1 系统及其软件、识别卡、分站、传输接口应符合本规范的规定,符合 MT 209、MT/T 1004、MT/T 1005、MT/T 1007、MT/T 1008、AQ 6201、AQ 6210 等标准的有关规定,系统中的其他设备应符合国家及行业有关标准的规定,并按照经规定程序批准的图样及文件制造和成套。

4.2.2 系统应工作稳定、性能可靠,严禁由于设备在设计、制造中的隐患引起瓦斯、煤尘爆炸等事故或危及人身安全。为确保产品质量,系统应符合有关国家标准和行业标准,取得"MA 安全标志"。

4.2.3 用于爆炸性环境的设备应优先采用本质安全型,设备之间的输入输出信号应为本质安全信号。

4.2.4 系统产品生产单位应负责产品的终身维修、备件供应、软件升级和技术支持。

4.3 功能要求

4.3.1 系统应具有位置监测功能:

  a) 系统应具有携卡人员出/入井时刻、出/入重点区域时刻、出/入限制区域时刻等监测功能;

  b) 系统应具有识别携卡人员出/入巷道分支方向等功能;

  c) 系统应能对乘坐电机车等各种运输工具的携卡人员进行准确识别;

  d) 系统应能识别多个同时进入识别区域的识别卡。

4.3.2 系统应具有管理功能:

  a) 系统应具有携卡人员入井总数及人员、出/入井时刻、下井工作时间等显示、打印、查询等功能,并具有超时人员总数及人员、超员人员总数及人员报警、显示、打印、查询等功能;

  b) 系统应具有携卡人员出/入重点区域总数及人员、出/入重点区域时刻、工作时间等显示、打印、查询等功能,并具有超时人员总数及人员、超员人员总数及人员报警、显示、打印、查询等功能;

  c) 系统应具有携卡人员出/入限制区域总数及人员、出/入限制区域时刻、滞留时间等显示、打印、查询、报警等功能;

  d) 系统应具有特种作业人员等下井、进入重点区域总数及人员、出/入时刻、工作时间显示、打印、查询等功能,具有工作异常人员总数及人员、出/入时刻及工作时间等显示、打印、查询、报警等功能;

  e) 系统应具有携卡人员下井活动路线显示、打印、查询、异常报警等功能;

  f) 系统应具有携卡人员卡号、姓名、身份证号、出生年月、职务或工种、所在区队班组、主要工作地点、每月下井次数、下井时间、每天下井情况等显示、打印、查询等功能;

  g) 系统应具有按部门、地域、时间、分站、人员等分类查询、显示、打印等功能。

4.3.3 系统应具有存储、报警、显示、打印、查询等功能。

4.4 主要技术指标

4.4.1 最大位移速度

最大位移速度不得小于 5 m/s。

4.4.2 并发识别数量

并发识别数量不得小于 80。

4.4.3 漏读率

漏读率不得大于 10^{-4}。

4.4.4 识别卡电池寿命

不可更换电池的识别卡的电池寿命应不小于 2 年。可更换电池的识别卡的电池寿命应不小于 6 个月。

4.4.5 识别卡电池工作时间

采用可充电电池的识别卡,每次充电应能保证识别卡连续工作时间不小于 7 d。

4.4.6 最大传输距离

最大传输距离应满足下列要求:

a) 识别卡与分站之间的无线传输距离不小于 10 m;

b) 分站至传输接口之间最大传输距离应不小于 10 km;分站至传输接口之间可串入可靠的中继器(或类似产品),但所串的中继器(或类似产品)最多不超过 2 台。

4.4.7 最大监控容量

最大监控容量应满足下列要求:

a) 系统允许接入的分站数量宜在 8、16、32、64、128 中选取;被中继器等设备分隔成多段的系统,每段允许接入的分站数量宜在 8、16、32、64、128 中选取;

b) 识别卡数量应不小于 8 000 个。

4.4.8 最大巡检周期

系统最大巡检周期应不大于 30 s。

4.4.9 存储时间

存储时间应满足下列要求:

a) 携卡人员出/入井时刻、出/入重点区域时刻、出/入限制区域时刻、进入分站识别区域时刻、出/入巷道分支时刻及方向、超员、超时、工作异常、卡号、姓名、出生年月、职务或工种、所在区队班组、主要工作地点等记录应保存 3 个月以上。当主机发生故障时,丢失上述信息的时间长度应不大于 5 min;

b) 分站存储数据时间应不小于 2 h。

4.4.10 双机切换时间

从工作主机故障到备用主机投入正常工作时间应不大于 5 min。

4.5 环境条件

4.5.1 系统中用于机房、调度室的设备,应能在下列条件下正常工作:

a) 环境温度:15 ℃~30 ℃;

b) 相对湿度:40%~70%;

c) 温度变化率:小于 10 ℃/h,且不得结露;

d) 大气压力:80 kPa~106 kPa;

e) GB/T 2887 规定的尘埃、照明、噪声、电磁场干扰和接地条件。

4.5.2 除有关标准另有规定外,系统中用于煤矿井下的设备应在下列条件下正常工作:

a) 环境温度:0~40 ℃;

b) 平均相对湿度:不大于 95%(+25 ℃);

c) 大气压力:80 kPa~106 kPa;

d) 有爆炸性气体混合物,但无显著振动和冲击、无破坏绝缘的腐蚀性气体。

4.6 供电电源

4.6.1 地面设备交流电源：
a) 额定电压:380 V/220 V,允许偏差-10%~+10%;
b) 谐波:不大于5%;
c) 频率:50 Hz,允许偏差±5%。

4.6.2 井下设备交流电源：
a) 额定电压:127 V/380 V/660 V/1 140 V,允许偏差：
   1) 专用于井底车场、主运输巷:-20%~+10%;
   2) 其他井下产品:-25%~+10%。
b) 谐波:不大于10%;
c) 频率:50 Hz,允许偏差±5%。

5 安装、使用与维护

5.1 安装与维护

5.1.1 各个人员出入井口、重点区域出/入口、限制区域等地点应设置分站,并能满足监测携卡人员出/入井、出/入重点区域、出/入限制区域的要求。

5.1.2 巷道分支处应设置分站,并能满足监测携卡人员出/入方向的要求。

5.1.3 下井人员应携带识别卡。

5.1.4 识别卡严禁擅自拆开。

5.1.5 工作不正常的识别卡严禁使用。性能完好的识别卡总数,至少比经常下井人员的总数多10%。不固定专人使用的识别卡,性能完好的识别卡总数至少比每班最多下井人数多10%。

5.1.6 矿调度室应设置显示设备,显示井下人员位置等。

5.1.7 各个人员出入井口应设置检测识别卡工作是否正常和唯一性检测的装置,并提示携卡人员本人及相关人员。

5.1.8 分站应设置在便于读卡、观察、调试、检验、围岩稳定、支护良好、无淋水、无杂物的位置。

5.1.9 设备使用前,应按产品使用说明书的要求调试设备,并在地面通电运行24 h,合格后方可使用。防爆设备应经检验合格,并贴合格证后,方可下井使用。

5.1.10 设备发生故障时,应及时处理,在故障期间应采用人工监测,并填写故障登记表。

5.1.11 安全监测工应24 h值班,应每天检查设备及电缆,发现问题应及时处理,并将处理结果报中心站。

5.1.12 当电网停电后,备用电源不能保证设备连续工作1 h时,应及时更换。

5.1.13 入井电缆的入井口处应具有防雷措施。

5.2 中心站

5.2.1 系统主机及系统联网主机应双机或多机备份,24 h不间断运行。当工作主机发生故障时,备用主机应在5 min内投入工作。

5.2.2 中心站应双回路供电,并配备不小于2 h的在线式不间断电源。

5.2.3 中心站设备应有可靠的接地装置和防雷装置。

5.2.4 中心站应配置防火墙等网络安全设备。

5.2.5 中心站应使用录音电话。

5.2.6 中心站应24 h有人值班。值班员应认真监视监视器所显示的各种信息,详细记录系统各部分的运行状态,填写运行日志,打印监测日(班)报表,报矿长和有关负责人审阅。接到报警后,值班员应立即通知生产调度及值班领导,生产调度及值班领导应立即采取措施,处理结果应记录备案。

5.3 技术资料

5.3.1 应建立以下账卡及报表:
 a) 设备、仪表台账;
 b) 设备故障登记表;
 c) 检修记录;
 d) 巡检记录;
 e) 中心站运行日志;
 f) 监测日(班)报表;
 g) 设备使用情况月报表。

5.3.2 煤矿应绘制设备布置图,图上标明分站、电源、中心站等设备的位置、接线、传输电缆、供电电缆等,根据实际布置及时修改,并报矿技术负责人审批。

5.3.3 中心站应每3个月对数据进行备份,备份数据应保存1年以上。

5.3.4 图纸、技术资料应保存1年以上。

5.4 管理机构

5.4.1 煤矿安全监控管理机构负责煤矿井下作业人员管理系统的安装、使用、调校、维护与管理工作。小型煤矿可将安装、调校、维护工作委托维护中心完成。

5.4.2 煤矿安全监控管理机构应制定岗位责任制、操作规程、值班制度等规章制度。

5.4.3 监测工和中心站操作员应培训合格,持证上岗。

5.5 报废

符合下列情况之一者,可以报废:
 a) 设备老化、技术落后或超过规定使用年限的;
 b) 通过修理虽能恢复性能及技术指标,但一次修理费用超过设备原值80%以上的;
 c) 失爆不能修复的;
 d) 受意外灾害,损坏严重,无法修复的;
 e) 不符合国家及行业标准规定的;
 f) 国家或有关部门规定应淘汰的。

_____

ICS 13.100
D 09
备案号：20420—2007

中华人民共和国安全生产行业标准

AQ 6210—2007

煤矿井下作业人员管理系统
通用技术条件

General technical conditions of the system for the management
of the underground personnel in a coal mine

2007-03-30 发布

2007-07-01 实施

国家安全生产监督管理总局　　发 布

前　言

　　为规范煤矿井下作业人员管理系统,保证煤矿井下作业人员管理系统安全可靠,促进煤矿安全生产,根据国家有关法律法规和标准的要求,制定本标准。

　　本标准为强制性标准。

　　本标准的附录 A 为规范性附录。

　　本标准由国家安全生产监督管理总局提出。

　　本标准由全国安全生产标准化技术委员会煤矿安全分技术委员会归口。

　　本标准起草单位:中国矿业大学(北京)、煤炭科学研究总院常州自动化研究所、平顶山煤业(集团)有限责任公司。

　　本标准起草人:孙继平、彭霞、卫修君、于励民、田子建。

煤矿井下作业人员管理系统
通用技术条件

1 范围

本标准规定了煤矿井下作业人员管理系统的术语和定义、产品分类、技术要求、试验方法和检验规则。

本标准适用于煤矿使用的煤矿井下作业人员管理系统(以下简称系统)及其产品。

2 规范性引用文件

下列文件中的条款通过本标准的引用而成为本标准的条款。凡是注日期的引用文件,其随后所有的修改单(不包括勘误的内容)或修订版均不适用于本标准,然而,鼓励根据本标准达成协议的各方研究是否可使用这些文件的最新版本。凡是不注日期的引用文件,其最新版本适用于本标准。

GB/T 2887 电子计算机场地通用规范

GB 3836.1 爆炸性气体环境用电气设备 第1部分:通用要求(eqv IEC 60079-0)

GB 3836.2 爆炸性气体环境用电气设备 第2部分:隔爆型"d"(eqv IEC 60079-1)

GB 3836.3 爆炸性气体环境用电气设备 第3部分:增安型"e"(eqv IEC 60079-7)

GB 3836.4 爆炸性气体环境用电气没备 第4部分:本质安全型"i"(eqv IEC 60079-4)

GB/T 10111 利用随机数骰子进行随机抽样的方法

AQ 6201 煤矿安全监控系统通用技术要求

MT 209 煤矿通信、检测、控制用电工电子产品通用技术要求

MT/T 286 煤矿通信、自动化产品型号编制方法和管理办法

MT/T 772—1998 煤矿监控系统主要性能测试方法

MT/T 899 煤矿用信息传输装置

MT/T 1004 煤矿安全生产监控系统通用技术条件

MT/T 1005 矿用分站

MT/T 1007 矿用信息传输接口

MT/T 1008 煤矿安全生产监控系统软件通用技术要求

3 术语和定义

下列术语和定义适用于本标准。

3.1

煤矿井下作业人员管理系统 management system for the underground personnel in a coal mine

监测井下人员位置,具有携卡人员出/入井时刻、重点区域出/入时刻、限制区域出/入时刻、工作时间、井下和重点区域人员数量、井下人员活动路线等监测、显示、打印、储存、查询、报警、管理等功能。

3.2

识别卡 identification card

由下井人员携带，保存有约定格式的电子数据，当进入位置监测分站的识别范围时，将用于人员识别的数据发送给分站。

3.3

位置监测分站　location monitoring substation

通过无线方式读取识别卡内用于人员识别的信息，并发送至地面传输接口。

3.4

传输接口　transmission interface

接收分站发送的信号，并送主机处理；接收主机信号，并送相应分站；控制分站的发送与接收，多路复用信号的调制与解调，并具有系统自检等功能。

3.5

主机　host

主要用来接收监测信号、报警判别、数据统计及处理、磁盘存储、显示、声光报警、人机对话、控制打印输出、与管理网络连接等。

3.6

并发识别数量　concurrent identification number

携卡人员以最大位移速度同时通过识别区时，系统能正确识别的最大数量。

3.7

漏读率　misreading rate

携卡人员以最大位移速度和最大并发数量通过识别区时，系统漏读和误读的最大数量与通过识别区的识别卡总数的比值。

3.8

工作异常人员　the absentees

未在规定时间到达指定地点的人员。

3.9

识别区域　identifiable area

系统能正确识别识别卡的无线覆盖区域。

3.10

重点区域　key area

采区、采煤工作面、掘进工作面等重要区域。

3.11

限制区域　forbidden area

盲巷、采空区等不允许人员进入的区域。

3.12

最大位移速度　maximum velocity

识别卡能被系统正确识别所允许的最大移动速度。

4　产品分类

4.1　型号

产品型号应符合 MT/T 286 的规定。

4.2　分类

4.2.1　按工作原理分类：

a) 场强式；

b) 射频标签式；

c) 其他。

4.2.2 按信号传输方向分类：

a) 单向；

b) 半双工；

c) 全双工。

4.2.3 按识别卡结构分类：

a) 帽卡；

b) 胸卡；

c) 腰卡；

d) 其他。

4.2.4 按系统结构分类：

a) 独立式；

b) 与煤矿安全监控系统一体；

c) 与煤矿井下移动通信系统一体；

d) 其他。

4.2.5 按识别卡供电方式分类：

a) 无源；

b) 有源。

4.2.6 按识别卡的工作频率分类：

a) 特高频(300 MHz～3 GHz)；

b) 超高频(3 GHz～30 GHz)；

c) 其他。

4.2.7 按功能分类：

a) 非连续监测式；

b) 连续监测式；

c) 其他。

5 技术要求

5.1 一般要求

5.1.1 系统及其软件、识别卡、分站、传输接口应符合本标准的规定，符合 MT 209、MT/T 1004、MT/T 1005、MT/T 1007、MT/T 1008、AQ 6201 等标准的有关规定，系统中的其他设备应符合国家及行业有关标准的规定，并按照经规定程序批准的图样及文件制造和成套。

5.1.2 中心站及入井电缆的入井口处应具有防雷措施。

5.1.3 帽卡式识别卡应通过国家有关部门的检测，并出具对人身健康无害的报告。

5.2 环境条件

5.2.1 系统中用于机房、调度室的设备，应能在下列条件下正常工作：

a) 环境温度：15～30 ℃；

b) 相对湿度：40%～70%；

c) 温度变化率：小于 10 ℃/h，且不得结露；

d) 大气压力:80～106 kPa;

e) GB/T 2887 规定的尘埃、照明、噪声、电磁场干扰和接地条件。

5.2.2 除有关标准另有规定外,系统中用于煤矿井下的设备应在下列条件下正常工作:

a) 环境温度:0～40 ℃;

b) 平均相对湿度:不大于 95%(+25 ℃);

c) 大气压力:80～106 kPa;

d) 有爆炸性气体混合物,但无显著振动和冲击、无破坏绝缘的腐蚀性气体。

5.3 供电电源

5.3.1 地面设备交流电源:

a) 额定电压:380 V/220 V,允许偏差-10%～+10%;

b) 谐波:不大于 5%;

c) 频率:50 Hz,允许偏差±5%。

5.3.2 井下设备交流电源:

a) 额定电压:127 V/380 V/660 V/1 140V,允许偏差:

1) 专用于井底车场、主运输巷:-20%～+10%;

2) 其他井下产品:-25%～+10%。

b) 谐波:不大于 10%;

c) 频率:50 Hz,允许偏差±5%。

5.4 系统组成

系统一般由主机、传输接口、分站、识别卡、电源箱、电缆、接线盒、避雷器和其他必要设备组成。

5.5 主要功能

5.5.1 监测

5.5.1.1 系统应具有携卡人员出/入井时刻、出/入重点区域时刻、出/入限制区域时刻等监测功能。

5.5.1.2 系统应具有识别携卡人员出/入巷道分支方向等功能。

5.5.1.3 系统应能对乘坐电机车等各种运输工具的携卡人员进行准确识别。

5.5.1.4 系统应能识别多个同时进入识别区域的识别卡。

5.5.1.5 系统应具有识别卡工作是否正常和每位下井人员携带 1 张卡唯一性检测功能。

5.5.2 管理

5.5.2.1 系统应具有携卡人员下井总数及人员、出/入井时刻、下井工作时间等显示、打印、查询等功能,并具有超时人员总数及人员、超员人员总数及人员报警、显示、打印、查询等功能。

5.5.2.2 系统应具有携卡人员出/入重点区域总数及人员、出/入重点区域时刻、工作时间等显示、打印、查询等功能,并具有超时人员总数及人员、超员人员总数及人员报警、显示、打印、查询等功能。

5.5.2.3 系统应具有携卡人员出/入限制区域总数及人员、出/入限制区域时刻、滞留时间等显示、打印、查询、报警等功能。

5.5.2.4 系统应具有特种作业人员等下井、进入重点区域总数及人员、出/入时刻、工作时间显示、打印、查询等功能,具有工作异常人员总数及人员、出/入时刻及工作时间等显示、打印、查询、报警等功能。

5.5.2.5 系统应具有携卡人员下井活动路线显示、打印、查询、异常报警等功能。

5.5.2.6 系统应具有携卡人员卡号、姓名、身份证号、出生年月、职务或工种、所在区队班组、主要工作地点、每月下井次数、下井时间、每天下井情况等显示、打印、查询等功能。

5.5.2.7 系统应具有按部门、地域、时间、分站、人员等分类查询、显示、打印等功能。

5.5.3 存储和查询

5.5.3.1 系统应具有存储功能,存储内容包括:

  a) 出/入井时刻;

  b) 出/入重点区域时刻;

  c) 出/入限制区域时刻;

  d) 进入分站识别区域时刻;

  e) 出/入巷道分支时刻及方向;

  f) 超员总数、起止时刻及人员;

  g) 超时人员总数、起止时刻及人员;

  h) 工作异常人员总数、起止时刻及人员;

  i) 卡号、姓名、身份证号、出生年月、职务或工种、所在区队班组、主要工作地点等。

5.5.3.2 系统应具有查询功能。查询类别如下:

  a) 按人员查询;

  b) 按时间查询;

  c) 按地域查询;

  d) 按识别区查询;

  e) 按超时报警查询;

  f) 按超员报警查询;

  g) 按限制区域报警查询;

  h) 按工作异常报警查询;

  i) 按人员分类查询;

  j) 按部门查询;

  k) 按工种查询等。

5.5.3.3 系统应具有防止修改实时数据和历史数据等存储内容(参数设置及页面编辑除外)功能。

5.5.3.4 系统应具有数据备份功能。

5.5.3.5 分站应具有数据存储功能。当系统通信中断时,分站存储识别卡卡号和时刻;系统通信正常时,上传至中心站。

5.5.4 显示

5.5.4.1 系统应具有汉字显示和提示功能。

5.5.4.2 系统应具有列表显示功能。显示内容包括:下井人员总数及人员、重点区域人员总数及人员、超时报警人员总数及人员、超员报警人员总数及人员、限制区域报警人员总数及人员、特种作业人员工作异常报警总数及人员等。

5.5.4.3 系统应具有模拟动画显示功能。显示内容包括:巷道布置模拟图、人员位置及姓名、超时报警、超员报警、进入限制区域报警、特种作业人员工作异常报警等。应具有漫游、总图加局部放大、分页显示等方式。

5.5.4.4 系统应具有系统设备布置图显示功能。显示内容包括:分站、电源箱、传输接口和电缆等设备的设备名称、相对位置和运行状态等。若系统庞大一屏容纳不了,可漫游、分页或总图加局部放大。

5.5.5 打印

系统应具有汉字报表、初始化参数召唤打印功能(定时打印功能可选)。打印内容包括:下井人员总数及人员、重点区域人员总数及人员、超时报警人员总数及人员、超员报警人员总数及人员、限制区域报警人员总数及人员、特种作业人员工作异常报警总数及人员、领导干部每月下井总数及时间统计等。

5.5.6 人机对话

5.5.6.1 系统应具有人机对话功能,以便于系统生成、参数修改、功能调用、图形编辑等。

5.5.6.2 系统应具有操作权限管理功能,对参数设置等必须使用密码操作,并具有操作记录。

5.5.6.3 在任何显示模式下,均可直接进入所选的列表显示、模拟图显示、打印、参数设置、页面编辑、查询等方式。

5.5.7 自诊断

系统应具有自诊断功能。当系统中分站、传输接口等设备发生故障时,报警并记录故障时间和故障设备,以供查询及打印。

5.5.8 双机切换

系统主机应具有双机切换功能。

5.5.9 备用电源

系统应具有备用电源。

5.5.10 网络通信

系统应具有网络接口,将有关信息上传至各级主管部门。

5.5.11 其他

5.5.11.1 系统应具有软件自监视功能。

5.5.11.2 系统应具有软件容错功能。

5.5.11.3 系统应具有实时多任务功能,对参数传输、处理、存储和显示等能周期地循环运行而不中断。

5.6 主要技术指标

5.6.1 最大位移速度

最大位移速度不得小于 5 m/s。

5.6.2 并发识别数量

并发识别数量不得小于 80。

5.6.3 漏读率

漏读率不得大于 10^{-4}。

5.6.4 最大传输距离

最大传输距离应满足下列要求:

a) 识别卡与分站之间的无线传输距离不小于 10 m;

b) 分站至传输接口之间最大传输距离应不小于 10 km;分站至传输接口之间可串入可靠的中继器(或类似产品),但所串的中继器(或类似产品)最多不超过 2 台。

5.6.5 最大监控容量

最大监控容量应满足下列要求：

a) 系统允许接入的分站数量宜在 8、16、32、64、128 中选取；被中继器等设备分隔成多段的系统，每段允许接入的分站数量宜在 8、16、32、64、128 中选取。

b) 识别卡数量应不小于 8 000 个。

5.6.6 最大巡检周期

系统最大巡检周期应不大于 30 s。

5.6.7 误码率

误码率应不大于 10^{-8}。

5.6.8 存储时间

存储时间应满足下列要求：

a) 携卡人员出/入井时刻、出/入重点区域时刻、出/入限制区域时刻、进入识别区域时刻、出/入巷道分支时刻及方向、超员、超时、工作异常、卡号、姓名、身份证号、年龄、职务或工种、所在区队班组、主要工作地点等记录应保存 3 个月以上。当主机发生故障时，丢失上述信息的时间长度应不大于 5 min；

b) 分站存储数据时间应不小于 2 h。

5.6.9 画面响应时间

调出整幅画面 85% 的响应时间应不大于 2 s，其余画面应不大于 5 s。

5.6.10 双机切换时间

从工作主机故障到备用主机投入正常工作时间应不大于 5 min。

5.6.11 识别卡电池寿命

不可更换电池的识别卡的电池寿命应不小于 2 年。可更换电池的识别卡的电池寿命应不小于 6 个月。

5.6.12 识别卡电池工作时间

采用可充电电池的识别卡，每次充电应能保证识别卡连续工作时间不小于 7 d。

5.6.13 备用电源工作时间

在电网停电后，备用电源应能保证系统连续监控时间不小于 2 h。

5.6.14 远程本安供电距离

远程本安供电距离应不小于 2 km。

5.7 传输性能

系统的信息传输性能应符合 MT/T 899 的有关要求。

5.8 电源波动适应能力

供电电压在产品标准规定的允许电压波动范围内,系统的位置监测、并发识别、最大传输距离、最大监控容量、最大巡检周期应能满足要求。

5.9 工作稳定性

系统应进行工作稳定性试验,通电试验时间不小于 7 d,系统的位置监测、并发识别、最大传输距离、最大监控容量、最大巡检周期应能满足要求。

5.10 防爆性能

防爆型设备应符合 GB 3836.1~GB 3836.4 的规定。

6 试验方法

6.1 环境条件

按 MT/T 772—1998 中 3.1 的有关规定进行。

6.2 电源条件

按 MT/T 772—1998 中 3.2 的有关规定进行。

6.3 测试仪器和设备

6.3.1 测试仪器和设备的准确度应保证所测性能对准确度的要求,其自身准确度应不大于被测参数 1/3 倍的允许误差。

6.3.2 测试仪器和设备的性能应符合所测性能的特点。

6.3.3 测试仪器和设备应按照计量法的相关规定进行计量,并检定或校准合格。

6.3.4 测试仪器和设备的配置应不影响测量结果。

6.3.5 主要测试仪器和设备的特性要求应满足附录 A 的规定。

6.4 受试系统的要求

6.4.1 现场检验时,按实际配置的系统进行检验。

6.4.2 出厂检验和型式检验时,系统测试至少应具备下列设备:

　　a) 中心站设备一套,一般包括传输接口 1 台、主机(含显示器)2 台、打印机、网络设备等,可根据具体情况适当增加设备;

　　b) 构成识别区所必需的设备;

　　c) 分站:出厂检验时,为订货的全部分站;型式检验时应不少于 3 台;若具备分站电源,应包括在其中;若有多种型式的分站或具有分站功能的设备,每种至少 1 台;

　　d) 每种本安电源最大组合负载的各种设备;

　　e) 最大并发数量的识别卡,其地址编码在识别卡最大数量范围内任意选择;

　　f) 构成系统的其他必要设备。

6.4.3 受试系统中的设备应是出厂检验和型式检验合格的产品。

6.5 受试系统的连接

6.5.1 受试系统使用规定的传输介质按以下要求连接:

a) 树形系统按图1连接设备,N为参与试验的分站数(实际分站数加模拟分站数);

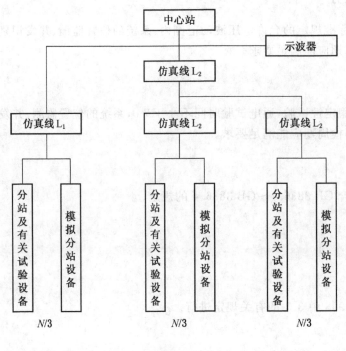

图 1

b) 总线形系统按图2连接设备,N为参与试验的分站数(实际分站数加模拟分站数);

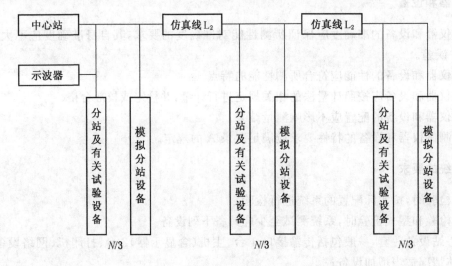

图 2

c) 环形系统按图3连接设备;

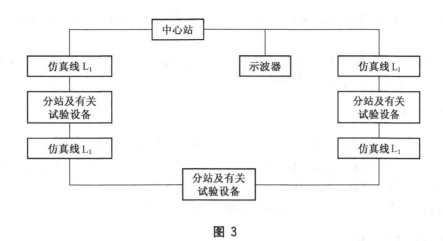

图 3

d) 星形系统按图 4 连接设备。

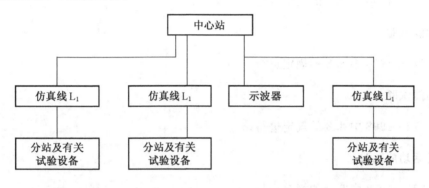

图 4

图中,仿真线 L_1 模拟系统最大传输距离的传输线。仿真线 L_2 模拟二分之一倍的 L_1。

6.5.2 中心站设备的连接见图 5。

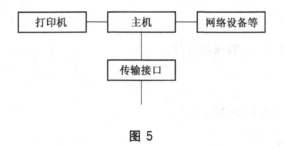

图 5

6.6 系统运行检查

按 MT/T 772—1998 中第 7 章的有关规定进行。

6.7 主要功能试验

6.7.1 试验系统的连接

试验系统按 6.5 的要求进行连接。

6.7.2 监测功能试验

6.7.2.1 最大并发数量的识别卡进出分站识别区,系统及分站应能正确识别卡号及进入时刻。

6.7.2.2 最大并发数量的识别卡分别从前、后、左、右不同方向进出识别区,系统应能正确识别卡号、进出方向及时刻。

6.7.2.3 在6.7.2.2试验的基础上,各1/4最大并发数量的识别卡同时从前、后、左、右不同方向进出识别区,系统应能正确识别卡号,进出方向及时刻。

6.7.3 管理功能试验

6.7.3.1 识别卡通过分站,系统应能正确识别、显示、打印、存储和查询等。

6.7.3.2 设置超员报警、超时报警、限制区域报警,系统应能报警、显示、打印、存储和查询等。

6.7.3.3 设置活动路线,系统应能报警、显示、打印、存储和查询。

6.7.3.4 按部门、地域、时间、分站、人员查询,系统应能正确响应。

6.7.4 存储和查询功能试验

按 MT/T 772—1998 中 8.7 的规定进行。

6.7.5 显示功能试验

按 MT/T 772—1998 中 8.8 的规定进行。

6.7.6 打印功能试验

按 MT/T 772—1998 中 8.8 的规定进行。

6.7.7 人机对话功能试验

按 MT/T 772—1998 中 8.9 的规定进行。

6.7.8 自诊断功能试验

按 MT/T 772—1998 中 8.10 的规定进行。

6.7.9 双机切换功能试验

按 MT/T 772—1998 中 8.13 的规定进行。

6.7.10 备用电源试验

按 MT/T 772—1998 中 8.15 的规定进行。

6.7.11 网络通信功能试验

将系统接入网络,应能通过网络监测、报警、查询等。

6.7.12 系统软件自监视功能试验

按 MT/T 772—1998 中 8.11 的规定进行。

6.7.13 软件容错功能试验

按 MT/T 772—1998 中 8.12 的规定进行。

6.7.14 实时多任务功能试验

按 MT/T 772—1998 中 8.14 的规定进行。

6.8 主要技术指标测试

6.8.1 最大位移速度测试

最大并发数量的识别卡同时通过分站识别区,测量其正确识别的最大位移速度。

6.8.2 最大并发识别数量测试

以最大位移速度通过分站识别区,测量在正确识别的情况下,识别卡同时通过分站识别区的最大数量。

6.8.3 漏读率测试

最大并发数 M 的识别卡以最大位移速度通过分站识别区,共通过不低于 $10^4/M$ 次共 L 个识别卡,将每次漏读或误读的个数相加得 N,漏读率为 N/L。

上述试验次数可以在 1、3、5 中选择。

6.8.4 系统传输距离测试

传输距离按下列方法测试:
a) 分站至传输接口距离测试:按 MT/T 772—1998 中 9.4 的有关规定进行;
b) 识别卡与分站之间无线传输距离测试:识别卡从识别区外接近分站,直到分站正确识别识别卡时停止,测量识别卡距分站的距离,即为识别卡与分站间的无线传输距离。

6.8.5 巡检周期测试

在组成测试系统的 3 个独立识别区域,同时通过 1/3 最大并发数的识别卡,并开始计时,直到主机显示全部相关信息停止计时,所测时间即是巡检周期。

6.8.6 系统误码率测试

按 MT/T 772—1998 中 9.11 的有关规定进行。

6.8.7 存储时间测试

存储时间按下列方法测试:
a) 丢失有关信息的时间长度测试:按 MT/T 772—1998 中 8.7 的有关规定进行;
b) 分站存储数据时间测试按下列要求进行:系统正常运行情况下,断开分站与传输接口的传输电缆,每半小时以一半最大并发数的识别卡通过分站识别区,共 4 次,然后恢复分站与传输接口的传输电缆,分站应能将 4 次通过分站识别区的识别卡号和时间准确上传至中心站。

6.8.8 画面响应时间测试

按 MT/T 772—1998 中 9.9 的有关规定进行。

6.8.9 双机切换时间测试

按 MT/T 772—1998 中 8.13 的有关规定进行。

6.8.10 识别卡电池寿命测试

通过公式(1)计算识别卡电池寿命 T:

$$T = C \times (T_1 + T_2 + T_3)/(T_1 \times I_1 + T_2 \times I_2 + T_3 \times I_3)$$

$$\cdots\cdots\cdots\cdots\cdots\cdots\cdots\cdots\cdots(1)$$

式中：

C ——电池容量；

T_1 ——识别卡接收时间；

I_1 ——识别卡接收状态工作电流；

T_2 ——识别卡发送时间；

I_2 ——识别卡发送状态工作电流；

T_3 ——识别卡待机时间；

I_3 ——识别卡待机状态工作电流。

6.8.11 识别卡电池工作时间测试

使可充电电池处于充满状态的识别卡处于正常工作状态，并开始计时；直到可充电电池低于最小放电电压或不能保证识别卡正常工作时，停止计时。识别卡电池工作时间为上述时间的80%。

6.8.12 备用电池工作时间测试

使备用电池处于充满状态的备用电源（或电源），接模拟额定负载，切断交流电源，开始工作并计时；直到备用电源（或电源）停止工作，停止计时。备用电池工作时间为上述时间的80%。

6.8.13 远程本安供电距离测试

远程本安供电电源通过2 km仿真线与最大负载组合相连，系统应能正常工作。

6.9 传输性能试验

按MT/T 899的有关规定进行。

6.10 电源波动适应能力试验

按MT/T 772—1998第11章的有关规定进行。

6.11 工作稳定性试验

按MT/T 772—1998第10章的有关规定进行，试验中的测量时间间隔不得大于24 h。

6.12 防爆性能试验

按GB 3836.1～GB 3836.4的有关规定进行。

7 检验规则

7.1 检验分类

检验一般分出厂检验与型式检验两类。

7.2 出厂检验

7.2.1 每套系统均需进行出厂检验，合格产品应给予合格证。

7.2.2 出厂检验一般由制造厂质检部门负责进行，必要时用户可提出参加。

7.2.3 检验项目应符合表 1 中出厂检验项目的规定。

表 1

检验项目	质量特征类别	试验要求	试验方法	出厂检验	型式检验
主要功能	A	5.5	6.7	○	○
主要技术指标	A	5.6	6.8	—	○
传输性能	B	5.7	6.9	—	○
电源波动适应能力	B	5.8	6.10	—	○
工作稳定性	B	5.9	6.11	○	○
防爆性能	A	5.10	6.12	—	○
注：○表示需要进行检验的项目。					

7.2.4 出厂检验的各项性能和指标应符合本标准和相关标准的规定,否则按不合格处理。

7.3 型式检验

7.3.1 有下列情况之一时,应进行型式检验：

a) 新产品或老产品转厂定型时；

b) 正式生产后,系统中设备或系统组成有较大变化,可能影响系统性能时；

c) 正常生产时每 3 年一次；

d) 停产 1 年恢复生产时；

e) 出厂检验结果与上次型式检验结果有较大差异时；

f) 国家有关机构提出进行型式检验时。

7.3.2 检验项目应符合表 1 中的型式检验项目的规定。

7.3.3 按照 GB 10111 规定的方法,在出厂检验合格的产品中抽取受试系统的各组成设备。样品数量应满足试验要求。

7.3.4 型式检验的各项性能和指标应符合本标准和相关标准的规定;对 A 类项目,有一项不合格则判该批不合格;对 B 类项目,有一项不合格应加倍抽样检验,若仍不合格则判该批为不合格。

附 录 A
（规范性附录）
测试仪器和设备的特性要求

A.1 误码率测试仪

应能发出规定范围的测试信号,能检测并显示误码率和累计误码数。测试位数应符合所测系统的要求。

A.2 示波器

示波器的 3 dB 带宽不得低于被测速率的 10 倍,且能自动或利用游标测量脉冲频率和周期。

A.3 仿真线 L_1 和 L_2

模拟传输接口至分站传输距离的仿真线 L_1 和 L_2 应符合以下要求:

a) 应能分别模拟传输接口至分站的最大传输距离及其二分之一;

b) 用平衡均匀电路,每公里网络应符合图 A.1 规定,其中 R 为每公里环路电阻的 $1/4$,L 为每公里环路电感量的 $1/4$,C 为每公里分布电容量;

c) 每一段模拟网络的长度应不大于 1 km,且不大于所传输信号最短波长的 $1/100$;

d) 仿真线 L_1 可根据试验需要由两个 L_2 组成或合在一起。

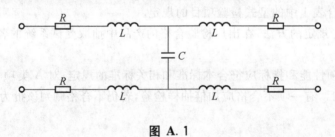

图 A.1

A.4 分站模拟负载

分站模拟负载的电气特性应与实际分站一致,每一分站模拟负载只能等效一台分站。系统试验中所带试验分站的数量与分站模拟负载的数量之和应等于系统所带分站的最大容量。

A.5 秒表或毫秒计

量程应覆盖所测最大时间范围,特性应符合相应系统的测试要求。

ICS 13.100
D 09
备案号：20418—2007

中华人民共和国安全生产行业标准

AQ/T 1047—2007
代替 MT/T 638—1996

煤矿井下煤层瓦斯压力的直接测定方法

The direct measuring method of the coal seam gas pressure in mine

2007-03-30 发布

2007-07-01 实施

国家安全生产监督管理总局　　发　布

前　言

本标准代替 MT/T 638—1996《煤矿井下煤层瓦斯压力的直接测定方法》。

本标准与 MT/T 638—1996 相比主要变化如下：

a) 修改了"规范性引用文件"（本标准 2）；

b) 增加了"定义"（本标准 3）；

c) 测压方法分类中删除了原有的"黄泥、水泥封孔测压法"（本标准 4；MT 638—1996 的 4.2.1、6.4.4）；

d) 增加了测压管材的抗内压要求（本标准 5.1.2；MT 638—1996 的 5.7）；

e) 删除了原标准中对测压方法选择的规定（本标准 6；MT 638—1996 的 6.2）；

f) 对测定地点的选择原则进行了调整，根据测定煤层的原始及残存瓦斯压力分别进行了规定（本标准 6），新增了对注浆封孔上向测压钻孔倾角的要求（本标准 6）；

g) 对注浆测压的封孔长度进行了修订（本标准 7.2.3）；

h) 增加了注浆封孔测压的新方法（测压管为拉制铜管）（本标准 7.2.5）；

i) 对测压结果的确定中压力变化的幅度进行了修订（本标准 8.4.1；MT 638—1996 的 7.4.1）；

j) 增加了测压结果的判定、修正方法，对测定钻孔中的水对测定结果的影响进行了相应修正（本标准 8.4.2）；

k) 增加了附录 A、附录 B、附录 C、附录 D。

本标准的附录 A、附录 B、附录 C 为规范性附录；附录 D 为资料性附录。

本标准由国家煤矿安全监察局提出。

本标准由全国安全生产标准化技术委员会煤矿分技术委员会归口。

本标准起草单位：煤炭科学研究总院重庆分院。

本标准主要起草人：杜子健、龙伍见、张志刚、霍春秀、周厚权、黄学满。

原标准于 1996 年 12 月首次发布。

煤矿井下煤层瓦斯压力的直接测定方法

1 范围

本标准规定了煤矿井下直接测定煤层瓦斯压力的测定方法、工艺、设备、材料、封孔等的要求。

本标准适用于煤矿井下直接测定煤层瓦斯压力。

2 规范性引用文件

下列文件中的条款通过本标准的引用而成为本标准的条款。凡是注日期的引用文件,其随后所有的修改单(不包括勘误的内容)或修订版均不适用于本标准,然而,鼓励根据本标准达成协议的各方研究是否可使用这些文件的最新版本。凡是不注日期的引用文件,其最新版本适用于本标准。

GB/T 1527 铜及铜合金拉制管

GB/T 8163 输送流体用无缝钢管

JJG 52 工业用单圈管弹簧式压力表、真空表和真空压力表检定规程 国家技术监督局

QX/T 26 空盒气压计

3 定义

本标准采用下列定义。

3.1

煤层瓦斯压力 gas pressure in coal seam

煤层瓦斯压力为瓦斯在煤层中所呈现的压力,单位为 MPa。如无特指,煤层瓦斯压力均为绝对压力。

3.2

煤层原始瓦斯压力 primitive gas pressure in coal seam

煤层原始瓦斯压力是指煤层未受采动、瓦斯抽采及人为卸压等影响处的煤层瓦斯压力,单位为 MPa。

3.3

煤层残存瓦斯压力 residual gas pressure in coal seam

煤层受采动、瓦斯抽采及人为卸压等影响后残存的瓦斯呈现的压力称为煤层残存瓦斯压力,单位为 MPa。

3.4

煤矿井下煤层瓦斯压力的直接测定 direct measuring of gas pressure in underground coal seam

指在煤矿井下通过测定钻孔及相应测定方法直接测量煤层瓦斯压力的过程(简称测压)。

4 测定方法分类

4.1 按测压方式分类

按测压时是否向测压钻孔内注入补偿气体,测定方法可分为主动测压法和被动测压法。

4.1.1 主动测压法

在钻孔预设测定装置和仪表并完成密封后,通过预设装置向钻孔揭露煤层处或测压气室充入一定压力的气体,从而缩短瓦斯压力平衡所需时间,进而缩短测压时间的一种测压方法。补偿气体用于补偿钻孔密封前通过钻孔释放的瓦斯,可选用氮气(N_2)、二氧化碳气体(CO_2)或其他惰性气体。

4.1.2 被动测压法

测压钻孔被密封后,利用被测煤层瓦斯向钻孔揭露煤层处或测压气室的自然渗透作用,达到瓦斯压力平衡,进而测定煤层瓦斯压力的方法。

4.2 按封孔方法及材料分类

按测压钻孔封孔材料的不同,测压可分为胶囊(胶圈)—密封黏液封孔测压法和注浆封孔测压法。

4.2.1 胶囊(胶圈)—密封黏液封孔测压法

采用胶囊(胶圈)、密封黏液对测压钻孔进行封孔称胶囊(胶圈)—密封黏液封孔测压法。

4.2.2 注浆封孔测压法

封孔材料为水泥、膨胀剂加水搅拌成的混合浆液,通过注浆泵注入测压钻孔进行封孔的测压方法称为注浆封孔测压法。

5 测定用设备、材料、仪表及工具

5.1 一般设备、材料、仪表及工具

5.1.1 钻孔设备

施工钻孔用的钻机能力应满足测压钻孔长度的要求。

5.1.2 材料

测定所需材料包括:
a) 木楔、压力表连接头、密封垫、密封带以及真空密封膏等;
b) 测压用的测压管材(承受内压应不小于 12 MPa)。

5.1.3 仪表

测定用压力表,量程为预计煤层瓦斯压力的 1.5 倍,准确度优于 1.5 级,必须符合 JJG 52 的规定;空盒气压计,必须符合 QX/T 26 的规定。

5.1.4 工具

管钳,扳手,剪刀,皮尺,水桶,螺丝刀,手工封孔送料管等。

5.2 不同测压法特定设备、材料、仪表及工具

5.2.1 胶囊(胶圈)—密封黏液封孔测压法所需设备、材料、仪表及工具

采用胶囊(胶圈)—密封黏液封孔测压法所需设备、材料、仪表及工具见附录 A。

5.2.2 注浆封孔测压所需设备、材料、仪表及工具

采用注浆封孔测压法所需设备、材料、仪表及工具见附录 A。采用主动测压法时,还需:

a) 高压储气罐 必须符合劳动部《气瓶安全监察规程》的要求;
b) 减压及充气连接装置 必须安全、连接方便、可靠;
c) 补偿气体 工业用氮气及二氧化碳气体,或其他惰性气体。

6 测定地点的选择

测定地点的选择原则如下:

a) 测定地点应优先选择在石门或岩巷中,选择岩性致密的地点,且无断层、裂隙等地质构造处布置测点,其瓦斯赋存状况要具有代表性。
b) 测压钻孔应避开含水层、溶洞,并保证测压钻孔与其距离不小于 50 m。
c) 对于测定煤层原始瓦斯压力的测压钻孔应避开采动、瓦斯抽采及其他人为卸压影响范围,并保证测压钻孔与其距离不小于 50 m。
d) 对于需要测定煤层残存瓦斯压力的测压钻孔则根据测压目的的要求进行测压地点选择。
e) 选择测压地点应保证测压钻孔有足够的封孔深度(穿层测压钻孔的见煤点或顺层测压钻孔的测压气室应位于巷道的卸压圈之外),采用注浆封孔的上向测压钻孔倾角应不小于 5°。
f) 同一地点应设置两个测压钻孔,其终孔见煤点或测压气室应在相互影响范围外,其距离除石门测压外应不小于 20 m。石门揭煤瓦斯压力测定钻孔的布置按《防治煤与瓦斯突出细则》的有关规定进行。
g) 瓦斯压力测定地点宜选择在进风系统,行人少且便于安设保护栅栏的地方。

7 测定钻孔施工及封孔

7.1 测定钻孔施工

7.1.1 钻孔直径宜为 65 mm～95 mm。钻孔长度应保证测压所需的封孔深度。

7.1.2 钻孔的开孔位置应选在岩石(煤壁)完整的地点。

7.1.3 钻孔施工应保证钻孔平直、孔形完整,穿层测压钻孔除特厚煤层外应穿透煤层全厚,对于特厚煤层测压钻孔应进入煤层 1.5～3 m。

7.1.4 钻孔施工好后,应立即用压风或清水清洗钻孔,清除钻屑,保证钻孔畅通。

7.1.5 在钻孔施工中应准确记录钻孔方位、倾角、长度、钻孔开始见煤长度及钻孔在煤层中长度,钻孔开钻时间、见煤时间及钻毕时间。记录格式见附录 B。

7.1.6 钻孔施工前应制定详细的技术及安全措施(包括测压观测期间所应采取的技术及安全措施)。

7.2 测定钻孔封孔

7.2.1 测压钻孔施工完后应在 24 h 内完成钻孔的封孔工作,在完成封孔工作 24 h 后进行测定工作。

7.2.2 准备工作

封孔前应做如下准备工作:

a) 按选用的封孔方法准备好封孔材料、仪表、工具等;
b) 检查测压管是否通畅及其与压力表连接的气密性;
c) 钻孔为下向孔时应将钻孔内积水排出。

7.2.3 封孔深度

封孔深度应超过测压钻孔施工地点巷道的影响范围,并满足以下要求:

a) 胶囊(胶圈)—密封黏液封孔测定本煤层瓦斯压力的封孔深度应不小于 10 m;

b) 注浆封孔测压法的测压钻孔封孔深度应满足公式(1):

$$L_{封} \geqslant L_1 + D\mathrm{ctg}|\theta| \qquad\qquad\qquad\qquad (1)$$

式中:

$L_{封}$——钻孔封孔深度,m;

L_1——钻孔所需最小封孔深度(有效封孔段长度),m;L_1 应保证穿层测压钻孔的见煤点、顺煤层测压钻孔的测压气室位于巷道的卸压圈之外,且 L_1 不小于 12.0 m;穿层测压钻孔的 L_1 不应进入被测煤层,顺煤层测压钻孔封孔后应保证其测压气室长度不小于 1.5 m;

D——钻孔的直径,m;

θ——钻孔的倾角,(°);$5° \leqslant |\theta| \leqslant 90°$。

c) 应尽可能加长测压钻孔的封孔深度。

7.2.4 采用胶囊(胶圈)—密封黏液封孔测压法的封孔工艺宜按附录 C 的规定进行。

7.2.5 采用注浆封孔测压法的封孔工艺宜按附录 C 的规定进行。

8 测定、观测与测定结果确定

8.1 测定管理

8.1.1 必须设专人负责瓦斯压力的测定工作。

8.1.2 在瓦斯压力测定过程中,应做好各种参数及施工情况的记录。记录表的格式按附录 B 中的格式填写。

8.2 测定

8.2.1 采用主动测压时,只在第一次测定时向测压钻孔充入补偿气体,补偿气体的充气压力宜为预计的煤层瓦斯压力的 0.5 倍。

8.2.2 采用被动测压法时,不进行气体补偿。

8.3 观测

8.3.1 采用主动测压法时应每天观测一次测定压力表,采用被动测压法应至少 3 d 观测一次测定压力表。

8.3.2 观测时间

观测时间的确定应遵循以下原则:

a) 采用主动测压法,当煤层瓦斯压力小于 4 MPa 时,其观测时间需 5 d～10 d;当煤层瓦斯压力大于 4 MPa 时,则需 10 d～20 d。

b) 采用被动测压法,则视煤层瓦斯压力及透气性大小的不同,其观测时间一般需 20 d～30 d以上。

c) 在观测中发现瓦斯压力值在开始测定的一周内变化较大时,则应适当缩短观测时间间隔。

8.4 测定结果的确定

8.4.1 将观测结果绘制在以时间(d)为横坐标、瓦斯压力(MPa)为纵坐标的坐标图上,当观测时间达到8.3.2 的规定,如压力变化在 3 d 内小于 0.015 MPa,测压工作即可结束;否则,应延长测压时间。

8.4.2 在结束测压工作、拆卸表头时(应制定相应的安全措施),应测量从钻孔中放出的水量,如果钻孔与含水层、溶洞导通(根据矿井防治水的有关方法判定),则此测压钻孔作废并按有关规定进行封堵;如果测压钻孔没有与含水层、溶洞导通,则需对钻孔水对测定结果的影响进行修正,修正方法可根据测量从钻孔中放出的水量、钻孔参数、封孔参数等进行。修正方法如下:

    a) 其中水平及下向测压钻孔不修正,即:

$$P' = P_1 \qquad \cdots\cdots\cdots\cdots\cdots\cdots (2)$$

式中:

P'——修正后的测定压力表读数值,MPa;

P_1——测定压力表读数值,MPa。

    b) 对于上向钻孔,如果无水按公式(2)进行,否则修正方法如下:

        1) 当 $V > V_1$,并且 $V - V_1 < V_2$ 时:

$$P' = P_1 - 0.01l \sin\theta - 0.01 \frac{4(V - V_1)}{\pi D^2} \sin\theta \cdots\cdots\cdots (3)$$

式中:

V ——测压钻孔内流出的水量,m³;

V_1——测压管管内空间的体积,m³;

V_2——钻孔预留气室的体积,m³;

l ——测压管的长度,m。

        2) 当 $V > V_1$,并且 $V - V_1 \geqslant V_2$ 时:

$$P' = P_1 - 0.01L\sin\theta \qquad \cdots\cdots\cdots\cdots\cdots\cdots (4)$$

式中:

L——测压钻孔的长度,m。

        3) 当 $0 < V \leqslant V_1$ 时:

$$P' = P_1 - 0.01 \frac{4V}{\pi d^2} \sin\theta \qquad \cdots\cdots\cdots\cdots\cdots\cdots (5)$$

式中:

d——测压管的直径,m。

8.4.3 测定结果的确定:

$$P = P' + P_0 \qquad \cdots\cdots\cdots\cdots\cdots\cdots (6)$$

式中:

P ——测定的煤层瓦斯压力值,MPa;

P_0——测定地点的大气压力值,MPa;大气压力的测定应采用空盒气压计进行测定,空盒气压计应遵循标准 QX/T 26 的相关规定。

8.4.4 同一测压地点以最高瓦斯压力测定值作为测定结果。

附 录 A
（规范性附录）
胶囊（胶圈）—密封黏液封孔测压法及注浆封孔
测压法设备、材料、仪表及工具

A.1 胶囊（胶圈）—密封黏液封孔测压法设备、材料、仪表及工具

A.1.1 密封黏液

密封黏液由骨料、填料和黏液混合而成。密封黏液（封堵间隙为不大于 4 mm）的配方为：化学浆糊粉（淀粉＋防腐剂）与水的比例（质量比）1：16 制成黏液，骨料与黏液的比例（体积比）为 1：8，填料与黏液的比例（体积比）为 1：16。其中骨料由粒度为 0.5 mm～1.0 mm，1.0 mm～2.5 mm，2.5 mm～5.0 mm 的炉渣按体积比 1：2：3 混合而成；填料由 0.25 mm～0.5 mm，0.5 mm～1.0 mm，1.0 mm～2.5 mm 的锯末按体积比 1：1：1 均匀混合而成。

A.1.2 密封黏液罐和压力水罐用于预计的煤层瓦斯压力小于 5 MPa 时的封孔，液压和水压由液态 CO_2 提供。

A.1.3 封孔器组件 进液管、进水管、测压管、胶囊（胶圈）及测定仪表。

A.2 注浆封孔测压法设备、材料、仪表及工具

A.2.1 注浆泵 宜用柱塞注浆泵，其流量为 20 L/min～50 L/min，压力为 3 MPa～4 MPa。

A.2.2 膨胀不收缩水泥浆 由膨胀剂（膨胀率不小于 0.02%）、水泥（硅酸盐水泥、标号不低于 425号），与水（井下清洁水）按一定比例制成，也可参照水灰比为 2：1 的比例进行配制，膨胀剂的掺量为水泥的 12%。

A.2.3 测压管 宜选用 GB/T 1527—1997 $\phi6$ mm×2 mm 拉制铜管（承受内压＞12 MPa、1 根的长度＞测压钻孔长度）或 GB/T 8163—1999 $\phi16$ mm×2 mm 输送流体用无缝钢管（牌号 10、承受内压＞12 MPa）。

A.2.4 注浆管 宜选用 GB/T 8163—1999 $\phi16$ mm×2 mm 输送流体用无缝钢管（牌号 10、承受内压＞12 MPa）。

A.2.5 附件 泥浆泵与注浆管的连接装置，承受压力＞6 MPa。

A.2.6 夹持器 采用 $\phi6$ mm×2 mm 拉制铜管作为测压管时选用。

附　录　B

（规范性附录）

煤层瓦斯压力测定记录表

矿井　　　　　　煤层名称　　　　　　测压地点　　　　　　　　　测定地点的大气压力

煤层厚度　　　　煤层倾角　　　　　　测压气室（揭煤）标高　　　　测压气室（揭煤）埋深

开钻时间　　　　揭煤时间　　　　　　钻完时间　　　　封孔时间　　　　　封孔深度

孔号	钻孔参数			岩孔长 m	煤孔长 m	封孔长 m	备　注
	方位（°）	倾角（°）	长度 m				
时间	压力 MPa			时间	压力 MPa		

测定人员：　　　　审核：

附　录　C

（规范性附录）

胶囊（胶圈）—密封黏液封孔测压法及

注浆封孔测压法封孔工艺

C.1　采用胶囊（胶圈）—密封黏液封孔测压法宜按如下封孔步骤进行

C.1.1　如图1所示，在测压地点先将封孔器组装好，将其放至预计的封孔深度，在钻孔孔口安装好阻退楔，连接好封孔器与密封黏液罐、压力水罐，装上各种控制阀，安装好压力表。

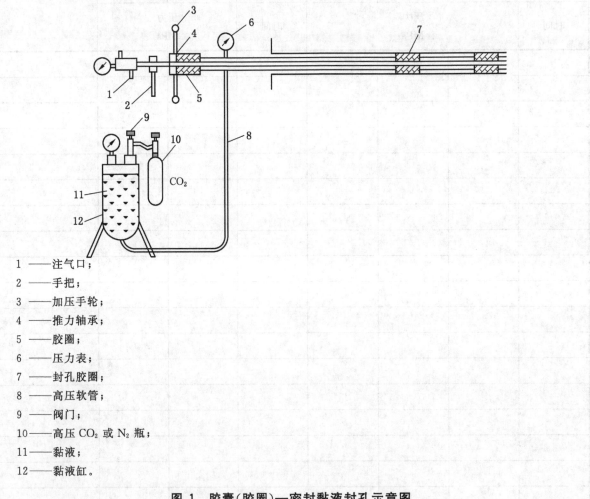

1 ——注气口；

2 ——手把；

3 ——加压手轮；

4 ——推力轴承；

5 ——胶圈；

6 ——压力表；

7 ——封孔胶圈；

8 ——高压软管；

9 ——阀门；

10——高压 CO_2 或 N_2 瓶；

11——黏液；

12——黏液缸。

图 1　胶囊（胶圈）—密封黏液封孔示意图

C.1.2　启动压力水罐开关向胶囊（胶圈）充压力水，待胶囊（胶圈）膨胀封住钻孔后开启密封黏液罐往钻孔的密封段注入密封黏液，密封黏液的压力应略高于预计的煤层瓦斯压力。

C.2　采用注浆封孔测压法封孔步骤

C.2.1　测压管材为拉制铜管的测压封孔步骤为：

C.2.1.1　如图2所示，通过辅助管将安装有夹持器的测压管（1根管的长度大于测定钻孔的长度）安装至预定的（测压）深度，在孔口用木楔封住，并安装好注浆管；

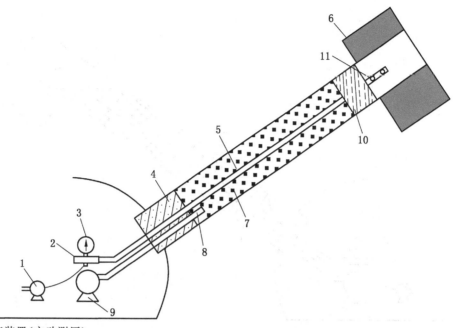

1 ——充气装置（主动测压）；

2 ——三通；

3 ——压力表；

4 ——木楔；

5 ——测压管（GB/T 1527—1997 拉制铜管制）；

6 ——煤层；

7 ——封堵材料；

8 ——注浆管；

9 ——注浆泵；

10——夹持器；

11——筛孔管（GB/T 1527—1997 拉制铜管制）。

图 2 采用拉制铜管测压时注浆封孔测压示意图

C.2.1.2 根据封孔深度确定膨胀不收缩水泥的使用量,按一定比例（参考值为:水灰比为 2:1,膨胀剂的掺量为水泥的 12%）配好封孔水泥浆,用泥浆泵一次连续将封孔水泥浆注入钻孔内。

C.2.1.3 注浆 24 h 后,在孔口安装三通及压力表。

C.2.2 测压管材为输送流体用无缝钢管的测压封孔步骤为:

C.2.2.1 如图 3 所示,将测压管（测压管长度以井下巷道及运输条件而定）安装至预定的深度,在孔口用木楔封住,并安装好注浆管；

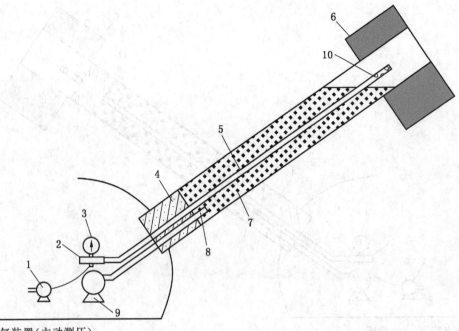

1——充气装置（主动测压）；

2——三通；

3——压力表；

4——木楔；

5——测压管（GB/T 8163—1999 输送流体用无缝钢管制）；

6——煤层；

7——封堵材料；

8——注浆管（GB/T 8163—1999 输送流体用无缝钢管制）；

9——注浆泵；

10——筛孔管（GB/T 8163—1999 输送流体用无缝钢管制）。

图 3 采用输送流体用无缝钢管测压时注浆封孔测压示意图

C.2.2.2 根据封孔深度确定膨胀不收缩材料、清水以及水泥的使用量，按一定比例（参考值为：水灰比为 2∶1，膨胀剂的掺量为水泥的 12%）配好封孔水泥浆，用泥浆泵一次连续将封孔水泥浆注入钻孔内；

C.2.2.3 注浆 24 h 后，在孔口安装三通及压力表。

附　录　D

（资料性附录）

参考资料

D.1 防治煤与瓦斯突出细则　1995-05-01　煤炭工业部

D.2 气瓶安全监察规程　1989-12-22　劳动部

ICS 13.100
D 09
备案号：44592—2014

中华人民共和国安全生产行业标准

AQ 1095—2014

煤矿建设项目安全预评价实施细则

Testing specification of in-service connecting bolt
of decauville car for coal mine

2014-02-20 发布　　　　　　　　　　　　2014-06-01 实施

国家安全生产监督管理总局　　　发 布

前　言

本标准 1、2、3 章和附录 A 为推荐性条款,其余为强制性条款。

本标准按照 GB/T 1.1—2009 给出的规则起草。

本标准由国家安全生产监督管理总局提出。

本标准由全国安全生产标准化技术委员会煤矿安全分技术委员会(SAC/TC 288/SC 1)归口。

本标准起草单位:中国煤炭工业劳动保护科学技术学会、内蒙古安邦安全科技有限公司、山西正诚矿山安全科技研究所。

本标准主要起草人:窦永山、邱宝杓、杨大明、马志禹、宋超英、严涛、袁双喜。

煤矿建设项目安全预评价实施细则

1 范围

本标准规定了煤矿建设项目安全预评价工作的管理规则、工作程序与内容、评价报告编制等的基本要求。

本标准适用于煤矿建设项目,包括新建、改建、扩建等煤矿建设项目安全预评价的相关工作。

2 规范性引用文件

下列文件对于本文件的应用是必不可少的。凡是注日期的引用文件,仅注日期的版本适用于本文件。凡是不注日期的引用文件,其最新版本(包括所有的修改单)适用于本文件。

AQ 8001—2007 安全评价通则

3 术语和定义

下列术语和定义适用于本文件。

3.1

煤矿建设项目安全预评价 colliery construction project safety assessment prior to start

在煤矿建设项目可行性研究阶段,根据建设项目可行性研究报告的内容及相关基础资料,定性、定量分析和预测建设项目可能存在的主要危险、有害因素及其危险程度,评价项目建设方案与安全生产法律法规、规章、标准、规范的符合性,提出科学、合理、可行的安全对策措施及建议,作出安全评价结论的活动。

4 工作规则

4.1 资质与资格要求

4.1.1 煤矿建设项目安全预评价工作应由具有国家规定资质的安全评价中介机构承担。

4.1.2 国务院及其投资主管部门审批(核准、备案)的煤矿建设项目和建设单位跨省(自治区、直辖市)的煤矿建设项目,其安全预评价工作应由具有甲级资质的安全评价中介机构承担。其他煤矿建设项目的安全预评价工作由具有甲级资质或建设项目所在省(区、市)乙级资质的安全评价中介机构承担。

4.2 委托与责任

4.2.1 建设单位应自主选择具备相应资质的安全评价中介机构承担煤矿建设项目安全预评价业务。

4.2.2 建设单位应与承担煤矿建设项目安全预评价工作的中介机构签订书面委托合同,明确各自的责任、权利和义务。

4.2.3 建设单位应为安全评价中介机构有效实施煤矿建设项目安全预评价创造必要的工作条件,提供煤矿建设项目安全预评价必需的基础资料,并对提供资料的真实性负责。

4.2.4 承担煤矿建设项目安全预评价的中介机构应客观公正、实事求是、独立地开展安全预评价工作,并对所作出的安全预评价结果独立承担法律责任。

4.2.5 任何部门和个人不得干预安全评价中介机构的正常业务,不得指定建设单位接受特定安全评价中介机构开展煤矿建设项目安全预评价工作。

4.2.6 安全评价机构与被评价的煤矿建设项目建设单位有利害关系的应当回避。

4.2.7 安全预评价报告是煤矿建设项目核准、安全专篇审查等必备的基础材料。承担煤矿建设项目安全预评价工作的中介机构,应当按照规定的标准和程序实施安全预评价,提出安全预评价报告,作出科学、公正、客观的安全预评价结论。

5 安全预评价工作程序与工作内容

5.1 前期准备

5.1.1 明确煤矿建设项目安全预评价对象和评价范围,组建评价工作组。

5.1.2 收集国内相关法律法规、标准、规章、规范及有关规定。

5.1.3 收集并分析安全预评价对象及相关基础资料。安全预评价应收集的参考资料目录见附录A。

5.2 现场调查

5.2.1 对煤矿建设项目的自然地理、周边环境、地质条件、资源条件、邻近煤矿及小窑、改扩建煤矿的现状等情况进行实地调查。

5.2.2 对安全预评价报告引用的类比工程进行实地调查。

5.3 危险、有害因素辨识与分析

5.3.1 依据建设项目勘探地质报告和可行性研究报告等资料和现场调查情况,辨识该建设项目和生产过程中可能存在的各种危险、有害因素,分析其危险程度。应以瓦斯、煤尘、水、火、顶板、地热、地压、地表环境等自然灾害类危险因素和本建设项目特殊的有害因素为辨识重点。

5.3.2 分析危险、有害因素可能导致灾害事故的类型、可能的激发条件和作用规律、主要存在场所。

5.3.3 结合类比工程、邻近煤矿、改扩建煤矿积累的实际资料和典型事故案例作进一步分析。

5.3.4 在综合分析的基础上,确定危险、有害因素的危险度排序。

5.4 类比工程评价分析

5.4.1 根据建设项目的实际,分析类比工程选择的依据,确定选择的类比工程。

5.4.2 收集类比工程相关数据资料,分析数据资料的可靠性、充分性、适用性。

5.4.3 进行类比工程与建设项目主要危险、有害因素的对比分析,包括危险有害因素的种类、危害程度、存在场所。

5.4.4 进行类比工程安全生产对建设项目的借鉴分析,重点是主要危险、有害因素的控制防范、安全参数确定、开拓开采部署、开采方法选择、安全系统建立等方面。

5.5 划分评价单元

5.5.1 根据安全预评价的需要,合理划分安全评价单元。评价单元应相对独立,具有明显的特征界限。

5.5.2 井工煤矿建设项目安全预评价单元划分见附录B,露天煤矿建设项目安全预评价单元划分见附录C。

5.6 选择评价方法

根据评价的目的、要求和评价对象的特点,选择科学、合理、适用的定性、定量评价方法,以便开展针对性的安全评价。

AQ 1095—2014

5.7 定性、定量评价

5.7.1 根据勘探地质报告等基础资料和可行性研究报告提出的设计方案,分单元进行定性、定量评价,确定评价单元中危险、有害因素导致事故发生的危险度。

5.7.2 评价矿井瓦斯地质、煤的自燃倾向性、煤尘爆炸危险性、水文地质条件、顶底板岩石力学性质、地质构造、地压、热害、老窑和采空区分布等与安全生产有关主要数据资料的充分性和可靠程度,分析下一步地质工作的必要性和主要工作方向。

5.7.3 评价生产系统(单元)的安全可靠性,安全系统(设施)的必要性和充分性,安全技术措施的可行性、充分性及可能效果,分析存在的不足或缺陷。

5.7.4 根据改扩建项目现状和设计方案,评价保证改扩建期间安全生产的技术和管理措施。

5.7.5 根据项目建设单位的工作业绩,评价建设单位安全管理工作能力。

5.8 安全对策措施建议

5.8.1 对可行性研究报告中存在不符合勘探地质报告及安全生产法律法规和技术标准的地方应明确指出,并进行说明和纠正;对存在缺陷和不适合建设项目实际的设计方案、生产系统工艺、安全系统、设施设备、安全技术措施等提出改进措施。

5.8.2 根据定性、定量评价,对设计中应注意的重大安全问题和建设项目设计选择安全设施提出要求和说明。

5.8.3 对可能导致重大事故发生或容易导致事故发生的危险、有害因素,提出进一步的安全技术与管理措施。

5.8.4 对因地质资料、安全数据缺少或可信度低带来的相关问题,提出下一步地质工作或专项研究的意见。

5.9 评价结论

5.9.1 明确主要危险、有害因素排序,指出应重点防范的重大灾害事故和重要的安全建议。

5.9.2 评价结论应概括评价结果,给出建设项目在评价条件下与国家有关法律法规、标准、规章、规范符合与否的结论;给出建设项目危险、有害因素引发各类事故的可能性及其严重程度的预测性结论;明确建设项目投产后能否安全运行的结论。

6 安全预评价报告

6.1 评价报告文字应简洁、准确,附必要的图表或照片。

6.2 评价报告应准确、清晰描述评价对象、目的、依据、方法和过程,获得的评价结果,提出的安全对策措施及建议等。

6.3 评价报告应附实施安全预评价中介机构的资质、评价人员名单、报告完成时间等相关情况及附件。

6.4 煤矿建设项目安全预评价报告的主要内容见附录D。

7 安全预评价报告格式和载体

7.1 格式内容包括封面(附录E)、安全评价机构资质证书副本复印件、著录项(附录F)、前言、目录、正文、附件、附录。

7.2 安全评价报告一般采用纸质载体。为适应信息处理需要,安全评价报告可辅助采用电子载体形式。

86

附　录　A

（资料性附录）

安全预评价参考资料目录

A.1　建设项目综合性资料

A.1.1　建设单位概况,包括隶属关系。

A.1.2　建设项目基本情况,包括所在地区、气候条件、周边环境及其交通情况图,建设规模、矿区开发情况等。

A.2　建设项目设立依据

A.2.1　建设项目勘探地质报告书及评审意见书和备案证明、矿产资源储量备案证明。

A.2.2　建设项目可行性研究报告、评审资料。

A.2.3　高瓦斯和煤与瓦斯突出矿井瓦斯抽采方案(包括设计图纸)。

A.2.4　与建设项目设立依据有关的其他基础资料及文件。

A.3　改建、扩建煤矿现状资料

A.3.1　煤矿开拓方式、开采水平、生产系统及辅助系统说明,灾害事故防范控制的基本措施和效果资料,安全管理及安全生产情况说明。

A.3.2　相关图纸资料。井工煤矿:矿井地质和水文地质图,井上、下对照图,巷道布置图,采掘工程平面图,通风系统图,井下运输系统图,安全监控、人员定位装备布置图,排水、防尘、供水、防火注浆、压风、充填、抽放瓦斯等管路系统图,井下通信系统图,井上、下配电系统图,井下电气设备布置图,井下紧急避灾系统及避灾路线图等。露天煤矿:矿井地质和水文地质图,总体布置图,运输系统平面图,采场平面图及纵剖面、横剖面图,供电系统图,供水系统图等。

A.3.3　煤矿已采区域分布、状况及影响范围资料。

A.4　危险、有害因素分析所需资料

A.4.1　地质构造资料。

A.4.2　煤层赋存资料。

A.4.3　工程地质及对开采不利的岩石力学条件。

A.4.4　水文地质及水文资料。

A.4.5　煤层瓦斯赋存资料。

A.4.6　改建、扩建矿井瓦斯等级鉴定资料。

A.4.7　煤与瓦斯突出可能性预测资料。

A.4.8　煤的自燃倾向性、煤尘爆炸性资料。

A.4.9　冲击地压资料。

A.4.10　热害资料。

A.4.11　有毒有害物质组分、放射性物质含量、辐射类型及强度等。

A.4.12 地震资料。

A.4.13 气象条件。

A.4.14 附属生产单位或附属设施危险、有害因素资料。

A.4.15 井田四邻情况和采空区及废弃巷道情况。

A.4.16 煤层开采的其他特殊危险、有害因素的说明。

A.5 安全专项投资情况

A.5.1 投资的安全专项情况。

A.5.2 安全专项投资额。

A.5.3 安全专项投资实施情况。

A.6 安全评价所需的其他资料和数据

A.6.1 本矿区灾害防治主要经验。

A.6.2 类比工程相关资料。

A.6.3 有关煤矿安全生产相关法律法规及标准。

附　录　B

（规范性附录）

井工煤矿建设项目安全预评价单元划分

B.1 开采单元。

B.2 通风单元。

B.3 瓦斯防治单元。

B.4 粉尘防治与供水单元。

B.5 防灭火单元。

B.6 防治水单元。

B.7 防热害单元。

B.8 安全监控、人员定位与通信单元。

B.9 爆破器材储存、运输和使用单元。

B.10 运输、提升单元。

B.11 压风及其输送单元。

B.12 电气单元。

B.13 紧急避险与应急救援单元。

B.14 安全管理单元。

B.15 职业危害管理与健康监护单元。

附　录　C

（规范性附录）

露天煤矿建设项目安全预评价单元划分

C.1 采剥单元（含台阶、穿孔爆破、煤岩采装、破碎站）。

C.2 运输单元。

C.3 排土单元。

C.4 边坡稳定单元。

C.5 防灭火单元。

C.6 防治水单元。

C.7 粉尘防治单元。

C.8 爆破器材储存、运输和使用单元。

C.9 电气单元。

C.10 总平面布置单元。

C.11 应急救援单元。

C.12 安全管理单元。

C.13 职业危害管理与健康监护单元。

附　录　D

（规范性附录）

煤矿建设项目安全预评价报告的主要内容

D.1　概述

D.1.1　安全评价对象及范围。

D.1.2　安全评价目的。

D.1.3　安全评价依据。

D.1.4　安全评价过程。

D.1.5　煤矿建设项目概况。

D.2　危险、有害因素识别与分析

D.2.1　危险、有害因素识别的方法和过程。

D.2.2　危险、有害因素的辨识。

D.2.3　危险、有害因素可能导致灾害事故类型、可能的激发条件和作用规律、主要存在场所和危险程度分析。

D.2.4　危险、有害因素的危险度排序。

D.3　类比工程评价分析

D.3.1　类比工程的选择依据。

D.3.2　类比工程数据资料来源。

D.3.3　类比工程与建设项目主要危险有害因素的对比分析。

D.3.4　类比工程安全生产对建设项目的借鉴分析。

D.4　定性、定量评价

D.4.1　评价单元的划分。

D.4.2　评价方法的选择。

D.4.3　对评价单元A的定性、定量安全评价。

D.4.4　对评价单元B的定性、定量安全评价。

D.4.5　对其他评价单元的定性、定量安全评价。

D.5　安全措施及建议

D.5.1　设计选择安全设施的要求及其说明,设计中应注意的重大安全问题。

D.5.2　地质工作建议。

D.5.3　安全技术措施及建议。

D.5.4　安全管理措施及建议。

D.5.5 其他相关措施及建议。

D.6 安全评价结论

D.6.1 明确主要危险、有害因素排序,指出应重点防范的重大灾害事故和重要的安全建议。

D.6.2 评价结论,包括建设项目在评价条件下与国家有关法律法规、标准、规章、规范符合与否的结论,建设项目危险、有害因素引发各类事故的可能性及其严重程度的预测性结论,明确建设项目投产后能否安全运行的结论。

D.7 附录

D.7.1 委托书。

D.7.2 井田境界划定文件、采矿许可证(改建、扩建项目)等证照。

D.7.3 勘探地质报告评审意见书和备案证明、矿产资源储量备案证明。

D.7.4 可行性研究报告评审资料。

D.7.5 其他专项研究资料和有关部门批准建设项目的文件。

D.7.6 开拓方式布置图、采掘工程平面图等图纸。

附　录　E
（规范性附录）
煤矿建设项目安全预评价报告书封面格式

E.1　封面布局上部

第一行:建设项目所在地区、委托单位名称(二号宋体加粗,可换行);第二行:评价项目名称(二号宋体加粗);第三行:安全预评价报告(一号黑体字加粗)。

E.2　封面布局下部

第一行:安全评价机构名称(二号宋体字加粗);第二行:安全评价机构资质证书编号(三号宋体加粗);第三行:评价报告完成日期(三号宋体加粗)。

封面样张见 AQ 8001—2007 图 D.1。

附　录　F
（规范性附录）
著录项格式

　　安全评价机构法定代表人、技术负责人、评价项目负责人、评价人员等著录项一般分两张布置。第一张分上下两部分，上部分为项目名称、评价单位项目编号、建设项目规模，下部分署明安全评价机构的法定代表人（以安全评价机构营业执照为准）、技术负责人、项目负责人、报告编制完成的日期及安全评价机构（以安全评价资质证书为准）公章用章区。第二张为评价人员（以安全评价人员资格证为准并署明注册号）、各类技术专家（应为安全评价机构专家库内人员）以及其他有关人员名单，评价人员和技术专家均要手写签名。

ICS 13.100
D 09
备案号：44593—2014

中华人民共和国安全生产行业标准

AQ 1096—2014

煤矿建设项目安全验收评价实施细则

Rules for the implementation of the colliery construction
project safety assessment upon completion

2014-02-20 发布

2014-06-01 实施

国家安全生产监督管理总局   发 布

AQ 1096—2014

前　言

本标准的 4、5、6、7 章和附录 C、D、E、F、G 为强制性条款，其余为推荐性条款。

本标准按照 GB/T 1.1—2009 给出的规则起草。

本标准由国家安全生产监督管理总局提出。

本标准由全国安全生产标准化技术委员会煤矿安全分技术委员会（SAC/TC 288/SC 1）归口。

本标准起草单位：中国煤炭工业劳动保护科学技术学会、内蒙古安邦安全科技有限公司、山西正诚矿山安全科技研究所。

本标准主要起草人：窦永山、邱宝杓、杨大明、马志禹、宋超英、严涛、袁双喜。

煤矿建设项目安全验收评价实施细则

1 范围

本标准规定了煤矿建设项目安全验收评价工作的管理、程序、方法、内容、评价报告编制等的基本要求。

本标准适用于煤矿建设项目,包括新建、改建、扩建等煤矿建设项目安全验收评价的相关工作。

2 规范性引用文件

下列文件对于本文件的应用是必不可少的。凡是注日期的引用文件,仅注日期的版本适用于本文件。凡是不注日期的引用文件,其最新版本(包括所有的修改单)适用于本文件。

AQ 8001—2007 安全评价通则

AQ 8003—2007 安全验收评价导则

3 术语和定义

下列术语和定义适用于本文件。

3.1

煤矿建设项目安全验收评价 colliery construction project safety assessment upon completion

煤矿建设项目联合试运转正常后正式投产前,通过对安全设施、设备、装置与主体工程同时设计、施工、投产使用情况和管理状况的检查,评价安全设施、设备、装置与设计及相关法律法规、标准规范等的符合性;针对项目建成投产后存在的事故风险等情况,辨识与分析存在的危险、有害因素及其危险度,提出科学、合理、可行的安全对策措施及建议,作出安全验收评价结论的活动。

4 工作规则

4.1 资质与资格要求

4.1.1 煤矿建设项目在项目联合试运转正常后应进行安全验收评价。煤矿建设项目安全验收评价工作,应由具有国家规定资质的安全评价中介机构承担。

4.1.2 国务院及其投资主管部门审批(核准、备案)的煤矿建设项目和建设单位跨省(自治区、直辖市)的煤矿建设项目,其安全验收评价工作应由具有甲级资质的安全评价中介机构承担;其他煤矿建设项目的安全验收评价工作由具有甲级资质或建设项目所在省(自治区、直辖市)乙级资质的安全评价中介机构承担。

4.2 委托与责任

4.2.1 建设单位应自主选择具备相应资质的安全评价中介机构承担煤矿建设项目安全验收评价工作。

4.2.2 建设单位应与承担煤矿建设项目安全验收评价工作的中介机构签订书面委托合同,明确各自的责任、权利和义务。

4.2.3 建设单位应为安全评价中介机构有效实施煤矿建设项目安全验收评价创造必要的工作条件,提供验收评价必需的基础资料,并对提供资料的真实性负责。

4.2.4 承担煤矿建设项目安全验收评价的中介机构应客观公正、实事求是、独立地开展安全验收评价工作,并对当时条件下所作出的安全验收评价结果独立承担法律责任。

4.2.5 任何部门和个人不得干预安全评价中介机构的正常工作,不得指定建设单位接受特定安全评价中介机构开展安全验收评价工作。

4.2.6 安全评价机构与被评价的建设项目单位有利害关系的应当回避。

4.2.7 承担煤矿建设项目安全验收评价工作的中介机构,应当按照规定的标准和程序实施建设项目的安全验收评价,作出科学、公正、客观的安全验收评价结论,提出安全验收评价报告。

5 安全验收评价工作程序与工作内容

5.1 前期准备

5.1.1 明确煤矿建设项目安全验收评价对象、范围和内容,组建评价组。

5.1.2 收集国内相关法律法规、标准、规章、规范及有关规定。

5.1.3 制订安全验收评价工作方案,编制工作表格。

5.2 收集资料与现场安全调查

5.2.1 收集并检查煤矿建设项目基础资料,包括立项批准文件、采矿许可证;勘探地质报告及其评审意见书和矿产资源储量备案证明;水文地质补充勘探报告;矿井建井地质报告;初步设计和安全专篇设计资料(包括图纸、补充或修改设计)及其批复文件;安全预评价报告;工程监理报告;单项工程质量认证书;各项安全设施、设备、装置检测检验报告;安全生产规章制度、责任制和各岗位工种操作规程;安全管理机构设置及任命批准文件;各级各类从业人员安全培训和考核情况;联合试运转批准文件;联合试运转报告等。井工煤矿建设项目安全验收评价参考资料目录见附录 A,露天煤矿建设项目安全验收评价参考资料目录见附录 B。

5.2.2 根据建设项目的特点,依据建设项目初步设计和安全专篇,按照相关安全生产法律法规、标准规范的要求,对建设项目的各生产系统和辅助系统及其工艺、场所和安全设施、设备、装置等进行实地安全检查。对煤矿安全管理机制和安全生产各项规章制度、安全措施的落实情况进行调查。

5.2.3 现场安全调查应明确以下基本问题:

a) 对地质构造、水文地质、工程地质、瓦斯地质、井田内及其周边采空区和废弃矿井资料及其他安全参数是否准确掌握,能否满足安全生产的需要;

b) 生产系统和辅助系统、开采程序、方法及其工艺等是否符合设计要求,满足安全生产相关法律法规、规范标准的要求,运转是否满足安全生产要求;

c) 通风、瓦斯抽放、综合防突、防灭火、防尘、防治水、供电、运输提升、安全监控、生产指挥调度、职业危害防护、应急救援等系统是否合理、完善,是否符合初步设计和安全专篇设计要求,运转是否可靠;

d) 可能造成重大灾害事故的危险、有害因素是否得到了有效控制,对井田内及其周边采空区、废弃巷道(或边坡)是否都进行了有效管理,是否存在事故隐患;

e) 安全管理制度,安全管理机构及其人员配置是否符合有关规定要求和实际需要,安全投入、安全培训、安全事故与隐患的管理、应急预案等是否符合要求。

5.3 危险、有害因素辨识与分析

5.3.1 依据建设项目勘探地质报告、水文地质补充勘探报告、矿井建井地质报告、预评价报告、项目建

设和联合试运转期间积累的安全资料和数据及其他专项研究成果,辨识建设项目建成投产后可能存在的危险、有害因素,分析其危险程度。

5.3.2 分析危险、有害因素可能导致灾害事故的类型、可能的激发条件和作用规律、主要存在场所。

5.3.3 结合相关实际资料和典型事故案例作进一步分析。

5.3.4 在综合分析的基础上,确定危险有害因素的危险度排序。

5.4 划分评价单元

5.4.1 根据安全验收评价的需要,合理划分安全评价单元。评价单元应相对独立,具有明显的特征界限。

5.4.2 井工煤矿建设项目安全验收评价单元划分见附录C,露天煤矿建设项目安全验收评价单元划分见附录D。

5.5 选择评价方法

5.5.1 根据评价的目的、要求和评价对象的特点,选择科学、合理、适用的定性、定量评价方法,以便开展针对性的安全验收评价为基本原则。

5.5.2 煤矿安全验收评价宜采用安全检查表法进行定性评价为主,生产系统复杂、自然灾害严重的煤矿建设项目,可辅以适用的评价方法进行定性、定量分析评价。

5.6 安全设施评价

5.6.1 根据建设项目设计、施工和联合试运转相关情况,分析、说明安全设施是否符合设计的要求;设计的安全设施、设备是否完成施工并投入使用。

5.6.2 根据安全设施、设备的实际运转情况和取得的效果,分析安全设施对于煤矿安全生产的保障效果,评价安全设施确保安全生产的可行性、可靠性。

5.7 安全生产合法性评价

5.7.1 根据建设项目提供的相关证照、批准文件,评价项目建设的合法性。

5.7.2 根据项目建设和联合试运转期间对相关安全条件和参数的勘测、鉴定或专项研究情况,评价建设项目安全条件与参数确定的合法性。

5.7.3 根据建设项目立项、设计、施工、监理、单项工程验收与质量认证、联合试运转审批等相关情况,评价项目设计建设的合法性。

5.7.4 根据各项安全设施、设备的检测检验报告、矿井通风阻力测定报告、反风演习报告等,评价安全设施、设备等的检测检验合法性。

5.7.5 根据建设项目安全管理机构、制度、作业规程和各级各类从业人员安全培训及考核、持证上岗情况,评价其安全生产管理与从业人员的合法性。

5.7.6 根据综合情况,对建设项目安全生产体系的合法性进行整体评价。

5.8 定性、定量评价

5.8.1 根据初步设计、安全专篇、有关法律法规、标准规范、项目建设和联合试运转基本情况,分单元进行定性、定量安全评价。

5.8.2 评价各生产和辅助系统(单元)是否符合初步设计,运转是否安全可靠;对有关内容的较大修改是否履行了规定的程序,一般修改是否有利于提高安全保障程度。

5.8.3 评价安全设施与安全专篇、有关规程、标准、规范的符合性和完善性,分析存在的不足或缺陷。

5.8.4 根据设计和联合试运转中对危险有害因素的控制情况,评价安全技术措施的符合性、有效性、充分性,分析采取进一步安全技术措施的必要性和可能性。

5.8.5 评价安全管理机制与机构,安全生产制度体系,安全检查,安全教育培训与特殊工种操作人员持证上岗,安全事故与隐患的管理,事故应急预案与应急救援管理,安全信息管理等是否满足安全生产法律法规和规章的要求,是否适应建设项目的特点和安全生产的需要,安全管理体系运转是否可靠、高效。

5.9 安全对策措施建议

5.9.1 根据建设项目联合试运转情况、现场安全检查和评价的结果,对不符合设计要求、不满足安全生产法律法规和标准规范规定的生产系统、工艺、场所、设施和设备等提出改进意见。

5.9.2 对不符合有关规定要求或不适合本建设项目特点的安全管理制度、机构设置与人员配置,存在的管理漏洞和不安全的管理行为,提出改进意见。

5.9.3 对控制防范存在不足或缺陷、可能导致重大事故发生的危险有害因素,提出针对性的安全技术措施及建议。

5.10 评价结论

5.10.1 评价结论应概括评价结果,给出建设项目在评价条件下与初步设计、安全专篇及国家有关法律法规、标准规范符合与否的结论;给出建设项目危险、有害因素引发各类事故的可能性及其严重程度的预测性结论。

5.10.2 明确危险有害因素排序,指出在项目建成投产后应重点防范的重大灾害事故和重要的安全对策措施。

5.10.3 给出建设项目是否具备安全验收条件的明确意见。对暂达不到安全验收要求的建设项目,提出具体理由和整改措施建议。

6 安全验收评价报告

6.1 评价报告文字应简洁、准确,附必要的反映煤矿建设情况等有关图表或照片。

6.2 评价报告应准确、清晰描述评价对象、目的、依据、方法和过程,获得的评价结果,提出的安全对策措施及建议,给出的评价结论等,并简要描述建设项目建设期间的生产事故和联合试运转期间的生产及管理状况。

6.3 评价报告应附实施安全验收评价中介机构的资质、评价人员名单、报告完成时间等相关情况及附件。

6.4 煤矿建设项目安全验收评价报告的主要内容见附录E。

7 安全验收评价报告格式和载体

7.1 格式内容包括封面(附录F)、安全评价机构安全评价资质证书副本复印件、著录项(附录G)、前言、目录、正文、附件、附录。

7.2 安全评价报告一般采用纸质载体。为适应信息处理需要,安全评价报告可辅助采用电子载体形式。

附　录　A

（资料性附录）

井工煤矿建设项目安全验收评价参考资料目录

A.1　煤矿概况

A.1.1　企业基本情况，包括隶属关系、职工人数、所在地区及其交通情况、周边环境及矿区开发情况、项目建设规模等。

A.1.2　企业生产活动合法证明材料，包括采矿许可证、企业主要负责人资格证和安全资格证，改扩建项目原有的煤炭生产许可证、煤矿安全生产许可证、企业法人营业执照。

A.2　煤矿设计依据

A.2.1　立项批准文件。

A.2.2　设计依据的地质勘探报告及其评审意见和备案证明。

A.2.3　设计依据的其他有关矿山安全基础资料和专项研究成果。

A.2.4　安全预评价报告。

A.3　煤矿矿井设计文件

A.3.1　矿井初步设计及批复文件。

A.3.2　矿井安全专篇设计及批复文件。

A.3.3　矿井瓦斯抽采初步设计文件。

A.4　项目建设情况

A.4.1　施工单位资质。

A.4.2　单项工程、单位工程验收资料，评级情况，工程质量认证资料。

A.4.3　瓦斯抽放、防火灌浆、安全监控系统等重要安全系统验收资料。

A.4.4　联合试运转批准文件。

A.4.5　联合试运转报告。

A.4.6　反映矿井实际情况的图纸，包括矿井地质和水文地质图，井上、下对照图，巷道布置图，采掘工程平面图，通风系统图，井下运输系统图，安全监控、人员定位装备布置图，排水、防尘、供水、防火注浆、压风、充填、抽放瓦斯等管路系统图，井下通信系统图，井上、下配电系统图，井下电气设备布置图；井下紧急避险系统与避灾路线图。

A.5　生产系统及辅助系统说明

A.5.1　矿井实际生产能力、开拓方式、开采水平。

A.5.2　采区（盘区）、采掘工作面生产及安全情况。

A.5.3　辅助系统生产及安全情况。

A.5.4 安全设施、设备、装置运行情况。

A.6 危险、有害因素分析所需资料

A.6.1 建井地质报告。

A.6.2 地质构造资料。

A.6.3 煤层赋存资料。

A.6.4 工程地质及岩石力学条件。

A.6.5 水文地质及水文资料。

A.6.6 煤层瓦斯赋存资料。

A.6.7 矿井瓦斯等级鉴定资料、煤层突出危险性鉴定资料。

A.6.8 煤层的自燃倾向性、煤尘爆炸性鉴定资料。

A.6.9 冲击地压资料。

A.6.10 矿井热害资料。

A.6.11 有毒有害物质组分、放射性物质含量、辐射类型及强度等。

A.6.12 地震资料。

A.6.13 气象条件。

A.6.14 井田四邻情况和采空区及废弃巷道情况。

A.6.15 生产过程有害因素资料(主要生产环节或者生产工艺的危害因素分析)。

A.6.16 附属生产单位或附属设施危险、有害因素资料。

A.6.17 煤层开采的其他特殊危险、有害因素的说明。

A.7 安全技术与安全管理措施资料

A.7.1 煤层开采可能冒落区地面范围资料。

A.7.2 矿井、水平、采区的安全出口布置、开采顺序、开采方法和工艺,采空区处理方法和预防冒顶、片帮的措施。

A.7.3 采区设计、采掘工作面作业规程。

A.7.4 保障矿井通风系统安全可靠的措施。

A.7.5 预防冲击地压(岩爆)的安全措施。

A.7.6 防治瓦斯、煤尘爆炸的安全措施。

A.7.7 防治煤与瓦斯突出的安全措施。

A.7.8 防治煤层自然发火的安全措施。

A.7.9 防治矿井外因火灾的安全措施。

A.7.10 防治地面洪水的安全措施。

A.7.11 防治井下突水、涌水的安全措施。

A.7.12 提升、运输及机械设备防护装置及安全运行保障措施。

A.7.13 供电系统及电气设备运行安全保障措施。

A.7.14 爆破器材储存、运输安全措施,爆破安全措施。

A.7.15 矿井气候调节措施。

A.7.16 防噪声、有害振动安全措施。

A.7.17 煤矿安全监控设备、仪器仪表资料。

A.7.18 煤矿井下人员定位系统资料。

A.7.19 煤矿井下通风系统资料。

A.7.20 煤矿矿用产品安全标志及其使用情况资料。

A.7.21 安全生产责任制。

A.7.22 安全生产管理规章制度。

A.7.23 各工种、岗位操作规程。

A.7.24 安全事故与隐患处理记录。

A.7.25 矿井年度灾害预防和处理计划,重大事故应急救援预案。

A.7.26 其他安全管理和安全技术措施。

A.8 安全机构设置及人员配置

A.8.1 安全管理、"一通三防"、防治水管理等机构的设置及人员配置情况。

A.8.2 职业卫生、矿山救护(应急救援)和创伤急救组织(井口保健站、井下急救站)及人员配置。

A.8.3 主要负责人及安全生产管理人员任命情况。

A.8.4 从业人员安全教育、培训和考核情况。

A.8.5 主要负责人安全任职资格证书。

A.8.6 安全生产管理人员安全资格证书。

A.8.7 特殊工种培训、考核记录及其操作资格证书。

A.8.8 岗位工种及其设计定员。

A.9 安全检验、检测和测定的数据资料

A.9.1 特种设备检验合格证。

A.9.2 主要通风机系统检测检验报告。

A.9.3 主提升机(绞车)系统检测检验报告及提升钢丝绳检验报告。

A.9.4 主排水系统检测检验报告。

A.9.5 地面主要空气压缩机检测检验报告。

A.9.6 主提升带式输送机检测检验报告。

A.9.7 矿井通风阻力测定报告。

A.9.8 矿井反风演习报告。

A.9.9 矿井通风测定数据。

A.9.10 矿井瓦斯测定数据。

A.9.11 矿井涌水量记录。

A.9.12 煤的自然发火倾向性监测报告。

A.9.13 矿井自然发火区记录及自燃情况的数据。

A.9.14 职工健康监护的数据。

A.9.15 生产性粉尘监测数据。

A.9.16 矿井通风安全监控仪器、仪表和安全监测传感器的计量检定资料。

A.9.17 矿井主要供(配)电设备和井下接地网检测试验资料。

A.9.18 架线式电机车牵引网络杂散电流测试资料。

A.9.19 其他安全检验、检测和测定的数据资料。

A.10 其他资料和数据

安全评价所需的其他资料和数据。

附 录 B

（资料性附录）

露天煤矿建设项目安全验收评价参考资料目录

B.1 煤矿概况

B.1.1 企业基本情况,包括隶属关系、职工人数、所在地区及其交通情况等。

B.1.2 企业生产活动合法证明材料,包括企业法人营业执照、采矿许可证、企业主要负责人资格证和安全资格证。

B.2 煤矿设计依据

B.2.1 立项批准文件。

B.2.2 设计依据的地质勘探报告书及其评审意见和备案证明。

B.2.3 设计依据的其他有关矿山安全的基础资料。

B.2.4 安全预评价报告。

B.3 煤矿设计文件

B.3.1 初步设计及批复文件。

B.3.2 安全专篇设计及批复文件。

B.4 项目建设情况

B.4.1 施工单位资质。

B.4.2 单项工程、单位工程验收资料,评级情况,工程质量认证资料。

B.4.3 采剥、运输、排土、边坡稳定、防治水、防灭火、电气、爆破器材、总平面布置及其他重要系统验收资料。

B.4.4 联合试运转批准文件。

B.4.5 联合试运转报告。

B.4.6 反映实际情况的图纸,包括地形地质图,工程地质平面图、断面图和综合水文地质平面图,采剥工程平面图、断面图,排土工程平面图,运输系统图,输配电系统图,安全监测装备布置图,通信系统图,防排水系统及排水设备布置图,边坡监测系统平面图、断面图,井工老空区、废弃巷道与露天采场平面对照图等。

B.5 生产系统及辅助系统说明

B.5.1 煤矿实际生产能力、开采规模和范围、开采工艺、开拓方式等情况。

B.5.2 采掘台阶、穿孔爆破、煤岩采装、破碎站、运输、排土、边坡稳定、防治水、防灭火及电气等安全情况的说明。

B.5.3 生产辅助系统安全情况的说明。

B.6 危险、有害因素分析所需资料

B.6.1 建矿地质报告。

B.6.2 地质构造资料。

B.6.3 工程地质及对开采不利的岩石力学条件。

B.6.4 水文地质及水文资料。

B.6.5 内因火灾倾向性资料。

B.6.6 有毒有害物质组分和放射性物质含量、辐射类型及强度。

B.6.7 地震资料。

B.6.8 气象条件资料。

B.6.9 生产过程危害因素分析(主要生产环节或者生产工艺的危害因素分析)。

B.6.10 附属生产单位或附属设施危害因素分析。

B.6.11 矿体四邻情况和废弃采场情况及其危害因素。

B.6.12 矿体开采的特殊危害因素的说明。

B.7 安全技术与安全管理措施资料

B.7.1 矿体开采可能滑坡区地面范围资料。

B.7.2 采场、采区、上下平盘的安全通道布置、开采顺序、采矿方法。

B.7.3 边坡稳定及防治滑坡的措施。

B.7.4 防治煤、岩尘危害的措施。

B.7.5 防治自然发火的安全措施。

B.7.6 防治采场火灾的安全措施。

B.7.7 防治地面洪水的安全措施。

B.7.8 防治采场突水、涌水的安全措施。

B.7.9 运输及机械设备防护装置及安全运行保障措施。

B.7.10 供电系统安全保障措施。

B.7.11 爆破安全措施,爆破器材加工、储存安全措施。

B.7.12 防噪声、有害振动的安全措施。

B.7.13 矿山安全监测设备资料。

B.7.14 安全标志及其使用情况资料。

B.7.15 安全生产责任制。

B.7.16 安全生产管理规章制度。

B.7.17 安全作业规程。

B.7.18 事故事件处理记录。

B.7.19 矿山灾害事故处理计划,重大事故应急预案。

B.7.20 其他安全管理和安全技术措施。

B.8 安全机构设置及人员配置

B.8.1 安全管理、灾害监测机构及人员配置。

B.8.2 工业卫生、救护和医疗急救组织及人员配置。

B.8.3 安全教育、培训情况。

B.8.4 特殊工种培训、考核记录及其上岗证。

B.8.5 工种及其设计定员。

B.9 安全检验、检测和测定的数据资料

B.9.1 特种设备检验合格证。

B.9.2 边坡稳定情况测定数据。

B.9.3 采场空气、防尘测定数据。

B.9.4 采场瓦斯测定数据。

B.9.5 采场涌水量记录。

B.9.6 采场自然发火区记录及其自燃情况的数据。

B.9.7 职工健康监护的数据。

B.9.8 其他安全检验、检测和测定的数据资料。

B.10 其他资料和数据

安全评价所需的其他资料和数据。

附　录　C
（规范性附录）
井工煤矿建设项目安全验收评价单元划分

C. 1　开采单元。

C. 2　通风单元。

C. 3　瓦斯防治单元。

C. 4　粉尘防治与供水单元。

C. 5　防灭火单元。

C. 6　防治水单元。

C. 7　防热害单元。

C. 8　安全监控、人员定位与通信单元。

C. 9　爆破器材储存、运输和使用单元。

C. 10　运输、提升单元。

C. 11　压风及其输送单元。

C. 12　电气单元。

C. 13　紧急避险与应急救援单元。

C. 14　安全管理单元。

C. 15　职业危害管理与健康监护单元。

附　录　D

（规范性附录）

露天煤矿建设项目安全验收评价单元划分

D.1　采剥单元（含台阶、穿孔爆破、煤岩采装、破碎站）。

D.2　运输单元。

D.3　排土单元。

D.4　边坡稳定单元。

D.5　防灭火单元。

D.6　防治水单元。

D.7　粉尘防治单元。

D.8　爆破器材储存、运输和使用单元。

D.9　电气单元。

D.10　总平面布置单元。

D.11　应急救援单元。

D.12　安全管理单元。

D.13　职业危害管理与健康监护单元。

附 录 E

（规范性附录）

煤矿建设项目安全验收评价报告的主要内容

E.1 概述

E.1.1 安全评价对象及范围。

E.1.2 安全评价目的。

E.1.3 安全评价依据。

E.1.4 项目建设情况。

E.1.5 建设项目概况、生产系统和辅助系统。

E.1.6 煤矿联合试运转情况。

E.1.7 煤矿建设和联合试运转期间安全生产情况。

E.2 危险、有害因素识别与分析

E.2.1 危险、有害因素识别的方法和过程。

E.2.2 危险、有害因素的辨识。

E.2.3 危险、有害因素的危险程度分析。

E.2.4 危险、有害因素可能导致灾害事故类型、可能的激发条件和作用规律、主要存在场所分析。

E.2.5 危险、有害因素的危险度排序。

E.3 安全设施评价

E.3.1 安全设施施工情况说明与分析。

E.3.2 安全设施确保安全生产充分性、有效性分析。

E.4 安全生产合法性评价

E.4.1 项目建设的合法性评价。

E.4.2 项目设计建设的合法性评价。

E.4.3 安全设施、设备等的检测检验合法性评价。

E.4.4 安全生产管理与从业人员的合法性评价。

E.4.5 安全生产体系合法性的综合评价。

E.5 评价单元定性、定量分析评价

E.5.1 评价单元的划分。

E.5.2 评价方法的选择。

E.5.3 对评价单元 A 的定性、定量评价过程及结果。

E.5.4 对评价单元 B 的定性、定量评价过程及结果。

E.5.5 对其他评价单元的定性、定量评价过程及结果。

E.6 安全措施及建议

E.6.1 安全改进措施及建议。

E.6.2 安全管理措施及建议。

E.6.3 安全技术措施及建议。

E.6.4 其他相关措施及建议。

E.7 安全评价结论

E.7.1 概括评价结果,包括建设项目在评价条件下与初步设计、安全专篇及国家有关法律法规、标准规范符合与否的结论,建设项目危险、有害因素引发各类事故的可能性及其严重程度的预测性结论。

E.7.2 明确危险有害因素排序,指出在项目建成投产后应重点防范的重大灾害事故和重要的安全对策措施。

E.7.3 对建设项目是否具备安全验收条件提出明确意见。对暂达不到安全验收要求的建设项目,提出具体理由和整改措施建议。

E.8 附录(视具体情况可独立成册)

E.8.1 委托书。

E.8.2 建设项目立项审批文件,采矿许可证以及改扩建项目原有的安全生产许可证、煤炭生产许可证和营业执照,矿长资格证、矿长安全资格证。

E.8.3 勘探地质报告评审意见书及备案证明、矿产资源储量备案证明。

E.8.4 安全专篇批复文件。

E.8.5 联合试运转批准文件。

E.8.6 主要设备、设施检测检验报告,矿井通风阻力测定报告,反风演习报告,生产性粉尘监测报告。

E.8.7 开采煤层的自燃倾向性、煤尘爆炸性鉴定资料,瓦斯等级鉴定批复文件,突出矿井的煤与瓦斯突出鉴定报告。

E.8.8 矿山救护协议、供电合同或协议。

E.8.9 安全管理制度和各工种操作规程目录。

E.8.10 安全管理人员及特种作业人员名单。

E.8.11 在用的列入执行安全标志管理的煤矿矿用产品目录内的矿用产品汇总表。

E.8.12 反映实际情况的图纸。井工煤矿图纸包括采掘工程平面图,通风系统图,井上、下配电系统图等。露天煤矿图纸包括采剥工程平面图、断面图,排土工程平面图,边坡监测系统平面图、断面图等。

附　录　F

（规范性附录）

煤矿建设项目安全验收评价报告书封面格式

F.1　封面布局上部

第一行：建设项目所在地区、委托单位名称（二号宋体加粗，可换行）；第二行：评价项目名称（二号宋体加粗）；第三行：安全验收评价报告（一号黑体字加粗）。

F.2　封面布局下部

第一行：安全评价机构名称（二号宋体字加粗）；第二行：安全评价机构资质证书编号（三号宋体加粗）；第三行：评价报告完成日期（三号宋体加粗）。

封面样张见 AQ 8001—2007 图 D.1。

附 录 G

（规范性附录）

著录项格式

安全评价机构法定代表人、技术负责人、评价项目负责人、评价人员等著录项一般分两张布置。第
一张分上下两部分，上部分为项目名称、评价单位项目编号、建设项目规模，下部分署明安全评价机构的
法定代表人（以安全评价机构营业执照为准）、技术负责人、项目负责人、报告编制完成的日期及安全评
价机构（以安全评价资质证书为准）公章用印区。第二张为评价人员（以安全评价人员资格证为准并署
明注册号）、各类技术专家（应为安全评价机构专家库内人员）以及其他有关人员名单，评价人员和技术
专家均要手写签名。

ICS 13.100
D 09
备案号：44594—2014

中华人民共和国安全生产行业标准

AQ 1097—2014

井工煤矿安全设施设计编制导则

Guidelines for the safety facilities designing of underground coal mine

2014-02-20 发布

2014-06-01 实施

国家安全生产监督管理总局　　　发 布

前　言

本标准的所有技术内容均为强制性条款。

本标准按照 GB/T 1.1—2009 给出的规则起草。

本标准由国家安全生产监督管理总局提出。

本标准由全国安全生产标准化技术委员会煤矿安全分技术委员会(SAC/TC 288/SC 1)归口。

本标准起草单位:煤炭工业规划设计研究院。

本标准主要起草人:刘勤江、黄忠、于新胜、何建平、王岩、李瑞峰、田利、刘芳彬、胡伯、宋曦。

井工煤矿安全设施设计编制导则

1 范围

本标准规定了井工煤矿安全设施设计编制的主要内容及相关要求。

本标准适用于新建、改建及扩建井工煤矿建设项目。

2 规范性引用文件

下列文件对于本文件的应用是必不可少的。凡是注日期的引用文件,仅注日期的版本适用于本文件。凡是不注日期的引用文件,其最新版本(包括所有的修改单)适用于本文件。

GB/T 15663　煤矿科技术语

GB 50215—2005　煤炭工业矿井设计规范

GB 50399—2006　煤炭工业小型矿井设计规范

AQ 1055—2008　煤矿建设项目安全设施设计审查和竣工验收规范

煤矿安全规程

3 术语和定义

GB/T 15663 及《煤矿安全规程》(2011 年版)界定的以及下列术语和定义适用于本文件。

3.1

井工煤矿安全设施设计　guidelines for the safety facilities designing of underground coal mine

在矿井初步设计的基础上,对矿井安全条件的论证和安全设施的设计,包括安全设施设计说明书和附图两部分。

4 基本规定

4.1　井工煤矿安全设施设计应在以下资料基础上编制:

　　a)　国土资源部门评审备案的相应级别的井田勘查地质报告;

　　b)　省级及以上政府有关主管部门项目核准(审批)的批复文件;

　　c)　国土资源部门划定井田范围批复文件或颁发的采矿许可证;

　　d)　安全预评价报告。

4.2　安全设施设计编制应符合《煤矿安全规程》、GB 50215—2005、GB 50399—2006 及 AQ 1055—2008 等要求。

4.3　安全设施设计与初步设计应由同一设计单位编制,并在初步设计的基础上进行。

5 编制内容

5.1 概况

5.1.1 矿区开发

矿区总体规划,现有生产、在建矿井的分布和规模,小窑分布;属于非新建项目的,应介绍其建设、安全生产情况。

5.1.2 编制依据

国家有关安全法律法规、规范和标准;资源条件、开采技术条件、外部建设条件;建设单位提出的合理要求和目标、提供的主要技术资料与审批文件;设计编制的主要原则和指导思想等。

5.1.3 建设单位基本情况

项目建设单位性质、隶属关系、主营业务、煤炭建设与生产业绩、近年安全生产状况。

5.1.4 初步设计概况

5.1.4.1 地理概况

矿区、矿井所在地理位置、交通情况、地形地貌、地面水系、气象与地震、环境状况等情况。
插图:交通位置图。

5.1.4.2 主要自然灾害

井田所在区域洪水、泥石流、滑坡、岩崩、不良工程地质、灾害性天气等方面。

5.1.4.3 工程建设性质

新建、改建、扩建。

5.1.4.4 开拓与开采

井田境界、资源/储量、设计能力及服务年限,井田开拓方式、采区布置、采煤工艺及主要设备,建设工期等。
插图:开拓方式平面图、剖面图。

5.1.4.5 主要设备

提升、排水、通风、压缩空气、瓦斯抽采系统的主要设备型号和主要技术参数,井下煤炭运输、辅助运输方式及设备。

5.1.4.6 地面运输

地面铁路、公路及其他运输方式。

5.1.4.7 供电及通信

供电电源、电压、电力负荷、送变电方式、地面供配电、井下供配电、安全监控与计算机管理,通信及铁路信号等。

5.1.4.8 地面设施

地面生产系统,辅助生产系统,工业场地及周边用于生产生活的重要建筑物与构筑物,给水排水及供热通风等系统。

插图:工业场地总平面布置图。

5.1.4.9 技术经济指标

劳动定员汇总表、主要技术经济指标。

5.2 矿井开拓与开采

5.2.1 煤层赋存及开采条件

5.2.1.1 地层及构造

地层、含煤地层及含煤性,煤系地层走向、倾向、倾角及变化规律,断层、褶曲、陷落柱、剥蚀带的发育情况及分布规律,岩浆侵入情况及对煤层、煤层顶底板的影响;构造复杂程度。

附表:主要断层特征表。

5.2.1.2 煤层及煤质

煤层赋存情况(包括可采煤层层数、厚度、层间距、结构等),煤层顶底板岩性特征、物理力学性质、结构及变化规律,煤层露头(含隐覆露头)及风化带情况;煤质及煤类。

附表:可采煤层特征表、煤质特征表。

5.2.2 矿井主要灾害因素及安全条件

矿井水文地质条件、涌水量、水患类型,煤层瓦斯赋存情况及分布规律,煤层瓦斯含量和压力,矿井瓦斯等级,矿井煤(岩)与瓦斯(二氧化碳)突出危险性,其他有毒有害气体赋存情况,煤尘爆炸指数及爆炸危险性,煤的自燃倾向性和自然发火期,煤层顶底板工程地质特征,冲击地压危险性,地温情况,邻近矿井瓦斯、煤尘、煤的自燃、煤与瓦斯突出、煤层顶底板条件和地温等实测结果或鉴定资料。

提出对地质报告的评价,提出对安全预评价结论的评价。

5.2.3 矿井开拓系统

5.2.3.1 井筒

井筒的设置及装备、功能,井筒和工业场地工程地质条件、防洪设计标准,进、回风井口的安全性。

附表:井筒特征表。

5.2.3.2 采区及煤层开采顺序

采区(或盘区,下同)划分、采区及煤层开采顺序、采区接替关系,划分依据及其合理性分析;煤层下行开采的顺序确定;煤层上行开采的分析论证。

5.2.3.3 主要巷道

主要巷道布置层位、安全间隙、支护方式、安全风速、其他安全措施等。

插图:井筒、开拓、采区主要巷道断面图。

5.2.3.4 投产采区

投产采区个数、位置,投产采区应具备的条件;采区投产时开拓大巷位置与长度。

5.2.4 采煤方法及采区巷道布置

5.2.4.1 采煤方法的合理性分析

根据地质条件、开采和资源条件,分析采煤方法的安全性。

5.2.4.2 采掘设备的安全性

支护设备的支护强度、防倒、防滑措施,倾斜和急倾斜煤层开采时防煤矸滚动伤人措施等。

5.2.4.3 采区巷道布置

采区上、下山,采煤工作面运输巷道等巷道布置方式;

对有冲击地压、煤层自燃和煤与瓦斯突出等条件下巷道层位的选择与分析;

高瓦斯矿井、有煤(岩)与瓦斯(二氧化碳)突出危险矿井采区和开采容易自燃煤层的采区以及瓦斯矿井开采煤层群和分层开采采用联合布置的采区,其专用回风巷的设置情况;

采区巷道加强支护的要求等。

5.2.5 顶底板控制及冲击地压

5.2.5.1 顶底板灾害防治及装备

影响矿山压力显现基本因素分析:煤层顶板岩性、顶底板类别、物理力学性质对可能产生顶板事故的影响分析,构造、煤层倾角、开采深度、采高、控顶距对矿山压力显现的影响。

一般顶板冒落灾害的防治措施及装备:回采工作面顶板控制方式的选择,回采工作面支架的选择论证,采区运输巷道和回风巷道支护的选择论证;沿空掘(留)巷的安全措施;掘进工作面、硐室、交岔点等支护方式选择的论证。

矿山压力观测设备:综采工作面、高档普采工作面、其他采煤工作面及掘进工作面矿山压力观测设备。

坚硬顶板垮落灾害的防治措施:顶板岩石特性、物理力学性质、顶板岩层厚度、邻近矿井顶板冒落情况等。

预防措施及装备:顶板高压注水、强制放顶等措施分析,岩石钻机、高压注水泵、矿山压力观测设备(如微震仪、地音仪、超声波地层应力仪等)。

底板灾害的防治。

5.2.5.2 冲击地压

矿区或邻近矿井或本矿冲击地压发生的历史资料,影响本矿冲击地压发生的因素分析(地质因素、开拓开采因素),冲击地压预测(冲击地压预测方法、预测仪器仪表和设备选型),冲击地压防治措施(设计原则、防治措施等)。

插图:上、下煤层对照图,冲击地压的预测和防治工程图(必要时附)。

5.2.6 井下主要硐室

井下架线式电机车修理间及变流室、井下蓄电池式电机车修理间及充电变流室、井下防爆柴油机车修理间及加油(水)站、井下换装硐室、井下消防材料库、中央变电所、水泵房、防水闸门硐室、井下急救站、避灾硐室、井下降温系统硐室等的规格、要求(装备)、服务范围、层位位置选择、支护形式、通风方式等。

5.2.7 井上、下爆炸材料库

位置、库房型式、支护、通风,距主要井巷(建构筑物)距离,爆炸材料库采取的安全防范措施。

5.2.8 保护煤柱

矿井、采区及主要巷道保护煤柱留设依据及计算。

5.2.9 安全出口

矿井、采区、工作面安全出口设置及保证措施。

5.2.10 地质类仪器、仪表及设备配置

矿山压力与地质测量类仪器、仪表及设备配置。

5.3 瓦斯灾害防治

5.3.1 瓦斯灾害因素分析

5.3.1.1 瓦斯赋存状况

瓦斯成分、瓦斯参数(瓦斯风化带、瓦斯压力、各煤层瓦斯含量及梯度等)、煤层透气性系数、煤(岩)与瓦斯(二氧化碳)突出危险性、其他有毒有害气体情况。

5.3.1.2 瓦斯涌出量预测及变化规律分析

根据不同水平的瓦斯参数预测矿井不同水平或开采区域的瓦斯涌出量、矿井瓦斯等级,从不同区域、不同埋深分析研究矿井瓦斯涌出的变化规律等。

5.3.1.3 瓦斯灾害治理措施选择

研究确定矿井移交生产时降低矿井瓦斯浓度的可能途径,对风排、抽排比例关系进行定性、定量分析;首采及备用工作面瓦斯治理措施。

5.3.2 防爆措施

5.3.2.1 防止瓦斯积存的措施

健全稳定、合理、可靠的通风系统,保证工作面有充足的风量和合理的风速,确定瓦斯异常区装备、管理标准。

5.3.2.2 控制和消除引爆火源

防止爆破引燃瓦斯措施,防止自燃措施,电气防爆措施,防止撞击产生火花措施,防止产生引燃(爆)火源(明火)的措施。

5.3.2.3 地面储、装、运等生产系统中的防爆措施

按照《煤矿安全规程》等要求制定相应的防爆措施。

5.3.3 隔爆措施

按照 5.5.6 措施执行。

5.3.4 瓦斯抽采

5.3.4.1 矿井瓦斯储量

瓦斯储量、可抽量及瓦斯涌出量计算。

5.3.4.2 抽采系统和方法

瓦斯抽采系统的选择及合理性分析,论证分析采用地面钻孔抽采、地面集中抽采、井下临时抽采的可行性和合理性。

瓦斯抽采(预抽)的预抽量、预抽时间、预抽效果分析。

地面钻孔抽采系统:完孔方法、抽采参数(孔距、孔径、抽采负压等)、系统设备。

地面集中抽采或井下临时抽采系统:本煤层瓦斯抽采方法,邻近层抽采方法,采空区抽采方法,抽采巷道的选择和布置,钻场布置和钻孔参数。

5.3.4.3 抽采管路及其设备

抽采系统的主、干、支管管径、材质、连接方式,主管路的趟数;抽采管路的布设和敷设方式,安全间距;管路的附属设施及其布设原则;井下管路的阻燃性和防砸、防静电、防腐、防漏气、防下滑措施,地面管路的防冻和防雷电、静电措施。

瓦斯储存、利用方式及所需正压,抽采设备选型及工况点(应考虑抽采设备实际工况与标准工况的换算),设备富余能力(大于或等于15%)校验,设备工作及备用台数。

瓦斯抽采站的辅助设施(起重、冷却、采暖、通风、测量及计量)、安全设施(防爆器、防回火装置、放空管、避雷、灭火器具),安装布置方式,防火间距,机房安全出口;抽采设备及设施选型合理性和运行安全、可靠性分析。

插图:抽采管路系统图。

5.3.4.4 安全保障措施

抽采系统及抽采泵站安全措施:抽采站场、钻孔施工防治瓦斯措施,管路及抽采瓦斯站防火灾、防洪涝、防冻措施,抽采瓦斯浓度规定,安全管理措施。

监测监控子系统的组成、功能及设置。

5.3.5 防突措施(有突出危险的矿井)

5.3.5.1 煤与瓦斯突出的危险性分析

煤层赋存、顶底板等情况,煤层瓦斯特征(瓦斯含量、瓦斯成分、瓦斯放散初速度 Δp、瓦斯压力 p),煤层的物理力学性质,矿井或邻近矿井煤与瓦斯突出情况,各煤层瓦斯突出危险性鉴定结果。

5.3.5.2 开拓、开采防突措施

从开拓方式和开采顺序、采煤方法和巷道布置、采区巷道和顶板控制、通风等方面论述。

5.3.5.3 区域防突措施

开采保护层:保护层的确定,保护层有效作用范围的圈定。开采保护层的几个技术问题——主要巷

道布置,井巷揭突出煤层地点的选择,保护层的有效保护范围及有关参数确定,保护层的回采工作面与被保护层的掘进工作面超前距离的确定,防止应力集中的影响,留煤柱时采取的措施,井巷揭煤前通风系统和通风设施及采区上山布置方式;其他应注意的问题。

预抽煤层瓦斯:煤层瓦斯预抽,掘进工作面预抽,回采工作面预抽。

5.3.5.4 局部防突措施

石门和井巷揭煤的防突措施,掘进工作面防突措施,回采工作面防突措施。

5.3.5.5 安全防护措施

井巷揭穿突出煤层和在突出煤层中进行采掘作业时的安全防护措施,避难硐室或救生舱设置,个人防护措施等。

5.3.5.6 防突仪器、设备配置

瓦斯突出参数测定仪器、钻机等。

5.3.6 瓦斯检测仪器、设备配置

矿井瓦斯及其他气体检测仪器、设备配置。

5.4 矿井通风

5.4.1 通风系统

矿井通风方式和通风方法。

矿井初、后期进回风井数目及位置、功能、服务的范围及时间,改扩建矿井增加和弃用的井筒情况。

5.4.2 矿井风量、风压及等积孔

矿井不同时期的需风量计算及风量分配、风压、等积孔计算及通风难易程度评价,应考虑自然风压及海拔高度的影响。

附表:初、后期风压计算表。

5.4.3 掘进通风

掘进通风方法、通风设备、防止产生循环风的安全措施。

5.4.4 硐室通风

井下独立通风硐室的通风系统及安全措施。

5.4.5 井下通风设施及构筑物

井下各种风门、挡风墙、风帘和风桥、调节风门、测风站的设置及技术要求。

5.4.6 矿井主通风机及矿井反风

矿井通风设备选型及正常、反风工况点(应考虑自然风压影响及海拔高度对特性曲线的修正),通风设备的余量(在最大设计风量、负压时轴流式的叶片富余角度和离心式的富余转速)及电机功率(包括反风功率)校验;工况调节方式,辅助设施,安装布置方式,机房安全出口,风门防冻措施,性能测试方式;反风方式、反风系统及设施;多风机联合运转时的性能匹配及工况点稳定性分析;通风设备及设施选型合

理性和运行安全、可靠性分析。

多风井实施反风的技术措施和方法。

插图:通风容易、困难时期风机工作和反风特性曲线图。

5.4.7 矿井通风检测类仪器、设备配置

按照《煤矿安全规程》和煤炭行业有关规定配置检测类仪器设备。

5.4.8 井筒防冻

井筒防冻方式、计算参数、设备选型及相应的安全措施。

5.4.9 降温措施及设备选型(有地热危害的矿井)

5.4.9.1 矿井致热因素

热害种类、热害程度及致热因素分析。

5.4.9.2 矿井地热、热水分布状况及岩石热物理性质

可采煤层上、下主要层段岩石热物理性质及参数,热水型矿井的热水形成、运移、水温及水量等主要参数,地热型矿井的原始岩温、干湿球温度等主要参数。

5.4.9.3 矿井热源散热量计算

地温情况及热害对职工的影响,风温预测计算及采取的降温措施。

5.4.9.4 降温措施及设备选型

开拓、采掘布置措施,通风系统及通风管理措施,地热及热水型矿井封堵、疏干措施,人工制冷、降温等措施,降温设备选型,采用各种措施的经济技术比较,降温措施及预期效果。

5.5 粉尘灾害防治

5.5.1 粉尘危害及防尘措施

5.5.1.1 粉尘种类和危害程度分析

粉尘的种类、游离二氧化硅含量、煤尘的爆炸性、粉(煤)尘的危害性等。

5.5.1.2 防尘措施的确定

各采掘工作面、装载点、卸载点、运输、仓储等产生粉尘的尘源地点,采用的降尘、除尘、捕尘以及对沉淀在巷道中的煤尘所采取的综合防尘措施。

5.5.2 煤层注水

5.5.2.1 煤层注水设计依据

煤层的物理特性、煤层顶底板的物理特性、煤层的结构特征等,煤层注水的必要性。

5.5.2.2 注水工艺、参数及设备

注水方式的选择、注水参数及水质的确定,注水系统的选择、注水设备和仪表的选择。

5.5.3 井下消防、洒水（给水）系统

井下消防洒水系统：水源及水处理、水量、水压、水质、给水系统（系统选择、水池、蓄水仓、加压、减压、管网）、用水点装置（灭火装置、给水栓、喷雾装置）、管道、加压泵站、自动控制。

供水施救系统管路、阀门等设施。

5.5.4 粉尘监测及个体防护设备

5.5.4.1 粉尘检测

主要检测方法及频率，检测仪表。

5.5.4.2 个体防护设备

个体防护设备的选择及配置。

5.5.5 防爆措施（有煤尘爆炸危险矿井）

防尘降尘措施，电气设备及保护措施，撒布岩粉、防止火源引起煤尘爆炸的措施等。

5.5.6 隔爆措施（有煤尘爆炸危险或高瓦斯矿井）

5.5.6.1 隔爆水棚（水槽、水袋）（设置时）

水棚的结构、选型、计算与布置以及水棚给水系统。
插图：隔爆水棚布置图。

5.5.6.2 隔爆岩粉棚（设置时）

粉棚的结构、布置、计算，对岩粉的要求与岩粉原料。
插图：隔爆岩粉棚布置图。

5.5.7 矿井地面生产系统防尘

地面生产系统防尘，排矸系统防尘，喷雾洒水除尘措施及装备。

5.5.8 矿井粉尘检测类仪器、设备配置

按照煤矿粉尘防治有关规定配置检测类仪器、设备。

5.5.9 矿井其他有毒、有害、放射性物质等灾害的防治

矿井其他有毒、有害、放射性物质等灾害按照《煤矿安全规程》要求进行防治。

5.6 防灭火

5.6.1 煤层自燃倾向性及防灭火措施

5.6.1.1 煤层自燃倾向性

煤层自燃倾向性参数及矿井的火灾特点，邻近矿井煤层自然发火的特点和规律、自然发火期。

5.6.1.2 煤的自燃分析预测

根据煤的自燃倾向性鉴定结果、化学成分及变质程度等，从开拓方式、采煤方法、通风方式等方面

分析。

5.6.1.3 煤层自燃预防措施

根据矿井煤层自然发火的特点,选择适宜的开拓开采和通风方式,确定先进适用的防灭火方法、设备;根据周边邻近矿井火区情况,制定隔离措施等。

5.6.2 防灭火方法

5.6.2.1 灌浆防灭火

设计依据及主要技术资料,灌浆系统的选择,灌浆方法的选择,灌浆参数的计算及选择,灌浆材料的选择,泥浆制备、注浆管道和泥浆泵的选择。

插图:灌浆工艺系统图。

5.6.2.2 氮气防灭火(设置时)

设计依据及主要技术要求、注氮工艺系统及设备、注氮参数。

插图:注氮工艺系统图。

5.6.2.3 阻化剂防灭火(设置时)

设计依据、阻化剂的选择、喷洒压注工艺系统、参数计算、喷洒压注设备。

5.6.2.4 凝胶防灭火(设置时)

主料、基料及促凝剂的选择,参数计算,压注、喷洒设备的选择等。

5.6.2.5 均压防灭火

均压防灭火措施。

5.6.3 井下外因火灾防治

5.6.3.1 电气事故引发的火灾防治措施

井下机电设备硐室的防火措施,井下电气设备的防火措施,井下电缆、井下电气设备的各种保护。

5.6.3.2 带式输送机着火的防治措施

井下阻燃输送带选择、巷道照明、传动滚筒防滑保护、烟雾保护、温度保护和堆煤保护装置,自动洒水装置和防输送带跑偏装置,机头、机尾硐室自动灭火系统,火灾报警装置以及监测监控装置。

5.6.3.3 其他火灾的防治措施

防止地面明火引发井下火灾的措施,防止地面雷电波及井下、防止井下爆破引发火灾的措施,空压机的防火与防爆措施,防止机械摩擦、撞击等引燃可燃物的措施等。

5.6.4 防火构筑物

井下防火门硐室、防火墙、采区和工作面密闭等,井上、下消防材料库。

5.7 矿井防治水

5.7.1 矿井水文地质

井田水文地质条件及矿井水文地质类型；地表水体的分布情况，新生界松散含（隔）水层和基岩含（隔）水层的含、隔水性能及分布特点，构造的含水、导水和隔水性能；采空区、邻近矿井和小（古）窑的积水情况，封闭不良的钻孔情况；主要含水层或积水区与可采煤层之间的关系；矿井的正常涌水量和最大涌水量；可能发生突水的地点和突水量预计。

5.7.2 矿井防治水措施

5.7.2.1 矿井开拓开采所采取的安全保证措施

矿井开拓工程位置及层位选择、采掘工程所采取的防治水措施。

5.7.2.2 防隔水煤（岩）柱留设

防隔水煤（岩）柱的种类、留设原则、计算方法和结果，确定浅部回采工作面的回采上限。

5.7.2.3 区域、局部探放水措施及设备

探放水原则、探放水方法的确定、探放水设备的选择、探放水时的安全措施。

5.7.2.4 疏水降压

根据矿井水文地质条件，确定疏水降压的地点、方法和降低水头值，并作相应的疏水工程设计和疏水降压设备选择。

5.7.2.5 防水闸门（强排系统）

分析设置防水闸门的必要性，防水闸门规格，防水闸门硐室位置及设计计算结果，施工及管理要求。强排系统设计：排水泵选型，设置数量，排水管路选型及安装等。

5.7.2.6 井下排水

矿井不同时期井下正常、最大涌水量、突水量（必要时说明）；排高及时间界限，地面所需附加扬程，排水方式；排水设备选型及管路淤积前、后的工况点（应考虑海拔高度对参数进行修正，以及并联运行）；排水泵的工作、备用、检修台数，预留预设情况，排水能力校验，电动机功率和吸上真空高度校验，泵与管路的运行组合，水泵的充水方式和启动、调节方式；排水管路管径、材质、连接方式和壁厚校验，阀门，管路趟数及敷设井巷和方式；水质 pH＜5 时的防酸措施，管路的防腐，排水系统防水力冲击措施，管路预留位置；泵房附属设施引水、起重、运输、配水井/阀及硐室，大功率泵房的通风散热和降噪措施；配水井、联轴器的安全防护；排水设备及设施选型合理性和运行安全、稳定性分析。

水泵房位置及通道，水仓布置及容量。

下山巷道布置方式的排水方式、设备及排水能力。

插图：水泵特性曲线图、排水系统图。

5.7.2.7 地表水防治

防洪设计标准，地表水防治措施和地表水防治工程与装备。

5.7.2.8 小窑、古窑水防治

小窑及古窑的分布范围与积水情况，小窑及古窑对矿井开拓开采的影响，实现积水区域安全开采的

防治水技术途径和安全技术措施。

5.8 电气安全

5.8.1 矿井电源及送电线路

5.8.1.1 矿井供电电源及可靠性分析

电网现状及规划、供电电源(包括电源协议或供电承诺)、施工电源、过渡期的供电、电源运行方式、备用电源自动投入装置等。

5.8.1.2 供电线路可靠性及保证措施

可能产生的事故分析,如断线、倒杆、外力破坏、雷击、覆冰、污闪等;保证措施,如线路设计气象条件、导地线截面及安全校验、允许温度、杆型、路径、交叉跨越、绝缘配合(污秽等级、海拔高度、泄漏比距)、地形地貌特征及防雷、接地、融冰等。

5.8.2 矿井地面主变电所

5.8.2.1 主变电所负荷

主变电所最终或分期、分级(一、二级)的电力负荷计算值(有功、无功、视在),吨煤电耗;电力负荷分析(含无功冲击和谐波)。

5.8.2.2 主变压器选择

数量、型号规格、运行方式、负荷率、供电保障系数、调压方式等。

5.8.2.3 电气主接线及主要电气设备

安全设计时,要考虑各电压等级的电气主接线、无功补偿方式、主要电气设备选择、站用电及操作电源、继电保护(主保护和后备保护)及控制和远动、短路校验。

5.8.2.4 接地方式和接地网设置

主变电所各级电压中性点的接地方式及设备,变电所防雷保护方式,单相接地电容电流及补偿,接地装置设计的技术原则和接地电阻要求。

5.8.2.5 防止矿井突然停电的措施

电源线路和上级变电站停电等。

5.8.2.6 地面主变电所事故及防治措施

可能发生的事故分析:工程地质条件,洪涝灾害、内外过电压、短路、变电所火灾、误操作、保护不完善、变电所设备事故、小动物引起的短路、系统设置不合理等。主变电所事故防治措施:地面变电所选址的安全因素分析、过电压保护(大气过电压、操作过电压、系统谐振过电压)及各种防护设施与设备。防污秽措施、变电所和构筑物的防火措施和防火间距、主变压器防火和防爆措施、事故油池设置,开关、继电保护装置及电容器的防火措施,火灾报警和消防,高压电网限制单相接地电容电流的措施,谐波电流限制措施。电缆沟、管道沟等防小动物进入措施等。

5.8.3 地面供电系统

5.8.3.1 供电安全性分析

负荷分级及各分级负荷的供电方式、供电安全性分析。

5.8.3.2 地面供配电系统概况

变配电所分布和供电范围、线缆选择与敷设,短路计算及校验。

5.8.3.3 主通风机房

电源及线路,电力负荷,启动方式,电气设备及保护功能,仪表、通信及控制。

5.8.3.4 瓦斯抽采站

电源及线路,电力负荷,启动方式、电气设备及保护功能,电气防爆及安全技术措施,抽采站防雷击、静电、火灾的安全措施,仪表、通信及控制。

5.8.4 地面建(构)筑物防雷及防雷电波侵入井下

5.8.4.1 建(构)筑物的防雷

一、二、三类防雷建筑名称,及主要防雷措施。

5.8.4.2 防地面雷电波及井下的措施

进入井下的地面架空线路、电机车架线、管路在入井处的避雷措施等。

5.8.5 井下供电系统

5.8.5.1 井下电力负荷和电压等级

井下供电系统概况、电压等级、供电方式、运行方式,最终或分期、分级(一级)的电力负荷计算值(有功、无功、视在),一级电力负荷类型及供电方式。

5.8.5.2 井下电缆

井下电缆选择:类型、绝缘水平、铠装、截面及校验(载流量、温升、经济电流密度、动热稳定性、压降)、阻燃性能、煤矿矿用产品安全标志等。

电缆敷设路径及方式:敷设路径、敷设位置、安全措施、敷设方式、电缆的连接等。

5.8.5.3 井下电气设备及变电所

电气设备防爆等级:井下各使用地点电气设备(包括电动机、变配电设备、用电设备、电机车、照明灯具、通信及自动化装置和仪表、传感器等)防爆等级的选择,无油真空化情况,所选电气设备具备“煤矿矿用产品安全标志”情况。

采区 3.3 kV 供电的专门安全措施。

电气设备的继电保护:不同回路、设备所具备的各种保护、闭锁、控制功能,开关设备分断能力、动热稳定性及保护装置可靠系数校验,主要电气设备的实时监测监控。

井下变电所:各主要变电所、配电点、移动变电站的设置位置和主接线方式,配电变压器数量及保证率,变压器中性点接地方式,供电安全性分析,灭火器具设置。

防治水强排系统(矿井需要设置的):电源及线路、电力负荷、控制启动方式等。

局部通风机的供电方式及风电、瓦斯闭锁。

5.8.6 井下电气设备保护接地

保护接地的设置范围;总接地网、分区接地网、主接地极、局部接地极的设置,材质、截面及连接,接地电阻。

5.8.7 照明及电气信号

5.8.7.1 井下固定照明

井下固定照明地点(包括爆炸材料库)和供电方式,照明器具和电缆的选择及安装敷设方式,照明变压器的保护。

5.8.7.2 应急照明

地面、井下应急照明的设置地点及应急照明装置。

5.8.7.3 电气信号

采用的电气信号类型及设置地点。

5.8.8 井下电气事故原因分析及其防范技术措施

5.8.8.1 可能产生的事故分析

异常停电和带电、电气火花、着火、短路、过负荷、断相、单相接地电容电流、电缆动热稳定性、触电、静电、失爆等。

5.8.8.2 防治措施

电气设备实现无油化、各种电气保护及其可靠性、电缆截面及阻燃和安装、不带电作业、日常运行维护检查、电机车架空线高度及分段开关、接地、遮栏等。

5.8.9 矿井通信

5.8.9.1 行政通信

矿井行政通信交换机的选型、容量的配置,与公网连接的中继方式及中继线容量的配置,程控交换机房的电源、接地、消防。

5.8.9.2 调度通信

生产调度通信交换机的选型、容量配置,中继方式及中继线容量配置,井筒通信电缆的选型及敷设、复接方式,固定通信主要设置地点,直通电话等。

电力调度通信、地面无线移动通信、应急救护通信系统、井下移动通信、铁路装车站调度通信等的配置。

5.9 提升、运输、空气压缩设备

5.9.1 提升设备

5.9.1.1 提升装置

提升容器型号和主要参数,串车组成,最大、最重件参数和对侧配重要求,最大载重量及最大载重量差,装卸载方式,提升高度或井巷参数。

提升设备、主(尾)钢丝绳及悬挂装置的型号、主要技术参数,提升设备的运行数量,相关参数校验;提升机房照明及防护隔离和消防设施;设备选型的合理性及运行安全性分析;提升机电源及线路、电气主接线、传动方式及设备、谐波抑制和无功补偿。

插图:提升系统平、剖面图。

5.9.1.2 运行参数

提升系统主要运行参数及其校验,如最大提升速度、最大加减速度、加减速度变化率、爬行速度、进出四角罐道速度、休止时间、过卷和过放距离、年提升能力及富余系数等。

插图:提升速度图。

5.9.1.3 提升机安全制动

制动装置及其主要功能,制动方式(一级、二级、恒减速),制动力矩与最大静荷重转矩的倍数,双滚筒缠绕式提升机调节滚筒位置时制动力矩倍数,立井和斜井提升绞车上提、下放时安全制动减速度,摩擦式提升机紧急制动滑动极限等。

5.9.1.4 提升机机电保护装置及电气保护

防过卷过放、防过速、限速、深度指示器失效、闸间隙、松绳、尾绳、满仓、减速功能保护,缠绕式提升的定车装置;电气保护,如过负荷、短路及欠压、错向闭锁、测速回路断电、直流及交流同步主电机失磁、制动回路及润滑回路故障、电气制动电流消失、操纵手柄"0"位;提升信号联锁;调绳离合器动作保护等;控制系统、电路、电源的可靠性。

5.9.1.5 提升设备连接装置安全系数校验

立井及斜井提升各类连接装置的安全系数校验。

5.9.1.6 立井井筒设施

大、重型设备、车辆进出罐笼过程(尤其是深井,绳端载荷变化后钢丝绳发生较大的弹性变形)及运行中的安全措施,长材料运送方式及其安全措施,箕斗提升的防过装载措施;井口防坠落措施,阻车器、挡车器、楔形罐道、防撞梁和托罐装置、缓冲装置、防坠器、摇台、稳罐装置的设置,立井提升容器罐耳与罐道的间隙,提升容器与井筒装备的最小间隙等。

5.9.1.7 斜井跑车防护装置及车场信号装置

斜巷轨道型号,串车提升的连接装置和保险装置,井巷内托绳轮和立滚的设置及间距;跑车防护装置选型及主要性能和技术参数,安装位置及间距;与提升绞车联动的车场声光报警装置功能和安设位置,斜巷躲避硐室。

5.9.1.8 采区辅助绞车运输事故及防治措施

硐室设计、巷道规格、线路布置、声光信号、挡车栏、挡车器等。

5.9.1.9 井底及采区煤仓事故的防治措施

煤仓型式及容量、仓口筛算、煤位信号、煤仓防堵及瓦斯检测和通风等。

5.9.2 带式输送机设备

5.9.2.1 带式输送机

设备型号、主要技术参数（如倾角、长度、带宽、带强及阻燃、滚筒直径、驱动单元形式及功率配比、调速或软启动及软制动装置、拉紧方式、防逆转和制动装置、输送带张力及防滑验算、输送带安全系数、驱动电动机功率及过载能力等）及其校验。

插图：原煤运输系统示意图、带式输送机系统示意图。

5.9.2.2 运行参数

带式输送机运输系统主要运行参数（如带速、输送量、与井下煤流系统及煤仓容量的协调性、工作制度等）及其校验，选型的合理、安全性分析。

5.9.2.3 带式输送机供电及电气传动

电源及线路、电气主接线、电气传动方式及设备、谐波抑制和无功补偿。

5.9.2.4 带式输送机的电气保护

驱动滚筒打滑、堆煤、防跑偏、温度、烟雾、输送带张力下降、防撕裂、电动机过载、电机超温、下运输送机超速和失电保护等；自动洒水装置，紧急停车装置，制动及防逆转装置，漏斗堵塞连锁，启动、停车的预报及警告信号；井下带式输送机火灾监测系统；根据具体情况（大倾角、高带强的钢丝绳芯输送带）设置断带保护装置或接头在线检测装置；主运输系统（如主斜井带式输送机）输送量监控设施。

5.9.3 机车运输

5.9.3.1 机车运输设备

平硐、大巷、采区的运输机车（矿用架线及蓄电池电机车、防爆柴油机车）、牵引整流/充电设备和牵引网及矿车、人车等的型号、类型、数量、主要技术参数。

5.9.3.2 运行参数

机车运输系统主要运行参数（如运输长度、线路坡度、车场形式、速度、列车组成、牵引电动机过热能力、列车制动距离、充放电设备选择等）及其校验，选型的合理、安全性分析。

5.9.3.3 机车运输事故分析

机车及其他运输车辆运行中碰撞追尾、超速、伤人、触电、起火、打滑、运行火花等事故。

5.9.3.4 防范机车运输事故的主要技术措施

大巷及井底车场内的"信、集、闭"系统，轨道及架空线的标准，轨道绝缘及杂散电流，架空线的分段开关或自动停送电开关，巷道安全间隙，躲避硐室等。

5.9.4 井下其他辅助运输设备

5.9.4.1 架空乘人装置

巷道倾角及长度、设备型号及主要技术参数、蹬座间距、运行速度、钢丝绳安全系数、制动器、上下人地点安全措施、紧停及信号装置、安全间距等。

5.9.4.2 单轨吊车、卡轨车、齿轨车和胶套轮车

车辆型号、数量、运行区域、主要技术参数,轨道、信号和通信装置。

5.9.4.3 无轨胶轮车

车辆型号、数量、运行区域、主要技术参数,信号、照明和通信、安全保护装置,灭火器、瓦斯检测报警仪的配备,排气中 CO、NO_x 等有害气体浓度。

巷道中行驶速度确定:物料小于或等于 40 km/h、人员小于或等于 25 km/h。

巷道宽度和必要的车辆、人员躲避硐室及提示标志,巷道弯道或视线受阻区段的限速、鸣笛标志,自动交通信号装置等要求。

定期维护、保养和检修及地面加油方式。

5.9.5 空气压缩设备

5.9.5.1 压气设备及管路系统

供气方式,空气压缩设备型号、数量、主要技术参数、设置地点,管路系统、规格、长度、敷设位置;压风自救系统需风量校验,管路设施。

5.9.5.2 压气设备事故分析

管路积碳、储气罐爆炸、管路振动、机械及电气事故、噪声等。

5.9.5.3 防范压气设备事故的主要技术措施

符合规定的润滑油,空压机设压力表和安全阀、断油保护或信号装置、断水保护或断水信号装置、温度保护装置、吸气过滤装置。

机房的安全出口,联轴器、皮带传动部分的安全防护。

储气罐的位置、超温保护装置、安全阀和放水阀、出口管路释压阀、与供气总管间的切断阀。管路防静电措施。

活塞式机组与储气罐间的止回阀、放空管、消声器。

管路系统的合理性、连接固定方式,管道、管件、阀门的选择及材质要求。

5.10 矿井监控系统

5.10.1 矿井安全监测监控系统

5.10.1.1 安全监测监控系统配备

根据矿井安全生产条件,选定具有煤矿矿用产品安全标志的安全监控系统,并按规定配置相应设备。

5.10.1.2 中心站设置

供电、通信、安全防护,主机和终端设置等。

5.10.1.3 分站及传输电缆设置

传输电缆敷设,分站及隔爆电源的设置地点、安装方式,断电范围。

5.10.1.4 甲烷传感器的设置

甲烷传感器的安设位置,报警、断电、复电值及断电范围。

5.10.1.5 其他传感器的设置

风速、一氧化碳、风压、温度、烟雾、设备开停、风筒、风门、馈电等传感器的安设位置,报警、复电值。

5.10.1.6 分站、传感器的备用

备用数量大于或等于 20%,设备台账表中应注明设置地点,传感器的类别、使用量、备用量。

5.10.2 其他安全、生产监控系统

井下人员位置监测系统以及根据矿井实际需要,选定具有煤矿矿用产品安全标志的矿井提升、运输、供电、主要通风机、排水、矿山压力、火灾束管、原煤产量等监控系统,并按规定配置相应设备。

5.10.3 使用和维护

用于各监控系统日常检修维护的人员机构、场所设施设置情况,有关系统及其传感器、仪器仪表的定期调校和功能测试方式方法。

5.11 矿井救护、应急救援与保健

5.11.1 矿井安全标识设置

主要或有危险因素场所、地点和有关设施、设备设置的安全警示标志。

5.11.2 井下紧急避险系统

紧急避险设施(包括永久避难硐室、临时避难硐室、可移动式救生舱)位置、形式及配备。

安全监测监控、人员定位、压风自救、供水施救、通信联络等系统的设置情况及对避险设施发挥作用的保障。

发生火灾(或瓦斯、煤尘爆炸)时通风系统调整:根据发生火灾(或瓦斯、煤尘爆炸)的区域、程度、范围提出合理的调整灾变时的局部通风系统和局部反风系统及构筑物的控制措施。

火灾(或瓦斯、煤尘爆炸)避灾路线、水灾避灾路线:避灾路线原则,提出矿井移交生产时矿井发生火灾、水灾时的最佳避灾路线和可行的避灾路线。

5.11.3 矿山救护

单独设立救护队的必要性、可行性,为本矿服务的矿山救护队情况;建设施工期间矿山救护;矿井事故的抢险指挥责任和措施。

5.11.4 矿山保健

井口保健站、井下急救站的设置等。

5.11.5 个体劳动保护

自救器、矿灯、防尘口罩、安全帽等。

AQ 1097—2014

5.12 安全管理机构与安全定员、培训

5.12.1 安全管理机构的设置与人员配备。

5.12.2 安全培训机构设置、场所与设施。

5.12.3 安全定员,包括矿井通风、有害气体、粉尘检测人员,防尘、防爆、隔爆工程设施操作、维护专职人员,安全装备和仪器仪表专职保管、维护、收发人员,安全监控系统巡视、维护人员,井上、下消防材料库(硐室)管理专职人员,瓦斯抽采、防灭火、防突、防治水人员,防冲人员,降温设备维修人员,井下急救站专职医护人员等。

5.12.4 附表:矿井安全定员表。

5.13 待解决的主要问题及建议

施工图阶段和施工中应注意和解决的问题。

矿井生产过程中需注意和解决的问题和建议。

对于改扩建矿井,改扩建期间的安全措施和新老系统转换的说明。

对需要进行专项安全设计的说明。

134

附　录　A

（规范性附录）

安全设施设计文件格式

A.1　封面格式

（隶属关系及建设单位名称）

××矿井

安 全 设 施 设 计

（编制单位名称）

年　　月

A.2 扉页格式

（隶属关系及建设单位名称）

××矿井

安 全 设 施 设 计

工 程 编 号:A×××
工 程 规 模:

院长（总经理）:
总 工 程 师:
项目总设计师:

（编制单位名称）[加盖设计证书章]

年   月

A.3 人员名单

A.3.1 审定人员名单

专　　业	姓　　名	职务或职称	签　　章

A.3.2 审核人员名单

专　　业	姓　　名	职务或职称	签　　章

A.3.3 参加设计人员名单

专　　业	姓　　名	职务或职称	签　　章

附　录　B

（资料性附录）

矿井安全设施设计说明书编写提纲

B.1　概况

B.1.1　矿区开发

B.1.2　编制依据

B.1.3　建设单位基本情况

B.1.4　初步设计概况

B.2　矿井开拓与开采

B.2.1　煤层赋存及开采条件

B.2.2　矿井主要灾害因素及安全条件

B.2.3　矿井开拓系统

B.2.4　采煤方法及采区巷道布置

B.2.5　顶底板控制及冲击地压

B.2.6　井下主要硐室

B.2.7　井上、下爆炸材料库

B.2.8　保护煤柱

B.2.9　安全出口

B.2.10　地质类仪器、仪表及设备配置

B.3　瓦斯灾害防治

B.3.1　瓦斯灾害因素分析

B.3.2　防爆措施

B.3.3　隔爆措施

B.3.4　瓦斯抽采

B.3.5　防突措施

B.3.6　瓦斯检测仪器、设备配置

B.4　矿井通风

B.4.1　通风系统

B.4.2　矿井风量、风压及等积孔

B.4.3　掘进通风

B.4.4　硐室通风

B.4.5　井下通风设施及构筑物

B.4.6　矿井主通风机及矿井反风

附　录　C
（资料性附录）
附图目录

附图目录内容见下表：

序号	图　纸　名　称	比　　例	备　注
1	井上、下对照图（含地形）	1∶2000 或 1∶5000（10000）	
2	开拓方式平面图、剖面图	1∶2000 或 1∶5000（10000）	
3	采区巷道布置及机械配备平面图	1∶2000 或 1∶5000	
4	采区巷道布置及机械配备剖面图	1∶2000 或 1∶5000	
5	矿井通风系统（立体）示意图和通风系统网络图	示意	
6	矿井反风时期的通风系统图	示意	
7	井下运输系统示意图	示意	
8	井下主要管网（消防与防尘洒水、供水施救、防火灌浆、瓦斯抽采、压风自救等）系统图	1∶2000 或 1∶5000	可分别附图
9	井下隔爆水棚及岩粉撒布布置平面图	1∶2000 或 1∶5000	
10	矿井地面主变电所主接线系统图和平面布置图	示意	
11	地面、井下供配电系统图	示意	
12	矿井地面、井下通信系统图	示意	
13	矿井安全监控系统图、井下人员定位系统图	示意	
14	矿井安全监控系统传感器布置图	1∶2000 或 1∶5000	
15	井下避灾路线图	1∶2000 或 1∶5000	

ICS 13.100
D 09
备案号：44595—2014

中华人民共和国安全生产行业标准

AQ 1098—2014

露天煤矿安全设施设计编制导则

Guidelines for the safety facilities designing of open pit coal mine

2014-02-20 发布　　　　　　　　　　　　2014-06-01 实施

国家安全生产监督管理总局　　发布

前　言

本标准按照 GB/T 1.1—2009 给出的规则起草。

本标准由国家安全生产监督管理总局提出。

本标准由全国安全生产标准化技术委员会煤矿安全分技术委员会(SAC/TC 288/SC 1)归口。

本标准起草单位:煤炭工业规划设计研究院。

本标准主要起草人:刘勤江、黄忠、李汇致、王岩、李瑞峰、严民杰、马培忠、顾小林、高仁义、谢小京。

露天煤矿安全设施设计编制导则

1 范围

本标准规定了露天煤矿安全设施设计编制的主要内容及相关要求。

本标准适用于新建、改建及扩建露天煤矿建设项目。

2 规范性引用文件

下列文件对于本文件的应用是必不可少的。凡是注日期的引用文件,仅注日期的版本适用于本文件。凡是不注日期的引用文件,其最新版本(包括所有的修改单)适用于本文件。

GB/T 15663 煤矿科技术语

GB 50197—2005 煤炭工业露天矿设计规范

GB 50215—2005 煤炭工业矿井设计规范

GB 50399—2006 煤炭工业小型矿井设计规范

AQ 1055—2008 煤矿建设项目安全设施设计审查和竣工验收规范

煤矿安全规程

3 术语和定义

GB/T 15663 及《煤矿安全规程》(2011 年版)界定的以及下列术语和定义适用于本文件。

3.1

露天煤矿安全设施设计 guidelines for the safety facilities designing of open pit coal mine

在露天煤矿初步设计的基础上,对煤矿安全条件的论证和安全设施的设计,但不涉及地面消防、油库工程安全、地面建筑设施安全等问题,包括露天煤矿安全设施设计说明书和附图两部分。

4 基本规定

4.1 露天煤矿安全设施设计应在以下资料基础上编制:

a) 国土资源部门评审备案的露天矿田勘探地质报告;

b) 省级及以上政府有关主管部门项目核准(审批)的批复文件;

c) 国土资源部门划定矿田范围批复文件或颁发的采矿许可证;

d) 安全预评价报告。

4.2 露天煤矿安全设施设计编制应符合《煤矿安全规程》、GB 50215—2005、GB 50399—2006 及 AQ 1055—2008 等要求。

4.3 露天煤矿安全设施设计应在初步设计的基础上进行编制,编制单位必须具有相应设计资质。

5 编制内容

5.1 概况

5.1.1 矿区开发

矿区总体规划,现有生产、在建煤矿的分布和规模,小窑分布;属于非新建项目的,应介绍其建设、安全生产情况。

5.1.2 编制依据

国家有关安全法律法规、规范和标准;资源条件、开采技术条件、外部建设条件;建设单位提出的合理要求和目标,提供的主要技术资料与审批文件;设计编制的主要原则和指导思想等。

5.1.3 建设单位基本情况

项目建设单位性质、隶属关系、主营业务、煤炭建设与生产业绩、近年安全生产状况。

5.1.4 初步设计概况

5.1.4.1 地理概况

矿区、矿田所在地理位置、交通情况、地形地貌、地面水系、气象与地震、环境状况等情况。
插图:交通位置图。

5.1.4.2 外部建设条件

外部运输条件、电源、水源、其他建设条件。

5.1.4.3 主要自然灾害

矿田所在区域洪水、泥石流、滑坡、岩崩、不良工程地质、灾害性天气等方面。

5.1.4.4 工程建设性质

新建、改建、扩建。

5.1.4.5 安全条件

a) 地层及构造:地层、含煤地层及含煤性,煤系地层走向、倾向、倾角及变化规律,断层、褶曲、陷落柱、剥蚀带的发育情况及分布规律,构造复杂程度;

附表:主要断层特征表。

b) 煤层及煤质:煤层赋存条件(包括可采煤层层数、厚度、层间距、结构等)、煤层顶底板岩性,煤层露头(含隐覆露头)及风化带情况,煤质及煤类;

附表:可采煤层特征表、煤质特征表。

c) 煤层瓦斯、煤的自燃倾向性、煤尘爆炸危险性,水文地质及工程地质条件等;

d) 矿田附近重要建、构筑物及其他重要设施,区内其他露天煤矿或井工煤矿(包括老窑与生产矿)与本露天煤矿的关系。

5.1.4.6 矿田资源/储量及设计生产能力

矿田境界、开采境界,资源/储量、设计生产能力、服务年限。

5.1.4.7 采掘、运输、排土(简述各生产环节)

边坡稳定设计,采区划分与开采顺序,开采工艺及采、剥、装设备,运输系统及运输设备和设施,排土场、排土方式与排土设备,穿孔爆破方法及穿孔爆破设备,地下水控制与防排水,输煤生产系统(破碎、储煤与装车外运系统),铁路专用线(露天矿内部运输特别是与道路或带式输送机有交叉时)。

5.1.4.8 辅助与附属设施(简述各设施)

机电设备维修设施(机修车间、车库、组装场等),专业仓库(材料库、油库、爆破器材库等),供配电(供电电源、变电所、输配电线路等),给排水与采暖通风[配(净)水厂、加水站、污水处理厂、锅炉房、消防及防冻与通风],行政福利设施的能力、特征、用途、服务范围等,露天煤矿总平面布置。

5.1.5 技术经济指标

劳动定员汇总表、主要技术经济指标。

5.2 采剥工程安全技术措施

5.2.1 开采境界

5.2.1.1 露天煤矿境界相邻侧边坡深度2倍距离以内的生产井工矿或其他露天煤矿与本矿的关系及影响分析,必要时采取的安全措施。

插图:相邻矿(井)关系图。

5.2.1.2 采掘场境界内及相邻侧边坡深度2倍距离以内的老窑采空区分布范围,其对露天矿生产安全分析,相应事故防范措施。

插图:老窑采空区和旧巷分布图。

5.2.2 台阶高度

5.2.2.1 间断开采工艺单斗挖掘机和装载机采掘的台阶高度的确定,区分下述各种情况:

a) 表土和不需爆破的软岩台阶高度;
b) 需要爆破的台阶,其爆堆高度;
c) 采用多排孔爆破或爆破后岩块较大时,其爆堆高度;
d) 上装车台阶高度。

5.2.2.2 轮斗挖掘机采掘台阶一般采用组合台阶,确定的主台阶高度和各分台阶高度(有推土机辅助降段时予以说明)。

5.2.2.3 拉斗铲倒堆台阶高度的确定(主要分析其对下部的采煤工艺环节的安全性)。

5.2.3 穿孔爆破

5.2.3.1 钻机类型的选择,应具有除尘设施或除尘功能。

5.2.3.2 爆破源至人员及其他保护对象之间的安全距离的确定。

5.2.3.3 总起爆药量和一次最大起爆药量的确定。

5.2.4 采装

5.2.4.1 间断开采工艺开采参数和开采方法中,采装设备的尾部至台阶坡面之间的安全距离及运输设备之间的安全距离的确定。

5.2.4.2 间断开采工艺最小工作平盘宽度的确定。

5.2.4.3　单斗挖掘机的工作线长度,依不同工艺确定:

　　a)　采用铁路运输时工作线长度;

　　b)　采用卡车运输时工作线长度;

　　c)　采用单斗—自移式破碎机半连续工艺时工作线长度。

5.2.4.4　拉斗铲倒堆工艺设备间安全作业最小距离的确定。

5.2.4.5　轮斗挖掘机的采掘带宽度的确定。

5.2.5　破碎站

5.2.5.1　破碎站形式、位置选择。

5.2.5.2　破碎站安全设施的设置。

5.3　矿山运输安全技术措施

5.3.1　矿山道路运输

5.3.1.1　行驶载重68 t以上的大型卡车双车道路面宽度的确定。

5.3.1.2　矿山道路在填方路堤路段、半路堑路段的安全防护措施。

5.3.1.3　露天煤矿内部运输道路最大纵坡坡度的选取。

5.3.1.4　设计载重68 t以上的大型卡车的运输道路平面圆曲线半径的确定。

5.3.1.5　露天煤矿内部运输范围内的上部建筑界限的确定。

5.3.2　铁路运输(有铁路运输时)

5.3.2.1　铁路线路

采用电力机车牵引时,区间线路限制坡度的确定,区间线路的平面曲线半径的确定。

5.3.2.2　工作面铁路线路的布置

平装车采掘线路的中心线至台阶坡底线或爆堆边缘距离的确定,上装车采掘线路的中心线至台阶坡顶线的距离的确定,排土线路中心线至排土台阶坡顶线距离的确定。

5.3.2.3　铁路与道路平面交叉

铁路与道路交叉,交叉型式与交叉角的选取。

5.3.2.4　平交道口采取的防护措施

设置栅栏;设置看守房和带有信号的栏木;在道口钢轨两侧的道路上设限界架,采取的净高值。

5.3.3　场区道路

5.3.3.1　位置选择。

5.3.3.2　路面宽度的确定。

5.3.3.3　道路的平坡或下坡长直线段的尽头处曲线半径的选取,受条件限制必须采用最小曲线半径时采取的安全防护措施。

5.3.3.4　道路纵坡连续大于5‰时,缓和段的坡度和长度的选取。当受地形条件限制时,通往设施的次要道路缓和坡段的最小长度。

5.3.4　带式输送机运输系统

5.3.4.1　型号及数量的确定。

5.3.4.2 长距离输送机沿线维修通道和排水沟的设置。

5.3.4.3 长距离输送机无横向通道时,人行栈桥的设置。

5.3.4.4 栈桥或地道垂直于斜面净高度的确定,为拱形结构时,其拱脚高度的确定。

5.3.4.5 栈桥或地道人行道宽度的确定,两条并列的带式输送机中间人行道宽度的确定,检修道宽度的确定。

5.3.4.6 人行道和检修道的坡度大于5°时及大于8°时的安全防护措施。

5.3.4.7 输送机栈桥跨越铁路或道路时,栈桥下的净空尺寸的确定。

5.3.4.8 输送机栈桥跨越设备或人行道时的安全防护措施。

5.3.4.9 输送机地道的安全防护措施(设置通风、除尘、防火设施),地道两个相邻出口距离的确定。

5.3.4.10 设备检修操作平台上部的净高度的确定。

5.3.5 输送带安全系数的选取

根据不同型式输送带确定的安全系数。

5.3.6 带式输送机运行的安全与保护措施

5.3.6.1 设备运行和人身安全保护装置的设置。

5.3.6.2 对可能发生逆转的上运带式输送机与下运带式输送机的安全保护装置。

5.3.7 带式输送机最大倾角的确定

5.3.7.1 上运输送机,当在水平段或缓倾斜段给料时其最大倾角的确定。

5.3.7.2 寒冷地区露天设置的输送机,当工作条件较差时,上运输送机倾角及下运输送机倾角的确定。

5.3.8 输送机系统的粉尘防治措施

输送机系统的粉尘防治措施按照《煤矿安全规程》要求。

5.4 排土工程安全技术措施

5.4.1 排土场选择

5.4.1.1 外排土场位置的工程地质、水文地质和基底稳定性方面的安全可靠程度。

5.4.1.2 外排土场至重要建(构)筑物的安全距离的确定。

5.4.1.3 外排土场或沿帮排土场与采掘场的安全距离的确定。

5.4.1.4 内排土场与剥采工作帮的安全距离的确定。

5.4.1.5 排土场最终边坡角的确定。

5.4.2 排土场安全防护措施

5.4.2.1 卡车运输排土工作面安全防护措施。

5.4.2.2 铁路运输排土工作面安全防护措施。

5.4.2.3 带式输送机运输与排土机排土工作面安全防护措施。

5.4.2.4 排土场周围修筑可靠的截泥、防洪和排水设施。

5.5 边坡稳定工程安全技术措施

5.5.1 工程地质条件对边坡稳定性的影响分析及对策措施

工程地质条件复杂程度,边坡工程地质勘探、岩土物理力学试验和稳定性分析评价。

对不利工程地质条件下的边坡采取的措施。

5.5.2 采掘场边坡设计影响因素分析与措施

根据采掘场所在位置、构成边坡的不同岩层及产状、边坡外形轮廓、构造、地下水位赋存状态,分析确定采掘场达到最终边坡角时的边坡稳定系数。

边坡轮廓较复杂时,应进一步进行详细计算校核边坡稳定性。

5.5.3 最终边坡角的确定

最终边坡角应符合下列规定:
a) 采用极限平衡法进行计算;
b) 对具有水压的边坡应计算水压对边坡稳定性的影响,必要时需进行水压变化的敏感度分析;
c) 对弱层强度随不同含水率有明显变化的边坡,需进行强度随含水率变化的边坡稳定性敏感度分析;
d) 必要时考虑动载荷、爆破等因素对边坡稳定的影响。

5.5.4 采掘场安全平盘的设置

按煤矿安全规程和有关规范要求设置。

5.6 防治水

5.6.1 采掘场排水

5.6.1.1 采掘场排水计算的暴雨频率的确定。
5.6.1.2 暴雨径流量形成的储水排出期限的确定。
5.6.1.3 排水设施、设备的选型。

5.6.2 地面防排水

5.6.2.1 防洪标准的确定。
5.6.2.2 当水深小于2 m或大于2 m时,排水沟及防洪堤安全高度值的确定。
5.6.2.3 防洪设施的选择。

5.6.3 地下水控制

5.6.3.1 地下水控制设计

地下水控制设计包括:
a) 地下水控制方法和措施;
b) 观测网的选择确定;
c) 采用疏干法降低地下水位时,设计采取的超前降低水位的时间、深度选择,永久降水孔排位置的确定;
d) 采用巷道法时,巷道位置的设置及巷道纵坡的确定。

5.6.3.2 地下水控制设备及设施

降水孔排水泵排水能力的计算及降水孔数量的确定;降水孔排水泵的备用及检修台数的确定。巷道法排水泵的数量、水仓的容积等的确定。排水管道及材料,设计按不同品种及规格留有备用量。地下式(半地下式)疏干泵房室内存在有害气体隐患时,设计采取的通风措施;根据当地气候条件确定疏干泵房是否采取保温措施。

5.6.4 工业场地排水系统

5.6.4.1 设计统一规划工业场地各功能分区的地面排水系统。

5.6.4.2 场区排水系统的布置,各排水地段的水量状况,土岩状况,排水沟、道的选择及沟底纵坡坡度的确定。

5.6.4.3 场区内排水管沟的布置与道路设施相结合及雨水排出的路径。

5.6.4.4 工业场地受洪水或内涝威胁时,排涝工程设施及边界外截水沟的设置。

5.7 防灭火

5.7.1 开采易自燃煤层的防灭火措施

5.7.1.1 根据自然发火期校验确定暴露煤层的采煤期。

5.7.1.2 消防灭火水源的确定。

5.7.1.3 对到界的边帮煤台阶,采用掩埋方式的掩埋厚度的确定。

5.7.2 储存易自燃煤的防灭火措施

露天或室内储煤场及仓式储煤,当储存褐煤等易自燃煤种时,采取的预防自燃措施及消除煤自燃的消防措施。露天储煤场和储存易自燃煤种的室内储煤场,煤堆四周移动灭火设备和消防通道的设置。

5.7.3 消防管路系统及主要防灭火器材配备

消防管路系统的设置(加压泵、供水管路等),矿内的采掘、运输、排土等主要场所灭火器材配备。

5.8 电气安全技术措施

5.8.1 供电系统

5.8.1.1 区域电网概况。

5.8.1.2 露天煤矿供电电源的确定。

5.8.2 变电所

5.8.2.1 露天煤矿设置变电所的数量、容量、电压等级以及选址。

5.8.2.2 露天煤矿变电所的电源回路数、导线规格。

5.8.3 供配电线路

5.8.3.1 各级供配电架空线路对地及跨越建(构)筑物的安全距离。

5.8.3.2 采掘场、排土场供配电系统电压等级的确定。

5.8.3.3 采掘场、排土场供配电线路(包括架空和电缆)的回路设置、线路路径、导线规格。线路共杆架设时的安全距离。

5.8.3.4 采掘场排水等重要用电设施的电源及回路数。

5.8.4 电力牵引

5.8.4.1 馈电线、回流线、接触网架设及安全距离。

5.8.4.2 动力线、照明线等与接触网架设及安全距离。

5.8.4.3 爆炸危险场所严禁用做回流导体的轨道与场外可用做回流导体的轨道间所采取的措施。

5.8.5 电气设备继电保护及动热稳定效验

5.8.5.1 露天煤矿总变电所的继电保护措施。

5.8.5.2 露天煤矿总变电所各母线段的短路电流计算。

5.8.5.3 设备选择及动热稳定效验。

5.8.5.4 采掘场、排土场移动变配电设备的继电保护措施。

5.8.5.5 采掘场、排土场内低压供电电压等级及保护装置的设置及原则。

5.8.5.6 高压电动机的继电保护措施。

5.8.6 防雷与接地

5.8.6.1 一般建(构)筑物的防直击雷、防雷电波侵入措施。

5.8.6.2 送电线路的防雷措施。

5.8.6.3 变电所等重要设施的防雷、防静电措施。

5.8.6.4 露天煤矿高、中压电网的接地形式。

5.8.6.5 露天煤矿低压电网的工作接地、保护接地措施。

5.8.6.6 露天煤矿采掘场、排土场内各种移动供电设备的工作接地、保护接地措施。

5.8.7 通信与信号

5.8.7.1 通信

5.8.7.1.1 露天煤矿通信系统概况。

5.8.7.1.2 露天煤矿各种通信系统的防雷及防静电保护措施。

5.8.7.1.3 露天煤矿变电所、急救、消防等重要场所通信系统的设置。

5.8.7.1.4 露天煤矿各种移动生产设备通信系统的设置。

5.8.7.2 信号

5.8.7.2.1 铁路信号设备的主要功能及故障安全原则的描述。

5.8.7.2.2 铁路各种固定车站、区间内涉及的各种道岔及线路的行车安全原则。

5.8.7.2.3 其他涉及行车安全、维修安全的措施。

5.8.8 爆破器材库和炸药加工区供配电

5.8.8.1 爆破器材库和炸药加工区设置变电所(亭)的数量、电压等级以及选址。

5.8.8.2 为爆破器材库和炸药加工区变电所(亭)提供电源的线路路径选择。

5.8.8.3 爆破器材库、各种炸药加工工房和有爆炸危险的气体或粉尘环境配电系统的型式、电气线路的敷设方式和电气设备的选择。

5.8.8.4 爆破器材库和各种炸药加工工房防直击雷、防雷电感应、防静电和防雷电波侵入措施。

5.9 爆破材料设施安全技术措施

5.9.1 爆破器材库

5.9.1.1 工程概况

库区地形地貌、水文、气象、工程地质概况、交通运输条件,水源、电源、通信等。

5.9.1.2 爆破器材库

包括起爆器材和炸药库储存品种、危险等级、储存量、库房面积及储存周期(可列表说明)。

5.9.1.3 设计依据及设计原则

上级有关部门批复文件,设计采用的有关规程规范及标准。

改扩建工程应说明所利用的现有设施,如有特殊要求的应予以说明。

5.9.1.4 库区布置

库区布置与周边环境的影响(居民点、公路、铁路、高压输电线路、城镇的规划边缘及企业围墙等)及外部安全距离的确定。

库区总平面布置及内部安全距离的确定(可列表说明)。

5.9.1.5 库区安全防范措施

危险性建(构)筑物防护屏障的设置,工程地质及抗震设防,危险性建筑物的结构,安全防护和安全警戒。

5.9.1.6 爆破器材的储存和运输

爆破器材的储存,单个库房储存的药量及时间,不同品种的危险品同库存放时的各品种允许最大存量。危险品运输方式、车辆配备、道路坡度及其安全设置等。

5.9.2 混装炸药车地面制备站

5.9.2.1 工程概况

厂址(厂址位置以及水源、电源、通信等动力来源)、建设规模及产品品种。

地面制备站形式(固定式或移动式)、用途及设置方式(是否附建有起爆器材和炸药暂存库),地面制备站服务范围、生产特点。

5.9.2.2 设计依据

上级有关部门批复的文件。

设计所采用的有关规范和标准。

5.9.2.3 厂区布置

厂区内、外部安全距离的确定。

场内、外运输。

5.9.2.4 安全防护

工程地质及抗震设防。

危险性建筑物的结构。

工艺及设备的安全防范措施。

5.10 总平面布置安全技术措施

5.10.1 总平面布置

总平面布置及与安全有关的各设施布置。

5.10.2 工业场地位置

不良环境、工程地质条件(污染源和滑坡、崩塌、岩溶、泥石流、采空区及开采后工程地质条件变坏等)对工业场地位置的影响分析和采取的安全技术措施。

5.10.3 重要建(构)筑物及设施位置

选煤厂、变电所(站)、机电维修设施等重要建(构)筑物的位置确定。

5.10.4 工业场地竖向布置

自然地形坡度大于4%,或受洪水危害的高填方场区,其竖向布置形式的确定。
工业场地内的台阶高度的确定及采取的安全防坠措施。

5.10.5 工业场地场区道路网的布置

工业场地场区道路网的布置应符合线路短捷、人流和物流分开,与场区竖向设计相协调,符合运输和消防要求,在此要求上应确定布置形式、位置。

5.11 其他安全技术措施

5.11.1 创伤急救系统设施、设备配备及定员

创设急救系统及相应医务人员、救护车辆、急救器材装备及药品,矿井事故的抢险指挥责任和措施。

5.11.2 安全教育培训场所的设置及安全定员

培训场所、师资的确定,安全人员的配备。

5.12 待解决的主要问题及建议

待解决的主要问题及建议包括:
a) 矿田地质勘探、安全条件资料评价及存在问题。
b) 矿田的勘查程度,地质报告的审批情况等,是否符合《煤、泥炭地质勘查规范》(行业标准)的各项要求,是否存在着未查明的安全条件等。
c) 论述设计依据中有关安全方面的资料的可靠性,能否满足安全设计要求等。
d) 灾害防治和设备选型需要说明的问题。
e) 施工图阶段和施工中以及本阶段应注意和解决的问题。
f) 对于改扩建项目,改扩建期间的安全措施和新老系统转换的说明。
g) 对其他有关安全设施有关问题的说明。

附 录 A

（规范性附录）

露天煤矿安全设施设计文件格式

A.1 封面格式

（隶属关系及建设单位名称）

××露天煤矿

安 全 设 施 设 计

（编制单位名称）

年 月

A.2 扉页格式

（隶属关系及建设单位名称）

××露天煤矿

安 全 设 施 设 计

工 程 编 号:A×××
工 程 规 模:

院长（总经理）:
总 工 程 师:
项目总设计师:

（编制单位名称）［加盖设计证书章］

年　　月

A.3 人员名单

A.3.1 审定人员名单

专 业	姓 名	职务或职称	签 章

A.3.2 审核人员名单

专 业	姓 名	职务或职称	签 章

A.3.3 参加设计人员名单

专 业	姓 名	职务或职称	签 章

附　录　B

（规范性附录）

露天煤矿安全设施设计说明书编写提纲

B.1　概况

B.1.1　矿区开发

B.1.2　编制依据

B.1.3　建设单位基本情况

B.1.4　初步设计概况

B.1.5　技术经济指标

B.2　采剥工程安全技术措施

B.2.1　开采境界

B.2.2　台阶高度

B.2.3　穿孔爆破

B.2.4　采装

B.2.5　破碎站

B.3　矿山运输安全技术措施

B.3.1　运输方式选择

B.3.2　矿山道路运输

B.3.3　铁路运输（有铁路运输时）

B.3.4　场区道路

B.3.5　带式输送机运输系统

B.3.6　输送带安全系数的选取

B.3.7　带式输送机运行的安全与保护措施

B.3.8　带式输送机最大倾角的确定

B.3.9　输送机系统的粉尘防治措施

B.4　排土工程安全技术措施

B.4.1　排土场选择

B.4.2　排土场安全防护措施

B.5　边坡稳定工程安全技术措施

B.5.1　工程地质条件对边坡稳定性的影响分析及对策措施

B.5.2　采掘场边坡设计影响因素分析与措施

B. 11. 2 安全教育培训场所的设置及安全定员

B. 12 **待解决的主要问题及建议**

B. 13 **附件:设计委托书和有关审批、核准、协议等文件**

B. 13. 1 设计任务委托书及其技术要求

B. 13. 2 设计基本依据及鉴定、批复文件资料

B. 13. 3 主管部门对上阶段设计的批复文件及有关决议和要求

B. 13. 4 与有关单位签订的合同、协议书或有关设计重大原则问题和会议纪要等

附　录　C
（资料性附录）
附图目录

C.1　露天煤矿总布置平面图[兼做安全设施布置平面图（标明消防设施位置、排水沟、消防水池或加水站、防洪堤、专业仓库等）当总布置平面图由于比例等原因，不足以反映安全设施时，可分别出图]。

C.2　相邻矿（井）关系图（含老窑采空区和旧巷分布图）。

ICS 71.100.30
G 89
备案号：

中华人民共和国安全生产行业标准

AQ 1100—2014
代替 MT 61—1997

煤矿许用炸药井下可燃气安全度
试验方法和判定规则

Test method and judgement rules of safety of permissible
explosive for coalmine in inflammable gas

2014-02-20 发布

2014-06-01 实施

国家安全生产监督管理总局　　发布

AQ 1100—2014

前　言

本标准第 5 章、第 6 章和第 7 章的技术内容为强制性的,其余为推荐性的。

本标准按照 GB/T 1.1—2009 给出的规则起草。

本标准代替 MT 61—1997《煤矿许用炸药井下可燃气安全度试验方法和判定规则》。本标准与 MT 61—1997 相比,主要有以下变化:

——修改了"规范性引用文件"(见第 2 章,1995 年版的第 2 章);

——删除了"n、d、i、M_0、M_i、K_i"符号内容,并增加了部分符号(见第 4 章,1997 年版的3.2);

——修改了"煤矿许用炸药井下可燃气安全度等级和适用范围"(见第 5 章,1997 年版的第 4 章);

——修改了"试验方法"(见第 6 章,1997 年版的第 5 章);

——修改了"制定规则"(见第 7 章,1997 年版的第 6 章)。

请注意本文件的某些内容可能涉及专利,本文件的发布机构不承担识别这些专利的责任。

本标准由国家安全生产监督管理总局提出。

本标准由全国安全生产标准化技术委员会煤矿安全分技术委员会(SAC/TC 288/SC 1)归口。

本标准起草单位:煤科集团沈阳研究院有限公司、安标国家矿用产品安全标志中心、煤炭科学研究总院爆破技术研究所。

本标准主要起草人:张春雨、董春海、凌伟明、夏斌、弓启祥、段赟、郑锋、刘永明。

本标准代替了 MT 61—1997。

MT 61—1997 的历次版本发布情况为:

MT 61—1982。

煤矿许用炸药井下可燃气安全度试验方法和判定规则

1 范围

本标准规定了煤矿许用炸药井下可燃气安全度的术语和定义、符号、技术要求、试验方法和判定规则。

本标准适用于煤矿许用炸药。

2 规范性引用文件

下列文件对于本文件的应用是必不可少的。凡是注日期的引用文件，仅注日期的版本适用于本文件。凡是不注日期的引用文件，其最新版本（包括所有的修改单）适用于本文件。

GB 8031 工业电雷管

3 术语和定义

下列术语和定义适用于本文件。

3.1

标准引火量 standard mean

各安全度等级引火量标准值。

3.2

定量分析法 quantitative analysis method

被测量值为一固定量时，对测量结果进行分析判断的一种试验方法。

3.3

过量氮 excess nitrogen

井下可燃气中超过正常大气氮氧比的氮气含量。

4 符号

下列符号适用于本文件。

M——标准引火量，单位为克（g）。

m——定量试验水平，单位为克（g）。

5 技术要求

煤矿许用炸药井下可燃气安全度等级分为一、二、三级，各级标准引火量值见表1。

表 1 煤矿许用炸药井下可燃气安全度等级和适用范围

等级	标准引火量/Mg	试验方式	适用范围
一级	100	发射臼炮	低甲烷矿井岩石掘进工作面
二级	180	发射臼炮	低甲烷矿井煤层采掘工作面
三级	400	发射臼炮	高甲烷矿井,低甲烷矿井高甲烷采掘工作面,煤油共生矿井,煤与煤层气突出矿井

6 试验方法

6.1 原理

在规定条件下,将固定量受试炸药置于发射臼炮炮孔内引爆,根据试验巷道内可燃气—空气混合气体引燃结果,得出引燃频数,以此判定炸药的井下可燃气安全度。

6.2 试验设计

试验设计方案如下:

a) 抽样方案:5/0,1;

b) 试验水平:取固定试验水平 $m=M$。

6.3 材料

试验用材料如下:

a) 试验用井下可燃气:试验过程中,当甲烷浓度为 9.0% 时,其他可燃气体含量总和应不大于 0.3%,二氧化碳和过量氮含量总和应不大于 1.0%;

b) 雷管:符合 GB 8031 规定的煤矿许用瞬发电雷管。

6.4 仪器、装置

6.4.1 仪器

试验用仪器如下:

a) 甲烷测定器:分度值应不大于 0.1%;

b) 温度计:分度值应不大于 1 ℃;

c) 湿度计:分度值应不大于 1%;

d) 天平:感量应不大于 1 g。

6.4.2 装置

井下可燃气安全度试验装置主要由试验巷道、循环管路、循环风机、排烟风机及控制系统组成见图 1。

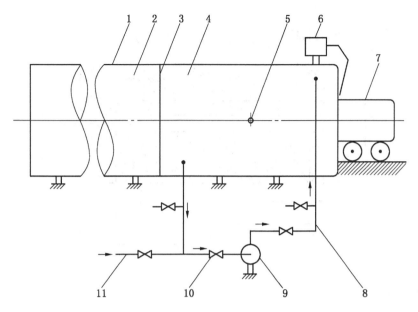

说明：
1 ——试验巷道；
2 ——延长室；
3 ——封闭装置；
4 ——爆炸室；
5 ——测量孔；
6 ——排烟风机；
7 ——发射臼炮；
8 ——循环管路；
9 ——循环风机；
10——阀门；
11——可燃气进气管。

图 1 井下可燃气安全度试验装置示意图

试验用装置如下：

a) 试验巷道为钢制圆筒，分爆炸室和延长室两部分，水平放置，内径为 1.8 m，爆炸室长度为 5 m，容积为 12.8 m^3，爆炸室的封闭端中心有圆口，敞口端设有封闭装置。延长室长度为 15 m，与爆炸室敞口端相衔接；

b) 气体混合管路由进气管、回气管及阀门等组成。进气管由靠近爆炸室封闭端上部引入，回气管由靠近爆炸室敞口端下部引出。在进气管路和回气管路上应分别装有阀门；

c) 发射臼炮为钢制圆柱体，由内筒和外套构成。其内筒凸出，套有密封胶垫，中心轴向开有炮孔。外套材料可选用普通碳钢，内筒材料宜使用 PNi3CrMoV 炮钢，炮孔初始体积规定为 (2138±10)mL。规格尺寸见图 2。

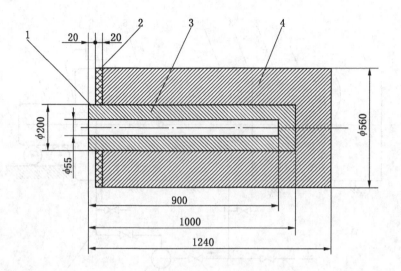

说明：

1——凸台；

2——密封胶垫；

3——内筒；

4——外套。

图 2　发射臼炮结构图

d)　混合通风机为防爆离心式,风量应不小于 1330 m³/h,全压应不小于 950 Pa;

e)　排烟通风机为防爆轴流式,风量应不小于 9200 m³/h,全压应不小于 380 Pa;

f)　控制系统包括液压系统、电气系统、空调系统及参数测试系统。

6.5　试验条件

6.5.1　试样采用炸药原药卷制成,称取试样时,应取全重。药温应为(20±10) ℃。

6.5.2　爆炸室内井下可燃气—空气混合气体中,甲烷浓度为(9.0±0.3)%,温度为(20±10) ℃,相对湿度应不大于80%。

6.5.3　发射臼炮扩孔率应不超过25%。

6.6　试验步骤

6.6.1　试验药量按第6.2条确定。

6.6.2　每次试验前,应检查甲烷测定器气密性并校准零点。

6.6.3　用牛皮纸或塑料薄膜封闭爆炸室的敞口端。

6.6.4　将雷管插入试样一端,插入深度不小于雷管长度的2/3,用木质炮棍将试样装入发射臼炮炮孔底部,反向起爆。

6.6.5　将发射臼炮推至爆炸室封闭端并压紧,使凸台进入封闭端圆口,其端面与封闭端内壁齐平。

6.6.6　开启混合通风机,向爆炸室充入井下可燃气,测量混合气体的温度、湿度和甲烷浓度。

6.6.7　当甲烷浓度达到要求时,停止充气。混合 1 min,关闭混合通风机及相关阀门,同时打开卸压阀。

6.6.8　连接起爆线路,在关闭混合通风机后的 2 min 内起爆。

6.6.9　检查受试炸药是否全爆,如未爆或半爆,本次试验作废,重做该次试验。

6.6.10　以爆炸声响或其他参数判断混合气体是否引火,并做好记录。

6.6.11　开启排烟通风机,同时打开混合通风机进气阀门,开启混合通风机,排除巷道内的炮烟,排烟时间不少于 3 min。

6.6.12 将各阀门复位到试验初始状态。

7 判定规则

若引燃频数为 0/5,则判为合格,否则判为不合格。

ICS 71.100.30
G 89
备案号：

中华人民共和国安全生产行业标准

AQ 1101—2014
代替 MT 378—1995

煤矿用炸药抗爆燃性测定方法和
判定规则

Test method and judgement of anti-deflagration
property of permissible explosive

2014-02-20 发布

2014-06-01 实施

国家安全生产监督管理总局　　发　布

前　言

本标准第 5 章、第 6 章和第 9 章的技术内容为强制性的,其余为推荐性的。

本标准按照 GB/T 1.1—2009 给出的规则起草。

本标准代替 MT 378—1995《煤矿用炸药抗爆燃性测定方法和判定规则》。本标准与 MT 378—1995 相比,主要有以下变化:

——将"硫酸纸"改为"描图纸"(见 5.4、7.1、7.2,1995 年版的 5.4、6.1.1 和 6.1.2);

——删除了"卷制主爆药卷纸筒的模具、主爆药卷穿雷管凹穴用模具、8 号纸壳电雷管、2 号抗水煤矿炸药"内容(见 1995 年版的 5.5、5.6、5.7、5.8);

——增加了"试验条件"(见第 6 章);

——修改了"主爆药卷的制备"(见 7.1,1995 年版的 6.1);

——删除了"测定用炸药和雷管在有效保证期内。粉状炸药水分应小于 0.5%"(1995 年版的 7.9 注)。

请注意本文件的某些内容可能涉及专利,本文件的发布机构不承担识别这些专利的责任。

本标准由国家安全生产监督管理总局提出。

本标准由全国安全生产标准化技术委员会煤矿安全分技术委员会(SAC/TC 288/SC 1)归口。

本标准起草单位:煤科集团沈阳研究院有限公司、安标国家矿用产品安全标志中心、煤炭科学研究总院爆破技术研究所。

本标准主要起草人:郑锋、宋晶焱、凌伟明、夏斌、张春雨、段赟、弓启祥、王玉成、董春海。

本标准代替了 MT 378—1995。

煤矿用炸药抗爆燃性测定方法和
判定规则

1 范围

本标准规定了炸药抗爆燃性测定装置和器材、试验条件、测定准备、测定步骤和测定结果的判定等。本标准适用于煤矿用炸药。

2 规范性引用文件

下列文件对于本文件的应用是必不可少的。凡是注日期的引用文件,仅注日期的版本适用于本文件。凡是不注日期的引用文件,其最新版本(包括所有的修改单)适用于本文件。

GB/T 1468 描图纸

GB 8031 工业电雷管

GB 18450—2001 民用黑火药

3 术语和定义

下列术语和定义适用于本文件。

3.1

抗爆燃性 anti-deflagration property

炸药本身所具备的、对其产生爆燃现象的抵抗能力。

3.2

全燃 full deflagration

指受测炸药药卷完全烧尽,只残留一片烧熔的盐饼。

4 方法提要

将受测炸药药卷置于密封的钢制臼炮炮孔中,经受人为制造的高温、高压环境,观察受测炸药药卷的燃烧状态,并以此来判定炸药的抗爆燃性。

5 测定装置和器材

5.1 爆燃臼炮

钢制爆燃臼炮的外径为(560±1) mm;炮孔直径为(57±0.5) mm、长为(820±1) mm。炮孔的前、后端均以带螺纹的密封塞封闭。前端密封塞中间有雷管脚线孔,以一块用螺钉拧紧的盖板密封脚线孔,如图1所示。

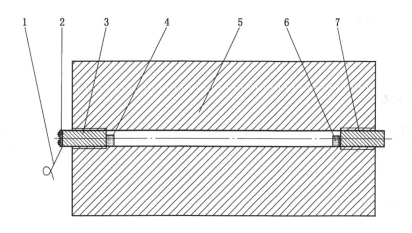

说明：

1——脚线；

2——盖板；

3——前端密封塞；

4——主爆药卷；

5——臼炮体；

6——受测药卷；

7——后端密封塞。

图 1　爆燃臼炮示意图

5.2　密封胶圈

用 5 mm±0.2 mm 厚胶板，按密封塞直径制作。

5.3　卷制主爆药卷和受测药卷纸筒的模具

直径 35 mm±0.1 mm，中心有透气孔。

5.4　描图纸

符合 GB/T 1468 规定的描图纸。

5.5　黑火药

黑火药应符合 GB 18450—2001 中规定的 3 号。

5.6　电引火头

符合 GB 8031 的规定。

5.7　架盘天平

感量 0.5 g。

6　试验条件

6.1　一级、二级煤矿许用炸药主爆药为黑火药且药量为 20.0 g±0.1 g；三级煤矿许用炸药主爆药为黑火药且药量为 35.0 g±0.1 g。

6.2　受测药量为 30.0 g±0.1 g。

6.3 试验时环境温度为 10 ℃～30 ℃。

7 测定准备

7.1 主爆药卷的制备

将按规定尺寸(230 mm×200 mm)裁好的描图纸,用第5.3条中规定的模具卷制成一带底的、高为165 mm的双层纸筒。将称量好的黑火药倒入纸筒,再将电引火头插入黑火药,并用脚线将电引火头与药卷固定待用。

7.2 受测药卷的制备

7.2.1 测定粉状炸药

将按规定尺寸(230 mm×100 mm)裁好的描图纸,用第5.3条中规定的模具卷制成一带底的、高为65 mm的双层纸筒。将称量好的30 g受测炸药倒入纸筒,用模具轻轻压实至规定的密度,并将开口端窝好待用。

7.2.2 测定含水炸药

将称量好的30 g受测炸药,用规定尺寸(230 mm×100 mm)裁好的描图纸装药待用。

8 测定步骤

8.1 将臼炮炮孔内壁以及前、后密封塞擦拭干净。

8.2 在臼炮炮孔后端口内垫好密封胶圈,然后将后端密封塞固定好,并用扳手拧紧。

8.3 将受测药卷由前端臼炮口轻轻推入炮孔后端。

8.4 将主爆药卷置于臼炮孔前端孔内,垫好密封胶圈。

8.5 将两根脚线穿过前端密封塞的中心孔,并将前端密封塞固定在前端炮孔上,用扳手拧紧。

8.6 将盖板用螺钉固定在前端密封塞的端面上。

8.7 将两根脚线分别与发爆器的两个输出端连接。

8.8 在安全地点拧动发爆器开关,向雷管送电起爆。起爆时前后密封塞不应有漏气现象,否则该次测定无效。

8.9 起爆后首先取下发爆器开关,并断开一个接线端。等2 min后,拧开前端密封塞上的盖板,再将前、后两端密封塞拧开。观察受测药卷是否全燃,并作记录。

9 测定结果的判定

试验采用二次抽样方案(10,10/0,2;1,2),即第一次试验的全燃频数＝0/10时,判为合格,全燃频数≥2/10时,判为不合格;当全燃频数＝1/10时,进行第二次试验,两次试验总全燃频数＝1/20时,仍判为合格,否则判为不合格。

ICS 71.100.30
G 89
备案号：

中华人民共和国安全生产行业标准

AQ 1102—2014
代替 MT 60—1995

煤矿用炸药爆炸后有毒气体量测定方法和判定规则

Test method and judge rules of the toxic gases formed
by detonation of permissible explosive

2014-02-20 发布
2014-06-01 实施

国家安全生产监督管理总局　　发 布

前　言

本标准第 6 章和第 7 章的技术内容为强制性的,其余为推荐性的。

本标准按照 GB/T 1.1—2009 给出的规则起草。

本标准代替 MT 60—1995《煤矿用炸药爆炸后有毒气体量测定方法和判定规则》。本标准与 MT 60—1995 相比,主要有以下变化:

——增加了"规范性引用文件"(见第 2 章);

——增加了"方法提要"(见第 4 章);

——修改了一氧化碳含量化学吸收法测定结果的表述(见 6.1.1.4.5,1995 年版的 4.1.1.5、4.1.1.6);

——修改了一氧化碳含量气相色谱法测定结果的表述(见 6.1.2.3.4,1995 年版的 4.1.2.3.4);

——增加了"红外线气体分析器法"(见 6.1.3);

——将"亚硝酸钠标准溶液 0,0.5,1.0,1.5,2.0,2.5,3.0,4.0,6.0,7.0 mL"修改为"亚硝酸钠标准溶液 0、0.5 mL、1.0 mL、1.5 mL、2.0 mL、2.5 mL、3.0 mL、4.0 mL、5.0 mL、6.0 mL、7.0 mL"(见 6.2.4.1.1,1995 年版的 4.2.4.1.1);

——将"二氧化氮质量为 0,0.001,0.002,0.003,0.004,0.005,0.006,0.008,0.010,0.012,0.014 mg"修改为"二氧化氮质量为 0、0.01 mg、0.002 mg、0.003 mg、0.004 mg、0.005 mg、0.006 mg、0.008 mg、0.010 mg、0.012 mg、0.014 mg"(见 6.2.4.1.1,1995 年版的 4.2.4.1.1);

——修改了氮氧化物分光光度计法测定结果的表述(见 6.2.5,1995 年版的 4.2.5、4.2.6);

——删除了"测量范围 0~0.1 MPa,准确度 1.5 级"(1995 年版的 3.2 g);

——将"hPa"改为"kPa"(见 6.3,1995 年版的 4.3);

——将感量 0.2 mg 改为 0.1 mg[见 5.2f),1995 年版的 3.2f];

——增加了温度计[见 5.2n)];

——修改了"炸药试样制备"(见 5.3,1995 年版的 3.3);

——将%(m/m)和%(V/V)改为质量分数(%)和体积分数(%)(见 6.1.1.2、6.1.1.4.5、6.1.2.1、
　　6.2.5,1995 年版的 4.1.1.2、4.1.1.5、4.1.2.1、4.2.5);

——将" 不确定度±1‰"改为"相对不确定度±1‰"[见 6.1.2.1d),1995 年版的 4.1.2.1d];

——将"1+4+95"和"1+2"改为"1∶4∶95"和"1∶2"[见 6.2.2c)、6.2.2e),1995 年版的 4.2.2c、
　　4.2.2e];

——将"10,25 mL"改为"10 mL、25 mL"[见 6.2.3c),1995 年版的 4.2.3c];

——删除了"有毒气体含量不合格的炸药,不准在井下使用"(见第 7 章,1995 年版的第 5 章)。

请注意本文件的某些内容可能涉及专利,本文件的发布机构不承担识别这些专利的责任。

本标准由国家安全生产监督管理总局提出。

本标准由全国安全生产标准化技术委员会煤矿安全分技术委员会(SAC/TC 288/SC 1)归口。

本标准起草单位:煤科集团沈阳研究院有限公司、安标国家矿用产品安全标志中心、煤炭科学研究总院爆破技术研究所。

本标准主要起草人:弓启祥、段赟、凌伟明、夏斌、郑锋、张春雨、王玉成、董春海、刘永明。

本标准代替了 MT 60—1995 。

煤矿用炸药爆炸后有毒气体量测定方法和判定规则

1 范围

本标准规定了煤矿用炸药爆炸后有毒气体的术语和定义、方法提要、试样的制备和采集、有毒气体量测定和判定规则。

本标准适用于煤矿用炸药爆炸后有毒气体(一氧化碳和氮氧化物)含量的测定。

2 规范性引用文件

下列文件对于本文件的应用是必不可少的。凡是注日期的引用文件,仅注日期的版本适用于本文件。凡是不注日期的引用文件,其最新版本(包括所有的修改单)适用于本文件。

GB 178　水泥强度试验用标准砂

GB/T 625　化学试剂　硫酸

GB/T 629　化学试剂　氢氧化钠

GB/T 631　化学试剂　氨水

GB/T 633　化学试剂　亚硝酸钠

GB/T 658　化学试剂　氯化铵

GB/T 678　化学试剂　乙醇(无水乙醇)

GB/T 1282　化学试剂　磷酸

GB/T 1294　化学试剂　L(+)-酒石酸

GB/T 2306　化学试剂　氢氧化钾

GB 8031　工业电雷管

HG/T 3489　化学试剂　氯化亚铜

HG/T 3490　化学试剂　线状氧化铜

NB/SH/T 0417　轻质液体石蜡

3 术语和定义

下列术语和定义适用于本文件。

3.1

有毒气体　toxic gas;poison gas

是指一氧化碳和氮氧化物。

4 方法提要

在一定的条件下,使一定量的炸药在一定容积的爆炸弹筒中爆炸,制得炸药爆炸后的气体试样,分别测定其中一氧化碳和氮氧化物的含量,再换算成有毒气体的总含量。

5 试样的制备和采集

5.1 试剂和材料

试验用材料如下:

a) 石英砂:二氧化硅含量不低于90％,符合 GB 178 的规定;

b) 雷管:8 号金属壳瞬发电雷管,符合 GB 8031 的规定;

c) 液体石蜡。透明,没有悬浮物和机械杂质及水,符合 SH/T 0417 的规定。

5.2 仪器、设备

试验用仪器和设备如下:

a) 爆炸弹筒:外径 600 mm,内径 350 mm,内部深度为 550 mm 的钢制圆筒;

b) 钢炮:外径 240 mm、高 300 mm 的圆柱体,其中心孔径直径 45 mm、深度 200 mm;

c) 真空泵;

d) 动槽水银压力计:准确度±0.04 kPa;

e) 架盘天平:感量 0.5 g;

f) 分析天平:感量 0.1 mg;

g) 真空表:测量范围 0～0.1 MPa,准确度 1.5 级;

h) 压力表:测量范围 0～0.1 MPa,准确度 1.5 级;

i) U 型水银压差计:准确度±0.1 kPa;

j) 采样瓶:容量 50 mL;

k) 贮气瓶:内盛液体石蜡作限定液;

l) U 型干燥管:内装经焙烧的无水硫酸铜;

m) 注射器:50 mL;

n) 温度计:精度为 0.2 ℃。

5.3 炸药试样制备

随机取两卷炸药,称取(110.0±0.5)g 炸药卷,将直径大于 35 mm 的,改装成直径为 35 mm。雷管插入药卷深度为雷管全长的 2/3。

5.4 爆炸生成气试样采集

5.4.1 爆炸生成气试样采集装置按图 1 进行组装。

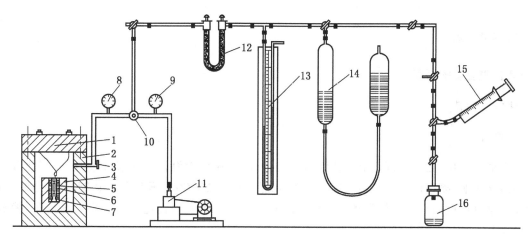

说明：

1 ——弹筒盖；

2 ——弹筒；

3 ——阀门；

4 ——钢炮；

5 ——石英砂；

6 ——雷管；

7 ——药卷；

8 ——压力表；

9 ——真空表；

10——三通活塞；

11——真空泵；

12——U 型干燥管；

13——水银压差计；

14——贮气瓶；

15——注射器；

16——采样瓶。

图 1 爆炸生成气试样采集装置示意图

5.4.2 用抽真空方法检查弹筒通气阀门是否通畅,用钢丝刷或砂纸把接线柱上的灰尘和锈垢擦净,并把残留于弹筒中的灰尘用吸尘器清除干净。

5.4.3 将炸药试样装入钢炮(4)内孔中,再将称量好的(300.0±0.5)g 石英砂自然充填在炸药卷周围与上部。雷管脚线分别接到两个接线柱上。

5.4.4 盖紧弹筒盖(1),然后用真空泵(11)将弹筒(2)内气体抽至真空度 3.33 kPa 以下,关闭阀门(3)。

5.4.5 用发爆器起爆药卷(7)。

5.4.6 炸药爆炸后,待弹筒(2)内气体冷却至室温后,开启阀门(3)。读取大气压力、室温和水银压差计(13)压差值。

5.4.7 排放弹筒(2)内一定量气体,以清洗系统内残留气体后,取弹筒一部分气体经过硫酸铜管脱水,置于贮气瓶(14)、球胆中留待测定用。

6　有毒气体量测定

6.1　一氧化碳含量的测定

6.1.1　化学吸收法

6.1.1.1　原理

爆炸生成气体中,二氧化碳用氢氧化钾溶液吸收,氧气用焦性没食子酸溶液吸收,一氧化碳用氨性氯化亚铜溶液吸收,剩余的一氧化碳经氧化铜管燃烧转化成二氧化碳,再用氢氧化钾溶液吸收。根据氨性氯化亚铜溶液吸收后减少的体积和氢氧化钾溶液吸收由一氧化碳转化成二氧化碳的体积,换算成一氧化碳的体积。

6.1.1.2　试剂和材料

试验用试剂和材料如下:
a)　线状氧化铜:符合 HG/T 3—1289 标准的规定;
b)　氢氧化钾溶液:用符合 GB/T 2306 规定的氢氧化钾配制成质量分数 25％溶液;
c)　氯化铵溶液:用符合 GB/T 658 规定的氯化铵配制成质量分数 25％溶液;
d)　硫酸溶液:用符合 GB/T 625 规定的相对密度为 1.84 的硫酸配制成质量分数 10％溶液;
e)　碱性没食子酸溶液:用焦性没食子酸配制成质量分数 22％溶液(A 溶液);用符合 GB/T 2306 规定的氢氧化钾 300 g 溶于 200 g 水中(B 溶液)。使用时,以 1 份 A 溶液与 6 份 B 溶液加以混合;
f)　氨性氯化亚铜溶液:称取 32 g 符合 HG/T 3—1287 规定的氯化亚铜,溶解于 110 mL 符合 GB/T 658 规定的 25％氯化铵溶液中,再加入 80 mL～100 mL 符合 GB/T 631 规定的氨水。

6.1.1.3　仪器

气体分析器见图 2。

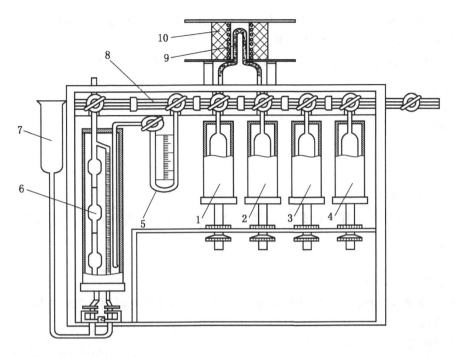

说明：

1 ——氢氧化钾溶液吸收器；

2 ——硫酸溶液吸收器；

3 ——焦性没食子酸溶液吸收器；

4 ——氨性氯化亚铜溶液吸收器；

5 ——补偿压力计；

6 ——量管；

7 ——以水银为限定液的水准瓶；

8 ——梳形管；

9 ——氧化铜管；

10——电炉。

图 2　气体分析器示意图

6.1.1.4　测定步骤

6.1.1.4.1　从氮气瓶冲入氮气检查梳形管(8)等测定系统的气密性。

6.1.1.4.2　测定时,取贮气瓶(14)中经脱水的干燥气体试样(40.0±0.1)mL 于仪器量管(6)中。

6.1.1.4.3　将气体试样依次压入氢氧化钾溶液吸收器(1)、焦性没食子酸溶液吸收器(3)、氨性氯化亚铜溶液吸收器(4)。

6.1.1.4.4　用电炉(10)加热氧化铜管(9)燃烧氢气后经硫酸溶液吸收器(2)吸收。剩余的一氧化碳再经氢氧化钾溶液吸收器(1)吸收一氧化碳转化成二氧化碳。

6.1.1.4.5　测定结果的表述。

一氧化碳含量按式(1)计算：

$$n_1 = \frac{V'_{co} + V''_{co}}{V'_0} \times 100 \qquad\qquad\cdots\cdots\cdots\cdots\cdots\cdots (1)$$

式中：

n_1 ——一氧化碳百分含量,体积分数(％)；

V'_{co}——氨性氯化亚铜溶液吸收的一氧化碳量,单位为毫升(mL)；

V''_{co}——氢氧化钾溶液吸收的二氧化碳所对应的一氧化碳量,单位为毫升(mL);

V'_0——干燥的气体试样量,单位为毫升(mL)。

平行测定两次,允许差应不大于0.5%,取算术平均值作为结果,结果精确至0.1%。

6.1.2 气相色谱法

6.1.2.1 试剂和材料

a) 13X分子筛:40~60目;

b) 高分子微孔小球;

c) 氩气:纯度体积分数99%;

d) 空气中一氧化碳气体标准物质,标准值体积分数5.00%。相对不确定度±1%。

6.1.2.2 仪器、设备

a) 气相色谱仪;

b) 色谱柱:内径3 mm、长度2000 mm,分别装填13X分子筛和高分子微孔小球;

c) 微处理机;

d) 热导检测器。

6.1.2.3 测定步骤

6.1.2.3.1 开机后按下列条件把仪器调整到工作状态:

氩气流量20 mL/min~40 mL/min,柱前压0.1 MPa,色谱柱温度和检测器温度为常温。

6.1.2.3.2 待基线稳定后,打开微处理机,即可进行气体试样分析。

6.1.2.3.3 用注射器注入一氧化碳一级标准物质两次,校准仪器,符合要求后方可进行气体试样分析。

6.1.2.3.4 测定结果的表述

平行测定两次,允许差应不大于0.5%,取算术平均值作为结果,结果精确至0.1%。

6.1.3 红外线气体分析器法

6.1.3.1 原理

根据一氧化碳对一定波长红外光有特征吸收,且一氧化碳含量与能量损失符合比耳定律,用一氧化碳标准气校正,直接测得结果。

6.1.3.2 试剂和材料

一氧化碳标准气:标准气中一氧化碳含量应与被测组分中一氧化碳含量接近。

6.1.3.3 仪器

红外线气体分析仪器:精度应不低于0.1%。

6.1.3.4 测定步骤

6.1.3.4.1 启动红外线气体分析器,待其稳定后,校正零点,通入一氧化碳标准气校正满度。

6.1.3.4.2 向红外线气体分析器中通入一定量的气体试样,测出一氧化碳的体积分数。

6.1.3.5 测定结果的表述

平行测定两次,允许差应不大于0.5%,取算术平均值作为结果,结果精确至0.1%。

6.2 氮氧化物含量的测定——分光光度法

6.2.1 原理

炸药爆炸时,生成的氮氧化物是一氧化氮和二氧化氮。其中一氧化氮被空气中的氧氧化成二氧化氮,二氧化氮被氢氧化钠溶液吸收生成硝酸盐和亚硝酸盐,加入显色剂,显现出桃红色,根据显色强度与二氧化氮含量成正比,采用分光光度法可测得二氧化氮含量。

6.2.2 试剂

试验用试剂如下:

a) 亚硝酸钠:符合 GB/T 633 的规定;

b) 氢氧化钠溶液:用符合 GB/T 629 规定的氢氧化钠配制成 $c(NaOH)=0.1\ mol/L$ 溶液;

c) 显色剂:将化学纯萘基盐酸二氨基乙烯、符合 GB/T 1294 的规定对氨基苯磺酰胺和酒石酸按 1:4:95 质量比混合,在乳钵中研磨并混合均匀,装入棕色瓶中,置于干燥器内备用;

d) 显色剂溶液:称取符合第 6.2.2 条 c)的规定 30 g 显色剂溶于 100 mL 符合 GB/T 1282 的规定 4% 磷酸溶液中,用时现配;

e) 吸收液:将 0.1 mol/L 氢氧化钠溶液与符合 GB/T 678 的规定无水乙醇按 1:2 体积比混合配制;

f) 亚硝酸钠贮备溶液:精确称取 0.1500 g 符合 GB/T 633 的规定亚硝酸钠,用蒸馏水稀释 1000 mL 容量瓶至刻度,摇匀为(A 溶液)。准确取 100 mL(A 溶液)转入 1000 mL 溶量瓶中,用蒸馏水稀释至刻度,摇匀为(B 溶液);

g) 亚硝酸钠标准溶液(1 mL 该溶液含 0.0015 mg $NaNO_2$,相当于 0.002 mg NO_2):用移液管准确吸取 10 mL 亚硝酸钠贮备溶液(B 溶液)转入 100 mL 溶量瓶中,符合第 6.2.2 条 e)规定的吸收液稀释至刻度,摇匀。

6.2.3 仪器

a) 分析天平:感量 0.1 mg;

b) 分光光度计:波长准确度 ±3 nm;

c) 移液管:10 mL、25 mL,准确度 ±0.04 mL;

d) 刻度吸管:1 mL,最小分度值 0.01 mL;
   5 mL,最小分度值 0.01 mL;
   10 mL,最小分度值 0.01 mL。

6.2.4 测定步骤

6.2.4.1 工作曲线的绘制

6.2.4.1.1 按照第 6.2.2 条 g)的要求分别准确吸取亚硝酸钠标准溶液,0.5 mL、1.0 mL、1.5 mL、2.0 mL、2.5 mL、3.0 mL、4.0 mL、6.0 mL、7.0 mL 于比色管中,其对应的二氧化氮质量为 0、0.001 mg、0.002 mg、0.003 mg、0.004 mg、0.005 mg、0.006 mg、0.008 mg、0.010 mg、0.012 mg、0.014 mg。分别加符合第 5.2.2 条 e)要求的吸收液至 15 mL 刻度。

6.2.4.1.2 用移液管分别吸取 5 mL 显色溶液(6.2.2 d)加入比色管(6.2.4.1.1)中。然后,将比色管置于(25±1)℃恒温水浴中,保温约 30 min,使其完全显色。在分光光度计上,用 1 cm 比色皿,以零标准溶液作参比,于波长 545 nm 处测定每一标准溶液的吸光度。

6.2.4.1.3 以二氧化氮的质量为横坐标,吸光度为纵坐标绘制工作曲线。

6.2.4.2 二氧化氮的测定

6.2.4.2.1 用注射器(15)从贮气瓶(14)中分别取 40 mL 干燥气体试样,注入装有 15 mL 二氧化氮吸收液的两个真空采样瓶(16)中,气体试样经 24 h 氧化和吸收。

6.2.4.2.2 准确吸取 5 mL 显色溶液(6.2.2 d)于采样瓶(16)中,按 5.2.4.1.2 条操作,以试剂空白溶液作参比测定吸光度。根据吸光度在工作曲线上查得该试样所对应的二氧化氮的质量(mg),然后换算成二氧化氮体积百分含量。

6.2.5 测定结果的表述

氮氧化物的含量按式(2)计算:

$$n_2 = \frac{0.49 \times \alpha}{V''_0} \qquad \cdots\cdots\cdots\cdots (2)$$

式中

n_2 ——二氧化氮百分含量,体积分数(%);

0.49——换算系数,1 mg 二氧化氮气体在标准状况下所占的体积,单位为升每毫克(L/mg);

α ——由工作曲线上查得二氧化氮质量,单位为毫克(mg);

V''_0 ——标准状况下气体试样量,单位为升(L)。

平行测定两次,允许差应不大于 0.3%,取算术平均值作为结果,结果精确至 0.01%。

6.3 有毒气体总量的计算

6.3.1 标准状况下,每千克炸药爆炸后产生的气体的总体积 V_0(L/kg)按式(3)计算:

$$V_s = \frac{V_6 \times (P_4 + P_1 - P_2 - P_3) \times 273 \times 1000}{101.3 Tm} \qquad \cdots\cdots\cdots (3)$$

式中:

V_s——标准状况下,每千克炸药爆炸后产生的干燥气体体积,单位为升每千克(L/kg);

V_6——减去钢炮所占体积后,弹筒的实际容积,单位为升(L);

P_1——测定时的大气压力,单位为千帕(kPa);

P_2——抽真空时,弹筒内剩余压力,单位为千帕(kPa);

P_3——温度为 T 度时空气饱和水蒸气压力,单位为千帕(kPa);

P_4——水银压差计的压差值,单位为千帕(kPa);

T ——测定时的室温,单位为开尔文(K);

m ——测定用炸药质量,单位为克(g)。

6.3.2 每千克炸药爆炸后,生成的一氧化碳和氮氧化物的体积分别按式(4)、式(5)计算:

$$V_{CO} = V_s \times n_1 \qquad \cdots\cdots\cdots\cdots (4)$$

$$V_{NO_2} = V_s \times n_2 \qquad \cdots\cdots\cdots\cdots (5)$$

式中:

V_{CO} ——每千克炸药爆炸后生成的一氧化碳体积,单位为升每千克(L/kg);

V_{NO_2}——每千克炸药爆炸后生成的氮氧化物体积,单位为升每千克(L/kg)。

6.3.3 每千克炸药爆炸后生成的有毒气体总量(按标准状况下折算成一氧化碳计)按式(6)计算:

$$V = V_{CO} + 6.5 V_{NO_2} \qquad \cdots\cdots\cdots\cdots (6)$$

式中:

V ——每千克炸药爆炸后生成的有毒气体总量,单位为升每千克(L/kg);

6.5 ——将氮氧化物折算成一氧化碳时的毒性系数。

6.3.4 测定结果取两次平行测定值的算术平均值,并修约成个数位。平行测定的差值不应超过 10 L/kg。

7 判定规则

本标准规定每千克炸药爆炸后生成的有毒气体总量(按标准状况下折算成一氧化碳计),不超过 80 L 为合格,超过 80 L,应加倍复检,仍以不超过 80 L 为合格。

ICS 71.100.30
G 89
备案号：

中华人民共和国安全生产行业标准

AQ 1103—2014
代替 MT 62—1997

煤矿许用电雷管井下可燃气安全度
试验方法和判定规则

Test method and judge rules of safety of permissible electric
detonator for coal mining infiredamp

2014-02-20 发布   2014-06-01 实施

国家安全生产监督管理总局   发 布

前　　言

本标准第 5 章、第 6 章、第 7 章和第 8 章的技术内容为强制性的,其余为推荐性的。

本标准按照 GB/T 1.1—2009 给出的规则起草。

本标准代替 MT 62—1997《煤矿许用电雷管井下可燃气安全度试验方法和判定规则》。本标准与
MT 62—1997 相比,主要有以下变化:

—— 增加了"术语和定义"(见第 3 章);

——删除了"必须采用经煤炭工业部批准的煤矿井下可燃气"(1997 年版的 4.5);

——修改了"判定规则"(见第 8 章,1997 年版的第 7 章)。

请注意本文件的某些内容可能涉及专利,本文件的发布机构不承担识别这些专利的责任。

本标准由国家安全生产监督管理总局提出。

本标准由全国安全生产标准化技术委员会煤矿安全分技术委员会(SAC/TC 288/SC 1)归口。

本标准起草单位:煤科集团沈阳研究院有限公司、安标国家矿用产品安全标志中心、煤炭科学研究
总院爆破技术研究所。

本标准主要起草人:王玉成、刘永明、凌伟明、夏斌、弓启祥、段赟、张春雨、郑锋。

本标准代替了 MT 62—1997。

MT 62—1997 的历次版本发布情况为:

MT 62—1982。

煤矿许用电雷管井下可燃气安全度
试验方法和判定规则

1 范围

本标准规定了煤矿许用电雷管井下可燃气安全度试验用仪器、设备和材料,试验条件,试验步骤,以及判定规则。

本标准适用于煤矿许用电雷管。

2 规范性引用文件

下列文件对于本文件的应用是必不可少的。凡是注日期的引用文件,仅注日期的版本适用于本文件。凡是不注日期的引用文件,其最新版本(包括所有的修改单)适用于本文件。

GB 8031 工业电雷管

3 术语和定义

下列术语和定义适用于本文件。

3.1

煤矿许用电雷管 permitted electric detonator for coal mine

允许在有可燃气或煤尘爆炸危险的煤矿井下使用的电雷管。

3.2

可燃气 inflammable gas

能燃烧或爆炸的气体。

3.3

安全度 safety

电雷管在有可燃气或煤尘爆炸危险的煤矿井下使用的安全程度。

4 方法提要

将受试电雷管置于充有规定浓度的煤矿井下可燃气-空气混合物的特定装置内引爆,以引爆混合气的频数表述电雷管对可燃气的安全度。

5 仪器、设备和材料

5.1 爆炸箱:由钢板卷制而成,直径 560 mm,长 1200 mm。一端用钢板封闭,两侧有气体混合管道、进气口和甲烷检测口,如图 1 所示。

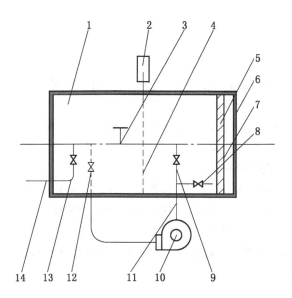

说明：

1 ——爆炸箱；

2 ——温度计；

3 ——甲烷检测口；

4 ——固定雷管支架；

5 ——密封垫圈；

6 ——密封门；

7 ——把手；

8 ——进气阀；

9 ——排气阀；

10——风机；

11——气体混合管路；

12——手动阀；

13——可燃气进气阀；

14——进气口。

图 1 煤矿许用电雷管井下可燃气安全度试验装置示意图

5.2 温度计：分度值应不大于1 ℃。

5.3 湿度计：分度值应不大于1%。

5.4 起爆电源：供电时间不超过4 ms。

5.5 试验用井下可燃气：试验过程中，当甲烷的浓度为9.0%时，其他可燃气含量总和应不大于0.3%，二氧化碳和过量氮含量总和应不大于1.0%。

6 试验条件

6.1 爆炸箱内井下可燃气—空气混合气体中，甲烷浓度为(9.0±0.3)%。

6.2 爆炸箱内温度为10 ℃～30 ℃，相对湿度应不大于80%。

6.3 受试的煤矿许用电雷管应符合GB 8031标准规定的规格、质量及爆炸性能指标方可进行井下可燃气安全度试验。

7 试验步骤

7.1 将爆炸箱的进气口接上胶管,与充有井下可燃气的钢瓶连接好。

7.2 将甲烷测定器校准调零并与甲烷检测口连接。

7.3 受试样品在试验前,应用引火药头或非许用电雷管做试验,以验证试验系统是否正常。

7.4 将一发受试雷管水平固定在爆炸箱固定支架的中心位置上,管底朝向箱口。

7.5 爆炸箱的开口端用牛皮纸或塑料薄膜封闭。

7.6 打开可燃气进气阀和甲烷检测口阀门,向爆炸箱内充井下可燃气,同时启动风机进行混合,使井下可燃气与爆炸箱内空气混合均匀并且甲烷含量达到标准规定的浓度。

7.7 关闭图 1 中的 3、8、9、12、13 处阀门。

7.8 用起爆电源立即引爆受试雷管。根据爆炸声音或其他参数判定雷管是否引燃充井下可燃气-空气混合物,并做好记录。

8 判定规则

8.1 试验采用二次抽样方案(25,25/1,3;2,3),即第一次试验的引燃频数≤1/25 时,判为合格,引燃频数≥3/25 时,判为不合格;当引燃频数=2/25 时,进行第二次试验,两次试验总引燃频数=2/50 时,仍判为合格,否则判为不合格。

8.2 煤矿许用毫秒延期电雷管以每段为一组进行试验。

ICS 73.010
D 09
备案号：44605—2014

中华人民共和国安全生产行业标准

AQ 1108—2014

煤矿井下静态破碎技术规范

Technical specification of static cracking for underground coal mine

2014-02-20 发布 2014-06-01 实施

国家安全生产监督管理总局　　发 布

前　言

本标准第 5 章、第 6 章的技术内容为强制性的,其余为推荐性的。

本标准按照 GB/T 1.1—2009 给出的规则起草。

本标准由国家安全生产监督管理总局提出。

本标准由全国安全生产标准化技术委员会煤矿安全分技术委员会(SAC/TC 288/SC 1)归口。

本标准起草单位:淮北矿业(集团)有限责任公司、安徽理工大学、中国煤炭工业协会生产力促进中心、四川珙县建洪化工厂。

本标准主要起草人:马芹永、刘尹、马玉平、王和志、卢小雨、刘富、郑厚发、周建。

煤矿井下静态破碎技术规范

1 范围

本标准规定了煤矿井下静态破碎的设计要求、施工要求、安全要求和试验方法。
本标准适用于煤矿井下静态破碎的设计与施工。

2 规范性引用文件

下列文件对于本标准的应用是必不可少的。凡是注日期的引用文件,仅注日期的版本适用于本文件。凡是不注日期的引用文件,其最新版本(包括所有的修改单)适用于本文件。

GB 6722　爆破安全规程
AQ 1060—2008　煤矿井下爆破工安全技术培训大纲及考核标准
JC 506—2008　无声破碎剂
JC/T 729—2005　水泥净浆搅拌机
JGJ 147—2004　建筑拆除工程安全技术规范
煤矿安全规程 2011 年版

3 术语和定义

下列术语和定义适用于本文件。

3.1
静态破碎剂　static cracking agent
一种与适当比例水混合后填充到破裂孔,利用其与水反应产生的较大膨胀压,将岩石或混凝土破裂的粉状工程施工材料。

3.2
自由面　free surface
被破碎体和外部(空气或水)相接触的表面,亦称临空面。

3.3
破裂参数　cracking parameters
破裂孔的孔径、孔深、相邻孔距、排距等影响破碎效果的因素的总称。

3.4
孔径　borehole diameter
破裂孔的直径。

3.5
孔深　borehole depth
破裂孔的深度。

3.6
孔距　borehole space
同一排上相邻两破裂孔的中心距。

3.7

排距 distance between two rows

相邻两排破裂孔之间的距离。

3.8

水剂比 water agent ratio

水与静态破碎剂拌和时,所用水质量与静态破碎剂质量的比值。

3.9

膨胀压 expansive stress

静态破碎剂由于体积膨胀而作用在孔壁上单位面积的压力。

3.10

体积膨胀率 volume expansion ratio

静态破碎剂水化反应后体积与反应前体积的比值。

3.11

反应时间 reaction time

静态破碎剂从加水拌和后达到最大膨胀压所需的时间。

3.12

反应温度 reaction temperature

静态破碎剂水化反应过程中所达到的最高温度。

3.13

抑制剂 unexciting agent

能够减缓静态破碎剂反应速度的活性复合剂。

3.14

激发剂 exciting agent

能够加快静态破碎剂反应速度的活性复合剂。

4 设计要求

4.1 一般规定

4.1.1 应依据待破碎区域的技术要求、工程地质条件、水文地质条件、环境温度、湿度等,按本标准要求编制施工组织设计与安全措施。

4.1.2 设计前应进行静态破碎剂的膨胀压测试(见附录 A)、反应温度与体积膨胀率测试(见附录 B)和现场试配试验(见附录 C),以便于指导静态破碎的设计和施工。

4.2 设计准备

设计前做如下准备:

a) 提供待破碎区域的地形、水文地质条件、瓦斯地质条件;

b) 提供待破碎区域的周围环境;

c) 测定待破碎区域的温度和湿度;

d) 测定待破碎区域被破碎体的基本力学性能;

e) 绘制待破碎区域的平面图;

f) 提供待破碎区域施工现场保障通风的措施、防止瓦斯突出、瓦斯(煤尘)爆炸的措施和防突水的措施。

4.3 破裂参数设计

4.3.1 设计要求

破裂参数应依据静态破碎剂的性能,被破碎体的基本物理力学性能,待破碎区域的地形、地质、水文、环境条件,以及安全要求确定。

4.3.2 破裂孔排列

破裂孔的排列形式主要取决于被破碎体和对破碎效果的要求。当多排孔破碎时,破裂孔的排列形式主要是方格形排列和梅花形排列如图1所示。其他排列形式是对上述两种排列形式的变化。

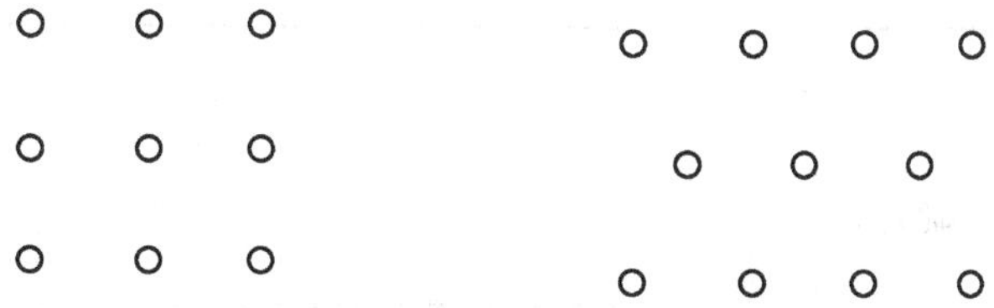

a) 方格形排列   b) 梅花形排列

图 1   破裂孔排列形式

4.3.3 破裂孔孔径

孔径一般为 38 mm～50 mm。

4.3.4 破裂孔孔距

孔距的大小可按公式(1)计算:

$$a = Kd \quad\quad\quad\quad\quad\quad\quad (1)$$

式中:

a ——孔距,单位为毫米(mm);

d ——孔径,单位为毫米(mm);

K——破裂系数。

破裂系数 K 值可从表1和表2中选取。

表 1   混凝土的破裂系数 K(孔径 $d \leqslant 50$ mm)

混凝土种类	含钢筋的体积率 α kg/m³	K 值
素混凝土	—	$16 \geqslant K > 10$
钢筋混凝土	$30 \leqslant \alpha < 60$	$10 \geqslant K > 8$
	$60 \leqslant \alpha < 100$	$8 \geqslant K > 6$
	$\alpha \geqslant 100$	$6 \geqslant K > 5$

表 2　岩石的破裂系数 K(孔径 $d \leqslant 50$ mm)

岩石硬度 f	K 值
煤	$16 \geqslant K > 12$
$1 \leqslant f < 4$	$16 \geqslant K > 10$
$4 \leqslant f < 6$	$10 \geqslant K > 8$
$6 \leqslant f < 9$	$8 \geqslant K > 6$
$f \geqslant 9$	$6 \geqslant K > 4$

4.3.5　破裂孔排距

排距一般按表 3 和表 4 确定。

表 3　排距布置表(混凝土)

单位为毫米

混凝土类别	排距 b
素混凝土	400
钢筋混凝土	300

表 4　排距布置表(岩石)

岩石硬度 f	排距 b mm
煤	$700 \geqslant b > 550$
$1 \leqslant f < 4$	$700 \geqslant b > 500$
$4 \leqslant f < 6$	$500 \geqslant b > 400$
$6 \leqslant f < 9$	$400 \geqslant b > 300$
$f \geqslant 9$	$300 \geqslant b > 200$

4.3.6　破裂孔孔深与装静态破碎剂深度

4.3.6.1　破裂孔孔深

破裂孔孔深可按公式(2)计算:

$$L = \eta H \qquad \cdots\cdots\cdots\cdots\cdots\cdots\cdots\cdots\cdots\cdots (2)$$

式中:

L ——破裂孔孔深,单位为米(m);

H ——破碎深度,单位为米(m);

η ——孔深系数,与待破碎体特性及约束条件有关;对于素混凝土块或孤石,$\eta = 2/3 \sim 3/4$;对于原岩,$\eta = 1.05$;对于钢筋混凝土体,$\eta = 0.95 \sim 0.99$。

4.3.6.2 装静态破碎剂深度

装静态破碎剂深度一般应为孔深的100％,但对于水平破裂孔和仰角破裂孔应留50 mm的封堵长度。

4.3.7 静态破碎剂的选择

4.3.7.1 根据被破碎体的基本力学性能以及要达到的破碎效果选择复合型静态破碎剂或水泥膨胀静态破碎剂。

4.3.7.2 根据施工速度的要求可以选择普通型静态破碎剂(反应时间在1 h以上)或速效型静态破碎剂(反应时间在1 h以内)。

4.3.7.3 根据破裂孔角度可以选择散装粉状静态破碎剂或药卷式静态破碎剂。

4.3.7.4 根据被破碎体的环境温度可以选择冬季型静态破碎剂(-5 ℃～15 ℃)、春秋型静态破碎剂(15 ℃～25 ℃)、夏季型静态破碎剂(25 ℃～35 ℃)或高温型静态破碎剂(35 ℃～60 ℃)。

4.3.8 水剂比

粗颗粒静态破碎剂的水剂比为0.24～0.27,而细粉末静态破碎剂的水剂比为0.28～0.32。

4.3.9 静态破碎剂用量

当破裂孔排列形式和有关的破裂参数确定后,静态破碎剂用量可按下面两种方式计算。

a) 依据单位长度静态破碎剂用量按公式(3)计算:

$$Q_1 = q_1(1+\gamma)\sum L \qquad\qquad\cdots\cdots\cdots\cdots\cdots\cdots\cdots(3)$$

式中:

Q_1 ——单个破裂孔的静态破碎剂用量或1次破碎的静态破碎剂总用量,单位为千克(kg);

γ ——静态破碎剂的损耗率,采用0.05～0.1;

$\sum L$ ——1个破裂孔的深度或1个被破碎体全部破裂孔的总深度,单位为米(m);

q_1 ——单位长度静态破碎剂用量,按表5选取单位为千克每米(kg/m)。

表5 单位长度静态破碎剂量

孔径 m	q_1 值 kg/m
38	1.90
42	2.30
46	2.75
50	3.25

b) 依据单位体积静态破碎剂用量按公式(4)计算:

$$Q_2 = q_2 V \qquad\qquad\cdots\cdots\cdots\cdots\cdots\cdots\cdots(4)$$

式中:

Q_2 ——静态破碎剂用量,单位为千克(kg);

V ——被破碎体体积,单位为立方米(m^3);

q_2 ——单位体积静态破碎剂用量,按表6和表7选用单位为千克每立方米(kg/m^3)。

表 6 单位体积静态破碎剂用量（混凝土）

混凝土种类	含钢筋的体积率 α kg/m³	q_2 值 kg/m³
素混凝土	—	$8 \leqslant q_2 < 15$
钢筋混凝土	$30 \leqslant \alpha < 60$	$15 \leqslant q_2 < 20$
	$60 \leqslant \alpha < 100$	$20 \leqslant q_2 < 30$
	$\alpha \geqslant 100$	$q_2 \geqslant 30$

表 7 单位体积静态破碎剂用量（岩石）

煤岩体种类	q_2 值 kg/m³
煤	$8 \leqslant q_2 < 9$
$1 \leqslant f < 4$	$8 \leqslant q_2 < 10$
$4 \leqslant f < 6$	$10 \leqslant q_2 < 15$
$6 \leqslant f < 9$	$15 \leqslant q_2 < 20$
$f \geqslant 9$	$20 \leqslant q_2 < 30$
孤石	$5 \leqslant q_2 < 10$

4.3.10 绘制设计图

应绘制破裂孔网平面布置图及立面图。

5 施工要求

5.1 施工准备

5.1.1 施工技术与组织措施

施工前应编写施工技术与组织措施，并需要经矿技术负责人审批。措施内容包括：工程概况、水文地质条件、施工组织机构设置（指挥长1名，钻眼组、装药组、警戒组等）、施工进度安排及出现突发情况的处理办法等。指挥长负责指挥和统筹安排现场各项工作。

5.1.2 施工现场清理与准备

根据静态破碎的施工要求和场地条件，应做好施工现场清理与准备工作：
a) 提供施工用风、水、电供给系统敷设方案，做好施工器材场地布置；
b) 做好静态破碎剂、橡胶手套、防护眼镜等的临时存放场所安排及其安全保护措施；
c) 做好施工现场安全警戒岗哨布置；
d) 做好施工现场防水、排水及防突出措施安排；
e) 测定施工场地气温、静态破碎剂温度、拌和水温度；
f) 操作前应确定已准备好以下材料物品：静态破碎剂、拌和用水、盛水桶、拌和盆、搪瓷量杯、捣棍、防护眼镜、橡胶手套、备用洁净水和毛巾。

5.1.3 静态破碎剂的运输与贮存

5.1.3.1 静态破碎剂在煤矿井下运输和贮存过程中应注意防潮,在静态破碎剂包装外应再套一层聚氯乙烯塑料袋进行密封,而且在运输过程中严禁将塑料袋划破。

5.1.3.2 不同类型、不同生产日期的静态破碎剂应分别贮存,不应混杂。静态破碎剂在井下应贮存在干燥通风的地方,并与易燃易爆品保持安全距离 20 m 以上。静态破碎剂在井下的贮存期应小于等于15 天。

5.1.3.3 个人不得贮存静态破碎剂,建立静态破碎剂领、退制度,防止静态破碎剂流失。

5.2 施工

5.2.1 破裂孔施工

5.2.1.1 应按设计的破裂孔的排列形式、孔位、孔径、孔角和孔深施工破裂孔。

5.2.1.2 煤矿井下施工时应选择风动凿岩机进行湿式钻孔。

5.2.1.3 破裂孔开孔位置与设计孔位的偏差,应小于钻头直径的尺寸,实际孔位应有记录;钻孔角度和孔深应符合设计要求;钻好孔后,应进行扫孔,清除孔内岩粉,孔口盖严。

5.2.2 静态破碎剂的外观检查

在实施静态破碎作业前,应对所使用的静态破碎剂的外包装进行外观检查,如果发现外包装已经破损,应弃之不用。

5.2.3 药卷型静态破碎剂的加工

对于水平破裂孔或仰角破裂孔,由于不便于直接灌装,可将静态破碎剂装入比钻孔直径略小的高强度长纤维纸袋中,制作成药卷型静态破碎剂。

5.2.4 警戒

装填静态破碎剂时的警戒范围应控制在距离被破碎区域 20 m 以上,具体由指挥长确定,装填静态破碎剂期间,应在警戒区边界派出岗哨。执行警戒任务的人员,应按指令到达指定地点并坚守工作岗位。

5.2.5 装填静态破碎剂

5.2.5.1 装填静态破碎剂前应对作业场地进行清理,装填静态破碎剂人员应对准备装填静态破碎剂的全部破裂孔进行检查,破裂孔经检查合格后方可填装静态破碎剂。

5.2.5.2 对于吸水性强的干燥破裂孔,应先用水湿润孔壁,然后再装填,以免大量吸收浆体中水分,影响水化作用和降低破碎效果。

5.2.5.3 对于向下垂直的破裂孔或俯角破裂孔,一般装填散装粉状静态破碎剂,即应按设计确定的水剂比计算用水量和静态破碎剂的用量,用 1 000 mL 带刻度的搪瓷量杯量好所需的水量,倒入拌和盆中,然后用木棒搅拌至均匀流质状态,搅拌时间一般为 40 s～60 s。搅拌好后,迅速装填到破裂孔内,并确保静态破碎剂在孔内处于密实状态。如装填药卷型静态破碎剂应按 5.2.5.4 的规定执行。

5.2.5.4 对于水平破裂孔或仰角破裂孔,可装填药卷型静态破碎剂,即应将一个破碎操作循环所需要的静态破碎剂药卷放入水桶中,完全浸泡 30 s～50 s,待药卷充分湿润、完全不冒气泡时,取出药卷从破裂孔孔底开始逐条装入并捣紧,密实装填,孔口留 50 mm 用黄泥封堵以保证水分和静态破碎剂不流出。即"集中浸泡,充分浸透,逐条装入,分别捣紧"。

5.2.5.5 破碎剂要随用随配，一次不宜拌制过多；搅拌好的浆体应尽快装入破裂孔内，并应在 10 min 内用完。如流动度丧失，不可继续加水拌和使用。不在冬季，不应使用热水拌和。

5.2.5.6 往破裂孔中装填静态破碎剂浆体时，不应将眼睛直接对着正在装填或装填好的破裂孔张望；装填完毕后，应用潮湿布袋等物体覆盖在破裂孔的表面，以防浆体喷出伤害眼睛。

5.3 养护

被破碎体开裂后，可向裂缝中浇水，保持静态破碎剂持续反应，以便取得更好效果。当温度高于 28 ℃时，装填完浆体后，应覆盖孔口，以免发生喷孔；当温度低于 5 ℃时，应采取保温措施。

5.4 突发情况处置

静态破碎施工过程中，如遇到片帮、突水、瓦斯或煤突出等突发情况，应按《煤矿安全规程》的规定进行处置，立即停止施工，并撤出人员汇报调度部门。待查清原因并采取相应措施确保安全后，方可继续施工。

5.5 验收

静态破碎施工完成后应按《煤矿安全规程》的规定检查甲烷等有害气体浓度是否超限，有无危岩、冒顶等情况，安全处理后方可对破碎效果进行验收。

5.6 施工总结

5.6.1 每次静态破碎施工后，技术人员应填写施工记录。

5.6.2 技术人员应提交施工总结，内容应包括：工程概况、设计方案、施工过程、破碎效果及分析等。

5.6.3 静态破碎施工记录及施工总结，应整理归档并按规定保存。

6 安全要求

6.1 设计和施工过程应遵守《煤矿安全规程》、GB 6722 和 JGJ 147—2004 中 4.4 的规定。

6.2 对有煤与瓦斯突出危险的工作面，应按照《煤矿安全规程》的要求制定防突出措施。

6.3 操作人员应按 AQ 1060—2008 的要求经过培训合格。

6.4 无关人员不得进入施工现场。装填静态破碎剂浆体时，应事先规划好人员行走路线，严禁走过已装填好静态破碎剂的破裂孔区。

6.5 静态破碎剂应无危害人身安全的有毒成分。

6.6 静态破碎剂在煤矿井下的运输、贮存、使用过程中不得产生引起瓦斯爆炸的危险温度限值。

6.7 搅拌和装填静态破碎剂时，施工人员应佩戴橡胶手套和防护眼镜。

6.8 施工现场必须专门备好洁净水和毛巾。如果有静态破碎剂不慎溅入眼睛或溅到皮肤上，应立即用洁净水进行冲洗，情况严重的应迅速去医院就诊。

6.9 在静态破碎剂填装破裂孔至被破碎体破碎前，操作人员不应将面部直接面对已装填静态破碎剂的钻孔。静态破碎剂装填完后，应将破裂孔区覆盖，远离装填点。

6.10 最短破裂时间应控制在 30 min 以上，最长破裂时间应控制在 3 h 以内。

6.11 不应擅自向静态破碎剂中加入其他任何化学物品。

6.12 严禁将静态破碎剂加水后装入玻璃杯、玻璃瓶、饮料瓶等容器。

6.13 刚钻完的破裂孔和刚冲孔的破裂孔，孔壁温度较高，应确定温度符合要求并清扫后才能装填静态破碎剂。

6.14 静态破碎剂不应与其他材料混放。开封后应立即使用，如一次未使用完，应立即扎紧袋口，下次需用时再开封。

6.15　按施工工序要求,先钻孔,后扫孔,再装填静态破碎剂。钻孔与装填静态破碎剂不应同步进行。

7　试验方法

7.1　膨胀压的测试方法

按本标准附录 A 进行。

7.2　反应温度与体积膨胀率的测试方法

按本标准附录 B 进行。

7.3　现场试配试验方法

按本标准附录 C 进行。

附 录 A

（规范性附录）

膨胀压的测试方法

A.1 范围

本附录适用于静态破碎剂膨胀压的测试。

A.2 仪器设备

A.2.1 电阻应变仪

采用应变测量范围(0～15 000)$\mu\varepsilon$ 的静态电阻应变仪。

A.2.2 钢管

采用 Q 235 型冷加工钢管,内径 40 mm,壁厚 4 mm,长 500 mm,钢管一端用 4 mm 厚钢板焊接封闭。

A.2.3 测试水槽

采用有温控装置的钢质测试水槽,规格尺寸为 500 mm×500 mm×620 mm。

A.2.4 游标卡尺

量程 300 mm,分度值不大于 0.02 mm。

A.3 试样材料

A.3.1 静态破碎剂试样应充分拌匀,通过 0.9 mm 方孔筛。

A.3.2 电阻应变片规格 3 mm×5 mm,电阻值(120.0±0.2)Ω。

A.3.3 试验用水必须是洁净水。

A.4 试验条件

A.4.1 试验室温度为(20±2)℃,相对湿度大于 50%。试样、拌和水及试模等温度应与室温相同。

A.4.2 测试水槽控制温度为:高温型 (35±1)℃,夏季型 (25±1)℃,春秋型 (15±1)℃,冬季型 (−5±1)℃。

A.5 试验步骤

A.5.1 粘贴电阻应变片

用 502 胶将电阻应变片粘贴在钢管上相应部位,如图 A.1 所示。

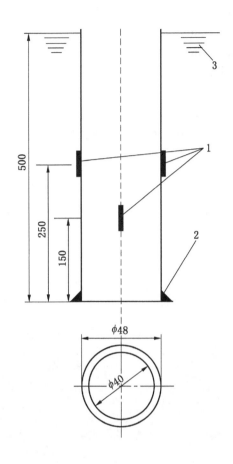

说明：

1——横向电阻应变片；

2——焊接；

3——水面。

图 A.1　电阻应变片布置示意图

A.5.2　接线

将电阻应变片的引出端，通过双股导线与应变仪器连接起来。

A.5.3　成型

将已粘贴电阻应变片的钢管装入 ϕ150 mm×600 mm 塑料袋中然后放入水槽中，校正电阻应变仪。准确称取 1000 g 试样，按照设计用水量加水，立即置于搅拌机内拌和 1 min，然后灌入钢管中，用钢棍将静态破碎剂浆体捣密实。由静态电阻应变仪读取钢管的圆周方向应变量 ε_θ。

A.6　结果计算

膨胀压按公式（A.1）计算：

$$p = E_s \cdot (K^2-1)[\varepsilon_\theta/(2-\upsilon)] \quad\cdots\cdots\cdots\cdots\cdots\cdots\cdots\cdots\cdots\cdots\cdots(A.1)$$

式中：

p ——膨胀压，单位为兆帕（MPa）；

E_s——钢管的弹性系数，为 2.060×10^5 MPa；

K——钢管的系数,为r_θ/r_i;

r_θ——钢管的外径,单位为毫米(mm);

r_i——钢管的内径,单位为毫米(mm);

ε_θ——钢管的圆周方向应变量;

υ——泊松比,为0.3。

计算结果精确到0.1 MPa。

注:附录 A 为 JC 506—2008 的附录 A,为便于本标准使用而引用至此。

附　录　B

（规范性附录）

反应温度与体积膨胀率的测试方法

B.1　范围

本附录适用于静态破碎剂反应温度与体积膨胀率的测试。

B.2　仪器设备

B.2.1　量筒

标称容量为 500 mL 的无塞量筒一只；最小刻度 0.1 mL，精度 1%。

B.2.2　搅拌机

应符合 JC/T 729—2005 的有关规定，搅拌锅深度(139±2)mm，搅拌锅内径(160±1)mm，搅拌锅壁厚大于等于 0.8 mm。搅拌速度，自转：慢速，(140±5)r/min；快速，(285±10)r/min；公转：慢速，(62±5)r/min；快速，(125±10)r/min。

B.2.3　数字式温度计

量程：−50 ℃～400 ℃；温度分辨率：0.1 ℃；环境条件：−20 ℃～70 ℃；湿度：≤90%。

B.2.4　测温装置

长 200 mm、宽 200 mm、高 150 mm 的隔温盒，盒内部标有刻度，分度值不大于 0.1 mm，如图 B.1 和图 B.2 所示。

单位为毫米

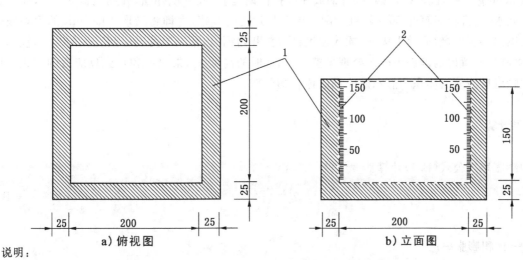

说明：

1——隔温材料；

2——刻度。

图 B.1　测温盒主体图

203

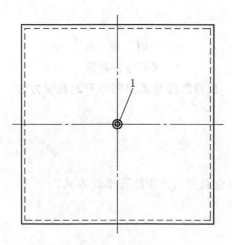

说明：

1——测温孔。

图 B.2　测温盒盖图

B.3　试样材料

B.3.1　静态破碎剂试样应充分拌匀。

B.3.2　试验用水应是洁净水。

B.4　试验条件

试验室温度为(20±2)℃,相对湿度大于50%。试样、拌和水及测温装置等温度应与室温相同。

B.5　试验步骤

称取2000 g试样,倒入搅拌锅内,将锅放在搅拌机锅座上,放下搅拌翅,开动机器3 s后,徐徐加入量好的拌和水,自开机时算起60 s停机。刮下粘在叶片上的净浆,立即将量取1000 mL的静态破碎剂浆体放入测温装置内,然后盖上盖子,插入温度计探头开始测温,记录温度随时间变化的整个过程,反应结束后,将测温装置内的静态破碎剂处理平整,读出此时的高度h_2,乘以面积得到反应后的体积。反应后的体积除以反应前的体积为静态破碎剂的体积膨胀率。

B.6　结果计算

体积膨胀率按公式(B.1)计算：

$$\beta_1 = \frac{Ah_2}{V_0} \quad\quad\quad\quad\quad\quad\quad\quad\quad\quad\quad\text{(B.1)}$$

式中：

β_1——体积膨胀率;

A——测温装置的底面积,单位为平方毫米(mm²);

h_2——反应后静态破碎剂的平整高度,单位为毫米(mm);

V_0——反应前静态破碎剂的体积,此处取1000 mL。

附　录　C

（规范性附录）

现场试配试验方法

C.1　范围

本附录适用于静态破碎剂现场试配试验。

C.2　目的

C.2.1　根据试验结果,确定静态破碎剂型号是否与环境温度相符合,以及是否该加入抑制剂或激发剂。

C.2.2　根据现场温度,确定反应持续时间是否符合现场要求。

C.2.3　计算膨胀率,判断静态破碎剂是否合格。

C.3　仪器设备

C.3.1　天平:最大称量 200 g,分度值 0.01 g。

C.3.2　秒表:最大测量时长不小于 1 h,测量精度不低于 1 s。

C.3.3　直尺:测量精度不低于 0.1 mm。

C.3.4　一次性纸杯:容量在 450 mL 以上。

C.4　试样材料

C.4.1　静态破碎剂试样应充分拌匀。

C.4.2　试验用水应为洁净水。

C.5　试验步骤

C.5.1　取 100 g 静态破碎剂和 28 g 洁净水分别装入两个纸杯中,迅速将它们混合搅拌至均匀略有流动性,静置后观察,记录试验开始时间及静态破碎剂浆体的高度 h_1。

C.5.2　记录静态破碎剂浆体开始发热冒气时的时间作为初凝时间。

C.5.3　记录静态破碎剂浆体体积不再膨胀时的时间作为终凝时间。

C.5.4　记录反应结束后静态破碎剂粉末的高度 h_2。

C.5.5　用天平称量纸杯中分别装有高度为 h_1 和 h_2 的水的质量 m_1 和 m_2(扣除纸杯的质量)。

C.6　结果计算

现场试配体积膨胀率按公式(C.1)计算:

$$\beta_2 = \frac{m_2}{m_1}$$ 　　　　　　　　　　　　　·························(C.1)

式中：

β_2——现场试配体积膨胀率；

m_1——反应开始时与破碎剂浆体同样体积水的质量，单位为克(g)；

m_2——反应结束时与破碎剂粉末同样体积水的质量，单位为克(g)。

参 考 文 献

[1]　马芹永．煤矿井下静态爆破开挖技术试验与应用研究「鉴定资料」．淮南：安徽理工大学，2009.

[2]　Ma qinyong，Lu xiaoyu. Soundless cracking technique and its application in hard-rock tunnel in high gas coal mine. ISRM INTERNATIONAL SYMPOSIUM 2008，5th Asian Rock Mechanics Symposium（ARMS5），24 - 26 November，2008，Tehran，Iran：1461 - 1464.

[3]　游宝坤．静态爆破技术：无声破碎剂及其应用．北京：中国建材工业出版社，2008.

[4]　陈雷．静态破碎技术的试验研究及工程应用．淮南：安徽理工大学，2008.

[5]　冯彧雷．静态破碎剂的膨胀压力测试试验与应用．淮南：安徽理工大学，2010.

[6]　魏承景，谢逢午．静态破碎技术．广西：广西科学技术出版社，1989.

[7]　孙立新．静态破碎剂的研制及应用．西安：西安建筑科技大学，2005.

[8]　亢会明，刘涛，张建良．静态破碎剂在抗滑桩坚硬岩石开挖中的应用．施工技术，2004，33（9）：63 - 64.

[9]　周永力．利用静态破碎剂拆除灌注桩钢筋混凝土盖帽．人民长江，2007，38（3）：63 - 64.

[10]　王建鹏．静态破碎剂破岩机理研究．中国矿业，2008，17（11）：90 - 92.

[11]　钟汶均，聂建华．高效无声破碎剂技术在直孔水电站厂房后边坡的应用．水利水电技术，2006，37（6）：76 - 77.

[12]　刘纪峰，陈阵，卢长海，等．静态破碎剂在北京北护城河挡墙拆除中的应用．建筑技术，2006，37（6）：460 - 462.

[13]　马志钢，王瑾．试论静态破碎剂及其性能改进．煤矿爆破，2002（1）：4 - 5.

[14]　QB/ZJWS 5223—2003　无声破碎剂静态爆破施工工艺标准

ICS 21.120.01
J 19
备案号：44606—2014

中华人民共和国安全生产行业标准

AQ 1109—2014

煤矿带式输送机用电力液压鼓式制动器
安全检验规范

Safety inspection specification for electro-hydraulic drum brakes
used in coal mining belt conveyor

2014-02-20 发布   2014-06-01 实施

国家安全生产监督管理总局   发 布

前　言

本标准 7.2～7.13、7.16～7.18 的技术内容为强制性的,其余为推荐性的。

本标准按照 GB/T 1.1—2009 给出的规则起草。

请注意本文件的某些内容可能涉及专利,本文件的发布机构不承担识别这些专利的责任。

本标准由国家安全生产监督管理总局提出。

本标准由全国安全生产标准化技术委员会煤矿安全分技术委员会(SAC/TC 288/SC 1)归口。

本标准起草单位:中煤科工集团上海研究院、安标国家矿用产品安全标志中心、焦作市长江制动器有限公司。

本标准主要起草人:章伯超、王秋敏、王光炳、奚丽峰、罗毅、牛杰、朱泽君。

煤矿带式输送机用电力液压鼓式制动器
安全检验规范

1 范围

本标准规定了煤矿带式输送机用电力液压鼓式制动器(以下简称制动器)的术语和定义、检验分类、检验项目、检验设备、检验内容和判定规则。

本标准适用于煤矿井下带式输送机用电力液压鼓式制动器,也适用于露天煤矿、选煤或其他工作场所带式输送机用电力液压鼓式制动器。

2 规范性引用文件

下列文件对于本文件的应用是必不可少的。凡是注日期的引用文件,仅注日期的版本适用于本文件。凡是不注日期的引用文件,其最新版本(包括所有的修改单)适用于本文件。

GB/T 1239.2　冷卷圆柱螺旋弹簧技术条件　第2部分:压缩弹簧

GB/T 23934　热卷圆柱螺旋压缩弹簧技术条件

GB/T 1239.6—1992　圆柱螺旋弹簧设计计算

GB/T 2423.4　电工电子产品基本环境检验规程　检验Db:交变湿热检验方法(12 h+12 h循环)

GB 3836.1　爆炸性环境　第1部分:设备　通用要求

GB 3836.2　爆炸性环境　第2部分:由隔爆外壳"d"保护的设备

GB 3836.3　爆炸性环境　第3部分:由增安型"e"保护的设备

GB/T 9286—1998　色漆和清漆　漆膜的划格检验

GB/T 10111　随机数的产生及其在产品质量抽样检验中的应用程序

GB/T 13452.2　色漆和清漆　漆膜厚度的测定

JB/T 5000.12—2007　重型机械通用技术条件　第12部分:涂装

JB/T 6406—2006　电力液压鼓式制动器

JB/T 7021　鼓式制动器连接尺寸

MT 113—1995　煤矿井下用聚合物制品阻燃抗静电性通用检验方法和判定规则

3 术语和定义

JB/T 6406—2006中界定的以及下列术语和定义适用于本文件。为了便于使用,以下重复列出了JB/T 6406—2006中的某些术语和定义。

3.1
制动器释放　brake releasing
制动器制动瓦制动覆面与制动偶件制动表面脱离接触,消除制动力矩。
[JB/T 6406—2006,定义3.1]

3.2
制动器闭合　brake setting
制动器制动瓦制动覆面与制动偶件制动表面贴合,建立制动力矩。

[JB/T 6406—2006,定义 3.2]

3.3

制动弹簧工作力　applying force by the brake-spring

产生制动力或制动力矩的弹簧力。

[JB/T 6406—2006,定义 3.3]

3.4

额定制动弹簧工作力　rated applying force by the brake-spring

产生额定制动力或额定制动力矩的弹簧力。

[JB/T 6406—2006,定义 3.4]

3.5

制动瓦退距　shoes clearance

制动器在释放状态下,制动瓦制动覆面与制动偶件制动表面的平均距离。

[JB/T 6406—2006,定义 3.5]

3.6

制动瓦随位　shoes aligning

通过某种装置或采取某种措施,能使制动器在闭合时,制动瓦制动覆面与制动偶件制动表面正常贴合,正常释放状态时制动瓦制动覆面的任何部位与制动偶件制动表面不相接触。

[JB/T 6406—2006,定义 3.6]

3.7

推动器工作行程　working stroke of the thruster

制动器工作时,推动器推杆从工作起始位置运动到终点位置的距离。

[JB/T 6406—2006,定义 3.7]

3.8

许用最高转速　allowable maximum revolving speed

制动器安全投入制动工作允许的最高转速。

3.9

许用制动时间　allowable braking time

T_x

制动器保持许用最高转速不变,在额定制动力矩状态下开始制动时计时,至制动过程中外露表面、制动衬垫表面或制动鼓表面等任何一处表面温度不超过150 ℃,或制动过程中出现冒烟、火花等现象时计时结束,该制动时间的两倍即为许用制动时间。

注:单位为秒。

4　检验分类

4.1　出厂检验

每台制动器应经出厂检验合格后方可出厂,出厂时应附有产品合格证。

4.2　型式检验

凡遇有下列情况之一时,应进行型式检验:

a)　新产品试制鉴定时;

b)　主要零件结构,设计、材料或加工工艺等改变而影响产品的性能时;

c)　批量生产时,每四年应随机抽取一台检验;

d) 停产两年恢复生产时；

e) 国家有关部门提出进行型式检验的要求时；

f) 用户提出要求时。

5 检验项目

制动器的各类检验见表1。

表 1 检验项目

序号	检验项目		检验要求	检验类型	
				出厂检验	型式检验
1	铭牌、润滑、指示和警示		7.1.1	√	√
2	材质		7.2.1	—	√
3	电压波动		7.3.1	—	√
4	动作性能		7.4.1	√	√
5	随位和退距均等功能		7.5.1	√	√
6	调整功能		7.6.1	√	√
7	推动器工作行程		7.7.1	—	√
8	磨损自动补偿功能		7.8.1	—	√
9	制动性能		7.9.1	√	√
10	频繁制动		7.10.1	—	√
11	断电制动功能		7.11.1	√	√
12	电气安全		7.12.1	√	√
13	限位功能		7.13.1	√	√
14	外观	涂层厚度	7.14.1.1	—	√
		附着力	7.14.1.2	√	√
		制动拉杆等表面处理	7.14.1.3	√	√
15	连接尺寸和形位公差		7.15.1	√	—
16	制动弹簧		7.16.1.4	√	√
17	隔爆型电力液压推动器	连接件	7.17.1.1	√	√
		动作灵活性	7.17.2.1	√	√
		密封	7.17.3.1	—	√
		表面涂层	7.17.4.1	√	√
		防蚀层	7.17.5.1	√	√
		隔爆结构及参数检查	7.17.6.1	√	√
		防爆性能	7.17.7.1	—	√
		电动机隔爆外壳的抗冲击性能	7.17.8.1	—	√
		电缆引入装置夹紧及密封性能	7.17.9.1	—	√

表 1 检验项目（续）

序号	检验项目		检验要求	检验类型	
				出厂检验	型式检验
17	隔爆型电力液压推动器	连接件绝缘套管抗扭转性能	7.17.10.1	—	√
		橡胶密封圈热稳定性	7.17.11.1	—	√
		电动机隔爆外壳耐压性能	7.17.12.1	√	—
		电气间隙和爬电距离	7.17.13.1	√	√
		接地标志检查	7.17.14.1	√	√
		上升时间、下降时间	7.17.15.1	—	√
		最大推力	7.17.16.1	√	√
		推力和行程	7.17.17.1	√	√
		电流	7.17.18.1	√	√
		温升	7.17.19.1	—	√[a]
		耐湿热	7.17.20.1	—	√
18	制动衬垫	阻燃抗静电性能	7.18.1.1	—	√
		连接尺寸	7.18.2.1	√	—
		制动衬垫表面	7.18.3.1	√	√
		摩擦系数	7.18.4.1	√	√
		制动衬垫摩擦性能	7.18.5.1	—	√

注："√"为必检项目，"—"为免检项目。

[a] 根据工作制选择一种检验方法及要求。

6 检验设备

6.1 检验设备精度

测量用的仪器、仪表及计量器具的精度要求如下：
a) 扭矩：测量精度不低于±1.0%；
b) 转速：测量精度不低于±1.0%；
c) 温度：测量精度不低于±0.1 ℃；
d) 压力：测量精度不低于±1.0%；
e) 计量器具：按被试产品图纸要求的公差范围选用精度；
f) 尺寸：按被试产品图纸要求的公差范围选用精度；
g) 时间：准确度不低于±0.5s/d。

6.2 检验设备计量

测量用的仪器、仪表及计量器具均应按国家有关标准和规定进行校准、标定，并具有有效期内的检验合格证。

7 检验内容

7.1 铭牌、润滑、指示和警示

7.1.1 检验要求

7.1.1.1 标牌应注明额定制动力矩、制动轮直径、许用最高转速、许用制动时间和安标证号等信息。

7.1.1.2 制动器所有摆动铰点应有润滑功能或设置自润滑轴承。

7.1.1.3 制动器应在如下部位设置指示或警示标记：

a) 常闭式制动器在制动弹簧处设置清晰、准确的力矩标尺；

b) 设有手动释放装置时，在手动释放装置的适当位置应设置释放和闭合位置或方向的指示标记。

7.1.2 检验方法

铭牌、润滑、指示、警示标记采用目测检查。

7.2 材质

7.2.1 检验要求

制动器机械部分不应使用轻金属材料。

7.2.2 检验方法

材质应按 GB 3836.1 中有关检验要求的规定进行。

7.3 电压波动

7.3.1 检验要求

制动器在额定制动弹簧工作力、分别在 75%～110% 额定电压下动作时,制动器动作应灵活可靠,无卡滞现象。

7.3.2 检验方法

电压在额定电压 75%～110% 范围内,选择 75%、100% 和 110% 三个点进行检测,各动作 5 次,观察制动器释放和制动器闭合动作。

7.4 动作性能

7.4.1 检验要求

在 30% 额定制动弹簧工作力、额定电压下动作时,制动器闭合应灵活、无卡滞现象。

7.4.2 检验方法

将制动弹簧工作力调整至 30% 额定值,操作制动器 5 次以上,观察制动器释放和制动器闭合动作。

7.5 随位和退距均等功能

7.5.1 检验要求

7.5.1.1 制动器应有制动瓦随位功能。

7.5.1.2 制动器应具有制动瓦退距均等功能,使制动器在正常释放状态下两侧制动瓦退距基本相等,制动瓦制动覆面任何部位不应浮贴在制动鼓上。

7.5.2 检验方法

操作制动器10次以上,目测制动瓦随位和制动瓦退距均等情况。

7.6 调整功能

7.6.1 检验要求

制动器应具有制动力矩和制动瓦退距调整功能,并有可靠的防松措施。

7.6.2 检验方法

制动器制动力矩和制动瓦退距调整功能采用目测检查。

7.7 推动器工作行程

7.7.1 检验要求

制动器在额定制动瓦退距下工作时,推动器的工作行程应符合如下规定:
a) 具有自动补偿功能的制动器,推动器的工作行程应不大于推动器额定行程的85%;
b) 不具有自动补偿功能的制动器,推动器的工作行程应不大于推动器额定行程的75%。

7.7.2 检验方法

将制动器两侧制动瓦退距调整在额定值,然后断续操作制动器并测量推动器的工作行程。

7.8 磨损自动补偿功能

7.8.1 检验要求

制动器设有自动补偿装置时,应保证制动器在使用过程中因制动衬垫磨损导致制动瓦退距增大和制动弹簧工作力减小时,能够及时地、自动地进行补偿并保持制动弹簧工作力和制动瓦退距(推动器工作行程)的基本恒定。

7.8.2 检验方法

将制动器制动瓦退距调至额定值的1.1倍以上(或推动器工作行程调至额定值的1.1倍以上),操作制动器10次以上,观察补偿动作是否有效(推动器工作行程是否逐渐减小),当制动瓦退距(或推动器工作行程)达到恒定值(不随制动器动作变化)时,测量此时的制动瓦退距和推动器实际工作行程值。

7.9 制动性能

7.9.1 检验要求

制动器保持许用最高转速不变、在额定制动力矩和二分之一规定的许用制动时间状态下制动,制动过程中外露表面、制动衬垫表面和制动鼓表面等各处表面温度均不应超过 150 ℃,且制动过程中不应出现冒烟、火花等现象。

7.9.2 检验方法

在制动器检验台上进行动态测试,调整制动器制动力矩为额定制动力矩 M_e,并保持许用最高转速不变,制动器制动运行到二分之一的许用制动时间后,立即停机,停机后立即打开制动瓦,用温度表测量制动鼓、制动衬垫表面温度,同时测量制动过程中制动衬垫端面表面温度,记录制动过程中转矩、转速、时间,目测制动过程中是否出现冒烟、火花等现象。

7.10 频繁制动

7.10.1 检验要求

制动过程中应制动平稳,外露表面、制动衬垫表面和制动鼓表面等各处表面温度均不应超过 150 ℃,且制动过程中不应出现冒烟、火花等现象。

7.10.2 检验方法

在制动器检验台上进行动态测试,调整模拟制动器负载的制动力矩为 $1.0M_e \sim 1.05M_e$,调整制动器制动力矩略大于额定制动力矩 M_e,启动电动机至许用最高转速,然后让制动器进行制动,制动完毕立即打开制动瓦,用温度表测量制动鼓、制动衬垫表面温度,同时测量制动过程中制动衬垫端面表面温度,记录制动过程中制动转矩、转速、时间,目测制动过程中是否出现冒烟、火花等现象。按上述试验方法在 1 h 内连续制动 10 次。

7.11 断电制动功能

7.11.1 检验要求

制动器断电时应具有制动功能。

7.11.2 检验方法

切断制动器电源,观察是否具有制动功能。

7.12 电气安全

7.12.1 检验要求

制动器若配有电气部件时,其安全性能应符合 GB 3836.1、GB 3836.2、GB 3836.3 的规定。

7.12.2 检验方法

提供有效的安全标志证书。

7.13 限位功能

7.13.1 检验要求

制动器设有各种限位开关装置时,开关的动作和信号应准确、可靠,且不应因安装限位装置破坏防爆外壳(如打安装孔等)。

7.13.2 检验方法

限位功能采用目测检查。

7.14 外观

7.14.1 检验要求

7.14.1.1 除锈后的表面可采用涂料(油漆)涂层或喷塑涂层,采用涂料涂层时的涂层结构、涂料品种和涂层厚度应符合 JB/T 5000.12—2007 中规定的 A 类要求,采用喷塑涂层时的涂层干膜总厚度应不小于 50 μm。

7.14.1.2 涂层对金属底材的附着力应不低于 GB/T 9286 中规定的 2 级;涂层表面应均匀、细致、光亮和色泽一致,不应有漏涂、皱纹、针孔及严重流挂现象。

7.14.1.3 制动器的制动拉杆、弹簧拉杆、销轴以及全部紧固件的表面应进行发蓝处理或电镀处理。

7.14.2 检验方法

漆膜厚度按 GB/T 13452.2 的规定用涂层厚度仪测量来进行;漆膜附着力按 GB/T 9286—1998 的规定进行;涂层外观和制动器的制动拉杆、弹簧拉杆、销轴以及全部紧固件的表面目测检查。

7.15 连接尺寸和形位公差

7.15.1 检验要求

7.15.1.1 制动器各铰轴与孔的配合精度为 $H9/f8$。

7.15.1.2 其他连接尺寸和形位公差应符合 JB/T 7021 的规定。

7.15.1.3 制动瓦的连接尺寸和形位公差应符合 JB/T 7021 的规定。

7.15.2 检验方法

用常规量具测量。

7.16 制动弹簧

7.16.1 检验要求

7.16.1.1 制动弹簧为压缩式,两端圈并紧磨平形式。

7.16.1.2 制动弹簧设计时许用切应力取值应不大于 GB/T 1239.6—1992 中规定的 Ⅱ 类负荷规定的许用切应力,弹簧的设计循环寿命不小于 500 万次。

7.16.1.3 采用冷卷弹簧时,精度等级不低于 2 级,技术条件应符合 GB/T 1239.2 的规定,采用热卷弹簧时,技术条件应符合 GB/T 23934 的规定。

7.16.1.4 制动弹簧经有资质检测单位出具的有效检验报告,且检验结论为合格。

7.16.2 检验方法

提供有资质检测单位的检验报告。

7.17 隔爆型电力液压推动器

7.17.1 连接件

7.17.1.1 检验要求

所有紧固件应有防止其自动松脱的措施,无松动、缺件,安装、标志应符合规定要求。

7.17.1.2 检验方法

连接件采用目测检查。

7.17.2 动作灵活性

7.17.2.1 检验要求

推动器的运动部件应能动作灵活,无卡滞现象。

7.17.2.2 检验方法

动作灵活性采用目测检查。

7.17.3 密封

7.17.3.1 检验要求

推动器应有良好的密封,不应有渗、漏油现象。

7.17.3.2 检验方法

推动器在额定电压、额定负载及连续工作至热平衡(1 h内温度变化不超过 1 ℃)后,目测检查密封情况。

7.17.4 表面涂层

7.17.4.1 检验要求

推动器的表面涂覆应光滑平整,色泽均匀,不得出现漏漆、流痕、起皮、花斑和磕碰损伤。

7.17.4.2 检验方法

表面涂层采用目测检查。

7.17.5 防蚀层

7.17.5.1 检验要求

由黑色金属制成的零部件,除不锈钢件和在油液中工作的零部件外,均应有防蚀层。

7.17.5.2 检验方法

防蚀层采用目测检查。

7.17.6 隔爆结构及参数检查

7.17.6.1 检验要求

电动机隔爆结构及参数应符合 GB 3836.1、GB 3836.2 和 GB 3836.3 的规定,隔爆接合面应有防锈措施,如电镀、磷化涂 204-1 置换型防锈油漆等,但不应涂油漆。

7.17.6.2 检验方法

隔爆结构及参数检查按 GB 3836.1、GB 3836.2 和 GB 3836.3 的规定进行。

7.17.7 防爆性能

7.17.7.1 检验要求

电动机防爆性能应符合 GB 3836.2 的规定。

7.17.7.2 检验方法

防爆性能按 GB 3836.2 的规定进行。

7.17.8 电动机隔爆外壳的抗冲击性能

7.17.8.1 检验要求

电动机隔爆外壳应能承受 GB 3836.1 规定的抗冲击试验。

7.17.8.2 检验方法

电动机隔爆外壳的抗冲击试验按 GB 3836.1 的规定进行。

7.17.9 电缆引入装置夹紧及密封性能

7.17.9.1 检验要求

引入装置的夹紧及密封性能应符合 GB 3836.1 和 GB 3836.2 的规定。

7.17.9.2 检验方法

引入装置夹紧及密封试验按 GB 3836.1 和 GB 3836.2 的规定进行。

7.17.10 连接件绝缘套管抗扭转性能

7.17.10.1 检验要求

连接件绝缘套管的抗扭转性能应符合 GB 3836.1 的规定。

7.17.10.2 检验方法

连接件绝缘套管扭转试验按 GB 3836.1 的规定进行。

7.17.11 橡胶密封圈热稳定性能

7.17.11.1 检验要求

电缆应采用密封圈式引入装置,引入装置的橡胶密封圈热稳定性能应符合 GB 3836.1 的规定。

7.17.11.2 检验方法

电缆引入装置的橡胶密封圈热稳定试验按 GB 3836.1 的规定进行。

7.17.12 电动机隔爆外壳耐压性能

7.17.12.1 检验要求

电动机隔爆外壳应能承受 GB 3836.2 的静压试验。

7.17.12.2 检验方法

电动机隔爆外壳的静压试验按 GB 3836.2 的规定进行。

7.17.13 电气间隙和爬电距离

7.17.13.1 检验要求

接线盒内的电气间隙和爬电距离应符合 GB 3836.3 的规定。

7.17.13.2 检验方法

接线盒内的电气间隙和爬电距离检查按 GB 3836.3 的规定进行。

7.17.14 接地标志检查

7.17.14.1 检验要求

推动器应有可靠的接地装置,接地装置及标志应符合 GB 3836.1 的规定,引出电缆的接地线上应有明显的接地标志,并应在推动器使用寿命期间不被磨灭。

7.17.14.2 检验方法

接地标志采用目测检查。

7.17.15 上升时间、下降时间

7.17.15.1 检验要求

推动器在额定频率、电压、负载和垂直安装时其上升和下降时间应不大于设计值的规定。

7.17.15.2 检验方法

动作性能在达到热平衡温度 1 h 后,将推动器垂直安装在推动器性能检验台上进行检测,推动器在额定电压、额定负载、额定行程下,用电秒表或其他时间测试仪测量其上升、下降时间,重复测量 3 次,取平均值。

7.17.16 最大推力

7.17.16.1 检验要求

推动器在额定频率、额定电压和垂直安装时其最大推力应不小于 1.25 倍的额定推力。

7.17.16.2 检验方法

推动器在额定频率、额定电压下,在达到热平衡温度 1 h 后,施加额定推力 1.25 倍的负载,目测检查推动情况。

7.17.17 推力和行程

7.17.17.1 检验要求

推动器在额定推力下应能由起始位置在规定的时间推至终止位置,并以额定操作频率动作 15 min,不应有异常现象,行程应符合额定行程(允差±5％)。

7.17.17.2 检验方法

在达到热平衡温度 1 h 后,施加额定推力的负载,置于推杆上面,推杆由起始位置在规定的时间推至终止位置,并以额定操作频率,动作 15 min,用量具测量其行程。

7.17.18 电流

7.17.18.1 检验要求

电流不大于额定电流。

7.17.18.2 检验方法

推动器在达到热平衡温度 1 h 后,在额定电压、额定负载下用电流表测量。

7.17.19 温升

7.17.19.1 检验要求

7.17.19.1.1 在周围空气温度不超过+40 ℃,额定电压、额定负载及 S1 连续工作制下,推动器的温升应不超过 70 ℃。

7.17.19.1.2 在周围空气温度不超过+40 ℃,额定电压、额定操作频率、额定负载及 S3 断续周期工作制下,推动器的温升应不超过 70 ℃。

7.17.19.2 检验方法

7.17.19.2.1 将推动器固定在推动器检验台上,在额定电压、额定负载及连续工作制下,用测温仪每间隔 15 min 测量 1 次推动器外壳表面温度和环境温度至热平衡(1 h 内温度变化不超过 1 ℃)。

7.17.19.2.2 将推动器固定在推动器检验台上,在额定电压、额定操作频率、额定负载及断续周期工作制下,用测温仪每间隔 15 min 测量 1 次推动器外壳表面温度和环境温度至热平衡(1 h 内温度变化不超过 1 ℃)。

7.17.20 耐湿热

7.17.20.1 检验要求

推动器应能承受严酷等级为+40 ℃,周期为 12 d 的交复湿热,试后其绝缘电阻应不小于 1.2 MΩ(380 V 时)、1.98 MΩ(660 V 时)和 3.42 MΩ,并能承受历时 1 min 85％($2U_e$+1000 V)工频耐压检验,无闪络和击穿现象,且隔爆面不应锈蚀。

7.17.20.2 检验方法

推动器的耐湿热按 GB/T 2423.4 的规定进行。

7.18 制动衬垫

7.18.1 阻燃抗静电性能

7.18.1.1 检验要求

材料应阻燃和抗静电,并应符合 MT 113—1995 中 6.1.1 和 6.2 的规定。

7.18.1.2 检验方法

阻燃抗静电试验按 MT 113—1995 的规定进行。

7.18.2 连接尺寸

7.18.2.1 检验要求

制动衬垫的连接尺寸应符合 JB/T 7021 的规定。

7.18.2.2 检验方法

制动衬垫的连接尺寸采用常规量具检测。

7.18.3 制动衬垫表面

7.18.3.1 检验要求

制动衬垫表面不应有龟裂、起泡、分层等影响使用的缺陷。

7.18.3.2 检验方法

制动衬垫表面采用目测检查。

7.18.4 摩擦系数

7.18.4.1 检验要求

制动衬垫的动摩擦系数应不小于 0.35。

7.18.4.2 检验方法

核查检验机构提供的检验报告。

7.18.5 制动衬垫摩擦性能

7.18.5.1 检验要求

制动衬垫在摩擦检验时,不应发生燃烧现象,在密闭的检验箱内运行 10 min 不应引起爆炸,最高温度不应大于 150 ℃。

7.18.5.2 检验方法

制动衬垫摩擦性能在专用的摩擦火花测试装置的检验台上进行检验,摩擦火花检验方法如下:首先

将尺寸为 $20_{-0.2}^{0}$ mm×$30_{-0.3}^{0}$ mm×$10_{-0.2}^{0}$ mm 的被试摩擦片试样安装到检验盘上,将甲烷(甲烷气体纯度大于等于 99%)与空气混合体积比浓度达到 6.3%～7.0% 的混合气体充入密闭的检验台容器内,其次调整试样的压紧力至试样面积所规定的额定压力,再次调节试样旋转速度至制动器许用的最高转速,并与检验盘产生摩擦,最后运行 10 min。

8 判定规则

8.1 出厂检验

制动器的全部检验项目合格,则判定为合格。

8.2 型式检验

8.2.1 抽样数量

8.2.1.1 在试制定型鉴定时,可用 1 台正式试制的制动器样品进行型式检验。

8.2.1.2 在进行正常的型式检验时,从出厂检验合格的制动器(不少于 2 台)中按 GB/T 10111 任意抽取 1 台。

8.2.2 检验结果和复检规则

型式检验的检验结果符合表 1 中的规定,则该批制动器为合格。任何一项检验项目的检验结果未达到上述规定时,应加倍抽检,进行复检。复检结果达到上述规定,则该批制动器为合格;否则,为不合格。

ICS 21.120.01
J 19
备案号：44607—2014

中华人民共和国安全生产行业标准

AQ 1110—2014

煤矿带式输送机用盘式制动装置
安全检验规范

Safety inspection specification for Disc-brakes
used in coal mining belt conveyor

2014-02-20 发布

2014-06-01 实施

国家安全生产监督管理总局　　发 布

前　言

本标准 7.1、7.2、7.4～7.11 的技术内容为强制性的,其余为推荐性的。

本标准按照 GB/T 1.1—2009 给出的规则起草。

请注意本文件的某些内容可能涉及专利,本文件的发布机构不承担识别这些专利的责任。

本标准由国家安全生产监督管理总局提出。

本标准由全国安全生产标准化技术委员会煤矿安全分技术委员会(SAC/TC 288/SC 1)归口。

本标准起草单位:中煤科工集团上海研究院、安标国家矿用产品安全标志中心、泰安力博机电科技有限公司。

本标准主要起草人:李锋、臧梦、潘发生、张媛、郭洁、杨球来、卢卫国。

煤矿带式输送机用盘式制动装置
安全检验规范

1 范围

本标准规定了煤矿带式输送机用盘式制动装置(以下简称制动装置)的术语和定义、检验分类、检验项目、检验设备、检验内容和判定规则。

本标准适用于煤矿井下下运带式输送机用盘式制动装置,也适用于有爆炸性危险的露天煤矿、选煤等工作场所用带式输送机用盘式制动装置。

2 规范性引用文件

下列文件对于本文件的应用是必不可少的。凡是注日期的引用文件,仅注日期的版本适用于本文件。凡是不注日期的引用文件,其最新版本(包括所有的修改单)适用于本文件。

GB 3836.1　爆炸性环境　第1部分:设备　通用要求

GB 3836.2　爆炸性环境　第2部分:由隔爆外壳"d"保护的设备

GB 3836.4　爆炸性环境　第4部分:由本质安全型"i"保护的设备

GB/T 10111　随机数的产生及其在产品质量抽样检验中的应用程序

MT 113—1995　煤矿井下用聚合物制品阻燃抗静电性通用试验方法和判定规则

MT 912—2002　煤矿用下运带式输送机制动器技术条件

3 术语和定义

下列术语和定义适用于本文件。

3.1

许用最高转速　allowable maximum speed

制动装置安全投入制动工作允许的最高转速。

3.2

许用制动时间　allowable braking time

T_x

制动装置保持许用最高转速不变,在额定制动力矩状态下开始制动时计时,至制动过程中外露表面、制动衬垫表面或制动盘表面等任何一处表面温度不超过150 ℃,或制动过程中出现冒烟、火花等现象时计时结束,该制动时间的两倍即为许用制动时间。

注:单位为秒。

[AQ 1109,定义3.9]

3.3

许用制动功率　allowable brake power

制动装置在许用最高转速和额定制动力矩工况下运转时所消耗的功率。

4 检验分类

4.1 出厂检验

每台制动装置应经检验合格后方可出厂,出厂时应附有产品合格证。

4.2 型式检验

凡属下列情况之一时,应进行型式检验:

a) 新产品或老产品转厂生产的试制定型鉴定;

b) 正式生产后,如结构、材料、工艺有较大改变,可能影响产品性能时;

c) 产品停产两年后,恢复生产时;

d) 国家有关部门提出要求时。

5 检验项目

制动装置的各类检验见表1。

表1 检验项目

序号	检验项目		检验要求	出厂检验	型式检验
1	配套的电动机及电控设备证件检查		7.1.1	√	√
2	制动装置的闸衬材料检验		7.2.1	√	√
3	外观质量和防水措施检查		7.3.1	√	√
4	液压系统及其密封性能检验		7.4.1	√	√
5	制动装置动作灵活性检验		7.5.1	√	√
6	闸间隙和制动接触面积检验		7.6.1	√	√
7	空载检验		7.7.1	√	√
8	满载温升检验		7.8.1	√	√
9	制动性能检验		7.9.1	—	√
10	频繁制动检验		7.10.1	—	√
11	停电制动检验	停电制动功能检查	7.11.1.1	√	√
		停电制动性能检验	7.11.2.1	—	√
注:"√"为必检项目,"—"为免检项目。					

6 检验设备

6.1 检验设备精度

测量用的仪器、仪表及计量器具的精度或准确度要求如下:

a) 扭矩:测量精度不低于±1.0%;

b) 转速:测量精度不低于±1.0%;

c) 温度:测量精度不低于±0.1 ℃;

d) 压力:测量精度不低于±1.0%;

e) 尺寸:按被试产品图纸要求的公差范围选用精度;

f) 时间:准确度不低于±0.5 s/d。

6.2 检验设备计量

测量用的仪器、仪表及计量器具均应按国家有关标准和规定进行校准、标定,并具有有效期内的检验合格证书。

7 检验内容

7.1 配套的电动机及电控设备证件检查

7.1.1 检验要求

制动装置配套的电动机应符合 GB 3836.1、GB 3836.2 的要求,配套的电控设备应符合 GB 3836.1、GB 3836.2、GB 3836.4 的要求;属安标管理的部件产品应有有效的矿用产品安全标志证书。

7.1.2 检验方法

验证制动装置配套的电动机及电控设备等属安标管理部件的矿用产品安全标志证书的有效性。

7.2 制动装置的闸衬材料检验

7.2.1 检验要求

制动装置的闸衬材料,其安全性能应符合 MT 113—1995 中 6.1.1、6.2 的规定。

7.2.2 检验方法

制动装置的闸衬材料的安全性能按 MT 113—1995 的规定进行检验。

7.3 外观质量和防水措施检查

7.3.1 检验要求

制动装置外观质量和防水措施检查应满足下列要求:

a) 焊接件焊缝应均匀、平滑整齐,焊接牢固,焊瘤、焊渣应清除干净,应无烧穿、裂纹、弧坑、虚焊、夹渣、咬边等缺陷;

b) 制动装置涂漆后的表面应光亮、平整、色泽均匀一致,结合牢固,无流挂、起皱、漏涂现象;

c) 当淋水影响制动装置的制动性能时,其防水措施要求应符合 MT 912—2002 中 4.2.7 的规定。

7.3.2 检验方法

外观质量和防水措施检查采用目测检查。

7.4 液压系统及其密封性能检验

7.4.1 检验要求

制动装置的液压系统及其密封性能应满足下列要求:

a) 液压站用液压介质应符合煤矿井下安全要求,检验用液压介质应与设计要求相同;

b) 液压系统各密封连接处应无渗漏、泄漏现象。

7.4.2 检验方法

液压系统及其密封性能检验按以下方法进行：

a) 检查液压站用液压介质的相关证书；

b) 液压站、管路、制动盘安装就位后，启动液压站，在 1.25 倍设计压力下保压 10 min，检查各密封连接处的渗漏、泄漏情况。

7.5 制动装置动作灵活性检验

7.5.1 检验要求

制动装置各制动闸活塞应动作灵活，无卡阻现象。

7.5.2 检验方法

启动液压站，调节系统压力到设计值，液压站及制动闸 1 h 内连续动作 10 次，检查制动闸活塞的动作灵活性。

7.6 闸间隙和制动接触面积检验

7.6.1 检验要求

制动装置在松闸状态下，闸瓦与制动盘间隙为 0.5 mm～1.5 mm，两侧间隙差不大于 0.1 mm，闸瓦与制动盘的接触面积不低于 80%。

7.6.2 检验方法

闸间隙检验和制动接触面积检验按以下方法进行：

a) 启动液压站，液压站及制动闸 1 h 内连续动作 10 次；

b) 在松闸状态下，用塞尺以相互垂直的 4 个方向为测量点测量闸瓦与制动盘间隙 4 处，取其平均值，并计算两侧间隙差；

c) 可采用着色法检查闸瓦与制动盘的接触面积。

7.7 空载检验

7.7.1 检验要求

制动装置空载运转时应保持平稳，无异常撞击声和强烈振动。热平衡时，温升应不超过 70 ℃，最高温度不超过 100 ℃。

7.7.2 检验方法

在空载状态下，以许用最高转速运转至热平衡，每隔 15 min 测量一次制动装置各部位外表面温度；测量时以泵站箱体表面、闸瓦、制动盘表面、制动盘焊缝表面温度最高点作为考核点。

7.8 满载温升检验

7.8.1 检验要求

制动性能试验结束后，制动装置的闸瓦、制动盘表面、制动盘焊缝表面最高温度应不超过 150 ℃；液压介质温度应不超过 85 ℃，温升不超过 70 ℃；制动盘表面应无拉毛和刮伤现象。

7.8.2 检验方法

满载温升检验按以下顺序进行：

a) 启动电机，使试验系统正常运转。

b) 使制动装置处于许用最高转速不变和额定制动力矩状态下运转，连续运转至二分之一的许用制动时间后立即停机。当被测制动装置的许用制动功率大于试验装置能力时，可采用降低试验转速，但转速不应低于50%的许用最高转速、保持额定制动力矩、增加连续运转时间的试验方法进行检验。连续运转时间t_c可按公式（1）计算得出：

$$t_c = \frac{1}{2} \times T_x \times \frac{n_{许用}}{n_{实际}} \quad\cdots\cdots\cdots\cdots\cdots\cdots\cdots\cdots\cdots（1）$$

式中：

t_c ——连续运转时间，单位为秒(s)；

T_x ——许用制动时间，单位为秒(s)；

$n_{许用}$——许用最高转速，单位为转每分(r/min)；

$n_{实际}$——满载温升检验时的实际运转速度，单位为转每分(r/min)。

c) 停机后打开制动闸，立即用测温仪测量制动闸、制动盘表面、制动盘焊缝表面温度和液压介质的温度。

7.9 制动性能检验

7.9.1 检验要求

7.9.1.1 制动装置应制动可靠，最大制动力矩不小于其额定制动力矩。

7.9.1.2 制动装置的制动力矩应可调，其制动减速度应控制在 $0.1\ \text{m/s}^2 \sim 0.3\ \text{m/s}^2$ 或 $6\ \text{s} \sim T_x$ 范围内。

7.9.1.3 制动装置在制动过程中应无爬行、卡阻等现象，不应出现冒烟、火花等现象。

7.9.1.4 制动性能试验结束后，制动装置的闸瓦、制动盘表面、制动盘焊缝表面最高温度应不超过150 ℃；液压介质温度应不超过85 ℃，温升不超过70 ℃；制动盘表面应无拉毛和刮伤现象。

7.9.2 检验方法

制动性能检验按以下顺序进行：

a) 启动电机，使试验系统正常运转。

b) 制动装置以许用最高转速的速度运转，施加额定制动力矩进行制动。许用制动功率超过1000 kW的制动装置配置有多对制动闸时，也可采用减少制动闸对数的方法进行制动性能检验，此时额定制动力矩为 M'。M' 的计算见公式（2）：

$$M' = \frac{m}{n} \times M \quad\cdots\cdots\cdots\cdots\cdots\cdots\cdots\cdots\cdots（2）$$

式中：

M'——单对制动闸额定制动力矩，单位为牛米(N·m)；

M ——制动装置额定制动力矩，单位为牛米(N·m)；

m ——试验时实际使用的制动闸对数；

n ——制动装置配置的制动闸对数。

c) 记录制动装置的扭矩和转速。

d) 制动完毕后，记录闸瓦、制动盘表面、制动盘焊缝表面温度和液压介质的温度。

7.10 频繁制动检验

7.10.1 检验要求

7.10.1.1 制动装置应制动可靠,最人制动力矩不小于其额定制动力矩。

7.10.1.2 制动装置的制动力矩应可调,其制动减速度应控制在 $0.1\ \text{m/s}^2 \sim 0.3\ \text{m/s}^2$ 或 $6\ \text{s} \sim T_x$ 范围内。

7.10.1.3 制动装置在制动过程中应无爬行、卡阻等现象,不应出现冒烟、火花等现象。

7.10.1.4 制动装置在 1 h 内连续制动 10 次,每次制动结束后,制动装置的闸瓦、制动盘表面、制动盘焊缝表面最高温度应不超过 150 ℃;液压介质温度应不超过 85 ℃,温升不超过 70 ℃;制动盘表面应无拉毛和刮伤现象。

7.10.2 检验方法

按 7.9.2 给出的检验方法进行,在 1 h 内连续制动 10 次。

7.11 停电制动检验

7.11.1 停电制动功能检查

7.11.1.1 检验要求

7.11.1.1.1 制动装置应具有停电制动功能。

7.11.1.1.2 制动装置在制动过程中应无爬行、卡阻等现象,不应出现冒烟、火花等现象。

7.11.1.2 检验方法

试验系统正常运转后,切断制动装置的控制系统电源,使制动装置投入停电制动状态,目测制动过程情况。

7.11.2 停电制动性能检验

7.11.2.1 检验要求

7.11.2.1.1 制动装置应制动可靠,最大制动力矩不小于其额定制动力矩。

7.11.2.1.2 制动性能试验结束后,制动装置的闸瓦、制动盘表面、制动盘焊缝表面最高温度应不超过 150 ℃;液压介质温度应不超过 85 ℃,温升不超过 70 ℃;制动盘表面应无拉毛和刮伤现象。

7.11.2.1.3 制动装置停电制动时的制动减速度应控制在 $0.1\ \text{m/s}^2 \sim 0.4\ \text{m/s}^2$ 或 $6\ \text{s} \sim T_x$ 范围内。

7.11.2.2 检验方法

按 7.9.2 给出的检验方法进行,制动装置的控制系统停电,使制动装置投入停电制动状态。

8 判定规则

8.1 出厂检验

制动装置的全部检验项目合格,则判定为合格。

8.2 型式检验

8.2.1 抽样数量

8.2.1.1 在试制定型鉴定时,可用 1 台正式试制的制动器样品进行型式检验。

8.2.1.2 在进行正常的型式检验时,从出厂检验合格的制动器(不少于 2 台)中按 GB/T 10111 任意抽取 1 台。

8.2.2 检验结果和复检规则

型式检验的检验结果符合表 1 中的规定,则该批制动器为合格。任何一项检验项目的检验结果未达到上述规定时,应加倍抽检,进行复检。复检结果达到上述规定,则该批制动器为合格;否则,为不合格。

————————————

ICS 73.010
D 09
备案号：44608—2014

中华人民共和国安全生产行业标准

AQ 1111—2014

矿灯使用管理规范

Application and management code of practice for caplights for use in mines

2014-02-20 发布   2014-06-01 实施

国家安全生产监督管理总局   发 布

前　言

本标准第 4.1～4.4 条、第 5.3～5.5 条和第 7 章为强制性条款,其余为推荐性条款。

本标准按照 GB/T 1.1—2009 给出的规则起草。

本标准由国家安全生产监督管理总局提出。

本标准由全国安全生产标准化技术委员会煤矿安全分技术委员会(SAC/TC 288/SC 1)归口。

本标准起草单位:中煤科工集团上海研究院、济宁高科股份有限公司、兖矿集团公司、河南豫光金铅集团有限责任公司、阜新科锐电器有限公司。

本标准主要起草人:闵建中、臧才运、陆鸣、王涛、赵增玉、蒋丽华、侯锐、王红梅。

矿灯使用管理规范

1 范围

本标准规定了矿灯的一般要求、充电管理、使用和维护、技术资料、报废与回收。

本标准适用于煤矿用户对矿灯的使用、维护和管理。

2 规范性引用文件

下列文件对于本文件的应用是必不可少的。凡是注日期的引用文件,仅注日期的版本适用于本文件。凡是不注日期的引用文件,其最新版本(包括所有的修改单)适用于本文件。

GB 7957.2—2009 瓦斯环境用矿灯 第2部分:性能和其他相关安全事项

AQ 1029—2007 煤矿安全监控系统及检测仪器使用管理规范

AQ 6202 煤矿甲烷检测用载体催化元件

MT 68 矿灯充电架

MT/T 395 矿灯保护器

MT/T 409 甲烷报警矿灯

MT 818.10 煤矿用电缆 第10部分:煤矿用矿工帽灯线

MT 911 矿灯灯泡

MT/T 1051 矿灯用锂离子蓄电池

MT/T 1092 矿灯用LED及LED光源组技术条件

MT 1162.1 矿灯 第1部分:通用要求

MT 1162.2 矿灯 第2部分:KS型矿灯

MT 1162.3 矿灯 第3部分:KJ型矿灯

MT 1162.4 矿灯 第4部分:KL型矿灯

3 一般要求

3.1 矿灯额定参数

矿灯额定参数应符合MT 1162.1的规定。

3.2 矿灯性能要求

3.2.1 KS型矿灯应符合MT 1162.2的规定。

3.2.2 KJ型矿灯应符合MT 1162.3的规定。

3.2.3 KL型矿灯应符合MT 1162.4的规定。

3.2.4 甲烷报警矿灯应符合MT/T 409的规定。

3.3 矿灯关键零部件要求

3.3.1 矿灯保护器应符合MT/T 395的规定。

3.3.2 矿灯电缆线应符合 MT 818.10 的规定。

3.3.3 矿灯用锂离子蓄电池应符合 MT/T 1051 的规定。

3.3.4 矿灯用灯泡应符合 MT 911 的规定,矿灯用 LED 及 LED 光源组应符合 MT/T 1092 的规定。

3.3.5 甲烷报警矿灯用催化元件应符合 AQ 6202 的规定。

4 矿灯充电管理

4.1 矿灯管理

4.1.1 矿灯应集中统一管理。每盏矿灯应有编号,经常使用矿灯的人员应做到专人专灯。

4.1.2 矿井完好的矿灯总数,至少应比经常使用矿灯的总人数多 10%。

4.1.3 在每次换班 2 h 内,灯房管理人员应把没有交还矿灯的人员名单报告矿调度室。

4.2 矿灯房

矿灯房应符合下列要求:

a) 采用不燃性材料建筑;

b) 采用蒸汽或热水管式设备取暖,个别情况下采用火炉取暖时,火炉间应有单独的间隔和出口;

c) 有良好的通风装置,灯房和仓库内严禁烟火,并备有灭火器材;

d) 灯房的环境温度控制在(25±10)℃,相对湿度不超过 80%;

e) 配制电解液的房间和充电房采用有效隔离措施,防止酸雾腐蚀矿灯和充电架。

4.3 配制电解液

配制电解液时应遵守下列规定:

a) 配制和添加电解液使用专用器具。工作人员戴防护眼镜、口罩和橡胶手套,系橡胶围裙,穿胶鞋;

b) 贮存电解液使用有盖的瓷质、玻璃质等容器。配制酸性电解液时,将硫酸徐徐倒入水中,严禁将水倒入硫酸中;

c) 配制电解液的房间应备有中和电解液的溶液。

4.4 充电架

4.4.1 充电架的使用环境条件及性能应符合 MT 68 的规定。

4.4.2 根据矿灯蓄电池的不同类型,应采用符合其充电制式的充电架。

4.4.3 充电架每个充电位应具有充电状态指示功能。

4.4.4 充电机构应保证矿灯灯头插入、转动和取出灵活可靠,无锈蚀。

4.4.5 应采用效率高的充电架对矿灯进行充电,充电效率应不低于 60%。

4.5 煤矿灯房信息管理系统

4.5.1 煤矿宜采用灯房信息管理系统加强对矿灯的监控和管理。

4.5.2 灯房信息管理系统宜有下列监测功能:

a) 自动识别矿灯的充电位置;

b) 自动监测矿灯的充电状态;

c) 自动监测矿灯取用、上架充电的时间;

d) 自动监测充电架的工作状态;

e)　自动监测存在故障的矿灯并报警。

4.5.3　灯房信息管理系统宜有下列管理功能：

　　a)　矿灯使用、上架时间、当前状态、使用寿命信息、历史数据的显示、打印、查询等功能；

　　b)　未按时交还矿灯、超长时间未使用矿灯的显示、打印、查询、报警等功能；

　　c)　按单位级别统计矿灯使用情况报表的打印、查询等功能；

　　d)　矿灯使用人员的出勤、请假统计等辅助考勤信息的打印、查询等功能；

　　e)　清理系统过期数据、日志等功能；

　　f)　备份系统数据的功能；

　　g)　分级管理、权限设定的功能；

　　h)　按单位、时间、充电架、人员等分类查询、显示、打印等功能；

　　i)　信息资源共享的功能；

　　j)　矿灯已上架但未充电的识别功能。

5　矿灯的使用和维护

5.1　矿灯的使用环境条件

矿灯的使用环境条件应符合如下要求：

　　a)　环境温度 0 ℃～＋40 ℃；

　　b)　大气压力 80 kPa～110 kPa；

　　c)　无剧烈振动和冲击的场所；

　　d)　周围介质无腐蚀性气体；

　　e)　宜在无溅水和淋水的场所使用；

　　f)　宜在瓦斯和粉尘浓度不超限、无爆炸危险的场所使用。

超出上述条件的，如井下救援，用户应进行风险评估。

5.2　新矿灯投入使用前的检查

5.2.1　打开矿灯包装箱前，应检查包装箱是否有严重受损，包装箱上的标志（如产品名称、型号、数量、出厂年月、重量、厂名、地址、防爆合格证编号、矿用产品安全标志证书编号等）是否完整。

5.2.2　打开矿灯包装箱后，应检查矿灯外观是否完好，标志是否齐全，对照装箱单检查说明书、合格证等箱内物品是否齐全。

5.2.3　荷电出厂的矿灯，打开包装箱后应检查矿灯是否能点亮，并进行有效工作时间检查。

5.2.4　需添加电解液的矿灯，应先进行初充电，然后再进行有效工作时间检查。

5.2.5　有效工作时间检查按 GB 7957.2—2009 中附录 A 的方法进行，必要时应对矿灯进行几次充放电循环。

5.2.6　甲烷报警矿灯在投入使用前按 AQ 1029—2007 中 8.3 进行校准。

5.3　使用

矿灯的使用应严格按矿灯制造厂的说明书进行，并遵守下列规定：

　　a)　首次使用矿灯的人员应进行培训；

　　b)　应按规定正确佩戴矿灯，不应将矿灯搭在肩上或提在手里；

　　c)　严禁矿灯使用人员在地上拖拉矿灯或摔打矿灯；

　　d)　严禁随意改变矿灯结构或零部件；

　　e)　严禁将矿灯用于其他用途，如抽烟、放炮等；

f) 严禁将矿灯靠近或投入火源,严禁将矿灯置于水中;

g) 严禁矿灯使用人员拆卸、敲打、撞击矿灯;

h) 严禁随意调整甲烷报警矿灯的报警点;

i) 矿灯应随身携带,严禁将矿灯靠近或放置在电机、变压器等发热、振动的设备上;

j) 零部件不全或松动的矿灯禁止下井使用;

k) 矿灯若出现故障上井后应立即维修,存在故障的矿灯严禁下井使用;

l) 矿灯使用完毕,应及时交回灯房并上架充电;严禁上井不交灯、不充电。

5.4 定期检查

5.4.1 使用单位对在用矿灯应进行周期性检查,主要检查内容如下:

a) 矿灯的外部零部件是否齐全、完好,灯头圈、紧固件是否松动;

b) 按 GB 7957.2—2009 中附录 A 的方法检查矿灯的照度和有效工作时间是否符合要求。

5.4.2 甲烷报警矿灯应根据使用情况定期校准报警点,但最长校准周期应不超过 10 d。

5.5 维护和维修

5.5.1 矿灯的维护、维修工作应在地面进行,矿灯维修应由专业人员进行,维修人员应经过培训并持有上岗证。

5.5.2 定期检查或日常使用中发现缺陷的矿灯应及时进行维修。

5.5.3 电路板、外壳、LED 光源、蓄电池等矿灯关键零部件损坏的,应由矿灯生产单位维修。

5.5.4 维修时不能改变矿灯结构。

5.5.5 更换矿灯保护器、光源、载体催化元件、电缆等,应使用相同型号规格的产品。属安全标志管理的零部件应有安全标志证且在有效期内。

5.5.6 甲烷报警矿灯维修时不应改变本安电路中电子元件的型号规格,维修后应重新校准报警点。

5.5.7 矿灯应保持清洁,灯面玻璃应透明。清洁时应用湿布擦拭矿灯表面,不应用水冲洗或将矿灯浸入水中清洗。

5.5.8 甲烷报警矿灯应根据使用情况,定期清理隔爆罩等处积聚的粉尘。

6 技术资料

6.1 矿灯用户应建立矿灯及充电设备等的台账和报表,至少应包括如下内容:

a) 设备、仪表台账;

b) 故障登记表;

c) 维护、维修记录;

d) 新矿灯投入使用前检查记录、定期检查记录;

e) 矿灯房运行日志;

f) 监测日(班)报表。

6.2 应绘制灯房布置图,图上应标明充电架、电源等设备的位置、接线、传输电缆、供电电缆等,根据实际布置及时修改,并报矿总工程师签批。

6.3 应每 3 个月对数据进行外置备份,备份数据应保存 2 a 以上。

6.4 矿灯说明书等技术资料、维护记录、维修记录、检查记录等至少保存到本批次矿灯全部更换后。

7 报废与回收

7.1 报废

7.1.1 符合下列情况之一的设备应强制报废：

    a) 经过修理虽能恢复性能及技术指标,但一次修理费用超过设备原值80%以上的；

    b) 意外损坏,无法修复的；

    c) 不符合国家及行业标准规定的；

    d) 国家有关部门明令淘汰的；

    e) 维修后达不到标准要求的。

7.1.2 考虑到矿灯蓄电池寿命及其他零部件老化等因素,为保证安全使用,除7.1.1规定的强制报废条件外,矿灯自投入使用之日起时间达到18个月,或矿灯的充放电循环达到500次的,应强制报废。

7.1.3 充电架从投入使用日期开始计算,达到8 a的应强制报废；因进行充电系统更新改造达到充电架大修标准的,可顺延6 a,到期应强制报废。

7.2 回收

    由于矿灯蓄电池处理不当对人身和环境可能造成不良影响,报废矿灯应由矿灯生产单位或专业机构进行回收。

ICS 73.100.40
D 18
备案号：44609—2014

中华人民共和国安全生产行业标准

AQ 1112—2014

煤矿在用窄轨车辆连接链检验规范

Testing specification of in-service connecting chain
of decauville car for coal mine

2014-02-20 发布

2014-06-01 实施

国家安全生产监督管理总局   发 布

240

前　言

本标准第 1 章、第 2 章、第 3 章的技术内容为推荐性的,其余为强制性的。

本标准按照 GB/T 1.1—2009 给出的规则起草。

请注意本文件的某些内容可能涉及专利,本文件的发布机构不承担识别这些专利的责任。

本标准由国家安全生产监督管理总局提出。

本标准由全国安全生产标准化技术委员会煤矿安全分技术委员会(SAC/TC 288/SC 1)归口。

本标准起草单位:山东公信安全科技有限公司、中国安全生产科学研究院、国家煤矿防爆安全产品质量监督检验中心。

本标准主要起草人:张振安、李双会、谭廷帅、吴晓霞、荀明利、刘德君、宋宪旺、贾伟。

AQ 1112—2014

煤矿在用窄轨车辆连接链检验规范

1 范围

本标准规定了煤矿在用窄轨车辆连接链(以下简称连接链)的检验项目及技术要求、试验方法、检验周期和抽样规定、判定规则。

本标准适用于煤矿倾斜井巷运输用矿车的各种锻造连接链和焊接连接链使用中的检验和斜井使用的各种保险链及矿车的连接环、链的使用前和使用中的检验。

2 规范性引用文件

下列文件对于本文件的应用是必不可少的。凡是注日期的引用文件,仅注日期的版本适用于本文件。凡是不注日期的引用文件,其最新版本(包括所有的修改单)适用于本文件。

MT 244.1 煤矿窄轨车辆连接件 连接链

3 术语和定义

下列术语和定义适用于本文件。

3.1

最大静荷重 the maximum statical load

现场使用中连接链实际承受的最大静拉力。

3.2

标定长度 calibrated length

连接链在最大静荷重下各节距之和。

3.3

永久伸长量 permanent elongation

二倍静荷重试验后,连接链发生的永久伸长变形的数值。

3.4

永久伸长率 permanent elongation rate

连接链的永久伸长量与标定长度之比,以百分数表示。

3.5

直径磨损量 diameter wear

连接链在使用过程中直径磨损的数值。

4 检验项目及技术要求

4.1 外观检查

4.1.1 锻造连接链表面应光洁,无裂纹。

4.1.2 焊接连接链表面应光洁,焊口处不允许有气孔、夹渣、裂纹等缺陷。

242

4.1.3 连接链应无变形,直径磨损量不得超过原尺寸的 10%。

4.1.4 连接链基本参数应符合 MT 244.1 的规定要求,为质量合格产品,有 MA 标志证书并在有效期内。

4.2 二倍最大静荷重试验时的永久伸长率

连接链在二倍最大静荷重试验时应无裂纹,永久伸长率不超过 0.2%。

5 试验方法

5.1 一般规定

5.1.1 测量器具分辨率应不大于 0.01 mm。

5.1.2 试验用试验机的准确度应不低于 ±1%。

5.2 外观检查方法

5.2.1 尺寸测量使用符合要求的测量器具实测。

5.2.2 其余项目人工目测检查。

5.3 二倍最大静荷重试验方法

将整挂连接链放置在如图 1 所示的夹具上,匀速加载至最大静荷重,测量标定长度 L_0,然后以不大于 9.8 MPa/s 的加载速率连续加载至二倍最大静荷重,再逐渐卸载至最大静荷重,测量连接链的各节距之和 L_1,按公式(1)计算出连接链的永久伸长量 ΔL_{ys}。

$$\Delta L_{ys} = L_1 - L_0 \qquad \cdots\cdots\cdots\cdots\cdots\cdots(1)$$

二倍最大静荷重时的永久伸长率 δ_{ys} 按公式(2)计算:

$$\delta_{ys} = \frac{\Delta L_{ys}}{L_0} \times 100\% \qquad \cdots\cdots\cdots\cdots\cdots\cdots(2)$$

单位为毫米

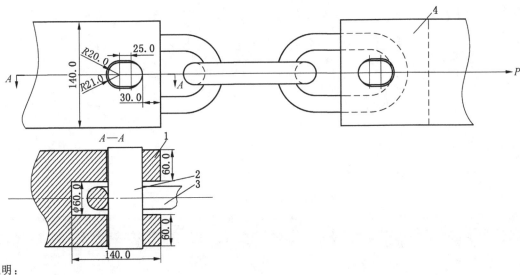

说明:

1——万能试验机固定端夹具;

2——承载销;

3——试件;

4——万能试验机移动端夹具。

图 1 连接链试验示意图

6 检验周期和抽样规定

6.1 斜井使用的各种保险链以及矿车的连接环、链初次使用前和使用后每隔 2 年,应逐个以 2 倍于其最大静荷重的拉力进行试验。

6.2 倾斜井巷运输用的矿车连接链应至少每年进行 1 次 2 倍于其最大静荷重的拉力试验。

7 判定规则

7.1 外观检查项目应符合 4.1 的要求。

7.2 二倍最大静荷重试验结果应符合 4.2 的要求。

7.3 全部检验项目合格判定连接链合格。

7.4 外观检查不符合 4.1 的要求者,不再进行其他试验,即判定为不合格。

7.5 检验不合格的连接链不得继续使用。

ICS 73.100.40
D 18
备案号：44610—2014

中华人民共和国安全生产行业标准

AQ 1113—2014

煤矿在用窄轨车辆连接插销检验规范

Testing specification of in-service connecting bolt
of decauville car for coal mine

2014-02-20 发布　　　　　　　　2014-06-01 实施

国家安全生产监督管理总局　　发 布

前　言

本标准第 1 章、第 2 章、第 3 章的技术内容为推荐性的,其余为强制性的。

本标准按照 GB/T 1.1—2009 给出的规则起草。

请注意本文件的某些内容可能涉及专利,本文件的发布机构不承担识别这些专利的责任。

本标准由国家安全生产监督管理总局提出。

本标准由全国安全生产标准化技术委员会煤矿安全分技术委员会(SAC/TC 288/SC 1)归口。

本标准起草单位:山东公信安全科技有限公司、中国安全生产科学研究院、国家煤矿防爆安全产品质量监督检验中心。

本标准主要起草人:张振安、李双会、贾伟、谭廷帅、吴晓霞、宋宪旺、荀明利。

煤矿在用窄轨车辆连接插销检验规范

1 范围

本标准规定了煤矿在用窄轨车辆连接插销(以下简称插销)的检验项目、技术要求、试验方法、检验周期、抽样规定、判定规则。

本标准适用于煤矿倾斜井巷运输用矿车的连接销使用中的检验和斜井使用的矿车的连接插销使用前和使用中的检验。

本标准不适用于矿用人车使用的插销。

2 规范性引用文件

下列文件对于本文件的应用是必不可少的。凡是注日期的引用文件,仅注日期的版本适用于本文件。凡是不注日期的引用文件,其最新版本(包括所有的修改单)适用于本文件。

MT 244.2 煤矿窄轨车辆连接件 连接插销

3 术语和定义

下列术语和定义适用于本文件。

3.1

最大静荷重 the maximum statical load

现场使用中插销实际承受的最大静拉力。

3.2

永久弯曲变形量 permanent bending deformation

二倍静荷重试验后,连接插销发生的永久弯曲变形的最大数值。

4 检验项目及技术要求

4.1 外观检查

4.1.1 插销应无变形、锈蚀。

4.1.2 插销外观检查应无裂纹,不得有大于 $\phi 3 \text{ mm} \times 1 \text{ mm}$ 不连续的 5 个缺陷。

4.1.3 插销直径磨损不应超过公称直径的 10%。

4.1.4 基本参数应符合 MT 244.2 的规定要求,为质量合格产品,有 MA 标志证书并在有效期内。

4.2 二倍最大静荷重试验时的永久弯曲变形量

插销在二倍最大静荷重试验时应无裂纹,永久弯曲变形量不超过公称直径的 0.2%。

5 试验方法

5.1 一般规定

5.1.1 测量器具分辨率应不大于 0.01 mm。

5.1.2 试验用试验机的准确度应不低于±1%。

5.2 外观检查方法

5.2.1 尺寸测量使用符合要求的测量器具实测。

5.2.2 其余项目人工目测检查。

5.3 二倍最大静荷重试验方法

将插销放置在如图1所示的卡具上,在无冲击的条件下,连续加载至最大静荷重,标定图中 A 点的位置,然后匀速加载至二倍最大静荷重,再逐渐卸载至最大静荷重,再次标定出 A 点位置。测量 A 点两次标定之间的距离,此距离即为插销的永久弯曲变形量。A 点的位移量可以使用符合要求的测量器具直接读取。

单位为毫米

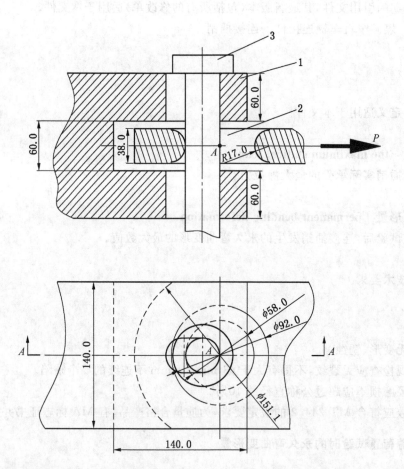

说明:

1——万能试验机固定端夹具;

2——万能试验机移动端夹具;

3——试件。

图 1 连接插销试验示意图

6 检验周期和抽样规定

6.1 斜井使用的矿车的插销初次使用前和使用后每隔 2 年,应逐个以 2 倍于其最大静荷重的拉力进行试验。

6.2 倾斜井巷运输用矿车的插销应至少每年进行 1 次 2 倍于其最大静荷重的拉力试验。

7 判定规则

7.1 外观检查项目全部符合 4.1 的要求。

7.2 二倍最大静荷重试验结果应符合 4.2 的要求。

7.3 全部检验项目合格判定连接插销合格。

7.4 外观检查不符合 4.1 的要求者,不再进行其他试验,即判定为不合格。

7.5 检验不合格的连接插销不得继续使用。

ICS 13.340.30
C 73
备案号：44611—2014

中华人民共和国安全生产行业标准

AQ 1114—2014

煤矿用自吸过滤式防尘口罩

Self -inhalation filter type dust respirator for coal mine

2014-02-20 发布   2014-06-01 实施

国家安全生产监督管理总局   发 布

前　言

本标准第 5.4~5.9 条、第 8 章为强制性条款,其余为推荐性条款。

本标准按照 GB/T 1.1—2009 给出的规则起草。

本标准由国家安全生产监督管理总局和国家煤矿安全监察局提出。

本标准由全国安全生产标准化技术委员会煤矿安全分技术委员会(SAC/TC 288/SC 1)归口。

本标准起草单位:中国安全生产科学研究院、中国安全生产协会劳动防护专业委员会、北京市劳动保护科学研究所、北京健翔嘉业日用品有限责任公司、山西晋城无烟煤矿业集团有限责任公司。

本标准主要起草人:李克荣、吕爱民、杨文芬、宫国卓、陈倬为、张朝辉、张明明、郭旭娜、鞠欣亮、罗穆夏、郝秀清、牛海金、张庆丰。

煤矿用自吸过滤式防尘口罩

1 范围

本标准规定了煤矿用自吸过滤式防尘口罩(以下简称防尘口罩)的分类、级别、标记、技术要求、测试方法、检验规则、标识和说明、包装和贮存、适用范围等要求。

本标准适用于煤矿行业防御呼吸性煤尘和矽尘的防尘口罩。

本标准不适用于在缺氧环境和毒气环境中使用的呼吸防护装备。

2 规范性引用文件

下列文件对于本文件的应用是必不可少的。凡是注日期的引用文件,仅注日期的版本适用于本文件。凡是不注日期的引用文件,其最新版本(包括所有的修改单)适用于本文件。

GB 2626—2006 呼吸防护用品 自吸过滤式防颗粒物呼吸器

GB 2890—2009 呼吸防护 自吸过滤式防毒面具

GB/T 10586 湿热试验箱技术条件

GB/T 10589 低温试验箱技术条件

GB/T 11158 高温试验箱技术条件

GB/T 12903—2008 个体防护装备术语

GB/T 18664—2002 呼吸防护用品的选择、使用与维护

3 术语和定义

GB/T 12903—2008 确立的以及下列术语和定义适用于本文件。

3.1

煤尘 coal dust

煤矿作业场所空气中游离二氧化硅含量少于10%的煤尘。

3.2

矽尘 silica dust

游离二氧化硅含量大于10%的粉尘。

3.3

连接带 connective strap

用于防尘口罩与面部、头部连接固定的部件。

3.4

过滤元件 filter element

防尘口罩使用的、可滤除吸入空气中有害物质的过滤材料或部件。

示例:滤料制品、滤尘盒或滤料支架等。

3.5

过滤效率 filter efficiency

在规定检测条件下,防尘口罩滤除粉尘的百分比。

3.6

吸气阻力 inhalation resistance

面罩佩戴在测试头模上,以一定的气流量抽吸通过面罩时产生的压力。

3.7

呼气阻力 exhalation resistance

面罩佩戴在测试头模上,以一定的气流量吹气通过面罩时产生的压力。

3.8

泄漏率 inward leakage

在规定测试条件下,受试者吸气时从除过滤元件以外的所有其他面罩部件泄漏入面罩内的模拟剂浓度与吸入空气中模拟剂浓度的比值。

3.9

总泄漏率 total inward leakage

在规定测试条件下,受试者吸气时从包括过滤元件在内的所有面罩部件泄漏入面罩内的模拟剂浓度与吸入空气中模拟剂浓度的比值。

3.10

死腔 dead space

从前一次呼气中被重新吸入的气体的体积。

注:用二氧化碳在吸入气中的体积分数表示。

[GB/T 12903—2008,定义5.3.10]

3.11

视野 visual field

佩戴防尘口罩时,头部固定不动,双眼在视野计上所能看见的范围。

3.12

指定防护因数 assigned protection facter(APF)

一种或一类适宜功能的呼吸防护用品,在适合使用者佩戴且正确使用的前提下,预期能将空气污染浓度降低的倍数。

[GB/T 18664—2002,定义3.1.29]

4 分类、级别和标记

4.1 分类

防尘口罩按结构分为随弃式面罩、可更换式半面罩和可更换式全面罩三类。

4.2 级别

防尘口罩按过滤效率分为 CM95 和 CM99 两种级别。

4.3 标记

防尘口罩的过滤元件应有明显牢固标记,标记由本标准号和级别共同组成。

示例:级别为 CM95 的防尘口罩的标记为 AQ 1114—2014 CM95。

5 技术要求

5.1 一般要求

防尘口罩应满足以下要求：
- a) 本体不应破损、变形或有其他失效性的缺陷，防尘口罩与面部应保持密合；
- b) 材料应无毒、无害，具有一定的强度和弹性；
- c) 避免结构性缺陷，部件的结构、组成和安装不应对使用者构成伤害；
- d) 连接带应可调节，便于佩戴和摘脱；
- e) 尽可能具有较小的死腔和较大的视野；
- f) 可更换式半面罩和可更换式全面罩的过滤元件、吸气阀、呼气阀以及连接带，应便于更换；
- g) 可更换式全面罩的镜片在佩戴时不应出现结雾等影响视觉的情形。

5.2 基本结构

防尘口罩基本结构应符合下列要求：
- a) 随弃式面罩由过滤材料本体、连接带、鼻夹及呼气阀（可无）组成；
- b) 可更换式半面罩由面罩本体、过滤元件、连接带、吸气阀及呼气阀组成；
- c) 可更换式全面罩由面罩本体、过滤元件、连接带、吸气阀、呼气阀及目镜组成。

5.3 高低温适应性

高低温适应性按 6.2 的规定进行测试，防尘口罩各部件不应出现脱落或失效性变形。

5.4 过滤效率

过滤效率按 6.3 的规定进行测试，应符合表 1 的要求。

表 1 防尘口罩过滤效率

级 别	过滤效率
CM95	≥95.0%
CM99	≥99.0%

5.5 吸气阻力

吸气阻力按 6.4 的规定进行测试，应符合下列要求：
- a) 在(30±2.5)L/min 流量时吸气阻力不应大于 45 Pa；
- b) 在(85±4)L/min 流量时吸气阻力不应大于 220 Pa。

5.6 呼气阻力

呼气阻力按 6.5 的规定进行测试，应符合下列要求：
- a) 在(30±2.5)L/min 流量时呼气阻力不应大于 27 Pa；
- b) 在(85±4)L/min 流量时呼气阻力不应大于 90 Pa。

5.7 呼气阀气密性

呼气阀气密性只检测随弃式面罩和可更换式半面罩，按 6.6 的规定进行测试。样品不应出现下列情形之一：

a) 抽气流速已经达到 500 mL/min 时，系统负压达不到 1180 Pa；

b) 呼气阀恢复至常压的时间小于 20 s。

5.8 泄漏率

5.8.1 随弃式面罩的总泄漏率

随弃式面罩的总泄漏率按 6.7 的规定进行测试，应符合表 2 的要求。

表 2　随弃式面罩的总泄漏率
单位为百分数

级别	以每个动作的总泄漏率为评价基础时（即 10 人×5 个动作），50 个动作中至少有 46 个动作的总泄漏率	以人的总体总泄漏率为评价基础时，10 个受试者中至少有 8 个人的总体总泄漏率
CM95	<11	<8
CM99	<5	<2

5.8.2 可更换式半面罩的泄漏率

可更换式半面罩的泄漏率按 6.7 的规定进行测试。当以每个动作的泄漏率为评价基础时（即 10 人×5 个动作），50 个动作中应至少有 46 个动作的泄漏率小于 5%；并且，在以人的总体泄漏率为评价基础时，10 个受试者中应至少有 8 个人的总体泄漏率小于 2%。

5.8.3 可更换式全面罩的泄漏率

可更换式全面罩的泄漏率按 6.7 的规定进行测试。以每个动作的泄漏率为评价基础时（即 10 人×5 个动作），每个动作的泄漏率应小于 0.05%。

5.9 容尘性能

容尘性能按 6.8 的规定进行测试，应符合下列要求：

a) 加尘 2 h 后，在（30±2.5）L/min 流量时吸气阻力不大于 100 Pa，在（85±4）L/min 流量时吸气阻力不大于 300 Pa；

b) 加尘 2 h 后，过滤效率应满足 5.4 的要求。

5.10 死腔

死腔按 GB 2626—2006 中 6.9 的规定进行测试，防尘口罩的死腔不应大于 1%。

5.11 连接强度

连接强度按 6.9 的规定进行测试，应符合下列要求：

a) 随弃式面罩应能经受 10 N 的轴向拉力持续 10 s，连接带及连接部位不应发生断裂、脱离；

b) 可更换式半面罩应能经受 50 N 的轴向拉力持续 10 s，连接带及连接部位不应发生断裂、脱离；

c) 可更换式全面罩应能经受 150 N 的轴向拉力持续 10 s，连接带及连接部位不应发生断裂、脱离。

5.12 视野

视野按 GB 2890—2009 中 6.8 的规定进行测试,应符合表 3 的要求。

表 3　防尘口罩视野

视　野	可更换式全面罩/%		随弃式面罩、可更换式半面罩/(°)
	大眼窗	双眼窗	
总视野	≥70	≥70	—
双目视野	≥80	≥20	—
下方视野	—	—	≥60

5.13 质量

质量应符合下列要求:

a) 随弃式面罩的质量不大于 40 g;

b) 可更换式半面罩的总质量不大于 160 g;

c) 可更换式全面罩的总质量不大于 800 g。

6 测试方法

6.1 预处理

6.1.1 设备

预处理设备应符合下列要求:

a) 湿热试验箱技术性能应符合 GB/T 10586 的要求;

b) 低温试验箱技术性能应符合 GB/T 10589 的要求;

c) 高温试验箱技术性能应符合 GB/T 11158 的要求。

6.1.2 方法

将防尘口罩样品从包装中取出,按下列条件顺序处理:

a) 在(38±2.5)℃和(85±5)%相对湿度环境中放置(24±1)h,将样品取出恢复至室温后至少
4 h;

b) 在(70±3)℃干燥环境中放置(24±1)h,将样品取出恢复至室温后至少 4 h;

c) 在(−30±3)℃环境中放置(24±1)h,将样品取出恢复至室温后至少 4 h。

6.2 高低温适应性

6.2.1 样品数量

2 个未处理样品。

6.2.2 测试方法

防尘口罩样品预处理后,目测检查其外观有无部件脱落或失效性变形。

6.3 过滤效率

6.3.1 样品数量

10 个样品,其中 5 个为未处理样品,5 个为预处理样品。

6.3.2 测试装置

6.3.2.1 防尘口罩过滤效率测试装置如图 1 所示。

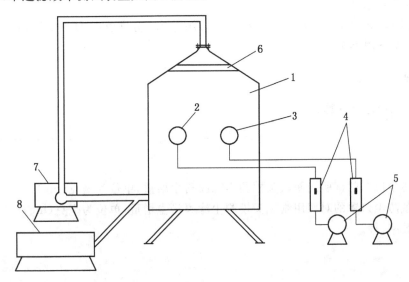

说明:

1——粉尘试验舱;

2——试验用测试头模;

3——对照用测试头模;

4——气体流量计;

5——真空泵;

6——空气过滤装置;

7——循环风机;

8——发尘仪。

图 1 防尘口罩过滤效率测试装置

6.3.2.2 粉尘试验舱:有效容积 1 m³,舱内浓度应保持均匀稳定,2 个测试头模位置的粉尘浓度相对偏差不大于 3%。

6.3.2.3 测试头模:主要尺寸参见附录 A 的要求,分小号、中号、大号。

6.3.2.4 气体流量计:量程为 0~100 L/min,精度为 2.5 级。

6.3.2.5 分析天平:精度为 0.0001 g。

6.3.2.6 测试介质:经(100±2)℃干燥 4 h,按 1:1(质量比)混合的无烟煤尘和矽尘。主要技术参数如下:

    a) 无烟煤尘,游离 SiO_2 含量小于 10%,真密度为 1400~1600 kg/m³,计数中位径(CMD)为(1.3±0.2)μm,粒度分布的几何标准偏差不大于 2.20;

    b) 矽尘,游离 SiO_2 含量不小于 95%,真密度为 2300~2600 kg/m³,计数中位径(CMD)为(1.3±0.2)μm,粒度分布的几何标准偏差不大于 2.20。

6.3.2.7 测尘滤膜:直径为 75 mm 的棉纶测尘滤膜,采样时将测尘滤膜做成漏斗形状。

6.3.2.8 计时器:精度为 1 s。

6.3.2.9 测试环境:温度为(25±5)℃,相对湿度为(65±5)%。

AQ 1114—2014

6.3.3 测试方法

过滤效率按下列步骤进行测试：

a) 将防尘口罩佩戴在试验用测试头模上固定好，防尘口罩与试验用测试头模的接触边缘密封，有呼气阀的将其密封；

b) 将称量好的测尘滤膜放入采样环上，试验用测试头模放入粉尘试验舱中，连接好取样管；

c) 将称量好的另一测尘滤膜放入不佩戴防尘口罩的对照用测试头模的采样环上，放入粉尘试验舱中，连接好取样管；

d) 启动发尘仪，将测试介质浓度控制在(50±5)mg/m³，分别以(85±4)L/min的流量通过2个测试头模，测试时间为(20±0.1)min。

6.3.4 数据处理

过滤效率按式(1)进行计算：

$$\eta = \frac{B-A}{B} \times 100\% \quad\quad\quad\quad\quad\quad\quad\quad (1)$$

式中：

A——佩戴防尘口罩的试验用测试头模测尘滤膜粉尘增重，单位为毫克(mg)；

B——不佩戴防尘口罩的对照用测试头模测尘滤膜粉尘增重，单位为毫克(mg)；

η——过滤效率，%。

6.4 吸气阻力

6.4.1 样品数量

4个样品，其中2个为未处理样品，2个为预处理样品。

6.4.2 测试装置

6.4.2.1 防尘口罩吸气阻力测试装置如图2所示。

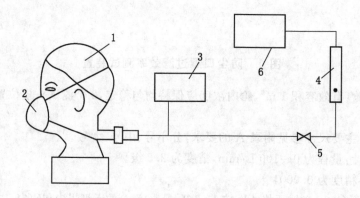

说明：
1——测试头模；
2——被测口罩；
3——微压计；
4——气体流量计；
5——流量调节阀；
6——真空泵。

图2 防尘口罩吸气阻力测试装置

258

6.4.2.2 气体流量计:量程为 0～100 L/min,精度为 2.5 级。

6.4.2.3 微压计:量程为 0～1000 Pa,精度为 1 Pa。

6.4.2.4 测试头模:主要尺寸参见附录 A 的要求,分小号、中号、大号。

6.4.3 测试方法

6.4.3.1 在(30±2.5)L/min 流量时的吸气阻力

按下列步骤进行测试:

a) 将流量调节至(30±2.5)L/min,测定并记录系统的阻力 p_1;

b) 将防尘口罩佩戴在匹配的测试头模上,调节流量至(30±2.5)L/min,测定并记录阻力 p_2。

6.4.3.2 在(85±4)L/min 流量时的吸气阻力

按下列步骤进行测试:

a) 将流量调节至(85±4)L/min,测定并记录系统的阻力 p_1;

b) 将防尘口罩佩戴在匹配的测试头模上,调节流量至(85±4)L/min,测定并记录阻力 p_2。

6.4.4 数据处理

吸气阻力按式(2)进行计算:

$$p = p_2 - p_1 \qquad\qquad \cdots\cdots\cdots\cdots\cdots\cdots (2)$$

式中:

p ——防尘口罩吸气阻力,单位为帕(Pa);

p_1 ——系统吸气阻力,单位为帕(Pa);

p_2 ——防尘口罩和系统的总吸气阻力,单位为帕(Pa)。

6.5 呼气阻力

6.5.1 样品数量

4 个样品,其中 2 个为未处理样品,2 个为预处理样品。

6.5.2 测试装置

6.5.2.1 防尘口罩呼气阻力测试装置如图 3 所示。

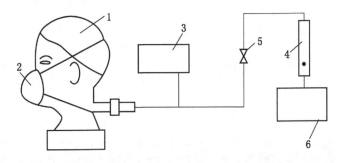

说明:

1——测试头模;

2——被测口罩;

3——微压计;

4——气体流量计;

5——流量调节阀;

6——空气压缩机。

图 3 防尘口罩呼气阻力测试装置

6.5.2.2 气体流量计:量程为 0～100 L/min,精度 2.5 级。

6.5.2.3 微压计:量程为 0～1000 Pa,精度为 1 Pa。

6.5.2.4 测试头模:主要尺寸参见附录 A 的要求,分小号、中号、大号。

6.5.3 测试方法

6.5.3.1 在(30±2.5)L/min 流量时的呼气阻力

按下列步骤进行测试:

a) 将流量调节至(30±2.5) L/min,测定并记录系统的阻力 p_1;

b) 将防尘口罩佩戴在匹配的测试头模上,调节流量至(30±2.5)L/min,测定并记录阻力 p_2。

6.5.3.2 在(85±4)L/min 流量时的呼气阻力

按下列步骤进行测试:

a) 将流量调节至(85±4)L/min,测定并记录系统的阻力 p_1;

b) 将防尘口罩佩戴在匹配的测试头模上,调节流量至(85±4)L/min,测定并记录阻力 p_2。

6.5.4 数据处理

呼气阻力按式(3)进行计算:

$$p = p_2 - p_1 \quad\quad\quad\quad\quad\quad\quad (3)$$

式中:

p ——防尘口罩呼气阻力,单位为帕(Pa);

p_1 ——系统呼气阻力,单位为帕(Pa);

p_2 ——防尘口罩和系统的总呼气阻力,单位为帕(Pa)。

6.6 呼气阀气密性

6.6.1 样品数量

4 个样品,其中 2 个为未处理样品,2 个为预处理样品。

6.6.2 测试装置

6.6.2.1 防尘口罩呼气阀气密性测试装置如图 4 所示。

AQ 1114—2014

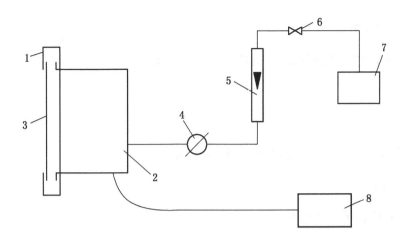

说明：
1——呼气阀夹具；
2——定容腔体；
3——被测呼气阀；
4——控制阀；
5——气体流量计；
6——流量调节阀；
7——真空泵；
8——微压计。

图 4 防尘口罩呼气阀气密性测试装置示意图

6.6.2.2 气体流量计：量程为 0～1000 mL/min，精度为 2.5 级。

6.6.2.3 微压计：量程为 0～2000 Pa，精度为 1 Pa。

6.6.2.4 计时器：精度为 0.1 s。

6.6.2.5 定容腔体：容积为(150±10)mL。

6.6.2.6 真空泵：抽气速率约 2 L/min。

6.6.3 测试条件

呼气阀气密性测试应符合下列条件：
a) 常温常压，相对湿度应小于 75%；
b) 被测样品应包括与呼气阀连接的面罩部分，呼气阀应清洁干燥。

6.6.4 测试方法

呼气阀气密性按下列步骤进行测试：
a) 将定容腔体封闭，抽气至－1180 Pa，关闭抽气控制阀后，2 min 内不应观察到压力变化；
b) 将呼气阀装在定容腔体上，以不大于 500 mL/min 的流速抽气至定容腔体内为－1250 Pa，关闭控制阀；
c) 当系统为－1180 Pa 时开始计时，记录系统恢复到常压所需的时间。

6.7 泄漏率

6.7.1 样品数量

4 个样品，其中 2 个为未处理样品，2 个为预处理样品。

261

6.7.2 测试装置及测试方法

按 GB 2626—2006 中 6.4 进行测试,测试介质为玉米油。

6.8 容尘性能

6.8.1 样品数量

4 个样品,其中 2 个为未处理样品,2 个为预处理样品。

6.8.2 测试装置

防尘口罩容尘性能测试装置同 6.3.2。

6.8.3 测试方法

容尘性能按下列步骤进行测试:

a) 将防尘口罩佩戴在测试头模上固定好;

b) 将测试头模放入粉尘试验舱中,连接好取样管;

c) 启动发尘仪,将测试介质浓度控制在(50 ± 5) mg/m³,以(30 ± 2.5) L/min 的流量通过测试头模,时间为 2 h;

d) 加尘 2 h 后,按 6.4.3 测试吸气阻力;

e) 加尘 2 h 后,按 6.3.3 测试过滤效率。

6.9 连接强度

6.9.1 样品数量

4 个样品,其中 2 个为未处理样品,2 个为预处理样品。

6.9.2 测试装置

材料测试装置,精度为 1%。

6.9.3 测试方法

在防尘口罩连接带、各连接部位施加标准规定的轴向拉力,持续 10 s,测试中不应对样品形成冲击,观察连接带、各连接部位是否发生断裂、脱离。

7 检验规则

7.1 出厂检验

出厂前应逐批对防尘口罩进行检验,以一次生产投料为一个批次,检验项目、批量范围、样本量、判定分类、判定数组见表 4。

表 4　防尘口罩出厂检验

检验项目	批量范围	单项检验样本量	判定分类	单项判定数组	
				合格判定数	不合格判定数
过滤效率	≤10000	10	A	0	1
	>10000	20		0	1
吸气阻力、呼气阻力、呼气阀气密性、容尘性能、标识	≤10000	4	A	0	1
	>10000	8		0	1
连接强度	≤10000	4	B	1	2
	>10000	8		2	3

7.2　型式检验

7.2.1　有下列情形之一时作型式检验：

　　a)　正常生产情况下，每年进行一次；

　　b)　新产品鉴定或老产品转厂生产的试制定型鉴定；

　　c)　停产 6 个月以上，恢复生产时；

　　d)　当结构、工艺、材料有较大改变，可能影响质量时；

　　e)　当政府监督管理部门依法提出型式检验要求时。

7.2.2　型式检验的检验项目为本标准要求的全部检验项目，检验规则见表 5。

表 5　防尘口罩型式检验

检验项目	单项检验样本量	判定分类
一般要求	全部	B
基本结构	全部	B
高低温适应性	2	B
过滤效率	10	A
吸气阻力	4	A
呼气阻力	4	A
呼气阀气密性	4	A
泄漏率	4	A
容尘性能	4	A
死腔	随弃式面罩 3 个，其余 1 个	B
连接强度	4	B
视野	1	B
质量	3	B
标识和说明	全部	A

7.2.3 综合判定：

检验项目中有一个 A 类不合格项,综合判定为该批不合格;检验项目中有两个 B 类不合格项,综合判定为该批不合格。

8 标识和说明

8.1 标识

防尘口罩产品应清晰标注以下内容：

a) 标记；

b) 商标(如有)。

8.2 说明

防尘口罩产品应在最小销售包装中,配有中文产品说明,说明包括但不限于以下内容：

a) 产品名称；

b) 标记；

c) 本标准号；

d) 商标(如有)；

e) 制造商名称、地址和联系方式；

f) 适用及不适用条件；

g) 使用、清洁、更换、废弃的建议和说明；

h) 制造商建议的贮存条件；

i) 应对使用中可能遇到的问题提出劝告性警示；

j) 生产日期；

k) 产品合格证。

9 包装和贮存

9.1 包装

防尘口罩的包装应能防止机械损坏和使用前的污染。

9.2 贮存

9.2.1 防尘口罩应贮存在清洁、干燥的仓库内,仓库温度在 0 ℃~35 ℃,相对湿度不大于70%。

9.2.2 贮存期不应超过两年。

10 适用范围

防尘口罩的适用范围参见附录 B。

附 录 A

（资料性附录）

防尘口罩测试头模主要尺寸

防尘口罩测试头模主要尺寸见表 A.1。

表 A.1 测试头模主要尺寸要求   单位为毫米

尺寸项目	小号	中号	大号
形态面长	113	122	131
面宽	136	145	154
瞳孔间距	57.0	62.5	68.0

附 录 B
（资料性附录）
防尘口罩适用范围

B.1 适用条件

随弃式面罩、可更换式半面罩的指定防护因数（APF）＝10，其所适用的环境粉尘浓度不应超过10倍的职业卫生标准。

可更换式全面罩的指定防护因数（APF）＝100，其所适用的环境粉尘浓度不应超过100倍的职业卫生标准。

B.2 适用时间

防尘口罩的适用时间见表B.1、表B.2。

表 B.1 普通矿井中随弃式面罩适用时间

粉尘浓度/(mg·m⁻³)	环境温度/℃	相对湿度/%	适用时间/h
5～10	≤26	≤80	5～8
10～30	≤26	≤80	2～5
30～50	≤26	≤80	≤2

表 B.2 普通矿井中可更换式半面罩滤料制品适用时间

粉尘浓度/(mg·m⁻³)	环境温度/℃	相对湿度/%	适用时间/h
5～10	≤26	≤80	4～6
10～30	≤26	≤80	2～4
30～50	≤26	≤80	≤2

注1：防尘口罩的适用时间受粉尘浓度大小、粉尘特性、环境温湿度、矿井通风、佩戴者肺通气量、产品规格、过滤材料质量等因素影响，随着粉尘在滤料制品上的不断积累，佩戴者自觉吸气阻力（憋气感）逐渐增加到无法坚持，或看到滤料制品上有被粉尘击穿的孔洞，这表明滤料制品的寿命已经终结，应及时更换。

注2：在高温矿井中，建议接尘人员使用随弃式面罩。

参 考 文 献

[1] GB/T 18664—2002 呼吸防护用品的选择、使用与维护
[2] AQ 1051—2008 煤矿职业安全卫生个体防护用品配备标准
[3] GBZ 2.1—2007 工作场所有害因素职业接触限值 第1部分:化学有害因素

ICS 13.100
D 09
备案号：44596—2014

中华人民共和国安全生产行业标准

AQ/T 1099—2014

煤矿安全文化建设导则

Directives for developing coal mine safety culture

2014-02-20 发布

2014-06-01 实施

国家安全生产监督管理总局　发 布

前　言

本标准按照 GB/T 1.1—2009 给出的规则起草。

请注意本文件的某些内容可能涉及专利,本标准的发布机构不承担识别这些专利的责任。

本标准由国家安全生产监督管理总局提出。

本标准由全国安全生产标准化技术委员会煤矿安全分技术委员会(SAC/TC 288/SC 1)归口。

本标准起草单位:河北工程大学。

本标准主要起草人:刘永亮、周娜、王华东、杨琳、郭彩云、贺阿红、陈立、宋云峰、颜会哲、叶玉清、王英臣、鲁娜、苏丽丽。

本标准于 2014 年首次发布。

煤矿安全文化建设导则

1 范围

本标准规定了煤矿安全文化术语和定义,安全文化建设指南,安全文化构成,安全文化理念、行为、视觉、听觉、环境识别系统构成及指南,安全文化建设活动构成及指南,安全文化手册等。

本标准适用于煤矿。

2 规范性引用文件

下列文件对于本文件的应用是必不可少的。凡是注日期的引用文件,仅注日期的版本适用于本文件。凡是不注日期的引用文件,其最新版本(包括所有的修改单)适用于本文件。

GB/T 2883—2001 国家安全色标准

GB/T 6527.2—1986 安全色使用导则

GB/T 14778—2008 安全色光通用规则

AQ/T 9004—2008 企业安全文化建设导则

3 术语和定义

下列术语和定义适用于本文件。

3.1

安全文化 safety culture

安全生产管理及实践过程中累积形成的价值观念、团体意识、工作作风、思维方式和行为规范、安全技能和安全知识、工作及生活环境的总和。

3.2

精神文化 mental culture

煤矿在生产过程中,受社会文化背景、意识形态影响而形成的精神成果和文化观念。

3.3

制度文化 institutional culture

围绕煤矿核心价值观,要求全体员工共同遵守,按一定程序执行的行为方式及与之相适应的组织机构、规章制度的总和。

3.4

安全价值规范文化 safety value standard culture

安全价值观念外化的手段和工具,是安全价值观念的社会化形式,即关于安全价值标准和道德规范标准总和。

3.5

物质文化 material culture

以物质为载体,由煤矿生产环境、设备设施等构成的外显文化。

3.6

煤矿安全文化理念识别系统 coal mine safety culture concept identification system

是煤矿为实现安全生产战略所依据的指导思想、精神规范、道德准则和价值取向等要素的总和。

3.7

安全精神 safety spirit

煤矿员工在生产活动中安全思想、安全情感和安全意志的综合表现。

3.8

安全价值观 safety values

被企业员工群体所共享的、对安全问题的意义和重要性的总评价和总看法。

[AQ/T 9004—2008,定义 3.6]

3.9

安全目标 safety objectives

为完成煤矿安全使命而确定的、必须实现的、有计划的安全行动目标。

3.10

安全方针 safety policy

维护员工在生产劳动中的安全健康,保证生产建设安全、稳定、持续发展的指导思想。

3.11

安全承诺 safety commitment

由企业公开作出的、代表了全体员工在关注安全和追求安全绩效方面所具有的稳定意愿及实践行动的明确表示。

[AQ/T 9004—2008,定义 3.5]

3.12

职业道德 professional ethics

同职业活动紧密联系、符合职业特点要求的道德准则、道德情操与道德品质总和。

3.13

安全哲学 safety philosophy

贯穿于生产、管理活动中的基本信念,是对煤矿长远发展目标、安全生产方针、发展战略和策略的总体思考。

3.14

煤矿安全文化行为识别系统 coal mine safety culture behavior identification system

所有员工行为表现的总和,是煤矿制度对所有员工的要求及各项生产活动的再现。

3.15

煤矿安全质量标准化 coal mine safety quality standardization

煤矿通过制定和实施安全质量标准化标准,经过评级,保证安全生产的一系列活动。

3.16

煤矿安全绩效 coal mine safety performance

根据煤矿安全目标和生产方针,取得控制和消除职业安全健康风险的可测量结果。

3.17

煤矿安全经济责任制 coal mine safety economic responsibility system

在煤矿安全管理中引入与经济相关联的责任制,将生产中可能造成事故的诸多因素按照危险程度、处理难易程度等进行细化、量化,形成具体的经济奖惩体系,进行安全生产控制。

3.18

煤矿安全经济责任精细化管理 coal mine safety economic responsibility refined management

参照煤矿规范标准及相应的经济奖惩体系,采用过程控制,对生产和安全管理过程各环节、各要素进行精细化管理。

3.19

煤矿绩效考核　coal mine performance appraisal

为实现生产经营目的,运用特定标准和指标,采取科学方法,对承担生产经营过程及结果的各类员工完成指定任务的工作实绩和由此带来的诸多效果作出价值判断的过程。

3.20

行为失范　behavioral delinquency

煤矿员工在有关生产安全管理活动中出现的违规行为。

3.21

安全学习型企业　safety learning organization

通过培养安全学习氛围,充分发挥员工创造性思维能力而建立的可共享学习资源的、有创造能力及革新意识的企业。

3.22

煤矿安全文化视觉识别系统　coal mine safety culture visual identification system

遵循统一规范,具体反映煤矿安全生产理念、精神和行为规范的一系列视觉传播形式。

3.23

安全色　security color

在生产系统或安全标志等方面采用的特定色彩,并使其规范化表达安全信息的颜色。

3.24

煤矿安全文化听觉识别系统　coal mine safety culture acoustic identification system

以发声技术或艺术手段,具体反应煤矿安全理念、安全要求,按照煤矿安全生产行为规范设置的一系列听觉传播形式。

3.25

煤矿安全文化环境识别系统　coal mine safety culture environmental identification system

是对人们所能感受到的煤矿环境系统实行规范化管理,体现煤矿安全文化理念,遵循安全生产规章制度的环境系统。

3.26

人体工程学　human engineering

研究使机器和环境系统更适合人的生理和心理特点,达到安全、健康、舒适和高效生产的学科。

3.27

定置管理　location management

通过整理、整顿,科学化、规范化、标准化确定生产现场各要素位置达到人、机器、原材料、制度、环境等有机结合的一系列活动。

3.28

煤矿安全文化手册　coal mine safety culture manual

以文字和图表等形式,将煤矿安全文化要素简要表现出来,并辑定成册的文本。

4　煤矿安全文化建设指南

4.1　原则

煤矿安全文化建设的原则为:

a)　符合国家有关法律法规和国家标准、行业标准要求;

b)　安全文化建设应与煤矿其他管理体系协调一致;

c) 安全文化建设应定期或不定期进行评价；

d) 符合煤矿安全生产实际。

4.2 基本要求

煤矿安全文化建设的基本要求包括：

a) 安全文化建设导则应贯彻国家、行业基础管理标准；

b) 充分吸收和借鉴先进安全文化建设理论和经验,结合实际,将其应用于安全文化建设和实施。

4.3 建设步骤

4.3.1 前期准备

前期准备包括以下内容：

a) 创建安全文化建设委员会：

    1) 安全文化建设委员会以生产和管理人员为主；

    2) 吸收熟悉煤矿安全生产的相关部门员工；

    3) 由煤矿最高管理者担任委员会主任,负责安全文化建设的领导及协调工作。

b) 达成安全文化建设共识：

    1) 获得煤矿基本资料；

    2) 动员煤矿员工全员参与安全文化建设；

    3) 获取煤矿管理层和外界支持。

c) 拟定安全文化建设计划。

d) 进行安全文化建设动员与实施。

4.3.2 安全文化诊断

主要包括以下内容：

a) 安全文化现状调查：

    1) 调查对象：

        ——煤矿企业外部:上级部门、合作伙伴、客户、公众等；

        ——煤矿企业内部:高层管理者、中层管理者、基层员工等。

    2) 调查内容：

        ——国家及行业法律法规、技术标准、技术要求等；

        ——生产系统:包括采煤、掘进、提升、排水、井下运输、通风、供电、安全管理、职业健康、应急救援等系统；

        ——安全管理对象:包括通风、瓦斯、粉尘、水灾、火灾、顶底板、安全监控、设备、巷道等；

        ——管理系统:包括组织机构、职责权限、人员素质等；

        ——精神文化；

        ——制度文化；

        ——物质文化。

b) 差距分析：

    1) 安全文化现状；

    2) 理想的安全文化；

    3) 存在哪些差距；

    4) 如何减少差距；

    5) 明确关键影响因素。

    注： 差距分析是安全文化改进或变革的突破口。

4.3.3 安全文化战略规划

主要包括以下内容：

a) 明确安全文化建设目标。

b) 制定安全文化建设中长期规划，包括：

    1) 安全文化定位，提炼核心价值观；

    2) 设计安全文化建设体系。

c) 明确安全文化建设步骤。

4.3.4 安全文化建设

主要包括以下内容：

a) 设置安全文化管理机构：

    1) 机构设置：提供战略指导和具体实施；

    2) 职责界定：创建、完善和变革煤矿安全文化，满足煤矿内外部要求。

b) 制定安全文化建设纲领。

c) 设计安全文化建设流程：

    1) 安全文化建设战略规划；

    2) 安全文化建设作业计划；

    3) 安全文化建设资源配置。

d) 安全文化传播：

    1) 内部传播；

    2) 外部推广。

4.4 文件要求

4.4.1 总则

安全文化建设文件应包括：

a) 安全目标、安全方针、战略规划及实施等相关文件；

b) 安全文化有效运行和控制所需文件；

c) 安全文化手册等。

4.4.2 文件控制

安全文化建设所要求的文件应从以下几方面进行控制：

a) 文件发布前得到批准；

b) 必要时对文件进行评审与更新，并再次批准；

c) 确保文件的更改和先行修订状态得到识别；

d) 确保在使用时可获得适用文件的有关版本；

e) 确保文件保持清晰、易于识别；

f) 确保外来文件得到识别，并控制其分发；

g) 防止作废文件的非预期使用。

4.4.3 记录控制

记录是一种特殊类型的文件,应遵循下列要求:

a) 应建立并保持记录;

b) 记录应保持清晰、易于识别和检索;

c) 应编制形成文件的程序。

5 煤矿安全文化构成

煤矿安全文化是精神文化、制度文化和物质文化的总和,由安全文化理念识别系统、安全文化行为识别系统、安全文化视觉识别系统、安全文化听觉识别系统和安全文化环境识别系统等五部分组成,如图1所示。其中,安全文化理念识别系统是整个煤矿安全文化系统的核心;安全文化行为识别系统是煤矿实现安全文化目标的保证和要求;安全文化视觉识别系统、听觉识别系统和环境识别系统是煤矿安全文化理念外化的结果,是煤矿安全文化理念系统对其内、外的展示。煤矿安全文化要素关系如图2所示。

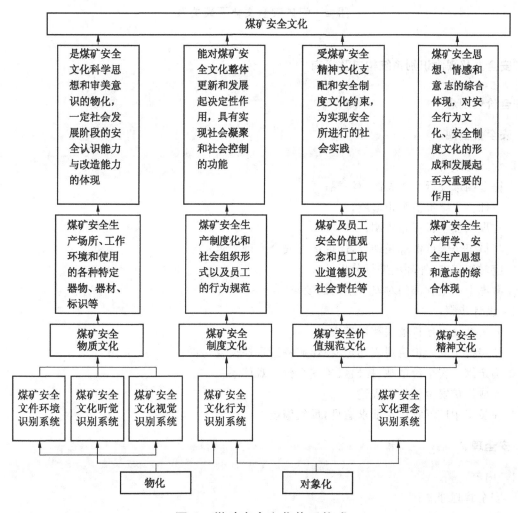

图 1 煤矿安全文化体系构成

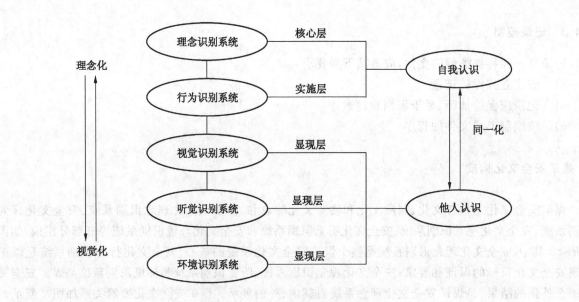

图 2 煤矿安全文化要素关系

6 煤矿安全文化理念识别系统构成及指南

6.1 安全价值观念

6.1.1 安全价值观

6.1.1.1 设计要求：
    a) 符合国家及行业相关法律法规；
    b) 与社会主导价值观相适应；
    c) 与煤矿安全目标相协调；
    d) 与员工个人价值观相结合,体现员工安全心理需求；
    e) 应对煤矿内、外环境进行分析；
    f) 考虑上级主管部门对安全生产的要求。

6.1.1.2 设计步骤：
    a) 分析社会主导价值观和煤矿实际；
    b) 初步提出安全价值观表述,并在煤矿各管理层反复讨论；
    c) 确定煤矿安全价值观,提出煤矿安全价值观体系；
    d) 形成煤矿安全价值观表述；
    e) 在员工中广泛宣讲和征求意见,反复修改。

6.1.2 安全理念

6.1.2.1 内容：
    a) 安全管理理念；
    b) 安全目标理念；
    c) 安全教育理念；
    d) 安全防范理念；
    e) 安全协作理念；
    f) 安全操作理念；

g) 安全誓词等。

6.1.2.2 设计要求：

a) 符合国家、行业相关法律法规；

b) 结合煤矿实际情况；

c) 高度概括煤矿安全生产经营战略主旨；

d) 符合语言美学要求，表述通俗、形象，易懂、易记；

e) 针对安全生产实际情况，形成安全理念体系。

6.1.3 安全目标

6.1.3.1 在确定煤矿安全目标时，应遵循：

a) 煤矿安全目标与总目标保持一致；

b) 安全总目标应可分解；

c) 目标应具体、可测量。

6.1.3.2 组织实施：

a) 各基层单位依据煤矿安全目标要求，确定本单位总目标和分项目标；

b) 对目标控制及执行情况进行检查，并将检查结果向相关部门汇报；

c) 定期对安全目标进行评审，并根据评审结果制(修)定下期安全目标。

6.1.4 安全方针

在制定安全方针时应考虑：

a) 国家、行业相关法律法规及其他要求；

b) 煤矿安全生产现状及基本思路；

c) 制定和评审安全目标框架；

d) 在煤矿内得到沟通和理解；

e) 和煤矿各项安全目标保持一致；

f) 考虑员工与相关方观点；

g) 体现持续改进的承诺。

6.1.5 安全承诺

6.1.5.1 设计要求：

a) 符合煤矿实际，反映共同安全愿景；

b) 明确安全管理在组织内部具有最高优先权；

c) 明确所有与煤矿安全有关的重要活动都追求卓越；

d) 含义清晰明了，并被全体员工和相关方所知晓和理解；

e) 能被全体员工理解和接受；

f) 与煤矿的职业安全健康风险相适应，实施并保持；

g) 公众易于获得。

6.1.5.2 贯彻实施：

a) 领导者应对安全承诺做出表率，使各级管理者和员工感受到领导者对安全承诺的实践；

b) 各级管理者应对安全承诺的实施起到示范和推进作用，形成制度化工作方法，营造安全氛围；

c) 形成文件，传达给全体员工，并结合岗位工作任务实现安全承诺；

d) 煤矿应将自身安全承诺传达到相关方，必要时应要求供应商、承包商等利益相关方提供相应安全承诺。

6.2 安全道德规范

6.2.1 安全价值责任

煤矿应培养员工的安全价值责任感,使安全文化内化于心,外化于行,规范安全行为。在培养员工的安全价值责任时应注意:

a) 树立员工安全责任意识;

b) 在煤矿中营造安全文化氛围;

c) 各级管理人员和基层员工要对安全作出相应的承诺;

d) 对员工进行安全培训;

e) 制定安全生产各项制度。

6.2.2 煤矿道德

6.2.2.1 设计应满足:

a) 体现中华民族传统美德;

b) 符合社会公德及习俗;

c) 突出煤炭行业职业道德特点。

6.2.2.2 设计应遵循以下程序:

a) 了解煤炭行业有关职业道德的基本要求;

b) 考察煤矿各岗位工作性质及职责要求,提出各岗位道德规范;

c) 汇总各岗位道德规范,形成初步方案;

d) 检查初步方案与煤矿基本理念、安全价值观等是否符合,并加以改进;

e) 在管理层和员工中征求意见,并反复推敲确定。

6.2.3 职业道德

煤矿在制定职业道德时应符合以下要求:

a) 协调员工内部关系,保证安全生产;

b) 具有纪律性,提高员工安全生产意识;

c) 有助于维护和提高煤炭行业信誉;

d) 引导和约束员工行为;

e) 有助于提高全社会道德水平。

6.3 安全精神文化

6.3.1 安全哲学

安全哲学是煤矿安全生产活动的认识论和方法论。设计要求如下:

a) 分析煤矿内外环境;

b) 概括煤矿安全生产管理理论和经验;

c) 体现煤炭行业特色;

d) 被煤矿广大员工普遍理解和掌握;

e) 具有时代的社会特征。

6.3.2 安全精神

安全精神是煤矿员工群体的优良精神风貌,是全体员工有意识的实践所体现出来的精神状态。设计要求如下：

a) 符合煤矿安全文化建设整体要求,恪守煤矿价值观和总体目标;

b) 符合煤矿安全哲学,塑造良好安全文化氛围;

c) 符合广大员工的安全心理需求;

d) 体现广大员工积极向上的状态;

e) 具有时代的社会特征。

7 煤矿安全文化行为识别系统构成及指南

7.1 组织机构、职责、资源

7.1.1 组织机构

煤矿应设立安全管理委员会,并建立相应的安全管理机构,以组织机构图的形式表示出来。安全管理机构的设计应符合以下要求:

a) 服从于煤矿安全管理总目标,为实现安全生产服务;

b) 分工协作、精干高效;

c) 集权与分权相结合;

d) 有效管理幅度;

e) 权责对等;

f) 正确处理稳定与适应的关系。

煤炭行业属于高危险行业,其安全管理机构宜采用刚性的集权型直线职能制机构,有两种基本形式。一是由多个煤矿组成的集团公司为独立法人的安全管理组织机构,如图3所示;二是以单一煤矿为独立法人的安全管理组织机构,如图4所示。

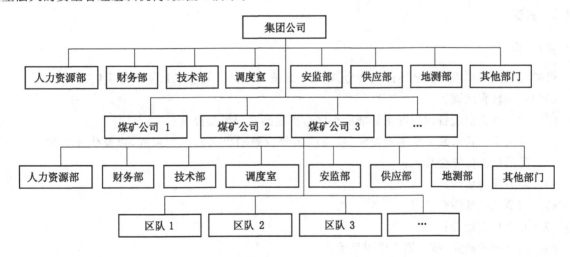

图 3 由多个煤矿组成的集团公司为独立法人的安全管理组织机构

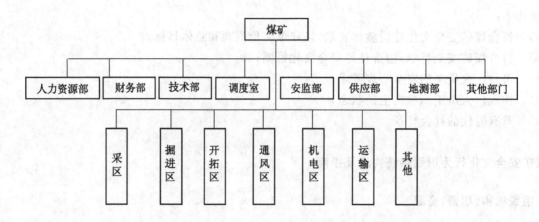

图 4　以单一煤矿为独立法人的安全管理组织机构

7.1.2　职责

主要有以下内容：

a)　依据国家及行业法律法规与标准,制定相关职能部门的安全职责;

b)　依据国家及行业法律法规与标准,制定煤矿各级人员的安全职责;

c)　指定一高层管理代表对全体员工的健康与安全负责,并负责落实有关健康与安全的各项规定;

d)　安全监察机构隶属于煤矿法人,独立行使监察职能;

e)　煤矿员工都负有安全责任,落实安全职责;

f)　定期检查,确保各项职责全面落实,通过审查考核,不断提高煤矿安全生产业绩。

7.1.3　资源

7.1.3.1　资金

煤矿应优先安排用于安全生产的资金,确保实现安全生产。资金项目使用范围包括：

a)　安全教育培训;

b)　为从业人员配备符合国家标准的个体防护用品及保健品经费;

c)　安全生产技术装备购置与安装、应急救援等设施的投入和维护保养,以及作业场所职业危害防治措施的资金投入;

d)　隐患治理费用;

e)　安全风险抵押金;

f)　安全检查经费;

g)　安全技术研究、技术推广应用经费;

h)　建立应急救援队伍、开展应急救援演练所需费用;

i)　为从业人员缴纳保险费用;

j)　其他与生产安全相关的费用。

7.1.3.2　物力

煤矿应保证安全文化建设体系所必需的物质条件,确保安全生产、抢险救灾、隐患治理等重点工作正常进行。煤矿安全工作所需的物力资源包括：

a)　安全卫生、消防、环境设施;

b) 监测仪器；

c) 安全卫生防护器材；

d) 抢险救灾物资；

e) 劳动防护用品用具；

f) 教育培训设施；

g) 通信器材和交通工具；

h) 其他与生产安全相关的物力资源。

7.2 安全控制支撑体系

7.2.1 煤矿安全质量标准化机制

7.2.1.1 组织机构

煤矿应建立安全质量标准化管理机构，以组织、协调、监督安全质量标准化工作，组织机构应符合：

a) 各岗位职责明确；

b) 部门划分清楚，分工合理；

c) 人员配备满足煤矿安全管理需要。

7.2.1.2 考核标准

煤矿应结合自身实际，建立安全质量标准化考核标准，考核标准应：

a) 符合国家及行业法律法规及标准；

b) 符合《煤炭工业矿井设计规范》《煤矿安全规程》；

c) 符合上级主管部门《煤矿安全质量标准化评价标准》要求；

d) 明确各专业考核内容及项目，并确定分值；

e) 适时修订、更新。

7.2.1.3 考核形式

煤矿应定期进行安全质量标准化考核，应符合：

a) 动态考核为主，静态考核为辅；

b) 每班考评与定期考评相结合。

7.2.1.4 考核奖惩

煤矿应依据安全质量标准化考评结果进行奖惩，包括：

a) 定期对考核结果进行汇总，上报相关部门，计入工资；

b) 年终进行总评比，按上级主管部门验收结果对各单位执行情况进行奖惩；

c) 奖励资金在安全基金中列支，罚款计入安全基金。

7.2.2 煤矿自身安全监察机制

7.2.2.1 组织机构

在设置隶属于本煤矿法人的安全监察机构时应符合：

a) 监察人员对本煤矿安全生产负责；

b) 安全监察部门受本煤矿领导，应明晰职责，制约被监察者。

7.2.2.2 监察原则

安全监察的原则有：

a) 以事实为依据，以法律为准绳；

b) 执法必严，违法必究；

c) 预防为主；

d) 行为监察与技术监察相结合；

e) 教育与惩罚相结合；

f) 独立性原则。

7.2.2.3 监察形式

安全监察的形式包括：

a) 基层单位自查；

b) 党群部门联查；

c) 职能部门检查。

7.2.2.4 监察内容

主要监察以下内容：

a) 国家有关安全生产方针、政策、法律法规贯彻执行；

b) 安全生产责任制；

c) 安全质量标准化；

d) 安全管理制度执行；

e) 特种作业人员培训、教育、上岗；

f) 员工安全教育培训；

g) 隐患排查治理；

h) 现场安全生产；

i) 作业规程；

j) 其他。

7.2.3 安全经济责任精细化管理机制

7.2.3.1 组织机构

建立安全生产经济责任精细化管理机构，以保障煤矿安全生产为宗旨，是煤矿动态的安全管理机构。其职能包括：

a) 管理现场安全；

b) 制定安全生产经济责任精细化管理办法；

c) 组织质量标准化达标检查验收工作；

d) 总结分析煤矿安全管理状况，督导基层单位及时解决安全隐患问题，并协助相关部室安全管理评价和绩效考核工作等。

7.2.3.2 机制内容

安全经济责任精细化管理机制的内容包括：

a) 安全法规贯彻：依据国家安全生产相关法律法规、安全管理制度等，履行安全监督检查职能，做好生产现场工作；

b) 组织安全检查：定期或不定期组织安全检查、质量检验，并依据相关标准进行评估；

c) 安全业务协作：协助、配合相关部门开展安全管理工作，配合上级部门安全检查和质量标准化检查工作等；

d) 安全指导服务：深入生产现场和基层单位，指导安全管理工作，督导各单位在规定期限内完成安全隐患整改工作；

e) 安全工资控制：运用安全管理激励机制，在煤矿下达的安全工资总额范围内，按照安全责任制精细化管理办法，完成对各单位的安全奖惩支付工作。

7.2.3.3 遵循原则

安全经济责任精细化管理机制应遵循的原则有：

a) 层次管理原则：按照各层次管理责任和管理范围，进行层级管理；

b) 利益对称原则：实现提供安全服务方"安全服务收益最大化"和接受安全服务方"经济利益损失最小化"相互制约机制，激发安全管理人员和基层单位安全工作的积极性、主动性；

c) 逐级落实原则：对安全管理隐患问题以得到落实解决为目的，一旦出现安全隐患问题，要及时发现并迅速处理；

d) 人本管理原则：安全管理的目的是保障员工的生命安全，为员工创造良好工作环境。

7.2.4 安全绩效考核机制

7.2.4.1 组织机构

煤矿应根据实际情况，建立安全绩效考核组织机构，进行安全绩效考核工作，组织机构应：

a) 职责明确，分工合理；

b) 与其他部门关系界定清晰。

7.2.4.2 考核内容

针对普通员工及管理人员分别规定不同考核内容：

a) 员工绩效考核主要以责任绩效、安全工作绩效为主，考察德、能、勤、绩等方面；

b) 管理人员绩效考核主要以责任绩效、安全管理绩效和安全工作绩效等为主。

7.2.4.3 考核方法

按以下方法进行考核：

a) 自评、上级考评及民主评议相结合；

b) 考核结果应划分等级。

7.2.5 安全管理问责制

7.2.5.1 构成要素

安全管理问责制的构成要素包括：

a) 问责主体，安全管理部门及其职能行使人；

b) 问责内容，违反安全管理的行为；

c) 问责客体，违反安全管理行为者；

d) 问责程序，调查及处理路径；

e) 问责结果，责任追究即处罚措施。

7.2.5.2　损失评估

损失评估主要指对全面落实、布置、推进和改善煤矿安全生产管理情况进行评估,包括:

a)　安全生产计划执行;

b)　安全生产方案或措施是否符合安全规范要求;

c)　预定阶段性目标、任务完成情况;

d)　各职能岗位安全生产工作流程是否畅通等;

e)　安全生产效果评估。

7.2.5.3　责任追究

煤矿安全管理失范行为责任追究程序如图5所示。

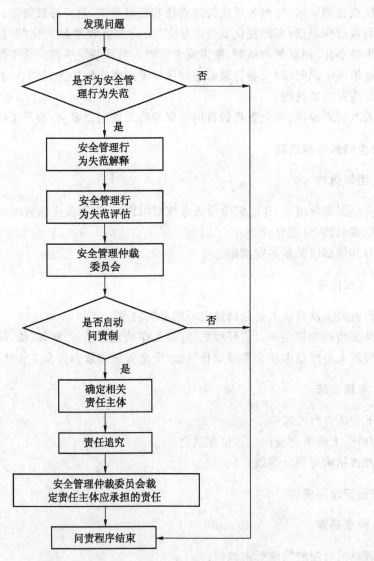

图 5　煤矿安全管理失范行为责任追究程序

7.2.6 煤矿自身职业健康管理机制

7.2.6.1 职业病防治管理

煤矿应建立健全职业病防治责任制,加强对职业病防治管理。采取的职业病防治管理措施包括:

a) 设置或指定职业卫生管理机构负责本单位职业病防治工作;

b) 制定职业病防治计划和实施方案;

c) 建立健全职业卫生管理相关规章制度;

d) 建立健全职业卫生档案和从业人员健康监护档案;

e) 建立健全工作场所职业病危害因素监测及评价制度等。

7.2.6.2 职业危害管理

管理内容如下:

a) 职业危害申报:根据生产过程中存在的职业危害因素,及时向当地安全生产监督管理部门申报,接受其监督;

b) 职业危害告知:将工作场所的职业危害和防护措施告知员工,并公布职业病防治相关规章制度、操作规程、职业危害事故应急救援措施和工作场所职业危害因素检测结果;

c) 职业危害防治培训:根据《煤矿作业场所职业危害防治规定》定期组织职业危害防治培训。

7.2.6.3 作业场所职业健康管理

煤矿应为从业人员创造符合国家职业卫生标准和要求的工作环境和条件,并采取措施保障从业者获得职业卫生防护,建立健全职业卫生规章制度。

7.2.6.4 劳动防护用品

煤矿应根据接触危害的种类、强度,为从业人员提供符合国家、行业标准的个体防护用品和器具,并监督、教育从业人员按使用规则佩戴、使用。

7.2.7 应急救援管理机制

7.2.7.1 组织机构及职责

煤矿应成立应急救援组织机构,并明确职责要求,实行分级管理,建立应急救援指挥体系,制定应急救援预案。

7.2.7.2 应急救援预案

应急救援预案主要内容包括:

a) 应急救援组织机构和职责,参与事故处置的部门和人员;

b) 事故发生后应采取的处理措施,潜在危险应采取的应急措施;

c) 应急救援及控制措施,包括抢险和救护、人员的撤离及危险区隔离计划等;

d) 紧急服务信息,如报警和内外部联络方式、现场平面布置图和周围地区图、工艺流程图、需要报告的上级机构一览表、煤矿有关人员联络方式、必要的技术和气象资料等;

e) 应急救援培训计划和演练要求等;

f) 为应急救援使用所准备的设备、物资及互救信息,如应急救援照明、应急救援通信系统等。

7.2.7.3 应急救援预案演练、评估和修订

煤矿应对应急救援预案进行定期检查和演习,演练后要对应急救援预案进行评审,找出不足并进行修改。

7.2.7.4 急救

煤矿应定期组织培训,使存在风险的岗位员工掌握在生命危急情况下(如发生顶底板事故、瓦斯事故、火灾事故、水害事故等)的救护方法。

煤矿根据工作场所性质配备不同的急救药品和医疗器材,定期检查、维护,确保急救物品处于急救备用状态。

7.2.8 安全学习型企业

7.2.8.1 营造安全学习型环境,包括:

a) 完成工作目标的基本安全文化环境;

b) 促进组织成长的创造性安全文化环境;

c) 自主性管理安全文化环境;

d) 创造员工自我开发的启发性安全文化环境;

e) 培养员工良好态度的安全文化环境;

f) 创造有活力、勇于向工作挑战的团队工作环境。

7.2.8.2 运作机制

安全学习型企业的运作机制主要有:

a) 强化个人学习:

1) 员工高度参与;

2) 与学习成果挂钩的奖惩制度;

3) 共享的知识管理系统。

b) 强化团队学习:

1) 有效的团队建立,以区队或班组为学习单位;

2) 员工高度参与,区队或班组内各工种均参与;

3) 开放的沟通系统。

c) 强化组织学习:

1) 弹性组织结构;

2) 创造性组织文化,鼓励员工探索安全管理新措施、安全生产新技术、新方法;

3) 实现组织内部安全生产知识、技术共享。

7.3 基本制度

基本制度是煤矿安全制度文化的重要组成部分,是煤矿基本理念、总体目标、核心价值观的集中反映,是煤矿及其职工行为以及规范的直接"约束力"。基本制度包括:

a) 安全生产责任制;

b) 安全办公会议制度;

c) 安全目标管理制度;

d) 安全投入保障制度;

e) 安全质量标准化管理制度;

f) 安全教育与培训制度;

g) 事故隐患排查制度；

h) 安全监督检查制度；

i) 安全技术审批制度；

j) 矿用设备、器材使用管理制度；

k) 矿井主要灾害预防管理制度；

l) 煤矿事故应急救援制度；

m) 安全奖罚制度；

n) 入井检身与出入井人员清点制度；

o) 安全操作规程管理制度；

p) 消防安全管理制度；

q) 职业卫生管理制度；

r) 安全举报制度；

s) 管理人员下井及带班制度；

t) 特种作业人员管理制度；

u) 班前会制度；

v) 其他。

7.4 员工安全素养

7.4.1 安全知识

安全知识是煤矿安全生产的基本知识，包括：

a) 国家及行业相关的法律法规、标准；

b) 安全规程、操作规程及作业规程；

c) 岗位业务知识；

d) 隐患排查知识；

e) 应急救援知识；

f) 其他。

7.4.2 安全能力

安全能力是煤矿员工为保证煤矿安全生产应具备的能力，包括：

a) 遵守安全规章制度；

b) 履行岗位责任制；

c) 正确使用安全设备及防护用品；

d) 发现并消除作业现场事故隐患；

e) 处理突发事件及紧急情况；

f) 其他。

7.4.3 安全心理素质

安全心理素质是安全素养的组成部分，包括：

a) 安全意识；

b) 团队合作精神；

c) 工作责任心；

d) 行为自律性；

e) 其他。

7.4.4 安全行为养成

安全行为养成的路径有以下几种：

a) 主动学习的安全行为养成：
1) 参加安全培训并考试合格；
2) 学习操作技能达到岗位标准化要求；
3) 取得岗位资格证书；
4) 其他。

b) 掌握安全信息的安全行为养成：
1) 参加安全会议；
2) 交接班时了解作业现场的安全条件变化；
3) 通过其他渠道了解并掌握安全信息；
4) 其他。

c) 自觉自律的安全行为养成：
1) 行为动作规范标准；
2) 接受不安全行为处罚教育；
3) 接受安全监督和现场指导；
4) 维护安全设备设施；
5) 其他。

8 煤矿安全文化视觉识别系统构成及指南

8.1 组成和具体内容

煤矿安全文化视觉识别系统由基本要素和应用要素组成,如图6所示。

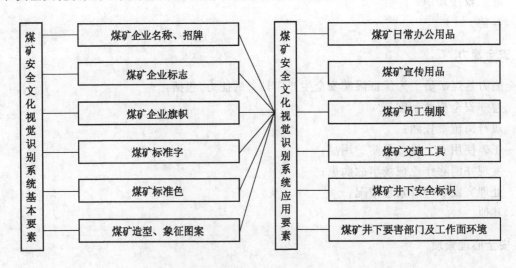

图 6 煤矿安全文化视觉识别系统组成

8.2 基本要素设计

8.2.1 煤矿标志

8.2.1.1 煤矿标志是表达煤矿基本理念、核心价值观、安全精神等,以具体文字、造型图案等形式构成的视觉符号。

8.2.1.2 设计要求:

a) 便于识别;

b) 体现煤矿基本理念、安全精神;

c) 考虑煤矿安全需求;

d) 考虑员工综合素质、生理和安全心理需求;

e) 在符合基本设计原理基础上形成系列化、标准化变形设计;

f) 由文字组成的标志应包含汉字。

8.2.2 标准字

8.2.2.1 种类:

a) 煤矿标志标准字;

b) 煤矿名称标准字;

c) 安全宣传用语标准字;

d) 安全标识标准字;

e) 安全活动标准字;

f) 标题标准字。

8.2.2.2 设计要求:

a) 字型设计应考虑煤矿生产安全基本要求,体现煤矿安全文化基本理念;

b) 应依照诉求对象、环境空间、材料工艺、文字词义选择字体;

c) 应遵循确定造型、选择字体、配置笔画、统一字体、排列方向、变形设计等步骤;

d) 选用的文字便于识别,字体笔画结构应清晰。

8.2.3 标准色

8.2.3.1 种类

标准色分为单色标准色、复色标准色、标准色＋辅助色等。

8.2.3.2 设计要求

设计要求包括:

a) 色彩表达含义明确;

b) 符合煤矿安全生产要求,被煤矿员工普遍喜爱和接受;

c) 应通过管理和技术手段保证色彩表达统一化和标准化。

8.2.4 安全色

安全色是表示禁止、警告、指令、提示等意义的颜色。不同颜色表达含义如下:

a) 红色,表示禁止、停止;

b) 黄色,表示警告、注意;

c) 蓝色,表示指令、应遵守的规定;

289

d) 绿色,表示提示、安全状态、通行。

注:应按照 GB/T 2883—2001、GB/T 6527.2—1986 的规定使用。

8.2.5 煤矿造型

煤矿造型是为体现煤矿基本理念和安全精神而设置的雕塑或装置,要求如下:

a) 符合煤矿核心价值观和安全理念;

b) 设置应与周围环境相协调;

c) 被广大员工理解和接受。

8.2.6 基本要素组合

基本要素组合是基本要素的排列组合,应注意:

a) 应保持一定的视觉空间,避免过于拥挤造成形象模糊;

b) 依项目和媒体确定不同形式组合;

c) 应预先设定禁忌组合范例。

8.3 应用要素设计

8.3.1 日常办公用品

8.3.1.1 日常办公用品范围包括:名片、信纸、信封、便笺、公文袋、资料袋、薪金袋、卷宗袋、合同书、报价单、表单和账票、证卡(如工作证、胸卡、邀请卡、生日卡、贺卡等)、年历、月历、日历、奖状、奖牌等。

8.3.1.2 设计要求:

a) 体现煤矿安全文化基本内容;

b) 设计系列化、统一化、标准化;

c) 简洁美观,便于使用。

8.3.2 宣传用品

8.3.2.1 范围:

a) 煤矿内部电视节目、广播电台播音、煤矿网站、网页;

b) 煤矿报纸、新闻稿、宣传册、安全文化手册;

c) 安全文化长廊、橱窗、黑板报;

d) 灯箱、墙体标语、宣传标语、宣传海报等。

8.3.2.2 设计要求:

a) 主题鲜明,体现煤矿安全文化基本内容;

b) 简洁美观,便于阅读;

c) 设计系列化、统一化、标准化;

d) 内容应及时更新。

8.3.3 地面交通工具

8.3.3.1 地面交通工具种类包括工作用车、接待用车、通勤班车等。

8.3.3.2 设计要求:

a) 应在显著位置标有煤矿标志和名称;

b) 应统一采用煤矿标志、标准字、标准色;

c) 应适当体现煤矿安全文化基本内容;

d) 美观实用,便于识别。

8.3.4 员工工作服

8.3.4.1 范围:
a) 井上员工工作服;
b) 井下员工工作服。

8.3.4.2 设计要求:
a) 满足安全生产要求,为员工提供充分保护;
b) 满足人体工程学要求,穿着舒适;
c) 工作服款式和颜色按单位、工种或不同级别应有所区分;
d) 应有煤矿标志或标识;
e) 井下员工工作服应防静电、防水、防潮;
f) 井下员工工作服应具有夜视效果、反光功能,工作服安全色要符合 GB/T 14778—2008 要求。

8.3.5 煤矿工业广场

8.3.5.1 煤矿工业广场范围包括:主副井口区域、绞车房、通风机房、压风机房、矿灯房、调度室、监控室、变电所、矿灯房区域、澡堂区域等。

8.3.5.2 设计要求:
a) 应实施定置管理,符合《煤炭工业矿井设计规范》和《煤矿安全规程》;
b) 应设置听觉、视觉、自动化或人工智能信号;
c) 各种设备应由专职人员统一管理,在合适位置悬挂标牌,记录设备编号、名称、数量、安全责任人等内容,配备设备运转记录簿;
d) 工业广场人行道和作业区应隔开。

8.3.6 煤矿井下安全标识

8.3.6.1 煤矿井下安全标识的种类包括禁止类标识牌、警告类标识牌、指令类标识牌、提示类标识牌、逃生疏散类标识牌、消防类标识牌、危险品类标识牌等:
a) 禁止类标识,是禁止员工不安全行为的标识;
b) 警告类标识,是提醒员工对周围环境引起注意,以避免可能发生危险的标识;
c) 指令类标识,是强制员工应做出某种动作或采用防范措施的标识;
d) 提示类标识,是向员工提供某种信息的图形、文字标识;
e) 逃生疏散类标识,是指引井下员工确定正确疏散路线的系统标识;
f) 消防类标识,是由安全色、边框、以图像为主要特征的图形符号或文字构成的标识,用以表达与消防有关的安全信息的标识;
g) 危险品类标识,是在危险品运输包装、存放和使用过程中,表明危险等有关安全信息的标识。

各类标识可分为主标识和文字补充标识,主标识包括指示系统、禁止标识系统、警告标识系统,文字补充标识包括中文、英文、阿拉伯数字等内容。

8.3.6.2 设计要求:
a) 遵循醒目、生动、人性化原则;
b) 井下安全标识大小、字型、表现形式系统化、标准化,适时更新;
c) 安全标牌及标识应适中、醒目,有夜视效果、反光功能;
d) 标识牌材质应防潮、防腐、防锈、防爆、防静电,适合井下特殊环境条件;
e) 安全标识及路标悬挂的位置不得被其他物所遮挡,设置高度不得影响行人,大巷内的标识与

架线的距离应符合规定;

  f) 工作面安全标识及路标应方便安装,便于拆卸和重新安装。采区范围内的标志应四角固定,在碹帮上的安全标志及路标应嵌有衬板,不得用铁丝悬吊;

  g) 安全标识的方向应正对现场人员;

  h) 安全标识及路标应保持清洁。

8.3.7 煤矿井下运输工具

8.3.7.1 煤矿井下运输工具的种类包括:电机车、卡轨车、齿轨车、单轨吊、带式输送机、刮板输送机、绞车、串车、胶轮车、翻斗车、无极绳人车等。

8.3.7.2 设计要求:

  a) 系统设计、安装、调试和运行应符合《煤炭工业矿井设计规范》和《煤矿安全规程》;

  b) 系统设备、上下人地点应标有煤矿安全提示、警示和禁止等标识;

  c) 设备完好,应满足人体工程学要求;

  d) 工具箱、工具袋等应便于携带、防静电、防水、防潮。

8.3.8 井底车场要害硐室或地点

8.3.8.1 井底车场要害硐室或地点包括井底人车站、中央变电所、中央泵房、井下火药库。

8.3.8.2 设计要求:

  a) 系统设计应符合《煤炭工业矿井设计规范》和《煤矿安全规程》;

  b) 井底车场巷道、硐室、水仓出口等处应设置提示、警示、禁止等设施和标识;

  c) 应统一设置视觉、听觉或智能信号;

  d) 设备、器材、环境等应统一实行定置管理。

8.3.9 井下工作面及施工地点

8.3.9.1 井下工作面及施工地点包括井下巷道、井下采煤工作面、掘进工作面、开拓工作面或施工地点。

8.3.9.2 设计要求:

  a) 系统设计应符合《煤炭工业矿井设计规范》和《煤矿安全规程》;

  b) 工作面支护、顶底板控制、通风、防尘、防火和防瓦斯爆炸等应满足员工安全生产要求;

  c) 工作面环境应满足人体工程学对员工工作舒适的要求;

  d) 采煤工作面、上下区段平巷、掘进工作面的设备、材料、工具、标识、图板等应实施定置管理;

  e) 井下特别危险地区,应标明躲避场所,并设置避灾路线提示标识。

8.3.10 井下生产系统管线及通风系统

8.3.10.1 井下生产系统管线及通风系统包括井下通风、防火、供电、压气、通信设备和管线。

8.3.10.2 设计要求:

  a) 系统设计应符合《煤炭工业矿井设计规范》和《煤矿安全规程》;

  b) 工作环境应符合人体工程学对员工工作舒适度的要求;

  c) 各种网络管线、电缆等应按定置管理系统化、标准化设置;

  d) 应统一设置视觉、听觉或智能信号。

8.3.11 煤矿露天区

  煤矿露天区安全标识设置要求为:

a) 煤矿露天区应设置人行通路或通行设施,并设置方向提示标识;

b) 采场内危险区、采空区等地点,应设置拦截装置和警示标识;

c) 在地面、采场及排土场内临时设置的电气设备应设置防触电标识;

d) 易燃易爆场所应设置防爆、防火和危险警示标识;

e) 矿山道路应设置限速、道口等路标,特殊路段设警示标识;

f) 左侧通行的汽车运输过渡区段内应设置换向标识。

9 煤矿安全文化听觉识别系统构成及指南

9.1 煤矿安全文化听觉识别系统构成及指南包括:

a) 生产系统听觉信号、安全禁止、警示、提示信号等;

b) 安全祝福、嘱托语、歌曲、广播、背景音乐等。

9.2 设计要求:

a) 体现煤矿安全文化基本内容;

b) 与视觉识别系统和环境识别系统相配合,实现听觉、视觉和环境的有机结合;

c) 应符合员工安全心理需求;

d) 在不同时间、地点播放不同内容;

e) 适当融入地域文化。

10 煤矿安全文化环境识别系统构成及指南

10.1 煤矿安全文化环境识别系统构成及指南包括:

a) 外部环境范围包括大门、马路、玄关、广场、建筑物外观、生态植物、绿地、雕塑、吉祥物、广告载体、路牌、灯箱等;

b) 内部环境范围包括建筑物前厅、楼道、办公室、会议室、安全文化长廊、宿舍、食堂、体育场馆等。

10.2 设计原则:

a) 符合《煤炭工业矿井设计规范》和《煤矿安全规程》;

b) 体现煤矿安全文化基本内容;

c) 体现煤炭行业特色,满足安全生产要求;

d) 满足员工工作、安全生理和心理要求;

e) 内、外部环境应统一实行定置管理。

11 煤矿安全文化建设活动构成及指南

11.1 安全教育培训活动

11.1.1 对象

安全教育培训的对象包括:

a) 领导干部、部门负责人;

b) 技术、管理人员;

c) 安全管理人员;

d) 生产岗位操作人员;

e) 设备检修、维修、维护作业人员;

f) 消防队、救护站等专业救灾救护人员;

g) 特种作业人员;

h) 其他有作业风险岗位人员;

i) 承包商、供应商等利益相关者;

j) 员工家属。

11.1.2 要求

安全教育培训的要求为:

a) 新上岗人员应进行岗前培训,考试合格后持证上岗;

b) 煤矿职工岗位调动后,应重新培训,考试合格后,重新上岗;

c) 新装置、新技术、新工艺投产前,主管部门应编制新安全操作规程,进行专门培训;

d) 发生事故或重大未遂事故时,应组织有关人员进行现场事故调查和教育培训;

e) 其他定期和不定期培训。

11.1.3 计划

安全教育培训计划的要求为:

a) 煤矿应根据安全管理工作需要,编制年度培训、考核计划;

b) 培训计划应包括培训实施单位、方式内容、培训对象、日程安排及预期效果等;

c) 安全主管部门应定期对培训计划执行情况监督检查。

11.2 安全报告活动

11.2.1 形式

安全报告活动的形式主要包括安全汇报会、安全事故报告会等。

11.2.2 实施要求

安全报告活动的实施要求为:

a) 例行分析生产系统运行概况;

b) 确定生产系统控制方案;

c) 查明事故原因,规定报告程序,制定应急处理及防范措施;

d) 事故处理程序、原因、经验教训及防范措施等要形成相关的文件并归档;

e) 加强未遂事故(事件)管理,降低事故发生概率。

11.3 安全科技活动

11.3.1 内容

安全科技活动的内容包括:

a) 安全生产理论与技能创新;

b) 事故隐患治理关键技术研究;

c) 重要安全科技攻关;

d) 科技示范和推广;

e) 构建安全生产技术标准体系;

f) 安全标准化岗位建设;

g）绿色岗位建设；

h）应急救援技术与装备研发等。

11.3.2 实施措施

安全科技活动的实施措施为：

a）整合安全生产科技资源；

b）保证安全生产科技投入；

c）加强安全生产科技创新人才培养；

d）建立安全生产科技激励机制；

e）开展合作与交流。

11.4 安全主题竞赛活动

11.4.1 实施步骤

安全主题竞赛活动的实施步骤包括：

a）确定开展安全主题竞赛活动的指导思想；

b）确定活动主题；

c）成立活动组织机构；

d）对活动进行具体安排；

e）组织活动实施；

f）对活动进行评价。

11.4.2 实施要求

安全主题竞赛活动的实施要求包括：

a）指导思想应与公司安全生产目标一致；

b）活动组织形式应适合本煤矿特点；

c）有助于提高员工安全素质及技能；

d）能达到员工养成安全自律性目的；

e）激励员工安全生产热情；

f）为安全生产积累经验，并形成相关文件，归档管理。

11.5 群众性安全宣传慰问活动

11.5.1 目的

群众性安全宣传慰问活动的目的为：

a）普及安全知识，宣传国家大政方针、煤矿安全理念；

b）激励爱岗敬业；

c）抚慰员工心理；

d）教育违章人员；

e）领导基层慰问；

f）家属亲情慰藉。

11.5.2 实施要求

群众性安全宣传慰问活动的实施要求包括：

a)　主题符合煤矿安全价值观；

b)　满足员工安全心理需求，促进员工身心健康；

c)　能提高员工安全意识；

d)　能促进规范员工行为；

e)　形式灵活多样，群众喜闻乐见。

12　煤矿安全文化手册

12.1　内容

煤矿安全文化手册编制应根据煤矿特点，可简要综合辑成一册，也可分专项简要辑成多册。煤矿安全文化手册基本内容可包括：

a)　序言或概论；

b)　煤矿安全文化理念系统；

c)　煤矿安全文化基本要素系统；

d)　煤矿安全文化基本要素的组合系统；

e)　煤矿安全文化应用要素系统。

12.2　要求

煤矿安全文化手册的要求为：

a)　简明扼要，图文并茂，通俗易懂；

b)　普遍发放给员工；

c)　使用及携带方便；

d)　国外有分公司的，应使用该国通用文字辑成安全文化手册。

ICS 13.100
D 09
备案号：44601—2014

中华人民共和国安全生产行业标准

AQ/T 1104—2014

煤矿低浓度瓦斯气水二相流安全输送
装置技术规范

Technical rules for the security delivery device of gas-water two-phase
flow of low concentration gas in coal mine

2014-02-20 发布   2014-06-01 实施

国家安全生产监督管理总局   发 布

AQ/T 1104—2014

前　言

本标准按照 GB/T 1.1—2009 给出的规则起草。

请注意本文件的某些内容可能涉及专利,本文件的发布机构不承担识别这些专利的责任。

本标准由国家安全生产监督管理总局提出。

本标准由全国安全生产标准化技术委员会煤矿安全分技术委员会(SAC/TC 288/SC 1)归口。

本标准起草单位:煤矿瓦斯治理国家工程研究中心淮南矿业(集团)有限责任公司。

本标准主要起草人:袁亮、金学玉、范辰东、张林、张明、吴志坚。

煤矿低浓度瓦斯气水二相流安全输送
装置技术规范

1 范围

本标准规定了煤矿低浓度瓦斯气水二相流安全输送装置的术语和定义、系统设计要求、系统调试及判定、系统施工及验收。

本标准适用于煤矿低浓度瓦斯气水二相流安全输送装置系统(以下简称系统)设计、施工及验收。

2 规范性引用文件

下列文件对于本文件的应用是必不可少的。凡是注日期的引用文件,仅注日期的版本适用于本文件。凡是不注日期的引用文件,其最新版本(包括所有的修改单)适用于本文件。

GB 3836.2 爆炸性环境 第2部分:由隔爆外壳"d"保护的设备

GB 50028 城镇燃气设计规范

AQ 1029 煤矿安全监控系统及检测仪器使用管理规范

AQ 1076 煤矿低浓度瓦斯管道输送安全保障系统设计规范

AQ 6201 煤矿安全监控系统通用技术要求

3 术语和定义

下列术语和定义适用于本文件。

3.1

煤矿低浓度瓦斯气水二相流安全输送装置系统 technical specification of the system for transporting low concentration coal mine gas with two phase flow (gas water) safety device

采用气水二相流管路输送煤矿低浓度瓦斯,使瓦斯在环形及端面水封的管路中形成间歇性柱塞气流,实现安全输送的装置系统。

3.2

环流装置 circumfluence device

使水流在输送管道内附壁流动,瓦斯气流在附壁环形水流腔内流动的装置。

3.3

柱流装置 columniation device

产生间歇性柱塞水团,把管路内附壁环形水流腔中流动的瓦斯气流分割成段的装置。

3.4

稳压放散装置 stabilizing-pressure device

采用水封稳压,超压放散并保持压力稳定的装置。

3.5

防爆阻火式气水分离器 gas-water segregator with preventing explosion and fire interdiction

脱水并兼具水封阻火功能的装置。

3.6

双向阻火装置　bidirectional fire interdiction device

利用二相流柱塞水团阻止正反方向火焰传播并熄灭火焰的装置。

3.7

系统流型　type of circumfluence system

瓦斯在附壁环形水流腔内流动,沿输送方向每隔30m~50m,用柱状水团将瓦斯气流分隔成段,形成二相柱塞环流流型。

3.8

体积含水率　in the ratio of water velocity to gas velocity

系统单位时间内水流量与气流量之比。

4　系统设计要求

4.1　系统构成

系统构成如图1所示。

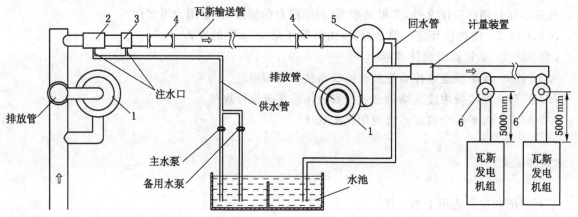

说明:

1——稳压放散装置;

2——柱流装置;

3——环流装置;

4——透明观察管;

5——防爆阻火式气水分离器;

6——双向阻火装置。

图1　煤矿低浓度瓦斯气水二相流安全输送装置系统示意图

4.2　系统设计

4.2.1　一般要求

4.2.1.1　应由具备相应工程设计资质的单位设计。

4.2.1.2　系统应具备专用供回水管道,宜采用瓦斯抽采泵的供水泵供水。

4.2.1.3　另设供水泵时应双电源供电,并设置备用水泵。系统应做到水气联动,停水时停气。

4.2.1.4　系统采用循环供水,水源可与瓦斯抽采泵共用,总硬度(以碳酸钙计)应不大于1 g/L或浑浊度应不大于5度。

4.2.1.5 系统管道应设接地装置,对地电阻应不大于 20 Ω。

4.2.1.6 系统管道内外应作防腐处理。

4.2.1.7 系统配套的装置及管道应能承受 1000 kPa 压力。

4.2.1.8 在冬季寒冷地区,应采取保温措施,以系统内不结冰为适宜。

4.2.1.9 系统输送管道及回水管道按 3‰ 流水坡度设计,且回水管道直径要大于供水管道直径。

4.2.1.10 系统输送距离不宜超过 200 m,否则分为三段输送。起始端和利用端为二相流输送段,输送距离以 50 m 为宜。中间段为单相气体输送,管径选择应满足气体流速在 8 m/s～15 m/s 的要求。

4.2.1.11 监控系统设备应符合 AQ 6201 要求。

4.2.2 瓦斯计量

在进入瓦斯利用设备前的分配管上,应按照 AQ 1076 规定安设"流量、浓度、温度、压力"计量装置,显示和统计瓦斯利用瞬时和累积纯量。监控系统设备使用管理应符合 AQ 1029 的相关要求。

4.2.3 供水计量

应在二相流供水管道上安设水量表计量水量,安设水压表检测水压。

4.2.4 回水设定

回水应有保证气体不泄漏的措施。若积水池不能与瓦斯抽采泵蓄水池共用,则应安设回水泵,把分离后的水泵回蓄水池。

4.3 基本参数

4.3.1 系统起始端供气压力一般不宜超过 20 kPa。

4.3.2 系统终端压力应根据瓦斯利用设备需要供气压力设定,但最大不宜超过 5 kPa。

4.3.3 系统管道中气水流速应在 25 m/s～50 m/s 范围内。

4.3.4 系统管道中体积含水率应在 0.2%～0.8% 范围内。

4.3.5 系统管道中柱流水团长宜为 500 mm～800 mm,间距 30 m～50 m。

4.3.6 系统供水压力应不小于 200 kPa。

4.3.7 系统管径选型:根据瓦斯流量初选管径,最大瓦斯流量时流速不宜大于 50 m/s,最小瓦斯流量时流速不宜小于 25 m/s。参考附录 A 进行管道压降计算,在气压不超过 20 kPa 的条件下,应能满足最大、最小流量时,瓦斯利用供气压力在 3 kPa～5 kPa。

4.3.8 系统供水量:应按照最大、最小瓦斯流量的体积含水率计算确定最大、最小供水量。

4.4 系统组件安设及性能要求

4.4.1 稳压放散装置

安设在系统起始端的稳压放散装置最大稳压压力应不小于 20 kPa,安设在系统终端的稳压放散装置最大稳压压力应不小于 5 kPa。稳定压力应在零到最大值范围内可调,放散过程中压力波动应小于 ±200 Pa。

4.4.2 柱流装置、环流装置

柱流装置、环流装置依次安设在系统起始端。按系统体积含水率为 0.2%～0.8% 的要求供水,供水压力应不小于 200 kPa。

4.4.3 防爆阻火式气水分离装置

安设在系统终端。脱水后的气体相对湿度应在(95±3)%范围内,并应兼具防爆阻火功能。

4.4.4 双向阻火装置

安设在瓦斯利用设备前 5 m 范围内的进气支管上,应具备双向阻火功能。

4.4.5 系统管道

应符合 GB 50028 的要求。管径应通过选型计算确定,一般不宜大于 500 mm。

4.4.6 透明观察管

安设在系统管道起始后和终结前的 10 m 范围内,与系统管道等管径,长度 1 m,材质应为透明材料,应能承受 1000 kPa 压力,并可根据使用情况定期更换。

4.4.7 水泵及水池

4.4.7.1 供水泵应满足系统供水量和压力要求。配备电机应符合 GB 3836.2 的规定。
4.4.7.2 积水池位置应有利于回水,应有补水设施及液位指示装置。

4.4.8 系统供水

4.4.8.1 系统运行前,先开启供水设备。不能保障系统正常供水时,监控设施应能自动闭锁供气。
4.4.8.2 系统正常运行中,因供水设备故障、水池缺水等造成系统断水,监控设备应做到停水自动停止供气。

4.4.9 管道密封性检验

4.4.9.1 瓦斯管道

瓦斯管道安装完毕后,应进行气密性试验。试验压力应为 300 kPa,保压时间应不少于 2 h,管道应无漏气,且压降不得大于 2%试验压力。

4.4.9.2 供、回水管道

供、回水管道安装完毕后,应进行水压密封试验。试验压力应为系统设计压力的 1.5 倍,保压时间不应少于 10 min,管道应无滴漏,且压降不得大于 1%试验压力。

5 系统调试及判定

5.1 系统操作步骤

首先开启供水泵,将稳压放散装置、双向阻火装置中的水注到设定位置,依次微开环流装置、柱流装置注水阀,再打开供气管道阀门,调整系统起始端供气压力,使管道气体流速达到 25 m/s~50 m/s 范围后,调整注水流量和压力,从透明观察管中观察形成二相柱塞环流后,再调整系统终端瓦斯利用设备供气压力,直至系统稳定运行,方可开启瓦斯利用设备。

5.2 系统性能调试步骤

由项目设计、建设、监理及使用单位项目负责人共同进行系统性能调试,参照附录 B 填写记录表,并提交报告。

5.2.1 气压变化性能调试

在 10 kPa～20 kPa 范围内调试供气压力,观察流型变化,确定系统适用的供气压力范围。

5.2.2 气量变化性能调试

按照最大和最小混合量调试供气量,观察流型变化,确定系统适用的供气量范围。

5.2.3 水压变化性能调试

在 100 kPa～300 kPa 范围内调试供水压力,观察流型变化,确定系统适用的供水压力范围。

5.2.4 水量变化性能调试

在 0.2%～0.8% 范围内调试系统体积含水率,观察流型变化,确定系统适用的供水量范围。

5.3 系统流型效果调整

设定前级稳压放散装置压力改变系统流速,确保附壁环流效果,调整柱流水团的间隔,使系统内同一时刻不少于 2 个水团。

5.4 系统流型判定

采用目测法判定:通过透明观察管观察附壁环流,并应在柱流水团通过后附壁环流仍保持连续。

6 系统施工及验收

6.1 基本规定

6.1.1 质量管理

6.1.1.1 系统应按照批准的工程设计文件和施工技术标准进行施工,修改设计应报原审核机构审核通过。

6.1.1.2 应编制施工组织设计或施工方案,经批准后实施。

6.1.1.3 应有健全的质量管理体系和工程质量检测制度,实现施工全过程质量控制。

6.1.1.4 系统施工应具备下列条件:

 a) 系统组件及材料齐全,其品种、规格、型号符合设计要求;

 b) 系统及其主要组件的使用维护说明书、产品检验合格证齐全。

6.1.1.5 系统的施工单位应具有相应的工程安装资质。

6.1.2 材料设备管理

6.1.2.1 应选用国家有关产品质量监督检测单位检验合格的材料设备。进施工现场时应作检查验收并经监理工程师核查确认。

6.1.2.2 施工前应对系统组件进行外观检查,并应符合下列规定:

 a) 组件无碰撞变形和其他机械性损伤;

 b) 组件外露非机加工表面保护涂层完好;

 c) 组件所有外露接口均设有防护堵或防护盖,且密封良好,接口螺纹无损伤;

 d) 铭牌清晰、内容完整。

6.1.3 施工过程质量控制

施工安装过程中应做好记录。隐蔽工程应做好中间验收记录。

6.2 施工安装

6.2.1 系统组件应按设计要求安装。

6.2.2 系统管道按 4.2.1.9、4.4.5 要求安装。

6.2.3 积水池建设应满足 4.4.7.2 要求。

6.3 系统性能验收

6.3.1 应在系统安装完毕,安全监控系统等联动设备调试完成后进行。

6.3.2 应具备完整的技术资料及系统性能调试报告。

6.3.3 验收负责人应由使用单位专业技术人员担任。

6.3.4 应按 6.1 和 6.2 的要求,检查系统组件和安装质量,符合要求后方可进行验收。

6.3.5 验收后应提交验收报告。

6.3.6 系统性能验收应按第 5 章要求进行。

6.4 系统工程质量验收

6.4.1 质量验收的组织

系统工程质量验收,应由建设单位组织设计、施工及监理单位,在施工单位自检合格的基础上进行。

6.4.2 质量验收的内容

6.4.2.1 系统组件的安装质量及性能应符合设计要求。

6.4.2.2 低浓度瓦斯输送管道及供、回水管道的安装质量及性能应符合设计要求。

6.4.2.3 水池的设置应符合设计要求。

6.4.2.4 系统管道的选材、连接及敷设应满足功能要求。

6.4.3 工程质量验收文件的内容

6.4.3.1 经批准的竣工验收申请报告。

6.4.3.2 设计说明书。

6.4.3.3 竣工图和设计变更文字记录。

6.4.3.4 施工记录和隐蔽工程中间验收记录。

6.4.3.5 系统性能调试报告。

6.4.3.6 竣工报告。

6.4.3.7 系统及其主要组件的使用维护说明书。

6.4.3.8 系统组件、管道及管道连接件的检验报告和出厂合格证。

附　录　A

（资料性附录）

煤矿低浓度瓦斯气水二相流安全输送装置系统管径选型计算参考

A.1　管径选型基本条件

A.1.1　输送距离

应对水平、垂直、倾斜输送距离分别计量。

A.1.2　气压

气压不宜超过 20 kPa，选型时应根据管路压降和瓦斯利用供气压力反复计算确定。

A.1.3　水压

水压可辅助形成附壁环流，对输送管径选型计算影响不大，可忽略。

A.1.4　气量和流速

根据瓦斯利用设备耗气量，分别按 6% 和 30% 的瓦斯浓度计算最大和最小混合流量，管道气水混合流速宜控制在 25 m/s～50 m/s 范围内。

A.1.5　体积含水率

应在 0.2%～0.8% 范围内，可取 0.5% 进行计算。

A.2　压降计算

应初选管径，选用相应的计算方法，计算管道累计压降。

A.2.1　水平气液二相管路的压降计算

A.2.1.1　杜克勒 I 法

管路的压降梯度用达西公式计算：

$$-\frac{\mathrm{d}p}{\mathrm{d}l}=\frac{\lambda}{d}\frac{u^2}{2}\rho_\mathrm{f} \qquad\qquad\cdots\cdots\cdots\cdots\cdots\cdots\cdots\cdots\cdots（\,A.1\,）$$

式中：

u ——气液二相混合物流速，单位为米每秒（m/s）；

d ——混输管道内径，单位为米（m）；

ρ_f ——气液二相混合物流动密度，单位为千克每立方米（kg/m³）；

λ ——气液二相混合物的水力摩阻系数，采用 1930 年化学工程师协会发表的计算式：

$$\lambda=0.0056+\frac{0.5}{Re^{0.32}} \qquad\qquad\cdots\cdots\cdots\cdots\cdots\cdots\cdots\cdots\cdots（\,A.2\,）$$

式中：

气液二相混合物的雷诺数、密度、黏度计算式如下：

$$Re=\frac{du\rho_f}{\mu},\rho_f=\beta\rho_g+(1-\beta)\rho_l,\mu=\beta\mu_g+(1-\beta)\mu_l$$

$$\cdots\cdots\cdots\cdots\cdots\cdots\cdots(A.3)$$

式中：

ρ_g——流动状态下气相的密度，单位为千克每立方米（kg/m³）；

ρ_l——流动状态下液相的密度，单位为千克每立方米（kg/m³）；

μ_g——气相运动黏度，单位为毫帕秒（mPa·s）；

μ_l——液相运动黏度，单位为毫帕秒（mPa·s）；

β——体积含气率。

杜克勒认为，流体沿管长流速的变化还将产生由加速度引起的压力损失，其计算式如下：

$$-\left(\frac{dp}{dl}\right)_t=\frac{dp/dl}{1-J},J=\frac{QQ_g\rho\,\overline{p}}{A^2 p_Q p_z} \qquad\cdots\cdots\cdots\cdots\cdots(A.4)$$

式中：

Q——气液二相混合物总体积流量，单位为立方米每秒（m³/s）；

Q_g——混输管路中气相的体积流量，单位为立方米每秒（m³/s）；

A——管路流通截面积，单位为平方米（m²）；

p_Q——混输管段 L 的起点压力，单位为千帕（kPa）；

p_z——混输管段 L 的终点压力，单位为千帕（kPa）；

J——由加速度所引起的与压力梯度有关的系数，无因次；

$\overline{p}$——管路的平均压力；

$\left(\frac{dp}{dl}\right)_t$——考虑流体加速度引起的压力损失后，管路的压降梯度，单位为帕每米（Pa/m）。

管路内由于流体速度变化所引起的压力损失，与摩阻损失相比，一般很小，常可忽略。例如：一条直径 12 in（1 in 约为 2.54 cm）、长 40 km 的管路，压降为 0.71 MPa，而由速度变化引起的压降仅 1.16×10⁻³ MPa，占 1.6‰。

A.2.1.2 杜克勒Ⅱ法

压降梯度按公式（A.1）计算，流速、黏度和雷诺数的计算方法同杜克勒Ⅰ法，气液二相混合物的密度按下式计算：

$$\rho_m=\rho_l\frac{R_L^2}{H_L}+\rho_g\frac{(1-R_L)^2}{1-H_L} \qquad\cdots\cdots\cdots\cdots\cdots(A.5)$$

式中：

H_L——截面含液率；

R_L——体积含液率。

若气液流速相同，相间无滑脱（$\beta=\varphi$，$H_L=R_L$，φ 为截面含气率），公式（A.5）与杜克勒Ⅰ法的密度计算式相同（$\rho_m=\rho_f$），则杜克勒Ⅰ法与杜克勒Ⅱ法完全一致。因而，可把杜克勒Ⅰ法看做是杜克勒Ⅱ法的一个特例。

按公式（A.5）求气液二相混合物密度时，须知截面含液率 H_L。杜克勒利用数据库中储存的实测数据，得到截面含液率、体积含液率和雷诺数之间呈隐函数的关系曲线，如图 A.1 所示。

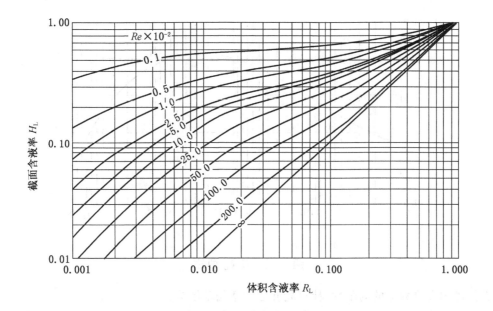

图 A. 1　R_L-Re-H_L 曲线

　　图中体积含液率 R_L 可由管路气液体积流量求得,截面含液率 H_L 与雷诺数之间呈隐函数关系,需要估算。一般先假设截面含液率 H_L,按公式(A.5)计算出气液二相混合物密度 ρ_m,进而求得雷诺数 Re,由图 A.1 查出 H_L 值,若与假设的 H_L 值相差超过 5%,需重新假设 H_L 值,重复上述计算步骤,直至两者之误差小于 5%为止。

　　相间有滑脱的水平两相管路的水力摩阻系数由下式计算:

$$\lambda = C\left(0.0056 + \frac{0.5}{Re^{0.32}}\right) \quad\quad\quad\quad\quad\quad\quad (A.6)$$

式中:

C ——系数,是体积含液率 R_L 的函数。

由数据库实测数据归纳得到 C-R_L 曲线,如图 A.2 所示。该曲线的表达式为:

$$C = 1 - \frac{\ln R_L}{S_0} \quad\quad\quad\quad\quad\quad\quad (A.7)$$

其中:

$$S_0 = 1.281 - 0.478(-\ln R_L) + 0.444(-\ln R_L)^2 - 0.094(-\ln R_L)^3 + 0.00843(-\ln R_L)^4$$

　　由图 A.2 可以看出,$R_L = 1$ 即管路内只有单相液体流动时,$C = 1$。所以系数 C 可以理解为管路内存在二相时其水力摩阻系数比单相液体管路增加的倍数。

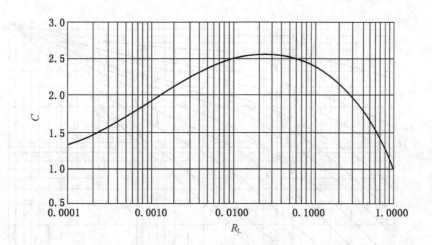

图 A.2 C-R_L 曲线

由于数据库内实测数据的局限性,杜克勒Ⅱ法的适用范围为:

a) 截面含液率为 0.01~1.0,体积含液率为 0.001~1.0;

b) 二相雷诺数为 600~200000。

杜克勒在建立了两种二相管路压降计算方法后,用数据库中的实测数据进行了检验后认为:杜克勒Ⅱ法优于杜克勒Ⅰ法。

A.2.2 倾斜气液二相管流的压降计算

弗莱尼根(Flanigan)在研究许多现场数据后认为:管路下坡段所回收的压能比上坡段举升流体所消耗的压能小得多,可以忽略。上坡段由高差所消耗的压能与二相管路的气相折算速度呈相反关系,速度趋于零时,高程附加压力损失最大。由爬坡引起的高程附加压力损失与线路爬坡高度之总和成正比,与管路爬坡的倾角、起终点高差关系不大。据此建立了二相管路由于高程变化所引起的附加压力梯度 $\left(\dfrac{\mathrm{d}p}{\mathrm{d}l}\right)_h$ (Pa/m)的计算式:

$$-\left(\frac{\mathrm{d}p}{\mathrm{d}l}\right)_h = \frac{F_e \rho_l g \sum z}{L} \qquad \qquad (A.8)$$

式中:

$\sum z$ ——管路上坡高度之总和,单位为米(m);

F_e ——起伏系数;

ρ_l ——液相密度,单位为千克每立方米(kg/m³);

L ——管线长度,单位为米(m);

g ——重力加速度,单位为米每二次方秒(m/s²)。

弗莱尼根通过整理现场数据得到起伏系数与气相折算速度关系曲线的数学表达式:

$$F_e = \frac{1}{1+1.0785 u_{sg}^{1.006}} \qquad \qquad (A.9)$$

若气相折算速度 u_{sg} 超过 15 m/s,建议采用下式计算起伏系数:

$$F_e = 3.175 \times 10^{-5} \frac{M_l^{0.5}}{u_{sg}^{0.7} A^{0.5}} \qquad \qquad (A.10)$$

式中:

M_l ——液相质量流量,单位为千克每秒(kg/s);

A ——管线流通截面积,单位为平方米(m²)。

起伏管路的总压降为水平管路压降与起伏附加压降之和。由任一种二相水平管路压降关系式求出水平管压降后,利用公式(A.14)计算管路起伏产生的附加压降,然后叠加求得起伏二相管路的总压降。

A.3 输送管径的确定

在气压不超过 20 kPa,初选管径的压降计算结果,应能保证瓦斯利用设备供气压力为 3 kPa～5 kPa,则初选管径符合要求;否则,应重新选择管径进行计算,直至符合要求。

附 录 B

（资料性附录）

系统性能调试记录表

系统性能调试由项目设计、建设、监理及使用单位项目负责人共同进行。调试步骤如下所述。

B.1 气压变化性能调试

在 10 kPa～20 kPa 范围内调试供气压力,观察流型变化,确定系统适用的供气压力范围。气压变化性能调试记录见表 B.1。

表 B.1 气压变化性能调试记录表

测试序号	气相参数					液相参数		脱水后相对湿度 %	脱水后气压 kPa	压力波动 kPa	流型鉴别（目测法）	
	供气压力 kPa	流量 m³/min	流速 m/s	浓度 %	温度 ℃	水压 kPa	流量 m³/min				1号观察	2号观察
1												
2												

B.2 气量变化性能调试

当瓦斯浓度在 5%～30%范围内时,按照瓦斯利用设施所需要的最大和最小混合量调试供气量,观察流型变化,确定系统适用的供气量范围。气量变化性能调试记录见表 B.2。

表 B.2 气量变化性能调试记录表

测试序号	气相参数					液相参数		脱水后相对湿度 %	脱水后气压 kPa	压力波动 kPa	流型鉴别（目测法）	
	供气压力 kPa	流量 m³/min	流速 m/s	浓度 %	温度 ℃	水压 kPa	流量 m³/min				1号观察	2号观察
1												
2												

B.3 水压变化性能调试

调节供水阀门,在 60 kPa～200 kPa 范围内调试供水压力,观察流型变化,确定系统适用的供水压力范围。水压变化性能调试记录见表 B.3。

表 B.3 水压变化性能调试记录表

测试序号	气相参数					液相参数		脱水后相对湿度%	脱水后气压 kPa	压力波动 kPa	流型鉴别（目测法）	
	供气压力 kPa	流量 m³/min	流速 m/s	浓度 %	温度 ℃	水压 kPa	流量 m³/min				1号观察	2号观察
1												
2												

B.4 水量变化性能调试

在 0.2%～0.8%范围内调试系统体积含水率,观察流型变化,确定系统适用的供水量范围。水量变化性能调试记录见表 B.4。

表 B.4 水量变化性能调试记录表

测试序号	气相参数					液相参数		脱水后相对湿度%	脱水后气压 kPa	压力波动 kPa	流型鉴别（目测法）	
	供气压力 kPa	流量 m³/min	流速 m/s	浓度 %	温度 ℃	水压 kPa	流量 m³/min				1号观察	2号观察
1												
2												

第二部分

烟 花 爆 竹

ICS 13.100
C 68
备案号：44615—2014

中华人民共和国安全生产行业标准

AQ 4125—2014

烟花爆竹 单基火药安全要求

Safety requirements of single-base propellant for Fireworks

2014-02-20 发布

2014-06-01 实施

国家安全生产监督管理总局 发 布

前　言

本标准第 4 章、第 5 章、第 6 章、第 7 章、8.1、8.2.1、8.2.3、8.2.4、8.2.5 的技术内容为强制性的，其余为推荐性的。

本标准按照 GB/T 1.1—2009 给出的规则起草。

本标准由国家安全生产监督管理总局提出。

本标准由全国安全生产标准化技术委员会烟花爆竹安全分技术委员会(SAC/TC 288/SC 4)归口。

本标准起草单位：北京理工大学、北京市逗逗烟花爆竹有限公司、国营 245 厂、浏阳市余氏科技环保烟花厂。

本标准主要起草人：赵家玉、李增义、丛晓民、侯国保、胡厚坤、余本有、余培胜、钟自奇。

本标准为首次发布。

烟花爆竹　单基火药安全要求

1　范围

本标准规定了烟花爆竹用退役单基火药的安全指标,检测方法,产品包装,验收规则,以及运输、贮存和使用安全要求。

本标准适用于烟花爆竹用退役单基火药。

2　规范性引用文件

下列文件对于本文件的应用是必不可少的。凡是注日期的引用文件,仅注日期的版本适用于本文件。凡是不注日期的引用文件,其最新版本(包括所有的修改单)适用于本文件。

GB 190　危险货物包装标志

GB/T 191　包装储运图示标志

GB 10631　烟花爆竹　安全与质量

GJB 770B　火药试验方法

国家技术监督局监发〔1997〕172 号　产品标识标注规定

3　术语和定义

下列术语和定义适用于本标准。

3.1

安定剂　stabilizer

为了维持单基火药在贮存、加工、运输和使用过程中化学特性稳定,提高其安全性能,而添加的某种成分。目前常用的安定剂是二苯胺。

4　安全指标

4.1　产品外观和粒度

4.1.1　色泽为黄色或橙黄色,应呈明显潮湿状,无显著的其他杂质。

4.1.2　颗粒大小基本均匀,标称粒度范围内的单基火药质量应大于等于总质量的 90%。

4.2　主要安全指标

单基火药的主要安全指标应符合表 1 要求。

表 1 单基火药主要安全指标

指标名称	指标
水分含量	20%~30%
安定剂含量	≥1.2%
134.5℃甲基紫化学安定性试验	甲基紫试纸变成橙红色时间不应小于40 min,且5 h内不应爆燃
pH值	GB 10631对烟火药pH值的要求

5 检测方法

5.1 外观检验

采用目测法检验外观。

5.2 粒度测定

按标称粒度选取标准筛,将粗标准筛置于细标准筛上面,称取(50±1)g(准确至0.1 g)干燥的单基火药,置于最上层的标准筛上,充分振动筛选,称量细标准筛上面的单基火药(准确至0.1 g),计算其与总质量的百分比。

5.3 水分含量测定

5.3.1 测定方法

取1个称量瓶放入水浴(或油浴)烘干箱中,称量瓶盖放在称量瓶的旁边,在(55±2)℃的温度下烘干4 h,取出,立即盖好称量瓶盖,放入干燥器内冷却30 min,称其质量(准确至0.0001 g),记作 M_0,在称量瓶内放入(5±0.1)g单基火药,称其质量(准确至0.0001 g),记作 M_1,将单基火药均匀平铺于称量瓶内,将称量瓶放入水浴(或油浴)烘干箱中,称量瓶盖放在称量瓶的旁边,在(55±2)℃的温度下烘干4 h,取出称量瓶,立即盖好称量瓶盖,放入干燥器内冷却30 min,称量烘干后的称量瓶(带称量瓶盖)质量(准确至0.0001 g),记作 M_2。

5.3.2 计算单基火药的水分含量 P

$$P=\frac{M_1-M_2}{M_1-M_0}\times100\% \qquad\qquad (1)$$

式中:

P ——单基火药的水分含量;

M_0 ——干燥空称量瓶质量,单位为克(g);

M_1 ——干燥空称量瓶和单基火药的总质量,单位为克(g);

M_2 ——干燥空称量瓶和干燥单基火药的总质量,单位为克(g)。

5.4 安定剂含量测定

用测定水分含量时烘干的单基火药,按GJB 770B中的方法2.1.1测定安定剂(二苯胺)的含量。

5.5 甲基紫化学安定性试验

用测定水分含量时烘干的单基火药,按GJB 770B中的方法5.3.3进行134.5℃甲基紫化学安定性试验。

5.6 pH值测定方法

用测定水分含量时烘干的单基火药,按GB 10631规定的方法测定pH值。

6 产品包装

6.1 基本要求

6.1.1 外包装(运输包装)应采用合适尺寸的木箱或金属容器,并封装牢固。

6.1.2 每件运输包装的含水单基火药质量应小于等于25 kg。

6.1.3 内包装应为塑料等防潮性好的材质,有足够的强度,无破损、封口密实。

6.1.4 应有产品合格证,产品合格证应放置在运输包装的里面。

6.1.5 产品合格证内容应包括:产品名称、制造商名称和地址、生产加工日期、保质期、产品粒度、主要成分和含量(应标注出单基火药、安定剂、水分含量,如单基火药含量≥××%、水分含量××%～××%、安定剂含量××%)、检验员名字或代号。

6.2 标识标注

6.2.1 运输标识标注

运输标识标注应符合《产品标识标注规定》的规定。

6.2.2 标识标注内容

6.2.2.1 产品名称

应在包装箱的正面清晰地标注出"烟花爆竹用退役单基火药"。

6.2.2.2 加工单位

应标注:加工单位名称和地址。

6.2.2.3 加工日期

应标注:粉碎加工的日期,按年、月、日的顺序标注。例如:生产日期:××××年××月××日。

6.2.2.4 保质期限

应标注:保质期××年或在××××年××月××日之前使用。

6.2.2.5 产品粒度

应标注:粒度:××μm(微米)～××μm(微米)。

6.2.2.6 执行标准

应标注:本标准号及企业执行的产品标准号。

6.2.2.7 净重

应标注:每件运输包装单基火药的质量,由数字和质量单位组成。例如:净重:××kg(千克)。

6.2.2.8 安全警示语

应标注:防火、轻拿轻放、保持水分,易燃易爆性等安全警示语。

6.2.2.9 安全图示

安全图示应符合 GB 190、GB/T 191 的要求。

7 验收规则

7.1 随机抽取 3 件(批量≤3 件时应全部检验)运输包装,分别检验单基火药的外观、运输包装和产品合格证。

7.2 用专用工具在抽取的运输包装内的上、中、下部位取出单基火药,混匀,用四分法缩分,样品量应大于等于 100 g,分别检测产品粒度和主要安全指标。

7.3 每批单基火药均应进行产品外观、粒度、主要安全指标、运输包装和产品合格证检验,其中任意一个项目不合格均判定该批单基火药不合格,所有检验项目全部合格则判定该批单基火药合格。

7.4 产品外观、粒度、运输包装、产品合格证、安定剂含量和水分含量不合格时,允许重新加工后复检;134.5 ℃甲基紫试验和 pH 值项目不合格应全部销毁处理。

8 运输、贮存和使用安全要求

8.1 运输和贮存

8.1.1 单基火药应在含水 20%～30%条件下运输、贮存和销售。

8.1.2 运输单基火药时应符合国家对危险货物运输的有关规定,不得与氧化剂混装。

8.1.3 装卸、搬运单基火药时,应轻拿轻放。

8.1.4 单基火药应单独存放在 1.1^{-2} 级危险品仓库,堆垛距内墙应大于等于 0.45 m,堆垛高度应小于等于 1.5 m。

8.1.5 单基火药从生产加工之日起保质期为 3 年,超过保质期的应及时销毁处理。

8.2 使用

8.2.1 单基火药应在使用前晾干或晒干,干燥的单基火药应当天使用完毕,少量未用完的应单库存放。

8.2.2 单基火药宜用于加工生产喷花类、架子烟花类、造型玩具类等类别的烟花爆竹产品。

8.2.3 单基火药不应用于配制开包药、效果药造粒和生产过程中有较大撞击、摩擦或挤压的生产工艺。

8.2.4 含单基火药烟火药的安全性能应符合 GB 10631 的规定。

8.2.5 使用和管理人员应熟悉含单基火药烟火药的安全性能。

ICS 13.100
C 68
备案号：44612—2014

中华人民共和国安全生产行业标准

AQ/T 4122—2014
代替 QB/T 1941.5—1994

烟花爆竹　烟火药吸湿率测定方法

Method for testing pyrotechnics hygroscopicity for Fireworks

2014-02-20 发布　　　　　　　　　　2014-06-01 实施

国家安全生产监督管理总局　　发 布

前　言

本标准为推荐性标准。

本标准按照 GB/T 1.1—2009 给出的规则起草。

本标准代替 QB/T 1941.5—1994《烟花爆竹药剂　吸湿率的测定》。本标准与 QB/T 1941.5—1994 相比，主要有以下变化：

——标准名称改为：烟花爆竹　烟火药吸湿率测定方法；

——修改了恒温仪器和温度记录要求；

——放宽了对干燥器Ⅱ规格要求；

——修改了干燥Ⅱ中硝酸钾溶液浓度要求；

——细化了烟火药的研磨与筛选技术要求；

——增加了空称量瓶吸湿量测定(见 7.1)；

——修改了测定前烟火药干燥条件并细化了试验步骤。

本标准由国家安全生产监督管理总局提出。

本标准由全国安全生产标准化技术委员会烟花爆竹安全分技术委员会(SAC/TC 288/SC 4)归口。

本标准起草单位：北京市烟花爆竹质量监督检验站、北京市逗逗烟花爆竹有限公司。

本标准主要起草人：李增义、杜志明、韩骏奇、胡厚坤、赵金忠。

本标准代替了 QB/T 1941.5—1994。

烟花爆竹 烟火药吸湿率测定方法

1 范围

本标准规定了烟火药吸湿率测定的试剂、材料和仪器，试验准备，试验步骤，以及试验结果处理的要求。

本标准适用于烟花爆竹用烟火药吸湿率的测定。

2 规范性引用文件

下列文件对于本文件的应用是必不可少的。凡是注日期的引用文件，仅注日期的版本适用于本文件。凡是不注日期的引用文件，其最新版本（包括所有的修改单）适用于本文件。

GB/T 647 化学试剂 硝酸钾

3 术语和定义

下列术语和定义适用于本标准。

3.1

吸湿率 hygroscopicity

烟火药在一定温度和湿度环境中，一定时间内从周围空气中吸收的水分量与其本身质量的比率，称为烟火药吸湿率。

4 测定原理

将烘干后一定质量的烟火药样品（以下简称试样）放在恒温恒湿器内，放置 24 h，测定试样质量增加的百分数，以此作为试样的吸湿率。

5 试剂、材料和仪器

5.1 硝酸钾：分析纯，见 GB/T 647。

5.2 磨口称量瓶（以下简称称量瓶）：底部直径 $\phi(60\pm1)$mm，高 (30 ± 2)mm。

5.3 玻璃干燥器 I：上口内径为 $\phi(210\sim280)$mm，用硅胶作干燥剂，磨口部分用凡士林密封。

5.4 玻璃干燥器 II：上口内径为 $\phi(210\sim280)$mm，磨口部分用凡士林密封。

5.5 分析天平：精度 0.000 1 g。

5.6 烘干箱：水浴或油浴烘干箱，控制温度 (55 ± 2)℃。

5.7 恒温箱：控制温度 (20 ± 2)℃。

5.8 温度自动记录仪：测量范围：$(0\sim70)$℃，测量误差 ±0.5℃。

6　试验准备

6.1　恒湿器的制作

6.1.1　称取硝酸钾 400 g,在搅拌下加入到 500 mL(55 ℃以上)蒸馏水中,至硝酸钾完全溶解,待溶液冷却至约 55 ℃时,迅速倾人干燥器Ⅱ中,装入量约为干燥器隔板以下容积的三分之二,冷却后,揩干壁器,放好有孔隔板,隔板上放带孔的定性滤纸,加盖,将干燥器Ⅱ置于温度控制在(20±2)℃的恒温箱中备用。

6.1.2　溶液的有效期依据溶液蒸发情况而定,一般一年更换一次。

6.1.3　硝酸钾过饱和溶液若被药剂污染应重新配制;带孔定性滤纸若被药剂污染或渗入硝酸钾过饱和溶液,应更换新定性滤纸。

6.2　称量瓶烘干

将称量瓶和称量瓶盖洗净,烘干,编号后放入干燥器Ⅰ中,冷却至室温备用。

6.3　试样的研磨与筛选

试样分为发射药、粉状烟火药、块状或粒状烟火药。
a)　发射药不进行研磨和筛选。
b)　粉状烟火药不进行研磨,使烟火药通过孔径 425 μm 的标准筛,如有不能通过的铝渣、钛粉等硬质颗粒,将硬质颗粒一同放入筛过的烟火药中混合均匀。
c)　块状或粒状烟火药,不论是否含有外层的引燃药,均不剥离,直接在研钵(应使用铜质等不发火材质的研钵)内碾碎、研磨,如有大块的纸屑、稻壳应剔除,使烟火药通过孔径 425 μm 的标准筛,如有不能碾碎的铝渣、钛粉等硬质颗粒,将硬质颗粒一同放入筛过的烟火药中混合均匀。

7　试验步骤

7.1　测定空称量瓶吸湿量 $M_空$

7.1.1　将称量瓶放入烘干箱中,取下称量瓶盖,放在称量瓶旁(每次测量时同一个称量瓶用固定的称量瓶盖),在(55±2)℃的温度下烘干 4 h,取出,盖上称量瓶盖,放入干燥器Ⅰ内,冷却 30 min,称量空称量瓶质量(准确至 0.000 1 g),记作 $M_{空1}$。

7.1.2　从恒温箱中取出干燥器Ⅱ,关闭恒温箱门。取下干燥器Ⅱ盖,将称量瓶放入干燥器Ⅱ内,取下称量瓶盖,放在称量瓶旁,盖好干燥器盖放入恒温箱中(注:带有循环风扇的恒温箱,循环风应避免正面吹干燥器Ⅱ),关闭恒温箱门,恒温[控制温度(20±2)℃]24 h。

7.1.3　从恒温箱中取出干燥器Ⅱ,关闭恒温箱门,取下干燥器Ⅱ盖,立即盖上称量瓶盖,取出称量瓶,盖好干燥器盖放入恒温箱中备用,称量称量瓶质量(准确至 0.000 1 g),记作 $M_{空2}$。

7.1.4　计算空称量瓶吸湿量 $M_空$:

$$M_空 = M_{空2} - M_{空1} \qquad\qquad\qquad\qquad\qquad\qquad\qquad(1)$$

式中:
$M_空$ ——空称量瓶吸湿量,单位为克(g);
$M_{空1}$ ——干燥空称量瓶质量,单位为克(g);
$M_{空2}$ ——吸湿后称量瓶质量,单位为克(g)。

7.2　测定烟火药吸湿率 P

7.2.1　取 2 个烘干的空称量瓶(已按 7.1 条测定出 $M_{空}$),分别放上称量瓶盖(每次测量时同一个称量瓶用固定的称量瓶盖),称其质量(准确至 0.000 1 g),记作 $M_{药0}$,并在称量瓶内放入(5.0±0.1)g 烟火药,烟火药均匀平铺于称量瓶内。

7.2.2　将 2 个称量瓶放入烘干箱中,取下称量瓶盖,放在称量瓶旁(每次测量时同一个称量瓶用固定的称量瓶盖),在(55±2)℃的温度下烘干 4 h,取出,立即盖上称量瓶盖,放入干燥器 I 内,冷却 30 min,称量 2 个已装入试样的称量瓶质量(准确至 0.000 1 g),记作 $M_{药1}$。

7.2.3　从恒温箱中取出干燥器 II,关闭恒温箱门。取下干燥器 II 盖,将 2 个称量瓶放入干燥器 II 内,取下称量瓶盖,放在称量瓶旁,盖好干燥器盖放入恒温箱中(注:带有循环风扇的恒温箱,循环风应避免正面吹干燥器 II),关闭恒温箱门,恒温[控制温度(20±2)℃]24 h。

7.2.4　从恒温箱中取出干燥器 II,关闭恒温箱门,取下干燥器 II 盖,立即盖上称量瓶盖,取出 2 个称量瓶,盖好干燥器盖放入恒温箱中备用,称量 2 个已装入试样的称量瓶质量(准确至 0.000 1 g),记作 $M_{药2}$。

7.2.5　在恒温过程中,用温度自动记录仪记录恒温箱内温度,恒温期间任意一点不得低于 18 ℃或高于 22 ℃,否则,本次试验结果作废,应重新试验(烟火药不得重复使用)。

8　试验结果处理

计算烟火药吸湿率:

$$P=\frac{M_{药2}-M_{药1}-M_{空}}{M_{药1}-M_{药0}}\times100\%\qquad\cdots\cdots\cdots\cdots\cdots\cdots(2)$$

式中:

P　——烟火药吸湿率;

$M_{空}$　——空称量瓶吸湿量,单位为克(g);

$M_{药0}$　——干燥空称量瓶质量,单位为克(g);

$M_{药1}$　——干燥试样和称量瓶质量,单位为克(g);

$M_{药2}$　——吸湿后试样和称量瓶质量,单位为克(g)。

每个试样平行测定两个结果,若平行测定结果之差未超过表 1 的规定,则检验结果有效,取平行测定的算术平均值作为烟火药的吸湿率报出,修约至小数点后一位;若平行测定结果之差超过表 1 的规定,则本次试验结果作废,应重新试验(烟火药不得重复使用)。

表 1　吸湿率平行测定的允许误差

单位为百分数

试样吸湿率 P	平行测定结果之差
$P<1.5$	0.2
$1.5\leqslant P\leqslant3.0$	0.3
$P>3.0$	0.5

ICS 13.100
C 68
备案号：44613—2014

中华人民共和国安全生产行业标准

AQ/T 4123—2014
代替 QB/T 1941.6—1994

烟花爆竹 烟火药火焰感度测定方法

Method for testing pyrotechnics flame sensitivity for Fireworks

2014-02-20 发布

2014-06-01 实施

国家安全生产监督管理总局 发 布

前　言

本标准为推荐性标准。

本标准按照 GB/T 1.1—2009 给出的规则起草。

本标准代替 QB/T 1941.6—1994《烟花爆竹药剂　火焰感度测定》。本标准与 QB/T 1941.6—1994 相比，主要有以下变化：

——标准名称改为：烟花爆竹　烟火药火焰感度测定方法；

——修改了对变压器的要求；

——细化了烟火药研磨与筛选技术要求；

——修改了烟火药烘干条件，增加了黑药柱烘干技术要求；

——改变了药量并细化了试验步骤；

——增加了发火与瞎火判别；

——简化了结果处理，增加了最短发火距离和最长瞎火距离作为结果报出的要求，删除了计算因子 B 和标准方差计算；

——取消了火焰感度仪标定方法中平行试验要求；

——修改了附录 A（资料性附录）烟火药火焰感度测定结果记录格式。

本标准由国家安全生产监督管理总局提出。

本标准由全国安全生产标准化技术委员会烟花爆竹安全分技术委员会(SAC/TC 288/SC 4)归口。

本标准起草单位：北京市烟花爆竹质量监督检验站、北京市逗逗烟花爆竹有限公司。

本标准主要起草人：李增义、杜志明、胡厚坤、李亚军、韩树勋。

本标准代替了 QB/T 1941.6—1994。

烟花爆竹　烟火药火焰感度测定方法

1　范围

本标准规定了烟火药火焰感度测定的材料和仪器、试验准备、试验步骤、发火与瞎火的判别、试验结果处理和火焰感度仪标定方法。

本标准适用于烟花爆竹用烟火药火焰感度的测定。

含烟火药效果件火焰感度可参照执行。

2　规范性引用文件

下列文件对于本文件的应用是必不可少的。凡是注日期的引用文件,仅注日期的版本适用于本文件。凡是不注日期的引用文件,其最新版本(包括所有的修改单)适用于本文件。

WJ 636　雷管点燃用黑药柱

3　术语和定义

下列术语和定义适用于本标准。

3.1

火焰感度　flame sensitivity

在一定条件下,烟火药受喷射火焰直接作用而发火,其发火的难易程度,称为火焰感度。通常用 H_{50}(50％发火距离)来表示烟火药的火焰感度,H_{50} 值越小表示越容易发火,火焰感度越高;H_{50} 值越大表示越不容易发火,火焰感度越低。

4　测定原理

在规定条件(质量、密度)下,在不同距离下用标准黑药柱喷射的火焰点燃烟火药,采用升降法试验,统计计算出 50％发火距离 H_{50},以 H_{50} 来表示烟火药的火焰感度。

5　材料和仪器

5.1　黑药柱:应符合 WJ 636 要求。

5.2　试样盂:外径为 6.5 mm,总高度为 2.0 mm～2.2 mm,可用厚度为(0.5±0.02)mm 的铝箔、铜带等冲制。

5.3　变压器:输入电压 220 V,输出电压应≤36 V。

5.4　电阻丝:功率为 1 000 W～2 000 W,接通电源后应保证电阻丝在 3 s～4 s 内发红。

5.5　天平:精度 0.001 g。

5.6　烘干箱:水浴或油浴烘干箱,控制温度(55±2)℃。

5.7　火焰感度仪:图 1 所示为火焰感度仪。

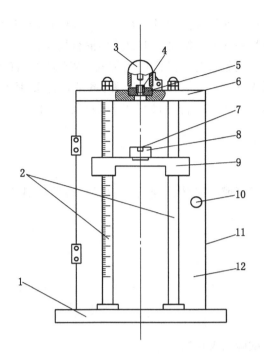

说明：

1——底座；

2——立柱；

3——点火装置；

4——黑药柱；

5——药柱模；

6——顶盖；

7——试样盂；

8——试样模；

9——托盘架；

10——门栓；

11——护罩；

12——门。

图 1　火焰感度仪

6　试验准备

6.1　仪器的检查与调整

6.1.1　用棉纱等擦拭两立柱上的污物，必要时在立柱上涂抹少许润滑油，保证托盘架能在立柱上能灵活移动。

6.1.2　点火装置内和点火用电阻丝应干净无残渣。

6.1.3　打开电源开关，打开点火开关，使电阻丝发红，如发生电阻丝断裂或氧化严重，应更换新电阻丝。

6.1.4　选择更换无加长导火管的药柱模。

6.2　烟火药的研磨与筛选

试样分为发射药、粉状烟火药、块状或粒状烟火药。

　　a)　发射药不进行研磨和筛选；

b) 粉状烟火药不进行研磨,使烟火药通过孔径 425 μm 的标准筛,如有不能通过的铝渣、钛粉等硬质颗粒,将硬质颗粒一同放入筛过的烟火药中混合均匀;

c) 块状或粒状烟火药,不论是否含有外层的引燃药,均不剥离,直接在研钵(应使用铜质等不发火材质的研钵)内碾碎、研磨,如有大块的纸屑、稻壳应剔除,使烟火药通过孔径 425 μm 的标准筛,如有不能碾碎的铝渣、钛粉等硬质颗粒,将硬质颗粒一同放入筛过的烟火药中混合均匀。

6.3 烟火药和黑药柱的烘干

将烟火药和黑药柱放入水浴(或油浴)烘干箱中,在(55±2)℃的温度下烘干 4 h,取出,放入干燥器内,冷却 30 min 后备用。

7 试验步骤

7.1 首发试验

7.1.1 打开电源开关。

7.1.2 根据经验选择第一次试验点火距离。

7.1.3 称取将经 6.2 和 6.3 处理的烟火药(0.020±0.005)g,置于试样盂内,轻轻振动使烟火药均匀平铺在试样盂内。

7.1.4 将试样盂药面朝上放入试样模内套中心,将试样模放在托盘架上,关好防护门。

7.1.5 将经 6.3 处理的黑药柱放入药柱模内,然后放在火焰感度仪的顶部中心孔位置(见图1),扣上点火装置。

7.1.6 打开点火开关,点燃黑药柱,观察烟火药是否发火。

7.1.7 断开点火开关,打开防护门,取出试样模和药柱模并擦拭。

7.2 根据经验选择试验步长 d

根据经验选择试验步长 d,参考步长为 2 cm～5 cm。

7.3 试验的继续和完成

7.3.1 首发以后各发试验方法:如前一发烟火药发火,则本次试验增加一个步长的点火距离进行试验;如前一发烟火药瞎火,则本次试验减少一个步长的点火距离进行试验。

7.3.2 重复 7.3.1 的操作,直到首次出现与前一发试验相反的结果时开始进行记录,前一次试验记录为第一发,当前试验记录为第二发,直至取得 30 发有效数据。

7.3.3 若取得的 30 发有效数据中点火距离数为 4 个～7 个,则试验完成,关闭电源开关;若点火距离数＜4 个或＞7 个时,应改变 d,重新试验。

8 发火与瞎火的判别

8.1 发火的判别

烟火药发生爆炸或燃烧现象时判定为发火。

a) 爆炸现象:产生爆炸声、烟雾、火光现象,烟火药爆炸完全或不完全,试样盂内有爆炸物残渣;

b) 燃烧现象:产生燃烧火光、冒烟现象,烟火药燃烧完全或不完全,试样盂内有燃烧物残渣。

8.2 瞎火的判别

烟火药未出现爆炸或燃烧现象时判定为瞎火。

9 试验结果处理

9.1 统计 30 发有效数据中总发火次数 $N_{发火}$ 和总瞎火次数 $N_{瞎火}$。

9.2 计算 50% 发火距离 H_{50}。

当 $N_{发火} \leqslant N_{瞎火}$ 时，H_{50} 计算公式如下：

$$H_{50} = H_0 + (A/N_{发火} + 0.5) \times d \quad\quad\quad (1)$$

式中：

H_{50}——50% 发火距离，单位为厘米(cm)；

H_0——试验有效数据中最小的点火距离，单位为厘米(cm)；

A ——计算因子；

d ——步长，单位为厘米(cm)。

$$A = \sum(i \times n_{i1}) \quad\quad\quad (2)$$

式中：

i ——点火距离序号，从最小点火高度算起，其数值依次记为 0、1、2、3…；

n_{i1}——第 i 个点火距离下发火次数。

当 $N_{发火} > N_{瞎火}$ 时，H_{50} 计算公式如下：

$$H_{50} = H_0 + (A/N_{瞎火} - 0.5) \times d \quad\quad\quad (3)$$

式中：

H_{50}——50% 发火距离，单位为厘米(cm)；

H_0——试验有效数据中最小的点火距离，单位为厘米(cm)；

A ——计算因子；

d ——步长，单位为厘米(cm)。

$$A = \sum(i \times n_{i0}) \quad\quad\quad (4)$$

式中：

i ——点火距离序号，从最小点火高度算起，其数值依次记为 0、1、2、3…；

n_{i0}——第 i 个点火距离下瞎火次数。

9.3 将计算的 H_{50} 和 30 发有效试验中最短的发火距离和最长的瞎火距离作为结果报出。

10 火焰感度仪标定方法

10.1 标定要求

火焰感度仪每年至少应标定一次，主要零部件更换或检修后、仲裁检验前必须重新标定仪器。

10.2 标定步骤

打开电源开关，将托盘架固定在 30 cm 高处，将试样模放在托盘架上，将经 6.3 处理的黑药柱垂直置于试样模内套中心，将试样模放在托盘架上，关好防护门。将经 6.3 处理的黑药柱放入药柱模内，然后放在火焰感度仪的顶部中心孔位置(见图 1)，扣上点火装置。打开发火开关，点燃黑药柱，观察烟火药是否发火。断开发火开关，打开防护门，取出试样模和药柱模并擦拭，重复试验 25 发。

10.3 标定结果的处理

计算黑药柱发火百分数,发火百分数在 76%～96% 之间,则标定仪器合格;否则,应查找原因,重新标定。

附 录 A

（资料性附录）

烟火药火焰感度测定原始记录表

烟火药火焰感度测定原始记录见表 A.1。

表 A.1 烟火药火焰感度测定原始记录表

i	1	2	3	4	5	6	7	8	9	10	11	12	13	14	15	16	17	18	19	20	21	22	23	24	25	26	27	28	29	30
0																														
1																														
2																														
3																														
4																														
5																														
6																														

注：发火记为"1"，不发火记为"0"。

ICS 13.100
C 68
备案号：44614—2014

中华人民共和国安全生产行业标准

AQ/T 4124—2014

烟花爆竹　烟火药危险性分类定级方法

Hazard classification method of pyrotechnics for Fireworks

2014-02-20 发布

2014-06-01 实施

国家安全生产监督管理总局　　发　布

前　言

本标准为推荐性标准。

本标准按照 GB/T 1.1—2009 给出的规则起草。

本标准由国家安全生产监督管理总局提出。

本标准由全国安全生产标准化技术委员会烟花爆竹安全分技术委员会(SAC/TC 288/SC 4)归口。

本标准起草单位:江西省李渡烟花集团有限公司、江西省安全生产科学院、宜春烟花爆竹检测检验中心、湖南安全技术职业学院。

本标准主要起草人:张晓成、邓庆茂、黄同林、程映昭、康斌、曾自志、万军、杨吉明。

烟花爆竹　烟火药危险性分类定级方法

1　范围

本标准规定了烟火药危险性的分类定级方法和烟火药危险性分类定级所用到的各种能量输入、输出参数测试方法。

本标准适用于烟花爆竹用烟火药的危险性分类定级。

2　规范性引用文件

下列文件对于本文件的应用是必不可少的。凡是注日期的引用文件,仅注日期的版本适用于本文件。凡是不注日期的引用文件,其最新版本(包括所有的修改单)适用于本文件。

GB/T 15813　烟花爆竹成型药剂　样品分离和粉碎

GB/T 20878—2007　不锈钢和耐热钢　牌号及化学成分

AQ 4105　烟花爆竹　烟火药 TNT 当量测定方法

AQ/T 4120　烟花爆竹　烟火药静电火花感度测定方法

GJB 5891.22　火工品药剂试验方法　第22部分:机械撞击感度试验

SN/T 1731.3　出口烟花爆竹用烟火药剂安全性能检验方法　第3部分:爆发点测定

SN/T 1731.6　出口烟花爆竹用烟火药剂安全性能检验方法　第6部分:摩擦感度测定

3　术语和定义

下列术语和定义适用于本文件。

3.1

极限压力　extreme pressure

摩擦感度测试中,连续6次试验都没有出现爆炸的最大承受压力。

3.2

极限落高　drop height limit

撞击感度测试中,连续6次试验都没有出现爆炸的最小落高。

3.3

TNT 当量　TNT equivalent

指1 kg 烟火药爆炸时所释放的能量相当于多少千克 TNT 炸药所释放的能量,可用当量系数表示。

4　危险性的分类和定级

4.1　分类

4.1.1　分类方法

根据烟火药制造、加工等过程中发生事故的可能性和事故后果的严重程度,对应于烟火药的能量输入参数和输出参数,将烟火药的危险性分为烟火药敏感度和烟火药危害度两类。

4.1.2　烟火药敏感度

测试烟火药的能量输入参数,即机械感度(摩擦、撞击),热感度(爆发点),以及静电感度,并综合评估其危险性。

4.1.3　烟火药危害度

测试烟火药的能量输出参数,即 TNT 当量、燃烧速度,并综合评估其危险性。

4.2　定级

4.2.1　定级方法

根据烟火药能量输入参数和能量输出参数的量值并按大小排序,将烟火药敏感度和烟火药危害度均分为五级。

4.2.2　敏感度级数

烟火药敏感度划分为五级,用大写英文字母 A、B、C、D、E 表示,A 表示危险性最大,E 表示危险性最小。

4.2.3　危害度级数

烟火药危害度划分为五级,用小写英文字母 a、b、c、d、e 表示,a 表示危险性最大,e 表示危险性最小。

5　能量参数测试方法

5.1　摩擦感度测试

5.1.1　试验设备、材料和样品

试验设备、材料和样品应符合 SN/T 1731.6 的规定。

5.1.2　试验条件

摆角:70°;表压:动态;药量:(20±0.5)mg。

5.1.3　试验方法

仪器摆角固定为 70°。试样称好并装入滑柱套内,将装好试样的滑柱和滑柱套移入摩擦仪的爆炸室中心,将油压升至 1.00 MPa;装好击杆,拉动阻铁使摆锤自由落下,冲击击杆,使上滑柱发生位移,上下滑柱之间的试样受到摩擦;观察试样燃爆现象。

如果在上述试验中观察到的结果是燃烧或爆炸,重复以上步骤,这次油压为 0.75 MPa,再观察燃爆现象;如果有燃烧爆炸,仍逐级按每次 0.25 MPa 的间隔降低压力继续进行试验,直到观察到不燃烧爆炸。在此压力下重复 6 次试验,不应发生燃烧爆炸,此压力即为极限压力。否则就继续逐级降低压力,直到测出极限压力为止。

如果表压在 1.00 MPa 时,观察到的结果是不燃烧爆炸,则按 0.25 MPa 的间隔逐级增加压力继续进行试验,直到第一次得到燃烧爆炸现象出现,随后在此表压基础上,按每次 0.25 MPa 的间隔降低压力进行试验,直到测出极限压力为止。

5.1.4 试验结果

试验结果用极限压力(MPa)表示。

5.2 撞击感度测试

5.2.1 试验设备、材料,试验步骤参见 GJB 5891.22。

5.2.2 试验结果用极限落高(cm)表示。

5.3 爆发点测试

5.3.1 试验设备、材料,试验步骤参见 SN/T 1731.3。

5.3.2 试验结果用爆发点 $T(℃)$ 表示。

5.4 静电感度测试

5.4.1 试验设备、材料,试验步骤参见 AQ/T 4120。

5.4.2 试验结果以 0.01% 发火能量 $E_{0.01}$ 表示,单位为焦耳(J)。

5.5 燃烧速度测试

5.5.1 测定原理

将烟火药样品放入具有一定长度、规格的药槽内,从一端点燃烟火药,测定在药槽中的燃烧时间,然后根据药槽长度及烟火药燃烧时间计算出燃烧速度。

5.5.2 试验装置和材料

5.5.2.1 药槽

采用不锈钢(GB/T 2087—2007)长方体(500 mm×30 mm×20 mm),中间开有一条槽(500 mm×4 mm×3 mm)。

5.5.2.2 秒表

精度 0.01 s。

5.5.2.3 安全引线

用于点燃烟火药,采用慢引。

5.5.3 试验准备

试验准备应符合 GB/T 15813 的规定。

5.5.4 试验条件

室温为 10 ℃~35 ℃,相对湿度小于80%,无风条件下测定。

5.5.5 试验方法

烟火药置于洁净的药槽内,均匀铺平。在药槽一端用安全引线点燃,测定和记录试样在药槽内的燃烧时间。每个试样测量三次,结果取其平均值。

5.5.6 试验结果计算

$$v = L/t$$

式中：

v ——烟火药试样的燃烧速度，单位为厘米每秒(cm/s)；

L ——药槽长度，单位为厘米(cm)；

t ——燃烧时间，单位为秒(s)。

5.6 TNT 当量测试

5.6.1 试验设备、材料，试验步骤参见 AQ 4105。

5.6.2 试验结果用 TNT 当量系数 f 表示。

6 敏感度定级

6.1 定级方法

单项感度量值按大小顺序分成 5 组，每组赋予一定的分值，见表 1 至表 4，可进行单项危险性定级；将上述四项感度的分值相加，得到总分值，再进行危险性综合定级，见表 5。

6.2 摩擦感度

摩擦感度(摆锤法)赋值及定级见表 1。

表 1 摩擦感度(摆锤法)赋值及定级

极限压力 MPa	分值	危险程度
≤0.50	5	极其敏感
0.51~1.50	4	高度敏感
1.51~2.50	3	中度敏感
2.51~3.50	2	较钝感
>3.50	1	钝感

部分烟火药的摩擦感度及危险性见附录 A。

6.3 撞击感度(落锤质量为 1.2 kg)

撞击感度赋值及定级见表 2。

表 2 撞击感度赋值及定级

极限落高 cm	分值	危险程度
≤20	5	极其敏感
21～30	4	高度敏感
31～40	3	中度敏感
41～50	2	较钝感
＞50	1	钝感

6.4 爆发点(5 s 延时期)

爆发点赋值及定级见表3。

表 3 爆发点赋值及定级

爆发点 T ℃	分值	危险程度
≤250	5	极其敏感
251～350	4	高度敏感
351～450	3	中度敏感
451～550	2	较钝感
＞550	1	钝感

6.5 静电感度

静电感度赋值及定级见表4。

表 4 静电感度赋值及定级

$E_{0.01}$ 值 J	分值	危险程度
≤0.010	5	极其敏感
0.011～0.10	4	高度敏感
0.11～0.50	3	中度敏感
0.51～1.0	2	较钝感
＞1.0	1	钝感

6.6 敏感度综合定级

敏感度综合定级见表5。

表 5 敏感度综合定级

总分值	定级	危险性
>16	A	极其危险
16~13	B	高度危险
12~9	C	中度危险
8~5	D	低度危险
<5	E	较安全

7 危害度定级

7.1 燃烧速度

燃烧速度赋值及定级见表6。

表 6 燃烧速度赋值及定级

燃烧速度 cm/s	分值	危险程度
≥10.0	5	很快
9.9~5.0	4	快
4.9~2.0	3	较快
1.9~1.0	2	较慢
<1.0	1	慢

部分烟火药的燃烧速度及危险性见附录B。

7.2 TNT当量

TNT当量赋值及定级见表7。

表 7 TNT当量赋值及定级

f值	分值	危险程度
>0.70	5	很大
0.70~0.51	4	大
0.50~0.31	3	较大
0.30~0.10	2	较小
<0.10	1	小

7.3 危害度综合定级

危害度综合定级见表8。

表8 危害度综合定级

总分值	定级	危险性
>8	a	高度危险
8～7	b	危险
6～5	c	中度危险
4～3	d	低度危险
<3	e	较安全

8 试验结果

8.1 试验结果表征

烟火药样品各能量参数经过测试后,从表1、表2、表3、表4、表6、表7中查找到各自的分值,将各分值累加得到总分值,见表5和表8,然后分别对敏感度综合定级和对危害度综合定级,再用大写英文字母和小写英文字母表示各自的危险性综合特征,并报出试验结果,如Aa、Bd等,并根据表5和表8,在试验报告(附录C)栏中描述受检烟火药的综合危险性程度。

8.2 试验报告

烟火药样品试验报告宜选用但不限于附录C的格式。

附 录 A

（资料性附录）

部分烟火药的摩擦感度及危险性

部分烟火药的摩擦感度及危险性见表 A.1。

表 A.1 部分烟火药的摩擦感度及危险性

序号	烟火药名称	摩擦感度 MPa	分值	危险程度
1	钛雷炸药	<0.35	5	极其敏感
2	黄光	0.35	5	极其敏感
3	银波拉手	0.35	5	极其敏感
4	拉手炸药	0.35	5	极其敏感
5	紫波	0.35	5	极其敏感
6	金波	0.35	5	极其敏感
7	红拉手	0.35	5	极其敏感
8	银椰子	0.35	5	极其敏感
9	银波	0.35	5	极其敏感
10	紫拉手	0.35	5	极其敏感
11	粉红拉手	0.35	5	极其敏感
12	银旋花	0.35	5	极其敏感
13	蓝光	0.75	4	高度敏感
14	红波拉手	0.75	4	高度敏感
15	金椰子	0.75	4	高度敏感
16	蓝椰子	0.75	4	高度敏感
17	水银波	0.75	4	高度敏感
18	红拉手	0.75	4	高度敏感
19	橘黄	0.75	4	高度敏感
20	绿拉手	0.75	4	高度敏感
21	蓝椰子	0.75	4	高度敏感
22	粉红	0.75	4	高度敏感
23	白闪	0.75	4	高度敏感
24	银尾	0.75	4	高度敏感
25	银冠	0.75	4	高度敏感
26	紫光	1.25	4	高度敏感
27	海蓝	1.25	4	高度敏感
28	蓝波	1.25	4	高度敏感

表 A.1 部分烟火药的摩擦感度及危险性（续）

序号	烟火药名称	摩擦感度 MPa	分值	危险程度
29	红光	1.25	4	高度敏感
30	海蓝闪	1.25	4	高度敏感
31	红蜜蜂	1.25	4	高度敏感
32	含合金开包药	1.25	4	高度敏感
33	单基粉	1.25	4	高度敏感
34	金拉手	1.75	3	中度敏感
35	银拉手	1.75	3	中度敏感
36	菊花盛开	1.75	3	中度敏感
37	暗光	1.75	3	中度敏感
38	压亮引燃	1.75	3	中度敏感
39	黄爆裂拉手	1.75	3	中度敏感
40	橘黄拉手	1.75	3	中度敏感
41	海蓝拉手	1.75	3	中度敏感
42	蓝拉手	1.75	3	中度敏感
43	水金波	1.75	3	中度敏感
44	白拉手	1.75	3	中度敏感
45	绿光	1.75	3	中度敏感
46	草绿波	1.75	3	中度敏感
47	水蓝	1.75	3	中度敏感
48	渣响引	1.75	3	中度敏感
49	笛音剂	1.75	3	中度敏感
50	绿蜜蜂	1.75	3	中度敏感
51	绿椰子	2.25	3	中度敏感
52	开包药	2.25	3	中度敏感
53	白闪内引	2.25	3	中度敏感
54	黄蜜蜂	2.25	3	中度敏感
55	钝感黄光	2.25	3	中度敏感
56	外引	2.75	2	较钝感
57	水引	2.75	2	较钝感
58	响子引	2.75	2	较钝感
59	白光	2.75	2	较钝感
60	草绿	2.75	2	较钝感
61	绿闪内引	2.75	2	较钝感

表 A.1 部分烟火药的摩擦感度及危险性（续）

序号	烟火药名称	摩擦感度 MPa	分值	危险程度
62	花闪	3.25	2	较钝感
63	钝感银椰子	3.25	2	较钝感
64	钝感银粉炸药	3.5	1	钝感
65	黑火药	3.75	1	钝感
66	爆裂药	＞5.0	1	钝感

附 录 B
（资料性附录）
部分烟火药的燃烧速度及危险性

部分烟火药的燃烧速度及危险性见表 B.1。

表 B.1 部分烟火药的燃烧速度及危险性

序号	烟火药名称	主要成分	燃烧速度 cm/s	分值	危险性
1	暗光	硝酸钾、硫黄、雄黄、米粉	0.71	1	慢
2	绿闪	硝酸钡、硫黄、铝镁合金、聚氯乙烯、米粉	0.9	1	慢
3	白闪	硝酸钾、硝酸钡、硫黄、铝镁合金、米粉	1.1	2	较慢
4	水蓝	高氯酸钾、氧化铜、铝镁合金、聚氯乙烯、米粉、酚醛树脂	1.4	2	较慢
5	银冠	高氯酸钾、硫黄、木炭、铝镁合金、铝粉、米粉	1.4	2	较慢
6	紫光	高氯酸钾、碳酸锶、氧化铜、铝镁合金、聚氯乙烯、酚醛树脂、硫黄	1.7	2	较慢
7	橙色	高氯酸钾、碳酸锶、氟铝酸钠、铝镁合金、聚氯乙烯、酚醛树脂	1.8	2	较慢
8	绿闪大丽	硝酸钡、硫黄、铝镁合金、聚氯乙烯、米粉	2	3	较快
9	蓝波	高氯酸钾、氧化铜、铝镁合金、聚氯乙烯、钛粉、酚醛树脂	2.2	3	较快
10	粉红	高氯酸钾、碳酸锶、氧化铜、铝镁合金、氯化橡胶、酚醛树脂、米粉	2.5	3	较快
11	5号开包药	高氯酸钾、麻炭、硝酸钾、铝镁合金、酚醛树脂、米粉	2.5	3	较快
12	红光	高氯酸钾、碳酸锶、虫胶、铝镁合金、聚氯乙烯、酚醛树脂	3.1	3	较快
13	紫波	高氯酸钾、碳酸锶、氧化铜、铝镁合金、聚氯乙烯、酚醛树脂、硫黄、钛	3.1	3	较快
14	红波	高氯酸钾、碳酸锶、虫胶、铝镁合金、聚氯乙烯、酚醛树脂、钛	4	3	较快
15	海蓝	高氯酸钾、氧化铜、铝镁合金、氯化橡胶、硫黄、酚醛树脂、硝酸钡、米粉	4.2	3	较快
16	3号开包药	高氯酸钾、麻炭、硝酸钾、酚醛树脂、米粉	4.2	3	较快
17	金惠花	高氯酸钾、铝镁合金、氟铝酸钠、碳酸锶、酚醛树脂	5	4	快
18	响子引燃	硝酸钾、硫黄、木炭、高氯酸钾、铝镁合金、酚醛树脂、米粉	5	4	快
19	单基粉	硝化纤维素	5	4	快
20	金闪	硝酸钾、硫黄、木炭、铝镁合金、草酸钠、米粉	5.4	4	快
21	绿光	高氯酸钾、硝酸钡、硫黄、铝镁合金、聚氯乙烯、酚醛树脂	5.6	4	快
22	草绿	高氯酸钾、硝酸钡、硫黄、铝镁合金、聚氯乙烯、酚醛树脂、氟铝酸钠	5.6	4	快

表 B.1 部分烟火药的燃烧速度及危险性（续）

序号	烟火药名称	主要成分	燃烧速度 cm/s	分值	危险性
23	黄惠花	高氯酸钾、氟铝酸钠、碳酸锶、铝镁合金、铝粉、酚醛树脂	5.6	4	快
24	金波	高氯酸钾、氟铝酸钠、碳酸锶、铝镁合金、铝粉、酚醛树脂	5.6	4	快
25	水引	硝酸钾、硫黄、木炭、高氯酸钾、铝镁合金、酚醛树脂、米粉	5.6	4	快
26	三味粉	硝酸钾、硫黄、木炭	5.6	4	快
27	黄光	高氯酸钾、氟铝酸钠、碳酸锶、铝镁合金、酚醛树脂	6.2	4	快
28	绿波	高氯酸钾、硝酸钡、硫黄、铝镁合金、聚氯乙烯、酚醛树脂、铝渣	6.7	4	快
29	外引	硝酸钾、硫黄、木炭、高氯酸钾、铝镁合金、酚醛树脂	8.3	4	快
30	内筒炸药	高氯酸钾、铝粉、硫黄、铝镁合金、木炭	10	5	很快
31	铝粉炸药（钝感处理）	高氯酸钾、铝粉、硫黄、钝感剂	11.1	5	很快
32	白光	硝酸钾、硝酸钡、硫黄、铝镁合金、酚醛树脂	12.5	5	很快
33	银波	硝酸钡、硝酸钾、硫黄、铝渣、铝镁合金、酚醛树脂	12.5	5	很快
34	银惠花	高氯酸钾、铝渣、铝镁合金、酚醛树脂	12.5	5	很快
35	铝粉炸药	高氯酸钾、铝粉、硫黄	25	5	很快
36	笛音剂	高氯酸钾、邻苯二甲酸氢钾、钛粉	25	5	很快

附 录 C

（资料性附录）

试验报告

试验报告见表 C.1。

表 C.1 试验报告

编号：

					送样单位				送样日期	
		样品名称					报告日期	
敏感度	能量输入参数	摩擦感度 MPa	撞击感度 cm	热感度 ℃	静电火花感度 J
	测定值				
	单项赋值				
	总分值				
	定级				
危害度	能量输出参数	TNT 当量		燃烧速度 cm/s	
	测定值				
	单项赋值				
	总分值				
	定级				
	试验结果				
	综合危险性				
审核人		校对人		检测人	

参 考 文 献

[1]　AQ/T 4120　烟花爆竹　烟火药静电火花感度测定方法

[2]　GJB 5891.22　火工品药剂试验方法　第 22 部分:机械撞击感度试验

[3]　SN/T 1731.3　出口烟花爆竹用烟火药剂安全性能检验方法　第 3 部分:爆发点测定

职 业 健 康

ICS 13.100
C 70
备案号：44619—2014

中华人民共和国安全生产行业标准

AQ 4237—2014
代替 LD 37—1992

焊接烟尘净化器通用技术条件

General technical standards of welding fume purifiers

2014-02-20 发布　　　　　　　　　　　　　　2014-06-01 实施

国家安全生产监督管理总局　　发 布

前　言

本标准4.2、4.3、7.1的技术内容为强制性的,其余为推荐性的。

本标准按照GB/T 1.1—2009给出的规则起草。

本标准代替LD 37—1992《焊接烟尘净化器通用技术条件》。本标准与LD 37—1992相比,主要有以下变化:

——在编写格式和表述规则上,按GB/T 1.1—2009《标准化工作导则　第1部分:标准的结构和编写规则》的要求对原标准作了修改;

——增加了"规范性引用文件"(见第2章);

——增加了"术语和定义",补充相关的术语和定义(见第3章);

——依据ISO 15012-1:2004《焊接和相关工艺中的健康和安全.空气过滤用设备的试验和标记要求　第1部分:焊接烟尘分离效率的试验(Health and safety in welding and allied processes—Requirements,testing and marking of equipment for air filtration—Part 1:Testing of the separation efficiency for welding fume)》,修订了净化效率的要求及其试验方法,增加了对通风机的处理风量、漏风率、工作阻力等方面的规定,修改了净化效率的分级指标,增加了净化器设在室内时烟气排放浓度的要求;

——增加了附录A(资料性附录)试验尘源的要求。

本标准由国家安全生产监督管理总局提出。

本标准由全国安全生产标准化技术委员会防尘防毒分技术委员会(SAC/TC 288/SC 7)归口。

本标准起草单位:首都经济贸易大学、浙江建安检测技术研究院。

本标准主要起草人:郭建中、丁宙胜、赵容、杜雅兰、王勇毅、桑峣、李杰。

本标准代替了LD 37—1992。

焊接烟尘净化器通用技术条件

1 范围

本标准规定了过滤式焊接烟尘净化器的技术要求,性能测试,检验规则,标志、包装、运输和贮存。
本标准适用于各种焊接作业过程中使用的过滤式焊接烟尘净化器。

2 规范性引用文件

下列文件对于本文件的应用是必不可少的,凡是注日期的引用文件,仅注日期的版本适用于本文件。凡是不注日期的引用文件,其最新版本(包括所有的修改单)适用于本文件。

GB 191 包装储运图示标志

GB/T 6388 运输包装收发货标志

GB/T 13306 标牌

GBZ 2.1 工作场所有害因素职业接触限值 第1部分:化学有害因素

3 术语和定义

下列术语和定义适用于本文件。

3.1

焊接烟尘 welding fume

焊接过程中,由高温蒸气经氧化后冷凝而形成的烟雾状微粒,主要源于焊接材料和母材的蒸发、氧化。

3.2

焊接烟尘净化器 welding fume separation equipment

用于净化焊接烟尘的空气过滤设备。

3.3

滤料 filter material

天然纤维、合成纤维材料制成的用于过滤和吸附颗粒物用的织造或者非织造的透气的薄膜材料。滤料也可使用覆膜材料,以提高过滤效率。

3.4

滤芯 filter elements

用滤料制成的褶状、筒状或其他形状的气体过滤元件,又称滤筒。

3.5

处理风量 air-volume

单位时间内进入焊接烟尘净化器的含尘气体流量。

3.6

漏风率 air leak percentage

标准状态下,净化器出口与进口气体流量之差占进口气体流量的百分比。

3.7

净化效率　separation efficiency by mass

净化器单位时间内捕集的粉尘质量占进入净化器的粉尘质量的百分比。

4　技术要求

4.1　结构

4.1.1　净化器由吸尘罩、通风软管、壳体、滤芯、通风机等部件组成。

4.1.2　吸尘罩上根据需要装设永久磁铁以及阻火滤网。

4.1.3　通风软管可任意弯曲并保证吸风口在任意角度固定,保证气流畅通,并具有耐高温、耐磨损的性能。通风软管应便于清理或更换。

4.1.4　净化器壳体上应装有接地线柱。

4.1.5　滤芯材料应选用容尘量大、过滤效率高、耐高温的材料。

4.2　性能

4.2.1　净化器的过滤效率应不小于95%,净化器设在室内时其排气浓度应小于 GBZ 2.1 要求的职业接触限值的30%。

4.2.2　针对不同类别焊接工艺、使用材料及其特性与危害,对净化器的净化效率的要求有所差别,对不同类别焊接烟尘的分类、分级和净化效率的选择,见表1。

表 1　针对不同类别焊接烟尘的净化器过滤效率的选择

序号	焊接烟尘类别	焊接烟尘分级	净化效率 %
1	非合金钢和低合金钢,如很低镍、铬等含量的钢	W1	≥95
2	上述材料及合金钢,如镍和铬的含量≤30%	W2	≥98
3	上述材料及高合金钢	W3	≥99

4.2.3　焊接烟尘净化器铭牌上应按4.2.2的要求标明净化器的分级指标。

4.2.4　表1给出的焊接烟尘净化器分类分级方法仅作为净化器选择的指南,在实际应用时还应考虑焊接工位是否有扰动气流、焊接时烟尘的产生量、烟气中有毒元素的危害程度以及现行法规、标准的其他要求,以决定所选净化器所需的净化效率。

4.2.5　焊接烟尘净化器的最小额定处理风量应不小于 50 m³/h。

4.2.6　焊接烟尘净化器的稳态噪声不应超过 85 dB(A)。

4.2.7　焊接烟尘净化器带电部件与壳体间的绝缘电阻应不小于 1 MΩ;进行耐电压试验时,不得发生绝缘破坏。

4.2.8　焊接烟尘净化器实际处理风量与额定处理风量的偏差不应超过8%。

4.2.9　焊接烟尘净化器的漏风率不应大于3%。

4.2.10　焊接烟尘净化器的实际工作阻力与额定工作阻力的偏差不应超过10%。

4.3　滤芯的更换与清理

4.3.1　焊接烟尘净化器应设计方便进行滤芯置换的机构。

4.3.2　焊接烟尘净化器的滤芯应便于更换和清理。

4.3.3 更换或清理滤芯时,应注意避免颗粒物的遗撒,防止出现二次扬尘。

4.3.4 更换滤芯、清理滤芯、净化器内部维护等操作后,应能保证净化器仍具有良好的密闭性。

5 性能测试

5.1 试验装置

焊接烟尘净化器性能测试试验装置的结构如图 1 所示。

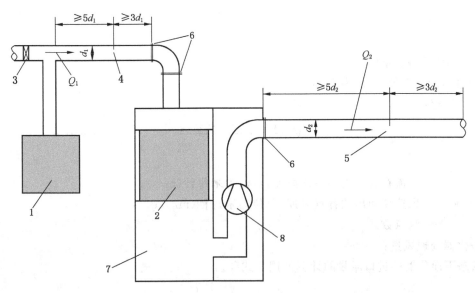

说明:
1——试验尘源;
2——滤芯;
3——阀门;
4——进气管道测定断面;
5——排气管道测定断面;
6——法兰;
7——焊接烟尘净化器;
8——净化器风机。

图 1 焊接烟尘净化器性能测试试验装置

由试验尘源产生的焊接烟尘通过进气管道被输送到焊接烟尘净化器,在净化器内大部分粉尘被分离出来,净化后的气体经排气管道排出。测试时分别在进气管道和排气管道测定断面气体风量并进行采样。

5.2 处理风量

5.2.1 风量测量应使用清洁空气进行试验。

5.2.2 用空盒气压计测定当地大气压。

5.2.3 用分度值不大于 0.5 ℃的温度计测量管道中的温度;共测定 3 次,取算术平均值。

5.2.4 用准确度±5％的湿度计(或干湿球温度计)测量管道内的气体湿度(或湿球温度);共测定 3 次,取算术平均值。正确记录上述数据。

5.2.5 试验步骤:

　　a) 使用风速仪,将风速仪传感器插入进气管道测定断面处的测孔和排气管道测定断面处的测孔,如图1所示。当管道直径小于100 mm时,传感器在管道中心点进行测定;当管道直径为100～150 mm时,则按等面积分二环在同一断面上进行测定;当管道直径大于150 mm时,则按等面积分三环在同一断面上测定。

b) 启动净化器,按上述位置分别测定并记录风速V_1、V_2···V_n。

c) 记录室温T_i(K),气压P_i(kPa)。

5.2.6 计算:

a) 管道断面积:

$$S = \frac{1}{4}\pi d_1^2 \quad \text{.................................(1)}$$

式中:

S ——管道断面积,单位为平方米(m^2);

d_1 ——进口管道直径,单位为米(m)。

b) 平均风速:

$$V = \frac{V_1 + V_2 + \cdots + V_n}{n} \quad \text{.................................(2)}$$

式中:

V ——气流在管道内的平均风速,单位为米每秒(m/s);

V_1、V_2···V_n——风速仪测出的各点风速,单位为米每秒(m/s);

n ——测点数。

c) 净化器处理风量:

标准状态下净化器的进口风量的计算使用公式(3):

$$Q_1' = S_1 \cdot V_1 \frac{P_i T}{P T_i} \quad \text{.................................(3)}$$

式中:

Q_1'——标准状态下净化器的处理风量,单位为立方米每小时(m^3/h);

S_1 ——进风管道断面的横截面积,单位为平方米(m^2);

V_1 ——进气管道测定断面的平均风速,单位为米/秒(m/s);

P_i ——测试室大气压,单位为千帕(kPa);

T ——标准态温度,273 K;

P ——标准态大气压,101.325 kPa;

T_i ——测试室温度,单位为升(K)。

5.3 漏风率

标准状态下净化器的出口风量的计算使用公式(4):

$$Q_2' = S_2 \cdot V_2 \frac{P_i T}{P T_i} \quad \text{.................................(4)}$$

式中:

Q_2'——标准状态下净化器的处理风量,单位为立方米每小时(m^3/h);

S_2 ——排气管道断面的横截面积,单位为平方米(m^2);

V_2 ——排气管道测定断面的平均风速,单位为米每秒(m/s);

P_i ——测试室大气压,单位为千帕(kPa);

T ——标准态温度,273 K;

P ——标准态大气压,101.325 kPa;

T_i ——测试室温度,单位为开(K)。

则净化器的漏风率 ε 按公式(5)计算：

$$\varepsilon = \frac{Q_2' - Q_1'}{Q_1'} \times 100\% \quad\quad\quad\quad\quad\quad\quad\quad\quad\quad (5)$$

式中：

ε ——漏风率；

Q_1'——标准状态下净化器的处理风量，单位为立方米每小时（m^3/h）；

Q_2'——标准状态下净化器的出口风量，单位为立方米每小时（m^3/h）。

5.4 净化器效率

5.4.1 原理

在特定的条件下，通过测定焊接烟尘净化器试验装置的进气管道、出气管道中含尘气体的质量流量确定净化器的净化效率。

5.4.2 试验尘源

应为发尘量不小于 10 mg/s 的焊接烟尘发生源，具体要求见附录 A。

5.4.3 试验条件

5.4.3.1 气压为常压。

5.4.3.2 温度为室温，$(20\pm5)℃$。

5.4.3.3 湿度取相对湿度，$(50\pm10)\%$。

5.4.4 测试程序

5.4.4.1 试验装置连续工作 10 min 后进行效率测定。

5.4.4.2 调节阀门（图 1 中序号 3），以使从粉尘发生源产生的焊接烟尘全部进入净化效率试验装置。

5.4.4.3 同时收集进气管道和排气管道测定断面的焊接烟尘样品（见图 1），在测试过程中应等速取样（采样嘴处的吸入风速与测定点风速相同）。测试前预称量采样滤筒的质量（m_1），采样后称量滤筒的质量（m_2），以确定滤筒收集烟尘的质量。连续测量 3 次，每次测量 15 min。

5.4.4.4 测量结束后计算净化效率，取 3 次测量结果的算术平均值。

5.4.5 净化效率的计算

各采样点的流量按公式(6)计算：

$$q = 2.827 d^2 v \times 10^{-3} / 60 \quad\quad\quad\quad\quad\quad\quad\quad\quad (6)$$

式中：

q ——等速采样流量，单位为立方米每分钟（m^3/min）；

d ——采样管嘴内径，单位为毫米（mm）；

v ——管道中采样嘴处的吸入风速，单位为米每秒（m/s）。

按照公式(7)计算粉尘浓度：

$$c = \frac{m_1 - m_2}{q} \times \frac{3600}{t} \quad\quad\quad\quad\quad\quad\quad\quad (7)$$

式中：

c ——管道中含尘气体的浓度，单位为毫克每立方米（mg/m^3）；

m_1——采样前滤膜的质量，单位为毫克（mg）；

m_2——采样后滤膜的质量，单位为毫克（mg）；

q ——采样流量,单位为立方米每小时(m³/h);

t ——采样时间,单位为秒(s)。

用公式(8)计算净化效率:

$$\eta = \left(1 - \frac{c_1}{c_2}\right) \times 100\% \qquad\qquad\qquad \cdots\cdots\cdots\cdots\cdots\cdots\cdots(8)$$

式中:

η ——除尘效率;

c_1——进气管道测定断面的烟尘浓度,单位为毫克每立方米(mg/m³);

c_2——排气管道测定断面的烟尘浓度,单位为毫克每立方米(mg/m³)。

5.5 噪声

用精度为±0.5 dB的声级计进行测试,测点位于矩形设备4个对角线的设备外延长线1 m、离地面1.5 m处,计算时取4个测点的声级平均值。

5.6 绝缘电阻

绝缘电阻用兆欧表进行测量,兆欧表的电压值符合表2的要求。

表2 绝缘电阻电压

单位为伏

电机额定电压	兆欧表电压值
36～500	500

5.7 耐电压

试验电压的频率为50 Hz,试验电压(有效值)为2倍额定电压加500 V。

6 检验规则

6.1 型式检验

6.1.1 净化器产品定型生产时,或者产品的型式、结构、材料、功能等有较大的变动时,应进行型式检验。

6.1.2 型式检验应按照第4章的规定对设备进行结构检查。

6.1.3 按该批次产品总量的1‰取样,按照第5章有关性能测试的要求,进行净化器的净化效率、风量、噪声、绝缘电阻和耐电压试验等试验,检验台数不小于3台。如上述检验项目中任何一项出现不合格情况,应加倍抽样复检,仍不合格者,则该批次产品为不合格品。

6.2 出厂检验

6.2.1 每台设备出厂前均应进行外观、额定风量、绝缘电阻试验。

6.2.2 净化器应经制造企业的质量检验部门检验合格,发给产品合格证后方可出厂。

7 标志、包装、运输和贮存

7.1 标志

净化器的标牌应符合GB/T 13306的规定,铭牌的字迹应清晰、耐久;标牌、标志不得采用铝合金材

料制作,标牌上应标明以下内容:

    a) 产品名称及型号;

    b) 主要性能参数;

    c) 制造厂名称;

    d) 制造日期;

    e) 可净化焊接烟尘的分类、净化效率的标志。

7.2 包装、运输和贮存

7.2.1 净化器的包装贮运图示标志和运输包装收发货标志按 GB 191 和 GB/T 6388 的有关规定执行。

7.2.2 包装箱外面应有以下标志:制造厂名(或商标)、产品名称、规格、数量、货号、箱号、毛重、体积、装箱日期。

7.2.3 包装箱内应附有装箱清单、产品合格证及使用说明书。

7.2.4 运输和贮存时应避免曝晒、雨淋及受潮。应在远离热源、无腐蚀物质、通风良好、干燥的库房内贮存。

附　录　A
（资料性附录）
试验尘源

　　焊接烟尘净化器试验用焊接尘源及试验装置的参数参见表 A.1。试验尘源的焊接烟尘发生率应不小于 10 mg/s，应使用气体保护金属弧焊工艺实现。具体要求包括：使用固定位置的脉冲电流惰性气体焊枪组成的焊机焊接一个自动旋转的转筒；设立试验台，使转筒在一个连续的焊接周期内自动地实现水平焊接，如图 A.1 所示；焊接烟尘应能被通风罩吸入试验装置的进气管道。

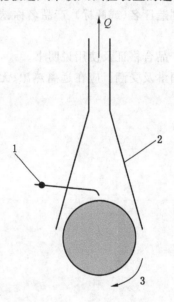

说明：
1——焊枪；
2——通风罩；
3——转筒。

图 A.1　焊接示意图

表 A.1　发尘量为 10 mg/s 的焊接工艺参数

参数	发尘量：10 mg/s
焊丝的材料	ER50-4　$\phi=1.2$ mm
送丝速度	6.3 m/min
焊接电压	34 V
焊接电流	280 A
保护气体	82% Ar,18% CO_2;17 L/min
导电嘴间距	18 mm～20 mm
滚筒直径	600 mm
焊接速度	8 mm/s

ICS 13.100
C 70
备案号：44620—2014

中华人民共和国安全生产行业标准

AQ 4238—2014

日用化学产品生产企业防尘防毒技术要求

Technical requirements for dust and poisoning in household
chemical products manufacturer

2014-02-20 发布

2014-06-01 实施

国家安全生产监督管理总局　　发 布

AQ 4238—2014

前　言

本标准5.2.5、5.2.8、6.2.6、6.2.7、6.2.12、7.5、7.7、7.9、7.10、7.12、7.14、8.5、9.4、11 的技术内容为强制性的，其余为推荐性的。

本标准按照 GB/T 1.1—2009 给出的规则起草。

本标准由国家安全生产监督管理总局提出。

本标准由全国安全生产标准化技术委员会防尘防毒分技术委员会(SAC/TC 288/SC 7)归口。

本标准起草单位：北京市劳动保护科学研究所、北京市化工职业病防治院、北京日用化学研究所。

本标准主要起草人：汪彤、秦妍、王培怡、刘艳、李珏、孙伟、张婴奇、胡玢、苗小春。

日用化学产品生产企业防尘防毒
技术要求

1 范围

本标准规定了日用化学产品生产企业在选址与布局、工艺过程、工程防控措施、个体防护措施、管理、事故应急处置及职业健康监护等方面的防尘防毒技术要求和管理要求。

本标准适用于日用化学产品生产企业的防尘防毒工程技术和管理，也适用于相关部门对日用化学产品生产企业生产过程中粉尘、毒物危害的监管。本标准不适用于日用化学产品所使用原料和家用驱/杀虫剂生产企业的防尘防毒工程技术和管理及相关部门对上述企业生产过程中粉尘、毒物危害的监管。

2 规范性引用文件

下列文件对于本文件的应用是必不可少的。凡是注日期的引用文件，仅注日期的版本适用于本文件。凡是不注日期的引用文件，其最新版本（包括所有的修改单）适用于本文件。

GB 2894 安全标志及其使用导则

GB/T 6719 袋式除尘器技术要求

GB 8958 缺氧危险作业安全规程

GB/T 11651 个体防护装备选用规范

GB 12358 作业场所环境气体检测报警仪 通用技术要求

GB/T 12801 生产过程安全卫生要求总则

GB 13733 有毒作业场所空气采样规范

GB 15603 常用化学危险品贮存通则

GB/T 16758 排风罩的分类及技术条件

GB 17916 毒害性商品储藏养护技术条件

GB/T 18664 呼吸防护用品的选择、使用与维护

GB 50019 采暖通风与空气调节设计规范

GB 50073 洁净厂房设计规范

GB 50187 工业企业总平面设计规范

GBZ 1 工业企业设计卫生标准

GBZ 2.1 工作场所有害因素职业接触限值 第1部分：化学有害因素

GBZ 158 工作场所职业病危害警示标识

GBZ 159 工作场所空气中有害物质监测的采样规范

GBZ 188 职业健康监护技术规范

GBZ/T 195 有机溶剂作业场所个人职业病防护用品使用规范

GBZ/T 205 密闭空间作业职业危害防护规范

GBZ/T 223 工作场所有毒气体检测报警装置设置规范

GBZ/T 225 用人单位职业病防治指南

GBZ/T 229.1 工作场所职业病危害作业分级 第1部分：生产性粉尘

GBZ/T 229.2 工作场所职业病危害作业分级 第2部分:化学物

AQ/T 9002 生产经营单位安全生产事故应急预案编制导则

3 术语和定义

下列术语和定义适用于本文件。

3.1

日用化学产品生产企业 household chemical products manufacturer

生产肥皂、合成洗涤剂、化妆品、口腔清洁用品、香料、香精及其他日用化学产品的企业。

注:其他日用化学产品生产企业主要涉及生产室内散香或除臭制品(如空气清新剂、蚊香和除臭剂)、光洁用品(如鞋油、皮革助剂和家具上光剂)、动物用化妆盥洗品,以及火柴和蜡烛等制品的企业。

4 基本要求

4.1 日用化学产品生产企业防尘防毒工作应坚持预防为主、防治结合、综合治理的原则,使作业场所粉尘和毒物浓度符合国家相关卫生标准要求。

4.2 日用化学产品生产企业建设项目中凡产生尘毒危害的生产过程和设备,应设置防尘防毒设施,且应与主体工程同时设计、同时施工、同时投入生产和使用。

4.3 引进项目应符合国家、地方和行业关于防尘防毒的规定。凡从国外引进成套技术和设备,应同时引进相应的防尘防毒技术和设备。

4.4 产生尘毒危害的工作场所、工艺过程、设备设施在设计时应符合 GB/T 12801、GBZ 1 的要求。

4.5 原(辅)料选择应遵循无毒物质代替有毒物质、低毒物质代替高毒物质的原则。

4.6 日用化学产品生产企业采用新工艺、新材料、生产新产品时,应对其进行职业病危害辨识和评估。

5 选址与布局

5.1 选址

产生尘毒危害的日用化学产品生产企业,选址应符合 GB 50187、GB/T 12801 和 GBZ 1 的相关要求。

5.2 布局

5.2.1 厂房布局应根据工艺流程,减少有毒有害物料的运输距离及中转次数,避免不合理的交叉和重复运输,尽量减少尘毒危害的产生。厂房布局宜利于自然通风、采光。

5.2.2 产生尘毒危害的生产区宜集中布置在厂区全年最小频率风向的上风侧,且通风条件良好的场所。

5.2.3 产生尘毒危害的工序或工作区(间)应布置在工作场所自然通风或机械通风进风口的下风侧,并应与其他工序或工作区(间)可靠地隔开。

5.2.4 对于多层厂房,产生有害气体的场所宜根据气体比重,布置在不影响其他作业环境的楼层,否则,应采取安装有效通风、排毒设备设施等措施,以防止对其他楼层作业环境造成不良影响。

5.2.5 生产区应将有害作业与无害作业分开布置,避免尘毒交叉污染。

5.2.6 有毒有害物料、粉料输送管道不宜设置在人员集中区域的周边,不应穿越办公室、休息室、宿舍、人员密集厂房、餐厅和经常有人来往的通道(含地道、通廊)等建筑内。

5.2.7 散发有毒有害气体的生产性废水,不应采用明沟排放,生产性废水管路不应在室内穿行,若必须穿行时,应缩短在室内通过的距离。

5.2.8 日用化学产品生产企业应在产生尘毒危害的作业场所、设备的醒目位置设置警示标志和中文警示说明,标志应符合 GB 2894、GBZ 158 的要求。

5.3 建(构)筑物

5.3.1 厂房结构应充分考虑防尘防毒的要求。内部结构应有足够高度以布置管道,且便于清除积尘。产生粉尘严重的工作区,宜留有真空清扫设备行走的通道。

5.3.2 产生尘毒危害的工作场所,其墙壁、顶棚和地面等内部结构和表面宜加设保护层以便清洗。车间地面应平整、防滑、易于清扫。经常有积液的地面应作防水处理并设置坡向排水系统。

5.3.3 空调厂房及洁净厂房的设计按 GB 50073 等有关现行国家标准执行。

6 工艺过程

6.1 物料储存与运输

6.1.1 产生尘毒危害的物料,其储存、运输应采取下列防范措施:
  a) 有毒有害物料应设专门场所进行储存,其储存条件、储存方式、储存量、操作注意事项及应急处理措施等应符合 GB 15603、GB 17916 的规定。
  b) 存放粉料或液态有毒有害物料的容器,应具有良好密闭性和耐腐蚀性。
  c) 有毒化学品应储存在化学品库(柜)中,存放挥发性有毒有害物料的容器应密闭。在开启使用后,应尽快加盖密闭。
  d) 存放酸、碱的区域周围应设置围堰等防泄漏设施。
  e) 除物料储存场所外,其他工作场所中物料不应存放超过一个班次的使用量。
  f) 输送产生粉尘、有毒有害物质的物料时应提高密闭化、机械化和自动化程度,减少物料转运次数。
  g) 不宜使用散装粉料。降低转运点的落差高度,落料点宜采取密闭、负压或软管缓冲等措施,避免粉料散落后造成二次扬尘。不宜用抓斗输送粉状干物料。
  h) 粉料和挥发性有毒有害物料宜使用管道输送。
  i) 有毒有害气体罐体的储存间和配送管道廊内应设置符合 GB 50019 规定的事故排风装置。

6.1.2 生产过程中产生的危险有害废物,应使用专用密闭容器储存,并交由专业机构集中处置。

6.2 工艺、设备与操作

6.2.1 企业应优先选择产生尘毒危害小的工艺和设备。

6.2.2 在确定生产工艺和设备后,设备供应商应提供设备技术文件,原(辅)料供应者应提供原(辅)料成分及化学品安全技术说明书、执行标准文件等。上述文件均应存档,化学品安全技术说明书等应同时存放在相应的物料使用、存放等区域。

6.2.3 产生尘毒的生产工艺和设备,宜采用机械化(机械传送、机械混拌)、自动化(自动上料、卸料)和密闭(整体密闭、局部密闭或小室密闭)、负压(负压进料)等方式,避免劳动者直接接触粉尘和毒物。

6.2.4 在生产设备合理密闭和通风的基础上宜采取隔离、遥控操作。

6.2.5 生产过程中加入原料和辅料(包括 pH 调节剂、表面活性剂、酶、香精、香料等),以及进行样品(包括中间品和成品)提取化验时,宜通过反应设备上配套的密闭进、出料装置完成;如操作孔为敞开性环境,应视物料是否产生粉尘或有毒有害物质,在操作孔处采取负压、通风等防护措施,劳动者应采取符合本标准 8.1、8.2 要求的个体防护措施。

6.2.6 使用有毒有害液体物料的萃取过程应在密闭的工艺系统中进行。

6.2.7 固体研磨、混合、过筛、灌装等工艺易产生扬尘,应采取密闭措施,防止粉尘散落。

6.2.8 有粉料溢漏时,宜使用真空吸尘系统、湿式作业等清洁方式进行清除,避免使用吹扫方式。

6.2.9 密闭生产设备的加液和排液,应采用高位槽或管道输送。

6.2.10 密闭装置的结构应牢固、严密,并便于操作、检修。密闭罩上的观察窗、操作孔和检修门应开关灵活并密闭良好,其位置应避开系统内气流正压较高的部位。密闭罩的吸风口应避免正对物料飞溅区,应保持罩内负压。

6.2.11 设备与管道之间、管道与管道之间的连接应密封;软连接时宜采用柔性耐蚀材料。

6.2.12 操作配有除尘排毒装置的设备,在作业开始时,应先启动除尘排毒装置,后启动主机;作业结束时,应先关闭主机、后关闭除尘、排毒装置。

6.2.13 实施有限空间作业,作业前应采取吹扫、清洗、置换、检测、机械通风等措施,消除或减少积存于有限空间内的尘毒物质;作业过程中,应持续检测作业环境气体浓度、采取消除或降低尘毒物质浓度的工程防护措施,劳动者应采取合理的个体防护措施,满足 GB 8958、GBZ/T 205 的要求。

7 工程防护措施

7.1 日用化学产品生产企业应根据工艺特点和有害物质的特性,对生产过程中产生的尘毒危害,采取通风、净化等措施,降低作业场所尘毒浓度,使作业场所空气中尘毒浓度符合 GBZ 2.1 的要求。日用化学产品生产企业产生尘毒危害的主要工序、主要危害因素及工程控制措施参见附录 A。

7.2 除尘排毒和机械通风、空调系统的设计应符合 GB 50019 及相应的防尘防毒技术规范和规程的要求。

7.3 局部机械排风系统的排风罩应符合 GB/T 16758 要求,将发生源产生的粉尘、毒物吸入罩内,以确保达到高捕集效率。

7.4 对产生粉尘的设备,企业应根据粉尘的浓度情况,在粉尘逸出部位设置吸尘罩等装置,并且企业应根据自身工艺流程、设备配置、厂房条件,采取局部除尘系统或集中除尘系统处理粉尘。

7.5 粉料的进料口应设置有效的下/侧吸风装置,以保证进料口处环境呈负压状态。

7.6 粉料储存、集中装卸、配料及进料处宜设置通风除尘设备,不应使用扫帚等易扬尘的工具清除积尘。

7.7 袋装粉料拆包、倒包、清包时应设置有效的吸风除尘措施。

7.8 输送含尘气体的排风管道应采用圆形管道,管道之间应采用法兰连接。

7.9 散发有毒有害物质的设备应在有毒有害物质逸出部位设置排风罩等控制措施,尾气应经收集、净化处理后排放。

7.10 粉料、有毒有害液体物料称量处应设置有效的除尘排毒装置。

7.11 喷码作业宜在有排风装置的设施内进行;设置隔离喷涂工作区的,区域内应有良好通风,手工喷枪、机械喷枪位置宜设置上吸风或侧吸风的局部排风装置。

7.12 防尘防毒设备设施应与生产设备同时运行。

7.13 防尘防毒设备设施中与尘毒物质接触、反应的部分应根据尘毒物质的危害特征选用合适的材质进行制备。如使用袋式除尘器,含尘气体湿度较高时,应采用防水性能好的滤料;含尘气体具有腐蚀性时,应采用耐酸碱的防腐蚀性滤料;含尘气体易燃易爆时,应采用防静电滤料。除尘设备和滤料应符合 GB/T 6719 的规定。

7.14 易燃易爆场所尘毒排风系统应采用防爆、隔爆设备。

7.15 日用化学产品生产企业应定期检查除尘排毒装置的风道以及设施密闭状况,并及时进行清理和维护,确保防尘防毒装置的正常运转。

8 个体防护措施

8.1 日用化学产品生产企业应按 GB/T 11651、GB/T 18664、GBZ/T 195 的要求为接触尘毒的劳动者配备个体防护用品。属于国家行政许可范围内的个体防护用品,应配备取得了个体防护用品生产许可证或安全标志准用证的个体防护用品。日用化学产品生产企业产生尘毒危害的主要工序、主要危害因素及个体防护措施参见附录 A。

8.2 劳动者进行称料、配料、进料、取样检测等操作时,除穿戴一般防护用品(如工作服、工作鞋、护发帽等)外,还应做好呼吸、眼部及皮肤防护。其中:

    a) 接触一般性粉料的劳动者,应佩戴防尘口罩、护目镜;

    b) 接触具有刺激性粉料的劳动者,应佩戴防尘口罩、护目镜、防护手套;

    c) 接触有毒有害气体或挥发性液体物料的劳动者,应佩戴防毒口罩、护目镜、防护手套;

    d) 接触可同时产生尘毒危害物料的劳动者,应佩戴具有防尘防毒功能的口罩、护目镜、防护手套。

8.3 接触尘毒作业的劳动者应了解个体防护用品的适用性和局限性,具有正确使用个体防护用品的能力,上岗时应穿戴好个体防护用品。

8.4 个体防护用品应按要求进行维护、保养、集中清洗。个体防护用品到达使用有效期或失效时应及时更换。

8.5 劳动者不应在尘毒作业区饮水、进食、休息,不应穿戴被尘毒污染的工作服进入餐厅、办公场所。

9 管理措施

9.1 日用化学产品生产企业主要负责人应全面负责本企业职业病危害防治工作,并应接受相关职业卫生知识培训。

9.2 日用化学产品生产企业应设置专职或兼职的职业卫生管理人员负责职业病危害防治工作,人员应接受相关职业卫生知识。职业病危害防治工作宜按照 GBZ/T 225 执行。

9.3 日用化学产品生产企业应建立并有效实施职业病危害制度,主要包括:岗位责任制、操作规程、职业病危害告知制度、职业病危害项目申报制度、职业健康检查及职业健康监护档案管理制度、个体防护用品发放使用制度、防尘防毒设施的维修保养和定期检测检验制度、尘毒日常监测和定期检测制度、毒性物质存取制度、危险化学品安全管理制度等。

9.4 日用化学产品生产企业对尘毒作业区域应每年至少进行一次粉尘、有毒物质检测,检测结果应在作业场所醒目位置进行公示,检测报告应整理归档,妥善保存。粉尘、有毒物质浓度检测应在正常工况下进行,检测点的位置和数量等参数应符合 GB 13733、GBZ 159 的相关规定。

9.5 日用化学产品生产企业宜每年对整个生产过程进行一次粉尘、毒物危害内部辨识和评估。在工作场所、工艺过程、设备发生重大变化时,及时重新开展辨识评估工作。辨识评估文件宜建档管理。企业宜按 GBZ/T 229.1 和 GBZ/T 229.2 的要求对尘毒作业进行分级,并实施分级管理。

9.6 日用化学产品生产企业与劳动者签订劳动合同(含聘用合同)时,应当将工作过程中可能产生的职业病危害及其后果、职业病防护措施和待遇等如实告知劳动者,并在劳动合同(含聘用合同)中写明,不得隐瞒或者欺骗。

9.7 接触尘毒作业的劳动者上岗、换岗以及离岗一年以上重新上岗前应经过"三级安全教育"和防尘防毒知识技能培训,经考核合格后方可上岗,在岗期间应严格执行岗位操作规程。

9.8 日用化学产品生产企业应定期对接触尘毒作业的劳动者进行岗位操作规程、防尘防毒作业要求、事故应急处理等方面的教育培训,每年应至少组织一次上述知识技能再教育和考核。教育培训应做好记录并建档管理。

9.9 日用化学产品生产企业应每年对防尘防毒技术措施和管理措施至少进行一次检查,对不符合防尘防毒要求的应及时整改。

10 事故应急处置措施

10.1 对生产过程中可能突然逸出大量有害气体或易造成急性中毒的工作场所,应设置事故通风装置及与其联锁的泄漏报警装置,报警装置及其设置应符合 GB 12358、GBZ/T 223 的要求。

10.2 对可能发生急性职业损伤的有毒有害作业区应设置具备防冻性能的紧急淋浴器和洗眼器、急救药品和其他相关急救装备。

10.3 发生有毒有害物质泄漏时,救援人员应采取高级别个体防护措施:

    a) 喷射状态下,劳动者应佩戴化学品防护服、耐酸碱手套(工业橡胶手套)、耐油胶靴、正压式空气呼吸器;

    b) 弥散状态或气溶胶状态,劳动者应佩戴耐酸碱手套(工业橡胶手套)、耐油胶靴、正压式空气呼吸器。

10.4 日用化学产品生产企业宜与就近的具有应急救援能力的医疗单位签署医疗救援协议,并提供企业涉及的原(辅)料、产品的化学品安全技术说明书。

10.5 日用化学产品生产企业应针对可能发生的急性中毒事故,按 AQ/T 9002 的要求制定专项应急预案,每年至少组织一次应急演练,并对预案经常维护、及时更新。

11 职业健康监护

11.1 日用化学产品生产企业应按照 GBZ 188 的要求对接触尘毒危害的作业人员进行上岗前、在岗期间、离岗时的职业健康检查和发生职业病危害事故时的应急健康检查。不应安排有职业禁忌证的作业人员从事所禁忌的作业或相关作业。

11.2 日用化学产品生产企业应为接触尘毒的作业人员建立职业健康监护档案,由专人负责管理,并按照规定的期限妥善保存。作业人员离开企业时,企业应当如实、无偿提供其职业健康监护档案复印件,并在复印件上签章。

11.3 已被诊断为职业病的接触尘毒作业人员应及时进行治疗。作业人员患有职业病而不适宜继续从事原工作的,应调离原工作岗位,并妥善安置。

附　录　A

（资料性附录）

日用化学产品生产企业产生尘毒危害的主要工序、主要危害因素及防控措施

表 A.1　日用化学产品生产企业产生尘毒危害的主要工序、主要危害因素及防控措施

日用化学产品生产企业类型	主要工序名称	可能存在的主要危害因素	防控措施	
			工程控制措施	个体防护措施
肥皂及合成洗涤剂生产企业	液氯气化	氯气、酸雾	隔离放置 设事故通风、喷淋、氯气捕消器	化学品防护服、耐酸碱手套
	磺化中和	磺酸、液碱		耐酸碱手套、护目镜
	干洗剂制备	三氯乙烯	进料口设局部排风 设事故通风、喷淋	防毒口罩、工业橡胶手套、护目镜 应急状态下配隔绝式呼吸器
	液态洗剂原料配制	磺酸、氢氧化钠	密闭进料	耐酸碱手套、护目镜
	粉状原料上料	氢氧化钠、氢氧化钾	密闭进料	耐酸碱手套、护目镜
	玻璃清洗剂	异丙醇	密闭管道输送	乳胶手套
	肥皂脱色	过氧化氢	密闭进料	工业橡胶手套、护目镜
	洗衣粉烘干、包装	洗衣粉尘	移动粉尘清扫机	乳胶手套
	消毒剂上料	二氧化氯	自动上料 密闭作业 设事故通风、喷淋	防毒口罩、工业橡胶手套、护目镜 应急状态下配隔绝式呼吸器
	炉灶洗涤剂搅拌	异丙醇、乙二醇	密闭作业	乳胶手套
	餐具洗涤剂 pH 调节	硫酸、盐酸	密闭进料	耐酸碱手套、护目镜
化妆品生产企业	粉剂（胭脂、眼影、香粉）的原料研磨、烘干	高岭土、滑石粉、云母粉	密闭作业 进出料口设吸风罩	防尘口罩、乳胶手套
	爽身粉、痱子粉、除脚汗剂、去狐臭粉膏、粉状抗汗剂研磨、灌装	滑石粉	密闭作业 进出料口设吸风罩	防尘口罩、乳胶手套
	粉饼压制	滑石粉	密闭作业 进出料口设吸风罩	防尘口罩、乳胶手套
	染发剂制备	对苯二胺、过氧化氢	密闭进料 密闭作业	防毒口罩、工业橡胶手套、护目镜
	洗面奶原料配制	氢氧化钠、氢氧化钾	密闭进料	耐酸碱手套、护目镜
	指甲油制备	甲苯、对苯二甲酸酯、乙酸乙酯、乙酸丁酯	密闭进料 设事故通风	防毒口罩、工业橡胶手套、护目镜 应急状态下配隔绝式呼吸器
	发用喷雾剂制备	甲醛	密闭进料	防毒口罩、工业橡胶手套、护目镜

表 A.1 日用化学产品生产企业产生尘毒危害的主要工序、主要危害因素及防控措施（续）

日用化学产品生产企业类型	主要工序名称	可能存在的主要危害因素	防控措施	
			工程控制措施	个体防护措施
口腔清洁用品生产企业	粉料投料和配料	碳酸钙、二氧化硅、十二烷基硫酸钠、氟化钠	密闭进料密闭作业	防尘口罩、乳胶手套
	脱敏镇痛型牙膏制备	甲醛	密闭进料	防毒口罩、工业橡胶手套、护目镜
	矿化漱口水	尿素	密闭进料	防尘口罩、乳胶手套
	消炎止血型牙膏	尿素	密闭进料	防尘口罩、乳胶手套
香料、香精生产企业	醛类香料合成	一氧化碳、二氧化硫、苯、甲苯、甲醇、酚、甲醛、硫酸二甲酯、三氯乙烯	密闭作业密闭进料	防毒口罩、工业橡胶手套、护目镜
	烃类香料合成	苯、苯胺、甲醛	密闭作业密闭进料	防毒口罩、工业橡胶手套、护目镜
	醇类香料合成	松节油、甲醛	密闭作业密闭进料	防毒口罩、工业橡胶手套、护目镜
	酮类香料合成	盐酸、苯、甲苯、酚	密闭作业密闭进料	防毒口罩、防酸碱手套、护目镜
	花香溶剂萃取	苯、正己烷、四氯化碳	密闭管道输送密闭进料	防毒口罩、工业橡胶手套、护目镜
	酯类香料合成	甲苯、甲醇、三氯乙烯、盐酸	密闭管道输送密闭进料	防毒口罩、工业橡胶手套（防酸碱手套）、护目镜
	羧类香料合成	甲苯	密闭管道输送	防毒口罩、工业橡胶手套、护目镜
	硝基麝香合成	甲苯、硫酸二甲酯、三氯乙烯	密闭管道输送密闭进料	防毒口罩、工业橡胶手套、护目镜
	多环麝香合成	甲苯、甲醛、盐酸	密闭管道输送密闭进料	防毒口罩、工业橡胶手套（防酸碱手套）、护目镜
	花香气体萃取	四氯化碳	密闭管道输送	防毒口罩、工业橡胶手套、护目镜
	硝基压香合成	硝基苯	密闭管道输送	防毒口罩、工业橡胶手套、护目镜
	氮类香料合成	二硝基甲苯、甲醇、盐酸	密闭管道输送密闭进料	防毒口罩、工业橡胶手套（防酸碱手套）、护目镜
	醚类香料合成	甲醇、酚、硫酸二甲酯、三氯乙烯、松节油	密闭管道输送密闭进料	防毒口罩、工业橡胶手套、护目镜

表 A.1 日用化学产品生产企业产生尘毒危害的主要工序、主要危害因素及防控措施（续）

日用化学产品生产企业类型	主要工序名称	可能存在的主要危害因素	防控措施	
			工程控制措施	个体防护措施
香料、香精生产企业	花香溶剂萃取	醚	密闭管道输送 密闭进料	防毒口罩、工业橡胶手套、护目镜
	氧类香料合成	三氯乙烯	密闭管道输送 密闭进料	防毒口罩、工业橡胶手套、护目镜
	卤素香料合成	三氯甲烷	密闭管道输送 密闭进料	防毒口罩、工业橡胶手套、护目镜
其他日用化学产品生产企业	火柴制浆	炭黑、重铬酸盐	设备密闭 进出料口设吸风罩	防尘口罩、乳胶手套
	溶剂型鞋油制备	松节油、汽油	密闭进料 进出料口设吸风罩	防毒口罩、工业橡胶手套、护目镜
	蜡的乳化工艺	吗啉、环氧乙烷	密闭进料 进出料口设吸风罩	防毒口罩、工业橡胶手套、护目镜
	墨汁、墨水搅拌	乙二醇、尿素、炭黑、硫酸	设备密闭 进出料口设吸风罩	防尘防毒口罩、防酸碱手套、乳胶手套
	圆珠笔油墨搅拌	二甲苯、戊烷	密闭进料 非密闭进料,进料口设局部排风	防毒口罩、工业橡胶手套、护目镜
	瓷器黏合剂原料调和	硫化钡、石棉	设备密闭 进出料口设吸风罩	防尘口罩、乳胶手套、护目镜
	空气清新剂制备	二氧化氯	密闭管道输送	防毒口罩、工业橡胶手套、护目镜
	纸箱封口胶卷纸原料研磨	氧化锌	设备密闭 进出料口设吸风罩	防尘口罩、乳胶手套

ICS 13.100
C 70
备案号：44616—2014

中华人民共和国安全生产行业标准

AQ/T 4234—2014

职业病危害监察导则

Guidelines for supervision of occupational disease hazards

2014-02-20 发布   2014-06-01 实施

国家安全生产监督管理总局   发 布

前　言

本标准按照 GB/T 1.1—2009 给出的规则起草。

本标准由国家安全生产监督管理总局提出。

本标准由全国安全生产标准化技术委员会防毒防尘分技术委员会(SAC/TC 288/SC 7)归口。

本标准起草单位：首都经济贸易大学、浙江建安检测技术研究院。

本标准主要起草人：王勇毅、丁宙胜、姜亢、郭建中、赵容、柯鑫。

AQ/T 4234—2014

职业病危害监察导则

1 范围

本标准规定了职业病危害监察的原则、程序和内容。
本标准适用于政府监督管理部门对用人单位的职业病危害监察活动。

2 规范性引用文件

下列文件对于本文件的应用是必不可少的，凡是注日期的引用文件，仅注日期的版本适用于本文件。凡是不注日期的引用文件，其最新版本（包括所有的修改单）适用于本文件。
GB/T 11651　个体防护装备选用规范
GBZ 1　工业企业设计卫生标准
GBZ 2.1　工作场所有害因素职业接触限值　第1部分：化学有害因素
GBZ 2.2　工作场所有害因素职业接触限值　第2部分：物理因素
GBZ 158　工作场所职业病危害警示标识
GBZ 188　职业健康监护技术规范

3 术语和定义

下列术语和定义适用于本文件。

3.1
职业病危害　occupational disease hazards
生产过程、劳动过程或作业环境中产生或存在的，可能导致作业人员罹患职业病的不良因素或条件。

3.2
监察　supervise
政府监督管理部门的执法人员、取得授权的组织或个人对存在职业病危害的用人单位相关事项的监督与检查活动。

3.3
例行监察　regular supervise
对所辖范围内用人单位职业病危害情况进行的有计划的监察。

3.4
特殊监察　special supervise
因发生职业病危害事件或根据举报信息对用人单位职业病危害情况进行的非计划的监察。

3.5
跟踪监察　follow-up supervise
对监察指令和存在问题的纠正情况进行的验证性检查。

4 监察原则

4.1 监察活动应遵循公开、公平和公正的原则。

4.2 监察行为应符合法定的权限、范围、条件和程序。

4.3 监察工作不应妨碍用人单位的正常生产经营活动,不替代用人单位日常职业健康管理和检查工作。

4.4 监察工作实行回避制度。

4.5 监察员对用人单位的生产经营信息予以保密。

5 监察程序

5.1 监察类型

职业病危害监察包括三种类型:例行监察、特殊监察和跟踪监察。

5.2 监察前的准备

监察前的准备工作内容包括:
——明确监察依据的法律法规和标准;
——明确检查的类型、目的、方式和内容;
——获取用人单位职业病危害相关信息,包括生产技术、工艺、材料、主要工序、岗位设置、主要职业病危害类别和人员暴露方式等;
——获取用人单位职业病危害申报资料;
——具备实施现场检查需要的物件,包括监察人员身份证件、检测仪器、个人防护用品和信息获取、存储、记录工具等。

5.3 实施监察

5.3.1 监察员应出具由监管机构或授权机构颁发的证件并说明身份。

5.3.2 监察员应向用人单位说明监察的目的、依据、范围、方式和对用人单位的要求。

5.3.3 监察员进入作业场所实施监察,应由用人单位指派人员陪同。

5.3.4 监察员应确认用人单位的现场生产条件和工况。

5.3.5 监察员应对可能存在职业病危害的场所进行职业病危害的检查、取证并记录。

5.3.6 监察员应对现场发现的、具有显著的职业病危害高风险的状态和行为进行现场纠正。

5.3.7 监察员应对监察对象提供的相关文档资料的真实性进行核实。

5.3.8 监察员应穿戴适宜的个人防护用品,保证自身安全与健康。

5.4 监察结果的处理

5.4.1 现场监察活动结束后,监察员和用人单位代表应在监察记录上签字确认。用人单位代表拒绝签字的,监察员应记录现场情况并留存相应的记录材料备查。

5.4.2 监察员发现用人单位有违反法律法规和标准要求的行为或状态,应以书面形式发出职业病危害监察指令书,责令用人单位提出改善方案,进行整改,以满足法律法规和标准的要求。

5.4.3 发生职业病危害事故或者有证据证明危害状态可能导致职业病危害事故发生时,监察员可以采取下列临时控制措施:
——责令暂停可能导致职业病危害事故的生产经营活动;

——封存造成职业病危害事故或者可能导致职业病危害事故发生的物料和设备;

——组织控制职业病危害事故现场。

在职业病危害事故或者危害状态得到有效控制后,应及时解除控制措施。

5.4.4 监察员应将现场监察记录、监察结果汇编成监察报告,监察报告应公正、客观和全面。

5.4.5 监察员应在规定的时间内将监察报告及其相关资料送交资料管理部门归类、存档。

5.4.6 监察部门应在规定的期限内将监察结果以书面形式告知用人单位。

5.4.7 监察部门应建立完善的跟踪监察机制,确认处理意见的执行情况。

5.4.8 监察部门应按规定进行跟踪监察,对整改情况进行检查。

6 监察内容

6.1 日常管理监察内容

6.1.1 用人单位职业病危害预防、控制计划,实施方案和所需的资金投入。

6.1.2 存在职业病危害的用人单位设置或者指定职业卫生管理机构或者组织,配备专、兼职职业健康管理人员的情况。

6.1.3 用人单位的主要负责人和职业健康管理人员接受与其岗位职责相适应的职业病危害防治知识培训情况,具备与本单位所从事的生产经营活动相适应的职业健康管理知识和能力情况。

6.1.4 用人单位各部门、各岗位人员的职业病危害预防、控制责任制度。

6.1.5 健全的与职业病危害预防、控制相关的操作规程。

6.1.6 用人单位建立的职业病危害管理制度,职业病危害管理制度至少应包括:职业病危害告知、职业病危害申报、职业健康宣传教育和培训、职业病危害防护设施维护检修、从业人员个体防护用品管理、工作场所职业病危害因素监测及评价、作业人员职业健康监护档案管理等制度。

6.1.7 职业病危害管理制度发放至相关岗位管理人员和作业人员。

6.1.8 存在职业病危害的用人单位,设有专人负责作业场所职业病危害因素的日常监测工作。

6.1.9 存在职业病危害的用人单位,定期进行职业病危害因素检测和职业病危害现状评价,检测、评价周期符合法规、标准规定。

6.1.10 作业环境职业病危害因素的检测结果符合 GBZ 1、GBZ 2.1 和 GBZ 2.2 的规定。对经治理仍然达不到国家职业卫生标准要求的,依据法规开具相应职业病危害监察指令书。

6.1.11 用人单位定期进行职业病危害申报,申报内容与现场情况、检测报告内容符合。终止生产经营的,向原职业病危害申报机关办理注销手续。

6.1.12 存在职业病危害因素的用人单位,与作业人员签署的劳动合同中明示了作业岗位存在职业病危害因素的情况和劳动保护待遇;因工作岗位或者内容变更使作业人员接触职业病危害因素的,用人单位向作业人员履行如实告知义务,并协商变更原劳动合同相关条款。

6.1.13 用人单位建立了作业人员职业健康监护档案,并按照规定期限妥善保存。职业健康监护档案包括如下内容:

——作业人员的职业史;

——职业病危害因素接触史;

——作业场所职业病危害因素定期检测结果;

——职业健康检查结果;

——职业病诊疗资料等。

6.1.14 用人单位安排接触职业病危害的从业人员进行上岗前、在岗期间和离岗时的职业健康检查及应急暴露健康检查。职业健康检查的费用由用人单位承担,检查频次、项目符合 GBZ 188 的规定。在职业健康检查中发现有与所从事的职业相关的健康损害的作业人员,及时调离原工作岗位,并妥善安置。

6.1.15 用人单位将职业健康检查结果书面告知作业人员本人。

6.1.16 承担作业人员职业健康检查、职业病危害因素检测和职业病危害评价的职业卫生服务机构具有相应的资质。

6.1.17 用人单位为作业人员配备了与预防职业病危害要求相符合的个人防护用品,个人防护用品的配备满足 GB 11651 的要求。

6.1.18 用人单位对作业人员正确穿戴和使用个人防护用品进行教育和检查。

6.1.19 个人防护用品在有效期内使用或按规定进行更换。

6.1.20 用人单位对作业人员定期进行预防职业病危害的宣传、教育和培训,宣传、教育和培训的内容与作业岗位职业病危害预防、控制要求相符合。

6.1.21 用人单位建立、健全了职业病危害事故应急救援预案,有定期演练计划、演练记录,配备了适宜、有效的应急救援设备设施。

6.1.22 发生职业病危害事故时,按照法规规定向所在地安全生产监督管理部门和有关部门报告。

6.2 生产经营过程监察内容

6.2.1 作业场所布局合理,有害作业与无害作业分开,高毒作业场所与其他作业场所隔离,作业场所与生活场所分开。

6.2.2 用人单位按照法规规定,采取有效措施减少或者消除工艺与作业环境中的职业病危害因素。采用的技术、工艺、物料有利于消除或预防职业病危害。生产经营过程无国家明令禁止或淘汰的落后工艺、设备或物料。

6.2.3 存在职业病危害的作业现场,设有与职业病危害控制相适应的防护装备、设施,防护装备、设施处于正常状态。

6.2.4 与职业病危害控制相适应的防护设施的维护、检修和定期检测记录全面、规范。

6.2.5 能出示存在职业病危害的化学品和有放射性物质材料的中文说明书、警示标识或中文警示说明。

6.2.6 存在职业病危害的用人单位,在醒目位置设置公告栏,公布有关职业病防治的规章制度、操作规程、职业病危害事故应急救援措施和工作场所职业病危害因素检测结果。

6.2.7 对产生严重职业病危害的作业岗位,在醒目位置设置警示标识和中文警示说明。警示标识符合 GBZ 158 的要求。警示说明载明产生职业病危害的种类、后果、预防以及应急救治措施等内容。

6.2.8 对可能发生急性职业病危害事故的工作场所,设置报警装置,配置现场急救用品、冲洗设备、应急撤离通道和必要的泄险区。对放射工作场所和放射性同位素的运输、贮存,配置防护设备和报警装置,接触放射线的工作人员佩戴个人剂量计。

6.2.9 职业病危害事故应急设备、仪器、仪表符合标准,处于计量、认证的有效期内。

6.2.10 未安排未成年工在存在职业病危害因素的岗位作业;未安排孕期、哺乳期的女职工从事对本人和胎儿、婴儿有危害的作业;接触职业病危害因素的作业人员无职业禁忌症。

6.2.11 作业场所的更衣间、洗浴间、孕妇休息间等卫生设施的配置符合相关标准规定。

6.2.12 作业人员在作业现场正确穿戴和使用个人防护用品。

6.3 建设项目管理监察内容

6.3.1 可能产生职业病危害的建设项目在可行性论证阶段进行了职业病危害预评价。

6.3.2 存在严重职业病危害的建设项目,保存有职业病危害防护设施设计审查文件。

6.3.3 建设项目完工后或试运行期间进行了职业病危害控制效果评价。

6.3.4 职业病危害预评价、控制效果评价由有资质的职业卫生技术服务机构完成。

6.3.5 建设项目工程预算包含职业病危害防护设施和相关技术措施所需经费。

6.3.6 建设项目竣工验收之日起 30 日内完成了项目的职业病危害申报。

ICS 13.100
C 65
备案号：44617—2014

中华人民共和国安全生产行业标准

AQ/T 4235—2014

作业场所职业卫生检查程序

Occupational health inspection procedures in workplace

2014-02-20 发布

2014-06-01 实施

国家安全生产监督管理总局　　发 布

前　言

本标准按照 GB/T 1.1—2009 给出的规则起草。

本标准由国家安全生产监督管理总局提出。

本标准由全国安全生产标准化技术委员会防毒防尘分技术委员会(SAC/TC 288/SC 7)归口。

本标准起草单位:哈尔滨工程大学、黑龙江省管理学学会、黑龙江省安全生产监督管理局。

本标准主要起草人:史丽萍、李玉伟、贾洪雁、金振声、李冰、杜泽文。

作业场所职业卫生检查程序

1 范围

本标准规定了作业场所职业卫生检查应该遵循的程序。

本标准适用于职业卫生检查部门对用人单位作业场所进行的职业卫生状况的检查活动。中华人民共和国领域内各级安全生产监督管理部门对生产经营单位(煤矿除外)作业场所职业卫生的检查适用本标准。

2 规范性引用文件

下列文件对于本文件的应用是必不可少的,凡是注日期的引用文件,仅注日期的版本适用于本文件。凡是不注日期的引用文件,其最新版本(包括所有的修改单)适用于本文件。

GB/T 11651—2008　个体防护装备选用规范

GBZ 188—2007　职业健康监护技术规范

GBZ/T 224—2010　职业卫生名词术语

国家安全生产监督管理总局第 47 号令　作业场所职业卫生监督管理规定

3 术语和定义

下列术语和定义适用于本文件。

3.1

作业场所　workplace

是指劳动者进行职业活动,并由用人单位直接或间接控制的所有地点。

3.2

职业卫生　occupational health

是对作业场所内产生或存在的职业性有害因素及其健康损害进行识别、评估、预测和控制的一门科学,其目的是预防和保护劳动者免受职业性有害因素所致的健康影响和危险,使工作适应劳动者,促进和保障劳动者在职业活动中的身心健康和社会福利。

3.3

检查程序　inspection procedure

是指检查人员在实施检查的过程中必须遵守的法定程序,是检查行为在时间和空间上表现形式、时间顺序和持续状态。

3.4

检查人员　inspector

具备职业卫生领域相关业务知识,取得行政执法资格,由检查部门指定、授权,依据法律法规和标准对用人单位作业场所行使监督管理职能的人。

3.5

检查记录　inspection record

是指在检查过程中,用文字、图片、声音、影像等对检查活动和用人单位状况进行记载。

3.6

职业病危害因素 occupational hazards

在职业活动中产生和(或)存在的、可能对职业人群健康、安全和作业能力造成不良影响的因素或条件,包括化学、物理、生物等因素。

3.7

个人防护用品 personal protective equipment

又称个人职业病防护用品,是指劳动者在劳动过程中为防御物理、化学、生物等外界因素伤害而穿戴、配备以及涂抹、使用的各种物品的名称。

4 一般要求

4.1 实施检查前准备

4.1.1 检查前准备

作业场所职业卫生检查是以识别可能危及相关人员的职业病危害因素为目的,确定其职业卫生状况的一系列活动。其任务来源主要包括检查工作例行安排和投诉两方面,一般根据检查起因设置检查的频率。

在检查活动实施前需要进行的准备包括:信息准备、文件准备、人员准备、装备准备。

4.1.2 信息准备

信息准备主要包括熟悉用人单位情况、查阅相关法律法规和相关标准等项工作。用人单位情况信息主要包括:

——产业类型;

——生产规模;

——生产工艺;

——原辅料使用;

——职业危害因素;

——防治设施;

——备案信息;

——以往检查信息;

——整改情况;

——行政处罚书履行情况等。

4.1.3 文件准备

文件准备主要包括确定重点检查内容、文书准备和证件准备。

确定重点检查内容:根据用人单位的职业卫生常见问题、以往的检查记录和本次检查的目的来确定检查的重点内容。

文书准备是根据本次检查需要,集齐将可能需要填写的空白文书和已经填写完成的文书的活动。这些文件主要包括:

——企业须知;

——现场检查记录;

——询问笔录;

——勘验笔录;

——抽样取证凭证；

——整改指令书；

——强制措施决定书；

——先行登记保存证据通知书；

——检查清单；

——用人单位以往的检查记录等。

证件准备是根据法律法规的要求集齐检查需要携带并出示的相关证明类文件的活动。这些证明一般包括：

——检查批准文件；

——执法证件等。

4.1.4 人员准备

人员准备是形成能够胜任本次检查行动的检查组的活动。主要包括成立检查组，并配备相关专家的相关准备活动。

成立检查组：检查组是由两人以上构成的检查队伍。有下列情形之一的，检查人员应当回避：

——检查人员是用人单位负责人的近亲属的；

——检查人员或其近亲属与用人单位有利害关系的；

——可能影响本次检查公正性的其他情形。

专家准备：在涉及专门作业场所或复杂的危害，如果检查人员确定专家协助下进行检查是必要的，可以请其他部门的技术专家协助进行检查。并要使内部和外部专家协调他们的活动，协助检查人员进行检查。

检查人员的着装应满足用人单位的安全要求，如生产场所禁止穿高跟鞋，易燃易爆场所要求穿着防静电服等。

4.1.5 装备准备

装备准备是集齐本次检查需要的技术和工作手段的活动。主要包括检测工具、个人防护用品和记录工具等装备的准备。

在检查开始之前，检查人员要确保已经携带所有需使用的检测设备到作业场所，必要时可采用被检单位符合国家标准的相关个体防护用品。确保其符合计量法规的要求，并确认其已校准可正常工作。

在检查开始之前，检查人员应确保携带所有必要的个人防护装备到作业场所，并确保其正常工作。检查人员应当接受培训，确保掌握需要佩戴的个人防护用品的正确使用方法和相关限制。常用个人防护用品包括：

——安全帽；

——安全眼镜或护目镜；

——空气呼吸器；

——防尘或防毒口罩；

——耳塞；

——安全手套；

——安全鞋；

——阻燃、阻辐射等功能的连衣工作服等。

在检查开始之前，检查人员要确保已经携带记录检查情况的相关工具，并确保其状态良好。这些工具主要包括：

——图像记录设备；

——声音记录设备；

——其他记录设备。

4.1.6 提前告知

提前告知是检查前的告知准备,包括检查前布置和提前通知用人单位两项准备工作。

检查前布置的主要目的是在检查实施前,将检查企业、检查主要内容、检查性质等要求布置给检查组成员。一般而言,由有关部门负责的职业卫生检查,其检查人员不可以提前通知接受检查的企业。

提前告知的目的是在检查实施前,将检查的相关信息正式通知用人单位的行为。一次检查活动做提前告知通常是在下列情况之下:

——当检查是在正常营业时间之后进行,可以进行提前通知；

——当进行检查过程中有特殊安排需要时,例如,有必要维持检查机构的安全及保护检查人员的安全和健康时可以提前通知；

——其他法律法规许可的检查需求。

4.1.7 制定检查计划

制定检查计划是根据检查目的、检查对象、检查内容、检查时间、检查方式、检查地点以及检查人员等形成书面报告,并视检查性质决定存档和报批事宜。当检查为例行性质时,为简化程序采用存档方式；当检查为非常规检查性质时,为严谨程序采用报批方式。

在一般情况下,检查都应在用人单位正常工作时间内进行。

检查人员应当采取相应措施,保证检查信息不被泄露。在开始检查之前,检查人员应该确认所要检查的场所正在进行正常的商业活动,确认其没有得到提前通知。如果查明用人单位通过某种途径获知检查消息,应终止本次检查。

4.2 检查人员身份告知

4.2.1 告知程序

检查人员到达用人单位后,检查组要对用人单位的负责人按照自我介绍、出示有效证件和检查人员身份确认的程序进行身份认定。

4.2.2 自我介绍

自我介绍是将检查组的身份、任务等信息向用人单位负责人传递的过程。身份介绍的主体内容包括:

——检查组所属机构；

——本次检查的任务；

——本次检查的性质；

——检查组组成等。

4.2.3 出示有效证件

有效证件通常指县级以上政府执法部门颁发的可以证明自然人和法人身份的证件。检查人员的有效证件主要包括:

——检查批准文件；

——执法资格证件。

4.2.4 检查人员身份确认

当用人单位对检查人员身份的真实性和合法性存在疑问时,可通过合法方式和途径确认检查人员身份的有效性。通常包括:

——电话确认方式;

——网络确认方式;

——其他确认方式。

如果用人单位发现存在检查回避事由的,可向检查部门申请其回避,由部门负责人决定该检查人员是否应该回避。

4.3 检查活动说明

4.3.1 说明的构成

检查活动说明是履行告知检查目的、性质、内容等相关信息的活动过程,其目的在于使用人单位正确理解检查活动,并防范异常行为的出现。检查活动说明由初步接触和检查前会议两部分构成。

4.3.2 初步接触过程

4.3.2.1 初步接触过程的主要目的是确认得到用人单位的同意并进入作业场所,为检查工作正式实施建立条件。

4.3.2.2 同意。在开始检查前,除非该作业场所属于向公众开放的性质,否则检查人员应当取得用人单位的同意后再进入作业场所。同意的途径如下:

现场同意。检查人员应当从用人单位的管理层代表那里获得同意进行检查的信息,或从有相应权利的企业代表处获得。

通信同意。当上述代表均不在作业场所,检查人员应当与用人单位负责人通过通信手段,获得同意进行检查的信息。

——如果通过通信手段用人单位负责人同意检查,但无法到达作业场所,检查人员应要求用人单位负责人指定专人陪同检查人员进行现场检查;

——如果通过通信手段用人单位负责人同意检查,但要求检查人员等待用人单位负责人到达作业场所,当条件许可时,检查人员应等待用人单位负责人或其代表的到来。

4.3.2.3 强制检查。实施强制检查的检查人员应当在 24 小时内向行政机关负责人报告,并补办相应批准手续。行政机关负责人认为不应当采取行政强制措施的,应当立即解除。强制检查包括如下情形:

——如果等待超过一个合理的时间段,即用人单位负责人在一小时内没有出现在用人单位,检查人员应实施强制检查;

——如果检查人员作出真诚的努力后,仍没有得到用人单位负责人的同意,检查人员应实施强制检查,并将为获得用人单位负责人同意所作出的努力用文件的形式记录下来,要求检查方和用人单位代表签字确认。

4.3.2.4 拒绝进入。对于用人单位负责人拒绝接受检查的情形,检查人员可考虑将其视为拒绝进入。此时,检查人员应当通告用人单位相关主管和部门,并依法提请公安机关协助。

4.3.2.5 警告。向用人单位告知"无正当理由拒绝行政机关依法进行的监督检查,当属违法行为,要承担相应的法律责任"。

4.3.2.6 特例。如果遇到其他不适于进行检查的情形,如劳动争议、正当理由的停产等,应该向上级报告,并形成记录,同时对检查计划进行合理调整。

4.3.3 检查前会议

检查前会议活动的主要目的在于通过公开、正式的方式启动检查活动。是否召开检查前会议视检查活动的复杂性而定。

检查前会议召开前,检查人员需要对下述关键人员的姓名、职位等身份进行认定,以确保其身份的有效,需要确认的人员一般包括:

——用人单位所有者代表;

——用人单位经营者代表;

——用人单位职工代表或工会代表;

——用人单位其他陪同人员。

检查前会议的参加人员应该包括:

——检查组成员;

——用人单位的所有者代表;

——用人单位的经营者代表;

——用人单位的职工代表或工会代表。

检查前会议的议题主要包括:

——告知检查的计划;

——告知用人单位的权利和义务;

——用人单位进行基本情况介绍。

检查前会议的延误可能发生在以下情形:

——如果一项检查的任务来源属于举报情形,检查人员应要求立即介入职业卫生伤害事件,当劳动者远离该伤害风险后,检查人员再启动检查前会议;

——当不能举行联合的检查前会议时,检查人员应当考虑在适当的情况下举行分离的检查前会议。

4.4 实施检查

4.4.1 现场检查过程

检查前会议结束后,检查人员开始实施现场检查。现场检查过程包括成员组成、检查活动、形成记录三个主要环节。

4.4.2 现场检查活动人员构成

为保证检查工作的合法性,保障相关方的权利,参与现场检查活动的人员构成检查组人员、陪同人员和现场人员。检查组人员履行检查职责,陪同人员履行解释和监督职责。

检查组构成人员包括:

——检查人员;

——用人单位代表;

——用人单位职工代表或工会代表。

当用人单位代表不在作业场所时,应该由其指定的现场代表临时代替,并负责答复检查人员关于作业场所职业卫生的询问。

如果需要借助翻译或手语人员来进行有效的沟通,检查人员要确保拥有可靠的翻译和手语人员。

检查人员应当告知任何参与检查的职工代表,用人单位有责任补偿其因陪同检查人员执行检查而耽误的时间,如果企业拒绝对员工进行补偿,在拒绝发生后的 6 个月内,由用人单位向劳动争议调解委员会申请调解或仲裁,对仲裁不服的可以向人民法院起诉。

检查人员在现场检查过程中,要对相关用人单位新出现的相关人员进行身份核实,以保证其身份真实。

4.4.3　确定检查内容

当检查人员认为有必要调整预先制定的检查计划时,应该在下述范围内确定检查内容,这些内容包括:

——设置或者指定职业卫生管理机构或者组织,配备专职或者兼职的职业卫生管理人员情况;

——职业卫生管理制度和操作规程的建立、落实及公布情况;

——主要负责人、职业卫生管理人员和职业病危害严重的工作岗位的劳动者职业卫生培训情况;

——建设项目职业卫生"三同时"制度落实情况;

——作业场所职业病危害项目申报情况;

——作业场所职业病危害因素监测、检测、评价及结果报告和公布情况;

——职业病防护设施、应急救援设施的配置、维护、保养情况,以及职业病防护用品的发放、管理及劳动者佩戴使用情况;

——职业病危害因素及危害后果警示、告知情况;

——劳动者职业健康监护、放射工作人员个人剂量监测情况;

——职业病危害事故报告情况;

——提供劳动者健康损害与职业史、职业病危害接触关系等相关资料的情况;

——依法应当监督检查的其他情况。

其他内容要求可按照检查任务、相关新规定由监管机构确定。

4.4.4　作业场所检查活动的实施

作业场所检查是按照规定的检查内容对作业场所职业卫生状况通过询问、查看、检测等方式进行评定的相关活动。检查活动的实施包括如下过程:

——听取汇报,通过听取该现场负责人的口头解说来获得检查基本信息;

——凭证核实,通过查验相关记录、档案等文件来进一步获得所需检查信息;

——现场检测,借助检测仪器设备对现场的职业病危害因素进行定量测量,获取准确检查信息;

——口头交流,通过现场询问补充检查所需的信息资料;

——提取证据,通过复制用人单位有关职业危害防治的文件、资料,采集有关样品来获得物证。

对于符合相关规定要求的作业场所经相关主管部门批准后,可以实施限制性检查或免于检查,包括:

——法律规定的保密场所;

——符合免检要求的场所;

——其他法律规定的情形。

4.4.5　形成检查记录

检查活动结束后,检查组要完成检查笔录的制作,并向用人单位现场人员呈现笔录和其他记录,同时听取用人单位陈述或申辩。

职业卫生检查记录是根据相关国家法律法规和有关职业卫生技术标准,对用人单位职业卫生状况进行检查、监督、监察时所形成的记载。

记录种类包括:

——采用不同方式形成的记录(方式是指做事的手段和形式),如文字记录、图片记录、语音记录、影像记录;

——针对不同过程形成的记录,如全过程记录、专项检查过程记录;

——具有不同功能形成的记录,如事实记录、结论记录。

记录人员可以为专门的记录员,也可由检查组的成员来兼任。

——当记录工作不需要特殊技能时(如文字记录),可以采用由检查组人员兼职记录人员的方式;

——当记录工作需要特殊的技能时,为保证记录的质量,需要配备专职的记录人员;

——当检查活动为大型的、全面情形时,需要配备专职的记录人员;

——当检查活动为小型的、局部情形时,可以采用由检查组人员兼任记录人员的方式。

记录事项由一般事项和特定事项构成。

一般事项包括:

——用人单位名称;

——用人单位地址;

——负责人姓名;

——负责人联系电话;

——记录序号;

——记录日期;

——检查人签字;

——用人单位意见;

——用人单位代表签字。

特定事项包括:

——检查内容;

——检查要求;

——检查依据;

——检查方式;

——存在问题;

——处理意见等事项。

记录制作份数主要考虑下述要求:

——对现场进行多次检查的,每次均应制作检查记录;

——有多处现场的,分别制作笔录;

——为满足存档要求,应该一式两份。

4.4.6　记录的签字确认

检查记录由用人单位相关人员核对无误后,检查人员和用人单位人员应当在笔录上逐页签名确认。

无异议情形应遵守以下签字确认要求:

——双方均需签字确认;

——应逐页签字确认;

——有涂改处应进行签字确认。

有异议情形应该遵守以下签字确认要求:

——当被检查人或被询问人对笔录内容有异议时,可在笔录上说明理由并由双方签字确认;

——如果被检查人或被询问人拒绝签名的,由两名以上检查人员在笔录上签名,注明被检查人拒绝签名具体情况,并请在场的其他人员签名作证;

——如果无法取得在场其他人员签名作证的,也可使用声音、影像记录手段记录拒绝签名情况。

检查记录根据不同情况分别适用永久保存、长期(30年)保存和短期(10年)保存,其中:

——作为严重违法行为的证据的应该永久保存;

——作为一般违法行为的证据的应该长期保存；

——作为无违法行为的检查文件应该短期保存。

4.5 公布检查结果和确认检查结论

4.5.1 听取陈述和申辩

在公布检查结论前,应听取用人单位对当前检查结论的陈述和申辩。检查组应当充分听取用人单位的意见,对用人单位提出的事实、理由和证据,应当进行记录、复核。用人单位提出的事实、理由或者证据成立的,检查组应当采纳。

4.5.2 公布检查结果

在离开检查地点之前,检查人员应与用人单位召开检查结论通报会议。将本次检查结论在规定的范围内发布。

如果检查期间发现用人单位有违法或违规的现象,能够当场作出处罚决定的,根据《行政处罚法》规定运用处罚的简易程序;若其行为应给予行政处罚,同时告知其作出处罚的事实、理由及依据,并告知其依法享有的权利。

用人单位有权进行陈述和申辩,检查人员必须充分听取其意见,对其提出的事实、理由和证据,应当进行复核。

4.5.3 检查结论确认

在此环节,可依据简易程序形成行政处罚决定书或整改通知,以签字的形式获得用人单位的确认,并当场交付用人单位负责人。如果不符合《行政处罚法》适用简易程序的规定,不能当场做出处罚决定的,检查人员调查终止后,由行政机关负责人作出是否处罚的决定。

4.6 听取意见和申辩

在公布检查结论后,要听取用人单位对检查结论的意见和申辩,并形成陈述笔录。

如有异议,用人单位应在 60 日(工作日)内申请行政复议,因不可抗力或其他正当理由耽误法定申请期限的,申请期限自障碍消除之日起继续计算。

4.7 告知权利和义务

在开始检查前和检查结论作出后,必须告知用人单位法律赋予他们的权利和义务,如行政复议权、行政诉讼权,以及陈述、申辩和听证的权利。用人单位和人员应当予以配合,如实提供有关文件和资料,不得妨碍和阻挠依法进行的职业卫生检查活动。

4.8 后续处理要求

通报或移交:对于在检查中发现的不属于本部门管辖范围的问题要向相关部门通报,并移交相关材料。

异议:对于存在异议的检查结论,用人单位可以视情况依法启动复议程序。

跟踪:对于已经形成最终结论的,应按照规定要求对用人单位的整改情况进行跟踪检查,并形成跟踪结论。

归档:全部检查结束后,需要进行文书入库、整理案卷、案卷归档工作。

返还:存在提取物证的情形时,为确保用人单位的财产权益,要按照相关规定的要求对归还物证事宜给出明确说明。

4.9　说明

上述各项检查活动的关系如附录 A 作业场所职业卫生检查流程图所示。

附　录　A

（资料性附录）

作业场所职业卫生检查流程图

作业场所职业卫生检查流程图如图 A.1 所示。

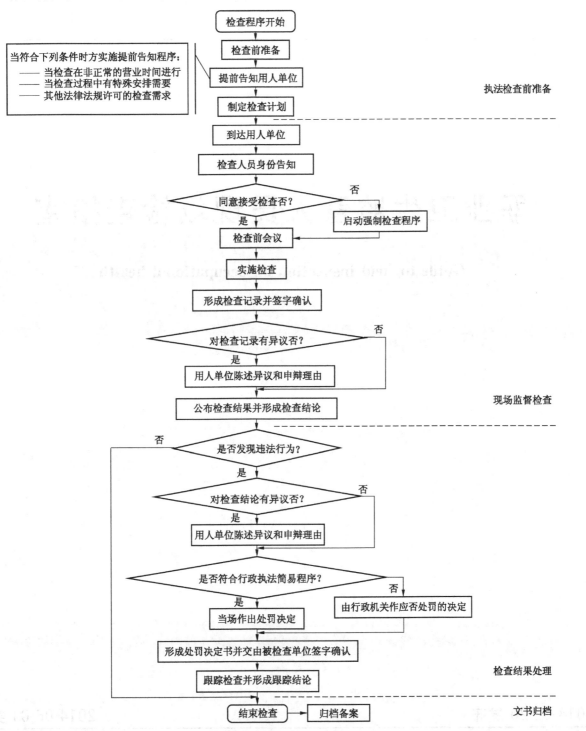

图 A.1　作业场所职业卫生检查流程图

ICS 13.100
C 65
备案号：44618—2014

中华人民共和国安全生产行业标准

AQ/T 4236—2014

职业卫生监管人员现场检查指南

Guide to field inspection on occupational health

2014-02-20 发布

2014-06-01 实施

国家安全生产监督管理总局　　发　布

前　言

本标准按照 GB/T 1.1—2009 给出的规则起草。

本标准由国家安全生产监督管理总局提出。

本标准由全国安全生产标准化技术委员会防毒防尘分技术委员会(SAC/TC 288/SC 7)归口。

本标准起草单位:哈尔滨工程大学、黑龙江省管理学学会、黑龙江省安全生产监督管理局。

本标准主要起草人:史丽萍、李玉伟、贾洪雁、金振声、杨帆。

职业卫生监管人员现场检查指南

1 范围

本标准规定了对工作场所职业卫生现场检查前的准备、检查对象和要素、检查的方法措施和检查结果的确认与后续处理。

本标准适用于相关执法监管部门对用人单位工作现场进行的职业卫生状况的检查和评价。中华人民共和国领域内各级安全生产监督管理部门对用人单位(煤矿除外)工作场所职业卫生的监督检查适用本标准。

2 规范性引用文件

下列文件对于本文件的应用是必不可少的,凡是注日期的引用文件,仅注日期的版本适用于本文件。凡是不注日期的引用文件,其最新版本(包括所有的修改单)适用于本文件。

GB/T 11651—2008 个体防护装备选用规范

GB/T 12801—2008 生产过程安全卫生要求总则

GB/T 28001 职业健康安全管理体系要求

GB/T 28002 职业健康安全管理体系 实施指南

GBZ 1—2010 工业企业设计卫生标准

GBZ 158—2003 工作场所职业病危害警示标识

GBZ 188—2007 职业健康监护技术规范

GBZ/T 196—2007 建设项目职业病危害预评价技术导则

GBZ/T 203—2007 高毒物品作业岗位职业病 危害告知规范

GBZ/T 224—2010 职业卫生名词术语

GBZ/T 225—2010 用人单位职业病防治指南

GBZ 235—2011 放射工作人员职业健康监护技术规范

3 术语和定义

下列术语和定义适用于本文件。

3.1

监管人员 inspector

具备职业卫生领域相关业务知识,取得行政执法资格,由执法监管部门指定、授权,依据法律法规和标准对用人单位工作场所行使监督管理职能的人。

3.2

职业病 occupational diseases

企业、事业单位和个体经济组织的劳动者在职业活动中,因接触粉尘、放射性物质和其他有毒、有害物质等因素而引起的疾病。

3.3

职业病危害因素 occupational hazards

在职业活动中产生和(或)存在的、可能对职业人群健康、安全和作业能力造成不良影响的因素或条件,包括化学、物理、生物等因素。

3.4

职业卫生 occupational health

是对工作场所内产生或存在的职业性有害因素及其健康损害进行识别、评估、预测和控制的一门科学,其目的是预防和保护劳动者免受职业性有害因素所致的健康影响和危险,使工作适应劳动者,促进和保障劳动者在职业活动中的身心健康和社会福利。

3.5

职业健康监护 occupational health surveillance

是以预防为目的,根据劳动者的职业接触史,通过定期或不定期的医学健康检查和健康相关资料的收集,连续性地监测劳动者的健康状况,分析劳动者健康变化与所接触的职业病危害因素的关系,并及时地将健康检查和资料分析结果报告给用人单位和劳动者本人,以便及时采取干预措施,保护劳动者健康。职业健康监护主要包括职业健康检查和职业健康监护档案管理等内容。职业健康检查包括上岗前、在岗期间、离岗时和离岗后医学随访以及应急健康检查。

3.6

现场检查 field inspection

指规定的执法监管部门依据法律法规或标准对用人单位工作场所实施的具体行政监督行为。

4 检查前的准备

为保障检查工作的顺利进行,在进入检查现场前应主要进行如下几方面的准备:

——人员准备:成立检查组,并配备相关专家;

——信息准备:熟悉被检查单位情况和查阅相关法律法规;

——文件准备:确定重点检查内容、文书准备和证件准备;

——装备准备:执法检测工具和个人防护用品。

5 现场检查对象和要素的规定

5.1 现场检查对象的要求

现场检查对象是指用人单位可能产生职业病危害的工作场所,包括:

——生产性工作场所;

——服务性工作场所;

——室内工作场所;

——户外工作场所等。

可根据工作场所以下特征确定检查对象:

——按职业病危害风险程度确定检查的优先顺序;

——按职业卫生检查的性质(普查、专查)确定检查对象;

——其他。

5.2 现场检查要素的规定

现场检查要素是指实施现场检查时具有共同特性和关系的一组现象或一个特定的实体或目标。本标准规定的现场检查要素与附录 A 中的检查项目之间存在对应关系,其构成如下:

——职业卫生管理制度建设、机构设置、管理人员配备情况;

——工作场所职业病危害因素申报情况;

——从业人员职业卫生监护情况;

——工作场所职业病危害因素监测、检测及结果公布情况;

——建设项目职业病危害预防措施及落实情况;

——工作场所职业卫生基本条件;

——从业人员的职业卫生教育培训情况;

——个体防护用品的发放和从业人员佩戴使用情况;

——职业病危害防治管理及其落实;

——职业病危害因素及危害后果告知情况;

——职业病危害事故情况;

——生产过程职业卫生防护情况;

——职业病危害防护设施的设置、维护和保养情况;

——依法应当监督检查的其他情况。

6 现场检查的方法措施

6.1 听取陈述

听取陈述是指以听取被检查方以自主介绍的方式给出相关检查信息的检查活动形式。主要适用于以下情况:

——职业卫生管理制度、机构设置和管理人员配备情况;

——工作场所职业病危害因素检测结果申报情况;

——职业卫生经费投入使用情况;

——职业病发病情况和职业卫生监护情况;

——职业卫生安全许可证申请办理情况等。

6.2 现场询问

现场询问是指以与被检查方进行交谈的方式获取检查信息的检查活动形式。主要适用于以下情况:

——对告知和明示要求的履行情况,包括职业卫生检查结果如实告知劳动者情况;

——对员工的主观感受信息了解的情况,包括设备、工具、用具等设施符合保护劳动者生理、心理健康要求的感受信息;

——对职责履行效果的情况,包括培训情况,女工孕期、哺乳期作业安排情况,对遭受职业病危害的从业人员及时组织救治情况,以及按照规定对从事使用高毒物品作业的从业人员进行岗位轮换情况等。

6.3 现场查看

现场查看是指以眼睛作为主要手段通过观看来获取检查信息的检查活动形式。主要适用于以下情况:

——公布信息要求的落实情况,包括定期将职业病危害因素检测信息向从业人员公布的情况,定期将职业病危害现状评价结果向从业人员公布情况;

——工作场所职业卫生基本条件实际情况,包括设施状况、生产布局情况、应急条件等;

——工作场所职业卫生情况,包括警示标志、防护措施情况等。

6.4 文件查验

文件查验是指通过阅读相关证明、规定等文件性材料来获取检查信息的检查活动形式。主要适用于以下情况：

——陈述信息与实际文件的对应情况，包括职业卫生管理机构设置、管理人员配备情况，工作场所职业病危害因素申报情况，人员职业卫生监护情况；

——备案情况，包括建设前、建设中和建设后的建设项目职业病危害相关文件的备案情况；

——自制文件质量情况，包括应急预案；

——报告情况，包括职业病危害事故的报告情况；

——内部运转情况证据，包括用人单位对职业病危害防护设施进行经常性的维护、检修和保养，定期检测其性能和效果的情况记载，将产生职业病危害的作业转移的情况记载等；

——证明证书情况，包括许可证、培训证明、采购证明。

6.5 现场检测

现场检测是指在工作现场用指定的方法检验测试职业病危害因素指定的技术性能指标的检查活动形式。主要适用于以下情况：

——获取工作场所职业病危害因素的一般实际信息；

——获取工作场所职业病危害整改与治理的效果信息。

7 现场检查结果的确认与后续处理

7.1 记录和归档

检查人员如实填写如附录 B 所示的《职业卫生现场检查记录表》后归档备案。表中信息包括：

——一般信息记录，如检查单位、检查时间、受检单位地址与联系方式、受检单位负责人等；

——主体信息记录，如发现的主要问题、处理意见等；

——证实信息记录，如受检单位负责人和随检人员签字、检查负责人和成员签字。

检查人员应对提取的证据，包括物证、书证、照片、录音和录像等，以及形成的执法文书，按照规定存档。

7.2 办理与处置

对存在违法行为的用人单位，应该按照相关规定和程序进行行政处罚。

应对涉嫌违法违规行为责任人以作进一步调查为目的，就可能存在的其他职业卫生违规违法行为进行约谈。并根据处罚和谈话结果，对如何纠正违规违法行为和提高职业卫生水平提出指导意见。

7.3 追踪和移交

定期跟踪现场检查处罚意见和整改方案的履行情况，及时掌握违法行为改正进度及效果。

对于需要移送其他管理部门的，应及时与有关部门沟通，并将移送和通报情况形成书面记录备案。

附　录　A

（规范性附录）

职业卫生监管人员现场检查表

表 A.1 按照检查内容要素分类设置检查项，表 A.2 按照系统结构分类设置检查项，表 A.2 内容与表 A.1 一致，职业卫生监管人员可视情况选用。

表 A.1　职业卫生监管人员现场检查表

检查项目	检查内容	检查标准	检查方法
1. 职业卫生管理制度、机构设置、管理人员配备情况	规章制度	是否建立如下职业卫生管理和应急救援相关制度： （一）职业病危害防治责任制度； （二）职业病危害警示与告知制度； （三）职业病危害项目申报制度； （四）职业病危害防治宣传教育培训制度； （五）职业病防护设施维护检修制度； （六）个体职业病危害防护用品管理制度； （七）职业病危害监测及评价管理制度； （八）建设项目职业卫生"三同时"管理制度； （九）职业健康监护及其档案管理制度； （十）职业病危害事故处置与报告制度； （十一）职业病危害应急救援与管理制度； （十二）岗位职业卫生操作规程； （十三）法律法规、规章规定的其他职业病防治制度	听取陈述 文件查验
	机构与人员	是否按如下要求设置或指定职业卫生管理机构，并配备专职或兼职的管理人员：劳动者超过100人的，应当设置或者指定职业卫生管理机构或者组织，配备专职职业卫生管理人员；劳动者在100人以下的，应当配备专职或者兼职的职业卫生管理人员，负责本单位的职业病防治工作	听取陈述 文件查验
		从事使用高毒物品作业的用人单位不具备配备专职的或者兼职的职业卫生医师和护士条件的，是否与依法取得资质认证的职业卫生技术服务机构签订合同，由其提供职业卫生服务	听取陈述 文件查验
	职责与权限	是否赋予组织如下人员和部门相关职责和权限：组织机构设置情况，职业卫生管理人员的职责与权限，主要负责人的职责与权限，工会、人事及劳动工资、企业管理、财务、生产调度、工程技术、职业卫生管理等相关部门在职业卫生管理方面的职责与权限	听取陈述 文件查验
2. 工作场所职业病危害因素申报情况	一般申报	是否按照有关规定及时、如实将本单位的职业病危害因素向安全生产监督管理部门申报如下材料：职业病危害项目申报表（留档），职业病危害项目申报回执	听取陈述 文件查验
	高毒申报	使用或变更所使用的高毒物品品种的是否依照有关规定向相关管理部门申报或重新申报如下材料：职业病危害项目申报表（留档），职业病危害项目申报回执	听取陈述 文件查验

表 A.1　职业卫生监管人员现场检查表（续）

检查项目	检查内容	检　查　标　准	检查方法
3. 人员职业健康监护情况	监护档案	是否为从业人员按如下要求建立职业健康监护档案,并按照规定的期限妥善保存。档案内容应包括劳动者姓名、性别、年龄、籍贯、婚姻、文化程度、嗜好等情况,劳动者职业史、既往病史和职业病危害接触史,历次职业健康检查结果及处理情况,职业病诊疗资料,需要存入职业健康监护档案的其他有关资料	听取陈述文件查验
	监护检查	是否按规定对劳动者进行了上岗前、在岗期间和离岗时的职业健康检查	听取陈述文件查验
	监护结果	是否将职业健康检查结果如实告知劳动者	现场询问
		是否对职业病发病情况进行记录并存档	听取陈述文件查验
4. 工作场所职业病危害因素监测、检测及结果公布情况	定期检测	是否每年至少进行一次职业病危害因素检测,并存档和向从业人员公布和向监管部门上报	文件查验现场询问
	定期评价	职业病危害严重的用人单位是否每三年至少进行一次职业病危害现状评价,并存档和向从业人员公布和向监管部门上报	文件查验现场询问
	整改与治理	是否对在监测、定期检测和评价过程中发现的职业病危害进行治理和整改,使之符合规定的要求	现场检测文件查验
5. 建设项目职业病危害预防措施及落实情况	建设前	建设项目职业病危害预评价报告是否报送建设项目所在地安全生产监督管理部门备案,包括建设项目概况,建设项目可能产生的职业病危害因素及其对劳动者健康危害程度的分析和评价,建设项目职业病危害的类型分析,对建设项目拟采取的职业病防护设施的技术分析和评价,职业卫生管理机构设置和职业卫生管理人员配置及有关制度建设的建议,对建设项目职业病防护措施的建议,职业病危害预评价的结论 产生职业病危害的建设项目其职业病危害防治专篇是否报送建设项目所在地安全生产监督管理部门备案	文件查验
	建设中	建设项目的职业病危害防护设施是否与主体工程同时设计、同时施工、同时投入生产和使用	文件查验
	建设后	建设项目的职业病危害控制效果评价报告、职业病危害防护设施验收批复文件是否报送建设项目所在地安全生产监督管理部门备案	文件查验
6. 工作场所职业卫生基本条件	设施	是否有与职业病危害防治工作相适应的有效防护设施	现场查看
		是否有配套的更衣间、洗浴间、孕妇休息间等卫生设施	现场查看
		设备、工具、用具等设施是否符合保护劳动者生理、心理健康的要求	现场查看现场询问
	布局	生产布局是否合理,有害作业与无害作业是否分开	现场查看
		工作场所与生活场所是否分开,是否做到工作场所不得住人	现场查看
		高毒工作场所是否隔离	现场检查
	应急	是否设有自动报警装置和事故通风设施	现场检查
		是否设置了撤离通道和必要的泄险区	现场查看

表 A.1 职业卫生监管人员现场检查表（续）

检查项目	检查内容	检查标准	检查方法
6. 工作场所职业卫生基本条件	应急	是否在醒目位置张贴显示出口的疏散图及疏散程序，并备有应急方案	现场查看 文件查验
		从事使用高毒物品作业的用人单位是否配备应急救援人员和必要的应急救援器材、设备和防护用品	现场查看
		是否确保应急装置和设施处于正常状态，满足应急使用要求	现场查看
		是否与符合条件的医疗单位建立绿色救援通道，保证应急救援及时有效进行	文件查验
	结果	职业病危害因素的强度或者浓度是否符合国家标准和行业标准	现场检测
	许可	工作场所使用有毒物品的用人单位，是否按照有关规定向安全生产监督管理部门申请办理职业卫生安全许可证	听取陈述 文件查验
7. 人员的职业卫生教育培训情况	管理者培训	用人单位的主要负责人和职业卫生管理人员是否具有合格的职业卫生知识和管理能力，并取得相应资质	文件查验
	从业人员培训	用人单位是否对劳动者进行了上岗前的职业卫生培训和在岗期间的定期职业卫生培训，是否达到相关质量要求，并生成相应记录	文件查验 现场询问
8. 个体防护用品的购置与使用情况	购置	从业人员个体防护用品是否符合相关国家标准或行业标准，数量是否满足要求	文件查验 现场查看
	使用	从业人员是否正确佩戴、使用防护用品	现场查看
		所佩戴和使用的防护用品是否处于有效状态	现场查看 文件查验
9. 职业病危害防治管理及其落实情况	经费	是否投入与生产经营规模、职业病危害的控制需求相适应的职业卫生经费，并对职业卫生经费投入使用情况进行记录并存档	文件查验
	落实	从事使用有毒物品作业的用人单位是否对执行相关条例规定的情况进行经常性的监督检查，对发现的问题，是否及时依照相关条例规定的要求进行了处理	文件查验
10. 职业病危害因素及危害后果告知情况	公告	存在职业病危害的用人单位，是否在醒目位置设置公告栏，公布有关职业病危害防治的规章制度、操作规程和工作场所职业病危害因素监测结果	现场查看
	警示	对产生严重职业病危害的作业岗位，是否在醒目位置设置警示标识和中文警示说明，并载明产生职业病危害的种类、后果、预防和应急处置措施。包括： （一）在使用有毒物品工作场所入口或工作场所的显著位置，根据需要设置"当心中毒"或者"当心有毒气体"警告标识，"戴防毒面具""穿防护服""注意通风"等指令标识和"紧急出口""救援电话"等提示标识； （二）在高毒物品工作场所，设置红色警示线，在一般有毒物品工作场所，设置黄色警示线，警示线设在使用有毒工作场所外缘不少于 30 cm 处； （三）在高毒物品工作场所应急撤离通道设置紧急出口提示标识； （四）在泄险区启用时，设置"禁止入内""禁止停留"警示标识，并加注必要的警示语句； （五）在可能产生职业病危害的设备发生故障时，或者维修、检修存在有毒物品的生产装置时，根据现场实际情况设置"禁止启动"或"禁止入内"警示标识；	现场查看

表 A.1 职业卫生监管人员现场检查表（续）

检查项目	检查内容	检查标准	检查方法
10. 职业病危害因素及危害后果告知情况	警示	（六）在产生粉尘的工作场所设置"注意防尘"警告标识和"戴防尘口罩"指令标识； （七）在可能产生职业性灼伤和腐蚀的工作场所，设置"当心腐蚀"警告标识和"穿防护服""戴防护手套""穿防护鞋"等指令标识； （八）在产生噪声的工作场所设置"噪声有害"警告标识和"戴护耳器"指令标识； （九）在高温工作场所设置"注意高温"警告标识，在可引起电光性眼炎的工作场所，设置"当心弧光"警告标识和"戴防护镜"指令标识； （十）在存在生物性职业病危害因素的工作场所，设置"当心感染"警告标识和相应的指令标识； （十一）在存在放射性同位素和使用放射性装置的工作场所，设置"当心电离辐射"警告标识和相应的指令标识等	现场查看
	明示	用人单位与从业人员订立劳动合同时，是否将工作过程中可能产生的职业病危害及其后果、职业病危害防护措施和待遇等如实告知从业人员，并在劳动合同中写明	文件查验现场询问
11. 职业病危害事故情况	报告	用人单位及其从业人员是否存在迟报、漏报、谎报或者瞒报职业病危害事故的情况	文件查验现场询问
	终止	在发生职业病危害事故后，是否立即采取措施停止可能引发或已经引发危险事故的操作，并撤离相关人员	文件查验现场询问
	处理	是否采取有效措施控制事故蔓延，并报告事故的调查与处理结果	文件查验
		是否对遭受职业病危害的从业人员及时组织救治	文件查验现场询问
12. 生产过程职业卫生防护情况	设备	是否生产、经营、进口和使用了国家明令禁止的设备；可能产生职业病危害的设备的中文说明书和警示说明是否符合要求	现场查看
		从事使用有毒物品作业的用人单位是否对留存或者残留有毒物品的设备、包装物和容器进行了妥善处理	现场查看
	作业对象	是否生产、经营、进口和使用了国家明令禁止的材料；可能产生职业病危害的化学品等材料的中文说明书和警示说明是否符合要求	现场查看文件查验
		是否研制、开发、推广、优先采用有利于职业病危害防治和保护劳动者健康的新技术、新工艺、新材料，逐步替代职业病危害严重的技术、工艺、材料	听取陈述文件查验
		用人单位是否将产生职业病危害的作业转移给不具备职业病危害防护条件的单位和个人	文件查验
	从业人员	用人单位存在职业病危害的工作现场是否有未成年工	现场查看
		是否安排孕期、哺乳期的女职工从事对本人和胎儿、婴儿有危害的作业	现场查看现场询问
		用人单位是否按照规定对从事使用高毒物品作业的劳动者进行岗位轮换	文件查验现场询问

表 A.1 职业卫生监管人员现场检查表（续）

检查项目	检查内容	检查标准	检查方法
13. 职业病危害防护设施的设置、维护、保养情况	设置	用人单位对采用的技术、工艺、材料、设备,是否知悉其可能产生的职业病危害,并采取相应的防护措施	现场查看
	维修保养	用人单位对职业病危害防护设施是否进行经常性的维护、检修和保养,定期检测其性能和效果。是否具有符合要求的以下记录:职业病危害防护设施日常运转记录,职业病危害防护设施定期检查记录,应急救援设施定期检查记录	文件查验现场查看
	使用状态	用人单位职业病危害防护设施是否齐备、并正常使用	现场查看
		是否每年评定防护设施对职业病危害因素控制的效果	文件查验
14. 依法应当监督检查的其他情况			

表 A.2 职业卫生监管人员现场检查表

检查项目	检查内容	检查标准	检查方法
机构与人员检查情况	职业卫生机构设置、管理人员配备情况	是否按如下要求设置或指定职业卫生管理机构,并配备专职或兼职的管理人员:劳动者超过100人的,应当设置或者指定职业卫生管理机构或者组织,配备专职职业卫生管理人员;劳动者在100人以下的,应当配备专职或者兼职的职业卫生管理人员,负责本单位的职业病防治工作	听取陈述文件查验
		从事使用高毒物品作业的用人单位不具备配备专职的或者兼职的职业卫生医师和护士条件的,是否与依法取得资质认证的职业卫生技术服务机构签订合同,由其提供职业卫生服务	
		是否赋予组织如下人员和部门相关职责和权限:组织机构设置情况,职业卫生管理人员的职责与权限,主要负责人的职责与权限,工会、人事及劳动工资、企业管理、财务、生产调度、工程技术、职业卫生管理等相关部门在职业卫生管理方面的职责与权限	
制度与档案检查情况	职业卫生管理制度情况	是否建立如下职业卫生管理和应急救援相关制度: (一)职业病危害防治责任制度; (二)职业病危害警示与告知制度; (三)职业病危害项目申报制度; (四)职业病危害防治宣传教育培训制度; (五)职业病防护设施维护检修制度; (六)个体职业病危害防护用品管理制度; (七)职业病危害监测及评价管理制度; (八)建设项目职业卫生"三同时"管理制度; (九)职业健康监护及其档案管理制度; (十)职业病危害事故处置与报告制度; (十一)职业病危害应急救援与管理制度; (十二)岗位职业卫生操作规程; (十三)法律法规、规章规定的其他职业病防治制度	听取陈述文件查验

表 A.2 职业卫生监管人员现场检查表（续）

检查项目	检查内容	检 查 标 准	检查方法
制度与档案检查情况	工作场所职业病危害因素申报情况	是否按照有关规定及时、如实将本单位的职业病危害因素向安全生产监督管理部门申报如下材料：职业病危害项目申报表（留档），职业病危害项目申报回执	听取陈述文件查验
		使用或变更所使用的高毒物品品种的是否依照有关规定向相关管理部门申报或重新申报如下材料：职业病危害项目申报表（留档），职业病危害项目申报回执	
	人员职业健康监护情况	是否为从业人员按如下要求建立职业健康监护档案，并按照规定的期限妥善保存。档案内容应包括劳动者姓名、性别、年龄、籍贯、婚姻、文化程度、嗜好等情况，劳动者职业史、既往病史和职业病危害接触史，历次职业健康检查结果及处理情况，职业病诊疗资料，需要存入职业健康监护档案的其他有关资料	
		是否按规定对劳动者进行了上岗前、在岗期间和离岗时的职业健康检查	
		是否对职业病发病情况进行记录并存档	
	工作场所职业病危害因素监测、检测及结果公布情况	是否每年至少进行一次职业病危害因素检测，向监管部门上报，并存档	
		职业病危害严重的用人单位是否每三年至少进行一次职业病危害现状评价，向监管部门上报，并存档	
		是否具有对在监测、定期检测和评价过程中发现的职业病危害进行治理和整改的记录	
	建设项目职业病危害预防措施及落实情况	建设项目职业病危害预评价报告是否报送建设项目所在地安全生产监督管理部门备案，包括建设项目概况，建设项目可能产生的职业病危害因素及其对劳动者健康危害程度的分析和评价，建设项目职业病危害的类型分析，对建设项目拟采取的职业病防护设施的技术分析和评价，职业卫生管理机构设置和职业卫生管理人员配置及有关制度建设的建议，对建设项目职业病防护措施的建议，职业病危害预评价的结论	
		产生职业病危害的建设项目其职业病危害防治专篇是否报送建设项目所在地安全生产监督管理部门备案	
		建设项目的职业病危害防护设施是否与主体工程同时设计、同时施工、同时投入生产和使用	
		建设项目的职业病危害控制效果评价报告、职业病危害防护设施验收批复文件是否报送建设项目所在地安全生产监督管理部门备案	
	工作场所职业健康基本条件	是否备有应急方案	
		是否与符合条件的医疗单位建立绿色救援通道，保证应急救援及时有效进行	
		工作场所使用有毒物品的用人单位，是否按照有关规定向安全生产监督管理部门申请办理职业卫生安全许可证	

表 A.2 职业卫生监管人员现场检查表（续）

检查项目	检查内容	检查标准	检查方法
制度与档案检查情况	人员的职业卫生教育培训情况	用人单位的主要负责人和职业卫生管理人员是否具有合格的职业卫生知识和管理能力,并取得相应资质	听取陈述文件查验
		用人单位是否对劳动者进行了上岗前的职业卫生培训和在岗期间的定期职业卫生培训,是否达到相关质量要求,并生成相应记录	
	个体防护用品的购置情况	从业人员个体防护用品是否符合相关国家标准或行业标准	
	职业病危害防治管理及其落实情况	是否投入与生产经营规模、职业病危害的控制需求相适应的职业卫生经费,并对职业卫生经费投入使用情况进行记录并存档 从事使用有毒物品作业的用人单位是否对执行相关条例规定的情况进行经常性的监督检查,对发现的问题,是否及时依照相关条例规定的要求进行了处理	
	职业病危害因素及危害后果告知情况	用人单位与从业人员订立劳动合同时,是否将工作过程中可能产生的职业病危害及其后果、职业病危害防护措施和待遇等在劳动合同中写明	
	职业病危害事故情况	是否具有职业病危害事故相应记录及报告情况	
		用人单位是否具有发生职业病危害事故后的操作记录	
		用人单位是否具有控制事故蔓延所采取的有效措施记录及事故的调查与处理结果记录	
		用人单位是否具有对遭受职业病危害的从业人员救治记录	
	生产过程职业健康防护情况	可能产生职业病危害的设备的中文说明书和警示说明是否符合要求	
		可能产生职业病危害的化学品等材料的中文说明书和警示说明是否符合要求	
		是否研制、开发、推广、优先采用有利于职业病危害防治和保护劳动者健康的新技术、新工艺、新材料,逐步替代职业病危害严重的技术、工艺、材料	
		用人单位是否将产生职业病危害的作业转移给不具备职业病危害防护条件的单位和个人	
		是否具有对从事使用高毒物品作业的劳动者进行岗位轮换的规定	
	职业病危害防护设施的维护、保养情况	是否具有符合要求的以下记录:职业病危害防护设施日常运转记录,职业病危害防护设施定期检查记录,应急救援设施定期检查记录	
		是否具有每年评定防护设施对职业病危害因素控制的效果记录	

表 A.2 职业卫生监管人员现场检查表（续）

检查项目	检查内容	检查标准	检查方法
现场检查情况	人员职业健康监护情况	是否将职业健康检查结果如实告知劳动者	现场询问
	工作场所职业病危害因素监测、检测及结果公布情况	是否将职业病危害因素检测结果向从业人员公布	
		是否将职业病危害现状评价结果向从业人员公布	
		职业病危害治理和整改结果是否符合规定的要求	现场检测
	工作场所职业卫生基本条件	是否有与职业病危害防治工作相适应的有效防护设施	现场查看现场询问
		是否有配套的更衣间、洗浴间、孕妇休息间等卫生设施	
		设备、工具、用具等设施是否符合保护劳动者生理、心理健康的要求	
		生产布局是否合理,有害作业与无害作业是否分开	
		工作场所与生活场所是否分开,是否做到工作场所不得住人	
		高毒工作场所是否隔离	
		是否设有自动报警装置和事故通风设施	
		是否设置了撤离通道和必要的泄险区	
		是否在醒目位置张贴显示出口的疏散图及疏散程序	
		从事使用高毒物品作业的用人单位是否配备应急救援人员和必要的应急救援器材、设备和防护用品	
		是否确保应急装置和设施处于正常状态,满足应急使用要求	
		职业病危害因素的强度或者浓度是否符合国家标准和行业标准	现场检测
	人员的职业健康教育培训情况	是否对劳动者进行了上岗前的职业卫生培训和在岗期间的定期职业卫生培训,是否达到相关质量要求	现场询问
	个体防护用品的使用情况	从业人员个体防护用品数量是否满足要求	现场查看
		从业人员是否正确佩戴、使用防护用品	
		所佩戴和使用的防护用品是否处于有效状态	

表 A.2 职业卫生监管人员现场检查表（续）

检查项目	检查内容	检查标准	检查方法
现场检查情况	职业病危害因素及危害后果告知情况	是否在醒目位置设置公告栏,公布有关职业病危害防治的规章制度、操作规程和工作场所职业病危害因素监测结果	现场查看
		对产生严重职业病危害的作业岗位,是否在醒目位置设置警示标识和中文警示说明,并载明产生职业病危害的种类、后果、预防和应急处置措施。包括: (一)在使用有毒物品工作场所入口或工作场所的显著位置,根据需要设置"当心中毒"或者"当心有毒气体"警告标识,"戴防毒面具""穿防护服""注意通风"等指令标识和"紧急出口""救援电话"等提示标识; (二)在高毒物品工作场所,设置红色警示线,在一般有毒物品工作场所,设置黄色警示线,警示线设在使用有毒工作场所外缘不少于 30 cm 处; (三)在高毒物品工作场所应急撤离通道设置紧急出口提示标识; (四)在泄险区启用时,设置"禁止入内""禁止停留"警示标识,并加注必要的警示语句; (五)在可能产生职业病危害的设备发生故障时,或者维修、检修存在有毒物品的生产装置时,根据现场实际情况设置"禁止启动"或"禁止入内"警示标识; (六)在产生粉尘的工作场所设置"注意防尘"警告标识和"戴防尘口罩"指令标识; (七)在可能产生职业性灼伤和腐蚀的工作场所,设置"当心腐蚀"警告标识和"穿防护服""戴防护手套""穿防护鞋"等指令标识; (八)在产生噪声的工作场所设置"噪声有害"警告标识和"戴护耳器"指令标识; (九)在高温工作场所设置"注意高温"警告标识;在可引起电光性眼炎的工作场所,设置"当心弧光"警告标识和"戴防护镜"指令标识; (十)在存在生物性职业病危害因素的工作场所,设置"当心感染"警告标识和相应的指令标识; (十一)在存在放射性同位素和使用放射性装置的工作场所,设置"当心电离辐射"警告标识和相应的指令标识等	现场查看
		用人单位与从业人员订立劳动合同时,是否将工作过程中可能产生的职业病危害及其后果、职业病危害防护措施和待遇等如实告知从业人员	
	职业病危害事故情况	用人单位及其从业人员是否存在迟报、漏报、谎报或者瞒报职业病危害事故的情况	现场询问
		在发生职业病危害事故后,是否立即采取措施停止可能引发或已经引发危险事故的操作,并撤离相关人员	
		是否对遭受职业病危害的从业人员及时组织救治	
	生产过程职业卫生防护情况	是否生产、经营、进口和使用了国家明令禁止的设备	现场查看现场询问
		从事使用有毒物品作业的用人单位是否对留存或者残留有毒物品的设备、包装物和容器进行了妥善处理	
		是否生产、经营、进口和使用了国家明令禁止的材料	
		用人单位存在职业病危害的工作现场是否有未成年工	
		是否安排孕期、哺乳期的女职工从事对本人和胎儿、婴儿有危害的作业	

表 A.2 职业卫生监管人员现场检查表（续）

检查项目	检查内容	检查标准	检查方法
现场检查情况	职业病危害防护设施的设置、维护、保养情况	用人单位是否按照规定对从事使用高毒物品作业的劳动者进行岗位轮换	现场查看 现场询问
		用人单位对采用的技术、工艺、材料、设备，是否知悉其可能产生的职业病危害，并采取相应的防护措施	
		用人单位对职业病危害防护设施是否进行经常性的维护、检修和保养，定期检测其性能和效果	
		用人单位职业病危害防护设施是否齐备、并正常使用	
依法应当监督检查的其他情况			

附　录　B
（资料性附录）
职业卫生现场检查记录表

实施检查单位：　　　　　　　　　　　　　　　　　　　　检查时间：　年　月　日

受检单位名称		地址	
法人代表		电话	
职业卫生责任人		电话	
存在主要问题			
处理意见			
受检单位负责人签名		跟随检查负责人签名	
现场检查组长签名		成员/技术专家签名	

ICS 13.100
C 78
备案号：44621—2014

中华人民共和国安全生产行业标准

AQ/T 4239—2014

轧钢企业职业健康管理技术规范

Technical specification on occupational health
management for the steel rolling industry

2014-02-20 发布　　　　　　　　　　　　　　2014-06-01 实施

国家安全生产监督管理总局　　　发 布

AQ/T 4239—2014

前　言

本标准按照 GB/T 1.1—2009 给出的规则起草。

本标准由国家安全生产监督管理总局提出。

本标准由全国安全生产标准化技术委员会防尘防毒分技术委员会(SAC/TC 288/SC 7)归口。

本标准起草单位:鞍山钢铁集团公司劳动卫生研究所、首钢总公司、宝钢集团有限公司。

本标准主要起草人:孙玉欣、林菡、赵秀君、于冬雪、牛春生、黄后杰。

轧钢企业职业健康管理技术规范

1 范围

本标准规定了轧钢企业职业健康管理的基本要求和技术措施。

本标准适用于轧钢企业工作场所和建设项目职业病危害(不含电离辐射)防护设计、职业健康管理、评价与监督。

2 规范性引用文件

下列文件对于本文件的应用是必不可少的,凡是注日期的引用文件,仅注日期的版本适用于本文件。凡是不注日期的引用文件,其最新版本(包括所有的修改单)适用于本文件。

GB 2893　安全色

GB 2894　安全标志及其使用导则

GB 5083　生产设备安全卫生设计总则

GB 6222　工业企业煤气安全规程

GB 8958　缺氧危险作业安全规程

GB/T 11651　个体防护装备选用规范

GB/T 16758　排风罩的分类及技术条件

GB 18083　以噪声污染为主的工业企业卫生防护距离标准

GB/T 18664　呼吸防护用品的选择、使用与维护

GB/T 23466　护听器的选择指南

GB 50019　采暖通风与空气调节设计规范

GB 50033　建筑采光设计标准

GB 50034　建筑照明设计标准

GB 50187　工业企业总平面设计规范

GBZ 1　工业企业设计卫生标准

GBZ 2　工作场所有害因素职业接触限值

GBZ 158　工作场所职业病危害警示标识

GBZ 159　工作场所空气中有害物质监测的采样规范

GBZ/T 160.××　工作场所空气有毒物质测定

GBZ 188　职业健康监护技术规范

GBZ/T 194　工作场所防止职业中毒卫生工程防护措施规范

GBZ/T 203　高毒物品作业岗位职业病危害告知规范

GBZ/T 205　密闭空间作业职业危害防护规范

GBZ/T 223　工作场所有毒气体检测报警装置设置规范

3 术语和定义

下列术语和定义适用于本文件。

3.1

轧钢企业 rolling plant

从事钢材压力加工或深加工的企业。

3.2

轧制 rolling

靠旋转的轧辊与轧件之间形成的摩擦力将轧件拖进辊缝之间,并使之受到压缩产生塑性变形的过程。

3.3

酸洗 pickling

通过酸液渗透到氧化铁皮内部,利用化学变化去除带钢表面氧化层的工艺。

3.4

涂层 coating

通过热处理物化或者电化学方法,对钢板表面进行一种镀层处理的工艺。

3.5

热处理 heat treatment

将钢在固态下加热到预定的温度,并在该温度下保持一段时间,然后以一定的速度冷却下来的一种热加工工艺。

4 总则

4.1 轧钢企业职业健康管理工作应坚持预防为主、防治结合、综合治理的原则,有效控制生产过程中职业危害的不良影响,持续改善作业环境条件,保障作业人员身体健康。

4.2 轧钢项目的设计应优先采用有利于预防和控制职业危害和保护作业人员健康的新工艺、新技术、新材料、新设备,替代产生职业危害重的工艺、技术、材料、设备;限制使用或者淘汰职业危害严重的工艺、技术、材料、设备;应提高自动化控制水平,减少现场作业人员停留;对于生产过程中尚不能完全消除的粉尘、毒物、噪声以及高温等职业性有害因素,应采取综合控制措施,使工作场所职业性有害因素浓度(强度)符合 GBZ 2 的要求。

4.3 新建、改建、扩建和技术改造、技术引进轧钢项目的职业病防护设施应与主体工程同时设计、同时施工、同时投入生产使用。应按国家相关法律、法规规定,进行职业病危害预评价、职业病防护设施设计审查、职业病危害控制效果评价和职业病防护设施的竣工验收。

4.4 轧钢企业引进新工艺、新技术、新设备时,应同时引进与之配套的职业危害防护工艺、技术和设备。

5 选址与总体布局

5.1 选址

5.1.1 应符合 GB 50187、GBZ 1 的有关规定。

5.1.2 厂址选择应避开自然疫源地、地方病区域;对于因建设工程需要等原因不能避开的,应在设计阶段考虑采取疫情综合预防控制措施。

5.1.3 应避开洪水、海潮、滑坡、地震的影响区;地质、水文、气象条件不符合要求时,应采取相应措施,达到要求后方可建厂。

5.1.4 厂区边缘至居民区的距离应符合 GB 18083 的要求。

5.2 总体布局

5.2.1 平面布置

5.2.1.1 总平面设计应符合 GB 50187、GBZ 1 的有关规定。

5.2.1.2 总平面布置时应明确功能分区,生产区宜选在大气污染物扩散条件好的地带,布置在当地全年最小频率风向的上风侧;非生产区布置在当地全年最小频率风向的下风侧;辅助生产区布置在两者之间。行政办公用房应设置在非生产区,与生产有关的辅助用室应布置在生产区内。

5.2.1.3 高温车间(如加热炉、均热炉、淬火炉等车间)宜布置在通风良好的地带,车间的纵轴应与当地夏季主导风向垂直,当受条件限制时,其夹角不得<45°;高温作业操作岗位,应布置在热源上风侧。

5.2.1.4 产生职业性有害因素的原料焊接、轧制、酸洗、铅浴、镀锌等车间或区域应与其他车间及生活区设有一定的卫生防护绿化带,应充分体现有害与无害设备(或区域)相分离的原则。产生大量有害气体的车间,如焊接、酸洗、铅浴、镀锌等车间或区域,应布置在生产厂区的全年最小频率风向的上风侧。

5.2.1.5 噪声或有害气体和粉尘浓度(或强度)超过 GBZ 2 的要求的工序,在工艺条件允许的情况下,宜布置在独立的跨间或单独的房间内。

5.2.1.6 产生较大噪声的车间宜布置在低洼地带,应采用隔声措施以满足噪声控制的要求。

5.2.1.7 散热量大或工作条件较差的跨间(包括加热炉跨、热轧跨、冷床跨、热处理炉跨、热钢坯跨、酸洗跨、镀层跨和涂层跨等),应采用有组织的自然通风,车间四周不宜修建坡屋。

5.2.1.8 在同一厂房内同时存在粉尘、有毒化学物质、高温、噪声等多种职业性有害因素时,应根据不同职业性有害因素的种类和程度分别布置,产生尘毒危害的设备应布置在车间的下风侧。采用局部排气罩的生产设备应布置在不产生干扰气流的位置,产生有害气体的各种工艺用槽(酸洗、涂层等)应距离车间外墙>3 m 布置。

5.2.2 竖向布置

有多层建筑的厂房内,放散热和有害气体的生产作业应布置在建筑物的高层;噪声和振动较强的设备宜安装在单层厂房内,或布置在底层,应采取有效的隔声和减振措施;含有挥发性气体、蒸气的管道不应从仪表控制室和休息室等生活用室的上方和地下通过。

6 工作场所职业病防护设施

6.1 防护设施设置

6.1.1 防尘

6.1.1.1 轧钢企业粉尘主要来源于炉窑的砌筑与修理、炉渣处理、钢坯(材)焊接、切管、切棒、抛光、除磷、轧制、除尘器放灰等。产生粉尘的作业区域应采取有效的防尘措施,采取湿式作业或安装除尘装置,使作业场所空气中粉尘浓度符合 GBZ 2 的要求。

6.1.1.2 冷轧的盐酸再生站使用的氧化铁粉宜设置专门的氧化铁粉料仓,应采用密闭管道输送氧化铁粉。

6.1.1.3 锌锅的锌灰和锌渣的吹刷区,均应设有通风除尘装置。

6.1.1.4 用磨床加工轧辊,操作台应设置在砂轮旋转面以外,应使用带有防护罩的砂轮进行磨削。

6.1.1.5 磨辊间应设置相应的除尘通风设施。

6.1.1.6 机械通风系统的室外空气先经高效过滤器处理后进入主厂房,循环空气中粉尘浓度应小于职业接触限值的 30%。通风管道应设置清灰孔,各除尘器出入口应设闸板阀及测试孔。

6.1.1.7 除尘装置卸、输灰宜采用机械输送或气力输送,卸、输灰过程不应产生二次污染。

6.1.1.8 除尘装置应在生产系统启动之前启动,在生产系统停机之后停机。

6.1.2 防毒

6.1.2.1 产生毒物的生产设备,如加热、酸洗、碱洗、钢坯(材)焊接、钝化、铅锅、锌锅、镀锌、彩涂等作业区域应采取有效通风排毒、净化等卫生防护措施,严格执行 GBZ 1 规定的工作场所基本卫生要求,使工作场所空气中毒物浓度符合 GBZ 2 的要求。

6.1.2.2 机械通风装置进风口的位置,应设于室外空气洁净的地方。

6.1.2.3 可能大量释放或易于聚积其他有毒气体而导致劳动者发生急性职业中毒的工作场所,应配备固定式检测报警装置。监测点的确定及报警值的设定应符合 GBZ/T 223 的要求。

6.1.2.4 当数种溶剂(苯及其同系物、醇类或醋酸酯类)蒸气或数种刺激性气体同时放散于空气中时,应按各种气体分别稀释至规定的接触限值所需要空气量的总和计算全面通风换气量。除上述有害气体及蒸气外,其他有害物质同时放散于空气中时,通风量仅按需要空气量最大的有害物质计算。

6.1.2.5 产生强腐蚀性物质的工作场所应有冲洗地面、墙壁的设施。

6.1.2.6 酸洗和碱洗区域,应有防止人员灼伤的措施,并设置喷淋器、洗眼器等应急设施。

6.1.2.7 酸洗、碱洗装置,应有酸雾、碱雾密闭或净化设施,使车间空气中毒物浓度符合 GBZ 2 的要求。

6.1.2.8 对逸出大量酸雾、碱雾的各种槽,如酸洗槽、漂洗槽及循环槽等,应设排气净化系统。

6.1.2.9 间歇式酸洗机组的磷化槽、热水槽、硼砂槽,宜设抽风设施。电解酸洗槽、电解碱洗槽、有腐蚀性气体或大量蒸气的槽,均应设抽风装置;采用含油脂擦拭层的热镀锌炉,应设排油烟设备。

6.1.2.10 酸、碱洗槽宜采取地上式布置,并高出地面 0.6 m。

6.1.2.11 各轧制生产工艺会产生特有的毒物(如电镀锌机组的高价铬盐废水,镀层、涂层作业使用的有毒溶剂、涂层黏合剂等),均应采取相应的机械通风排毒等防护措施。镀层与涂层的溶剂室或配制室,以及涂层黏合剂配制间,均应设有机械通风和除尘装置。

6.1.2.12 对轧制过程中喷淋乳化液、润滑剂时产生大量的雾气,应采用排气净化系统,经机架间吸气口和排烟罩汇集后进行洗涤、分离,净化后排出室外。

6.1.2.13 对湿平整时产生的烟雾,应经排烟罩、洗涤器、分离器后排放到大气中;对连续退火机组,在清洗过程中产生的碱性雾气,采用空气净化系统。

6.1.2.14 喷漆加工间应独立设置,并有完善的通风和消防设施。

6.1.2.15 轧钢生产中各种加热炉、退火炉、热处理炉等使用的燃气,在输送过程中由于管道或阀门的泄漏或不完全燃烧可产生一氧化碳及二氧化硫等,应加强设备管道维护和管理,在易超标区域的醒目位置按 GBZ 158、GBZ/T 223 的要求设置警示标识和报警装置。

6.1.2.16 彩涂线油漆预混间及涂机室应单独设置,保证密闭,并设通风排毒和事故通风装置,操作人员进入时应佩戴有效的呼吸防护用品。

6.1.2.17 彩涂线、镀锌线厂房宜设屋顶通风器,同时采用下进上排式机械通风系统,保证厂房有足够的新风进入。

6.1.2.18 在煤气区域作业时,应按照 GB 6222 的要求两人以上进行,并携带便携式一氧化碳报警仪。

6.1.2.19 污水处理用的各种井、池、泵房、污泥脱水间等应采用自然通风、机械通风或自然通风与机械通风相结合的方式进行通风。

6.1.2.20 设备检修、维护中涉及地下管道、烟道、密闭地下室、槽车、罐类等密闭空间作业时,应按照 GB 8958、GB/T 205 的有关规定执行。

6.1.2.21 对各种局部机械通风系统吸气罩设计,罩口风速的大小需保证将发生源产生的毒物吸入罩内。对通风排毒和空气调节设计应遵循 GB 50019 及相应的防毒技术规范和规程的要求。排风罩的制作和安装应符合 GB/T 16758 的相关要求。

6.1.3 防噪声、振动

6.1.3.1 对于轧钢机、穿孔机、轧管机、均整机、定径机、减径机、矫直机、精整机、各种设备的气动系统、鼓风机、煤气加压机、可控硅开关、空气压缩机等产生噪声的设备,应符合 GB 5083 的要求,从声源上控制入手,选用低噪声设备,采取消声、吸声、隔声及隔振、减振等控制措施,使工作场所噪声符合 GBZ 2 的要求。

6.1.3.2 应在轧机、矫直机、剪切机、精整机等噪声较大场所建立隔声操作室,使室内噪声强度符合 GBZ 2 的要求。

6.1.3.3 应根据生产特点、实际需要和使用方便的原则设置辅助用室,辅助用室应符合 GBZ 1 的要求。

6.1.4 防暑降温

6.1.4.1 轧钢生产过程中高温与热辐射共同存在的热处理炉区域及热钢运行的场所,应按 GBZ 1 的要求采取有组织的自然通风,必要时设置机械通风。热源上方应设通风天窗。

6.1.4.2 起重机天车驾驶室、车间内主控室、操作室等应安装空调,使其室内空气温度均不超过 28 ℃。

6.1.4.3 横跨轧机辊道的主操纵室,以及位于经常受热坯烘烤或附近有氧化铁皮飞溅物的操纵室,应采用耐热材料和其他隔热措施,并采取防止脱落的氧化层飞溅以及防雾的措施。

6.1.4.4 在有人操作的加热炉平台、修磨等处应设局部送风降温装置。

6.1.4.5 产生大量余热的场所,如连轧机组乳化液站、平整机地下油库等,应设通风排气装置。

6.1.5 防非电离辐射

6.1.5.1 存在非电离辐射的工作场所,防护设施应符合 GBZ 1 的要求。

6.1.5.2 电感应加热炉,应有防止电磁场危害周围设备和人员的措施。

6.1.6 其他

6.1.6.1 车间采光照明应分别按 GB 50033 和 GB 50034 执行。有酸碱腐蚀的场所,应选用耐酸碱的照明器材。

6.1.6.2 应根据生产特点、实际需要和使用方便的原则设置辅助用室,辅助用室应符合 GBZ 1 的要求。

6.2 防护设施维护

6.2.1 应建立职业病防护设施维护、检修和保养制度,有专人负责,确保其与主体设备同步有效运行。

6.2.2 不得擅自拆除或者停止使用职业病防护设施。

7 工作场所职业性有害因素及防护设施性能检测

7.1 轧钢企业应定期对生产过程中存在的职业性有害因素进行识别(根据实际生产工艺参照附录 A),并委托具有相应资质的技术服务机构,每年至少进行一次职业性有害因素检测,并符合 GBZ 159、GBZ/T 160.××的要求。每三年进行一次职业病危害现状评价。

7.2 轧钢企业应采取书面通知或其他有效方式告知作业人员工作场所职业性有害因素检测及评价结果。

7.3 应对职业病防护设施的性能参数和运行效果每年至少进行一次检测或评估,结果记入相关技术档案。职业病防护设施运行效果应达到设计要求。

7.4 通风测试内容宜符合 GBZ/T 194 的要求,包括风量、风速、净化效率、全面通风换气量。

8 个人防护用品

8.1 应建立个人防护用品的采购、验收、保管、使用、培训、报废等制度。

8.2 应采购具有生产许可证和产品合格证的个人防护用品,其中特殊劳动防护用品还应具有安全标志。

8.3 应按照 GB/T 11651、GB/T 18664、GB/T 23466 等标准的规定,为接触粉尘、毒物、噪声、高温等职业性有害因素的作业人员配备相应的个人防护用品。

8.4 应督促、教育作业人员正确佩戴和使用个人防护用品。

8.5 个人防护用品应根据其说明书规定的使用期限及实际使用情况作更换、报废。报废后及时更换新的个人防护用品。

8.6 为高温作业人员提供清凉饮料。

9 应急救援

9.1 应制定职业病危害事故应急救援预案,包括应急救援范围、依据文件、应急救援程序、应急救援内容与方法、应急救援组织和机构、应急救援通信等内容,并根据实际情况对预案内容定期进行更新和维护。

9.2 在可能引起急性职业中毒事故的工作场所,应设置实时自动监测报警系统,并就近设置应急救援站或有毒气体防护站。站内应急救援主要装备参照 GBZ 1 设置。应急救援设施和自动监测报警系统应加强日常维护,保证全天候正常运行。监测点的确定及报警值的设定应符合 GBZ/T 223 的要求。

9.3 易发生急性中毒或窒息的工作场所应配备自给式空气呼吸器、担架、供氧设施和其他救援设施。

9.4 作业人员在可能引起急性职业中毒事故的工作场所作业时应配备相应的便携式有毒气体报警仪(爆炸环境下电子仪表应有防爆等级的规定)。

9.5 企业应建立职业病危害应急救援队,救援人员应受过相关专业培训,保证应急救援的安全有效。

9.6 企业应定期组织职业病危害事故应急救援预案的演练。对急性一氧化碳中毒等常见职业病危害事故的应急救援演练,每年至少应进行一次。

10 职业健康监护

10.1 应组织接触职业性有害因素的作业人员进行上岗前、在岗期间、离岗时和应急的职业健康检查,检查结果应如实告知作业人员本人。具体检查项目和周期应符合 GBZ 188 的规定。职业健康检查应委托具有相应资质的机构完成。轧钢企业职业健康检查项目及周期参见附录C。

10.2 在岗期间进行定期职业健康体检的粉尘作业人员和尘肺患者离岗后应进行医学随访,接触粉尘工龄在 20 年(含 20 年)以下者,随访 10 年,随访周期为每 5 年一次;接触粉尘工龄超过 20 年者,随访 20 年,随访周期为每 4 年一次;尘肺患者在离岗(包括退职)或退休后应每 1~2 年进行一次医学检查。

10.3 根据职业健康检查结果需要复查和医学观察的作业人员,应安排其复查和医学观察。对疑似职业病病人应向当地政府有关行政主管部门报告,并安排其进行职业病诊断或者医学观察。对确诊的职业病病人应及时安排其治疗和康复。

10.4 不得安排有职业禁忌的作业人员从事其所禁忌的作业,发现有职业禁忌或与从事职业相关的健康损害的作业人员应及时调离原工作岗位,并妥善安置。轧钢企业常见职业禁忌和职业病参见附录B。

10.5 应建立职业健康监护档案。职业健康监护档案应包括作业人员职业史、既往史和职业病危害接触史,相应作业场所职业性有害因素监测结果,职业健康检查结果及处理情况,职业病诊疗病案等健康资料。

10.6 职业健康检查行动水平可根据职业性有害因素检测结果判定,一般为工作场所职业性有害因素浓度大于等于职业接触限值的50%。

11 管理措施

11.1 应制定本单位职业健康管理办法和年度计划。年度计划应包括目标、措施、责任部门、考核指标、评估办法等内容。

11.2 应根据相关法律、法规和标准的要求,结合本单位实际,建立、健全职业健康管理制度。其内容应包括管理部门、职责、目标、内容、保障措施、评估方法等要素,涵盖职业病防治责任、职业病危害告知、职业病危害申报、建设项目职业病危害评价、作业场所职业性有害因素检测、职业病防护设施管理、岗位职业健康操作规程、个人防护用品管理、职业健康监护管理、职业健康宣传教育培训等。

11.3 在产生职业病危害的生产车间内、设备旁应按照GB 2893、GB 2894、GBZ 158的要求在醒目位置设置警示标识、中文警示说明,警示标识应载明作业场所可能产生的职业病危害、安全操作的要求、职业病防护以及应急救治措施等内容。产生或使用有毒物品的工作场所应按照GB 2893、GB 2894和GBZ 158要求设置区域警示线以及必要的泄险区。高毒物品作业岗位应按照GBZ/T 203的要求设置职业病危害告知卡。

11.4 企业的法定代表人和职业健康管理人员应接受职业健康培训,同时还应按规定组织本单位作业人员的职业健康培训工作。

11.5 应建立职业健康管理档案。职业健康管理档案包括职业健康监护档案和职业卫生档案。职业健康监护档案应包括本标准10.5所规定的内容。职业卫生档案应包括:职业病危害申报资料,建设项目职业病危害评价相关资料,工作场所职业性有害因素种类、分布和检测评价结果,有毒有害作业人员信息,相关原辅料、生产布局、生产工艺和设备资料、防护和报警设施布置及运行情况,个人防护用品采购、发放、使用、更新记录,职业禁忌和职业病患者管理情况,职业健康培训和职业病危害事故应急救援相关资料、年度评估报告等。

11.6 应将本单位工作场所存在职业病目录所列职业病的危害因素,及时、如实向所在地安全生产监督管理部门申报危害项目,接受监督。

12 管理效果评估

12.1 轧钢企业应每年组织进行一次本单位的职业健康管理工作评估。

12.2 评估内容应包括:
——组织机构和规章制度建立与完善;
——职业健康管理档案建立及动态管理;
——职业病危害告知;
——职业病危害项目申报;
——建设项目职业病危害评价;
——原、辅料使用和设备管理;
——工作场所职业性有害因素检测、评价;
——个人防护用品管理,职业健康监护;
——职业病危害事故的应急救援;
——职业健康培训;

——职业病诊断管理；

——企业职业病危害群众监督。

12.3 根据评估结果撰写评估报告。评估报告的内容包括：

——提出综合性的评估意见；

——针对存在的主要问题；

——提出管理和技术方面的整改意见。

12.4 评估报告存入职业卫生档案。

附　录　A

（资料性附录）

轧钢企业作业人员接触的主要职业性有害因素

A.1　轧制原料

轧制原料主要职业性有害因素为：

——钢锭（坯、材）的气焊、气割操作过程中产生噪声、粉尘、一氧化碳、一氧化氮、二氧化氮、臭氧、紫外辐射；

——焊接操作过程中产生噪声、电焊烟尘、锰及其无机化合物、一氧化碳、一氧化氮、二氧化氮、臭氧、紫外辐射；

——指吊、上料过程中接触噪声；

——各种均热炉、加热炉使用煤气作燃料时因煤气的不完全燃烧易产生一氧化碳，同时还产生噪声、高温、热辐射；

——坯料缺陷处理、清除脱落的氧化层、清炉渣、打炉底，清理地沟铁皮等过程中产生粉尘、噪声。

——燃料气（一氧化碳、氧气、氢气、天然气等）的储存、使用、输送过程中可能会因管道、接盘泄漏产生相应的职业性有害因素。

A.2　轧制

轧制过程主要职业性有害因素为：

——钢坯（材）在轧制、冷却、精整、矫直、剪切、穿孔、热锯、卷曲等操作过程中产生噪声，钢坯（材）的轧制及热钢运行过程中还产生高温、热辐射；

——热处理炉等使用煤气作为燃料时易产生一氧化碳，使用电磁感应炉时易产生电磁辐射；

——废渣处理、修磨轧辊、修磨剪刀等作业过程中产生粉尘、噪声；

——打磨操作过程中产生粉尘、噪声、手传振动；

——钢绳生产过程中的铅锅操作、拉丝、卷线、捻股、反股、合绳等作业过程中产生噪声、铅及其无机化合物；

——磨模机操作过程中产生粉尘、噪声；

——配线酸洗作业过程中产生盐酸雾、硫酸。

A.3　酸洗

酸洗主要职业性有害因素为：

——酸洗、酸液配制、废酸处理、酸再生等作业过程中因使用盐酸或硫酸等产生盐酸雾、硫酸；

——碱洗作业过程中因使用碱液产生氢氧化钠等；

——酸再生站氧化铁粉装袋作业过程中产生粉尘、噪声。

A.4　涂层

涂层主要职业性有害因素为：

AQ/T 4239—2014

——镀锌生产线冷轧板在开卷、切头、焊接、碱洗、酸洗、水洗、热处理、镀锌、烘干、矫直、光整、钝化、平整、卷曲等整个工艺过程中产生噪声；
——镀锌预处理段碱洗过程中因使用碱液产生氢氧化钠等；
——冷轧镀锌在锌锅、镀锌上下线过程中产生锌的氧化物；
——镀锌的钝化处理操作过程中因钝化剂的成分不同产生不同的职业性有害因素，当使用含铬钝化剂时产生铬酸、铬酸盐。
——彩涂生产线的封闭处理槽产生氟化物；
——彩涂烘烤炉(挥发性溶剂)、喷漆、调漆过程中因使用的漆及稀释剂的成分不同产生不同的职业性有害因素，如苯、甲苯、二甲苯、乙苯、苯乙烯及醇类、酯类、酮类化合物等；
——彩涂精涂烘烤过程中若精涂涂层成分中含聚偏氟乙烯易产生聚偏氟乙烯；
——薄板加热、熬油及硅钢的沥青、注油等过程中因使用的沥青成分不同产生不同的沥青挥发物(煤焦油沥青或石油沥青挥发物)；
——钢管作表面防锈处理过程中因使用的防锈漆成分不同产生不同的职业性有害因素，当防锈漆含三氯乙烯时，在其加热和涂漆过程中产生三氯乙烯；防锈漆含有机溶剂时，涂油过程中产生苯、甲苯、二甲苯、乙苯、溶剂汽油、醇类等。

A.5 公用工程

公用工程主要职业性有害因素为：
——煤气混合加压过程中产生一氧化碳、噪声；
——空气压缩过程中产生噪声；
——给排水水泵运行产生噪声；
——除盐水过程中产生酸、碱等；
——污水处理清理淤泥、检修污水井等过程中产生硫化氢；
——高低压变电过程中产生工频电磁辐射。

A.6 维检修生产

维检修生产主要职业性有害因素为：
——维检修人员在电焊、气割过程中可接触到电焊烟尘、一氧化碳、臭氧、一氧化氮、二氧化氮、锰及其无机化合物、噪声、紫外辐射等；
——在设备维修过程中可接触到轧钢企业各部分存在的职业性有害因素。

A.7 其他

其他主要职业性有害因素为：
使用高频、中频、低频加热设备过程中会产生高频、中频、低频电磁辐射。
轧钢企业作业人员接触的主要职业性有害因素见表A.1。

422

表 A.1 轧钢企业作业人员接触的主要职业性有害因素

生产单元	职业		工种		工作场所	职业性有害因素
	编码	名称	编码	名称		
轧制原料	6-02-08-01	钢锭坯整理工	15-057	钢锭坯整理工	钢锭（坯、材）的气焊、气割操作	噪声、粉尘、一氧化碳、一氧化氮、二氧化氮、臭氧、紫外辐射
			15-060	轧钢原料工	指吊、上料	噪声
					原料剪切、坯料缺陷处理、清理切割	噪声、粉尘
					焊接操作	噪声、电焊烟尘、锰及其无机化合物、一氧化碳、一氧化氮、二氧化氮、臭氧、紫外辐射
			15-061	均热工	均热炉操作（加热、仪表及温度控制等）及均热炉区域巡检	噪声、高温、热辐射、一氧化碳
			15-062、39-229	加热工	加热炉操作（装炉、出炉、温度调整等）及加热炉区域巡检	噪声、高温、热辐射、一氧化碳
					清炉渣、打炉底，清地沟铁皮	粉尘
轧制	6-02-08-02	金属轧制工	15-080	轧制备品工	轧制废渣处理	粉尘
					修磨轧辊、剪刀等	粉尘、噪声
					备品修理的电焊操作	噪声、电焊烟尘、锰及其无机化合物、一氧化碳、一氧化氮、二氧化氮、臭氧、紫外辐射
			15-063	轧钢工	操作各种轧机（如初轧、精轧、连轧、热轧等）、剪切、锯切	噪声、高温、热辐射、粉尘
			39-188	热压延工	高压水除鳞、热轧机操作及区域巡检	噪声、高温、热辐射、粉尘
					热卷箱、层流冷却	噪声、高温、热辐射
			39-189	冷压延工	冷轧机操作及区域巡检	噪声
			39-194	轧管工	轧机操纵、热锯机操纵、穿孔机操纵、定减径机操纵等	噪声、高温、热辐射、粉尘
					冷锯机操纵、定尺机操纵、飞剪操纵、点检等	噪声、粉尘
					均整机操纵、调整、看前台、调整、取样	噪声、高温、热辐射
			39-235	线材轧制工	粗轧、中轧、精轧、吐丝机操作及巡检	噪声、高温、热辐射、粉尘

表 A.1 轧钢企业作业人员接触的主要职业性有害因素（续）

生产单元	职业		工种		工作场所	职业性有害因素
	编码	名称	编码	名称		
轧制	6-02-08-05	钢材热处理工	15-073	钢材热处理工	热处理设备及冷轧淬火操作及巡检	高温、热辐射、一氧化碳或电磁辐射
	6-02-08-06	焊管工	39-198	卷管工	操作焊管机组等	噪声
			39-199	焊接制管工	操作横剪机、剪切机和对焊机	粉尘、噪声
					操作平整机、焊管机	噪声
	6-02-08-07	精整工	15-064	轧钢精整工	精整、矫直、平整、缓冷、卷曲等	噪声、高温、热辐射
			15-079	轧钢成品工	横移、包装、成品	噪声、高温、热辐射
			15-084	钢丝制品精整工	钢丝制品精整	噪声、高温、热辐射
			15-085	钢丝制品成品工	钢丝制品包装、成品管理	噪声
			39-190	板、带、箔材剪切工	板、带、箔材锯切、剪切	噪声、高温、热辐射
			39-191	板、带材精整工	板、带材精整操作	噪声、高温、热辐射
			39-197	管、棒、型材精整工	管、棒、型材加工等精整操作	噪声、高温、热辐射
			39-230	刮管工	刮管	噪声
			39-232	打磨工	打磨操作、清理金属材表面	粉尘、噪声、手传振动
	6-02-08-08	金属材丝拉拔工	15-081	拉丝工	拉拔机械区域拔管、粗拉丝、精拉丝、精绕	噪声、铅及其无机化合物
			—	磨模工	磨模机操作等	粉尘、噪声
			15-086	钢丝制品备品工	加热炉操作及区域巡检	噪声、高温、热辐射、一氧化碳
					配线酸洗	盐酸雾、硫酸
					钢绳的铅锅操作及区域巡检	噪声、铅及其无机化合物
	6-02-08-11	钢丝绳制造工	15-082	钢丝绳制造工	操作卷线、捻股、反股、合绳等	噪声、铅及其无机化合物

表 A.1 轧钢企业作业人员接触的主要职业性有害因素（续）

生产单元	职业		工种		工作场所	职业性有害因素
	编码	名称	编码	名称		
酸洗	6-02-08-03	酸洗工	15-074	酸洗工	酸洗槽（罐）、烘干机	噪声、盐酸雾、硫酸
			39-187	酸碱洗工	酸、碱洗槽（罐）、酸洗段、碱洗段	噪声、盐酸雾、氢氧化钠
			—	酸再生工	废酸罐、再生酸罐、炉顶、除硅等区域巡检	噪声、盐酸雾
					焙烧炉区域巡检	噪声、高温、盐酸雾、一氧化碳、一氧化氮、二氧化氮
					氨罐区域巡检	氨
					氧化铁粉装袋	粉尘、噪声
涂层	6-02-08-04	金属材涂层工	15-075	脱脂工	脱脂操作、碱洗预处理	噪声、氢氧化钠
			15-076	镀锌工	镀锌生产线操作及巡检	噪声
					锌锅区域	噪声、高温、锌及其化合物
					钝化工序	噪声、铬酸、铬酸盐
			15-078	彩涂工	彩涂生产线操作及巡检	噪声
					彩涂封闭处理槽	氟化物
					烘烤炉	噪声、高温、苯、甲苯、二甲苯、乙苯、苯乙烯、丁醇及酯类、酮类化合物等
					调漆、喷漆	苯、甲苯、二甲苯、乙苯、苯乙烯、丁醇及酯类、酮类化合物等
			—	沥青工	薄板加热、熬油、硅钢沥青注油	高温、沥青挥发物
			—	涂油工	无缝油管涂油	三氯乙烯或苯、甲苯、二甲苯、丁醇等
公用工程	6-07-06-02	变配电室值班电工	—	变电值班员	主电室、变电所、配电室	工频电磁辐射
	—	—	—	煤气加压	煤气混合加压站	一氧化碳、噪声
	—	—	—	水处理	给排水水泵	噪声
					除盐水系统	酸、碱
					清淤泥、检修污水井	硫化氢
	6-03-01-02	压缩机工	16-128	压缩机工	空压站	噪声

425

表 A.1 轧钢企业作业人员接触的主要职业性有害因素（续）

生产单元	职业		工种		工作场所	职业性有害因素
	编码	名称	编码	名称		
维检修	6-04-02-05	焊工	09-033	电焊工	设备维修	电焊烟尘、一氧化碳、二氧化硫、锰及其无机化合物、一氧化氮、二氧化氮、臭氧、紫外辐射、噪声
			09-034	气焊工	设备维修	粉尘、一氧化碳、二氧化硫、一氧化氮、二氧化氮、臭氧、紫外辐射、噪声

附　录　B

（资料性附录）

轧钢企业常见职业禁忌和职业病

轧钢企业常见职业禁忌和职业病见表 B.1。

表 B.1　轧钢企业常见职业禁忌和职业病

化学文摘号 （CAS No.）	职业性 有害因素	上岗前职业禁忌	在岗期间 职业禁忌	职业病
—	其他粉尘 （包括电焊 烟尘等）	1. 活动性肺结核病； 2. 慢性阻塞性肺病； 3. 慢性间质性肺病； 4. 伴肺功能损害的疾病	同上岗前	其他尘肺、电焊 工尘肺
—	噪声	1. 各种原因引起永久性感音神经性听力损失 （500 Hz、1 000 Hz 和 2 000 Hz 中任一频率的纯 音气导听阈＞25 dBHL）； 2. 中度以上传导性耳聋； 3. 双耳高频（3 000 Hz、4 000 Hz、6 000 Hz）平均 听阈≥40 dB； 4. Ⅱ期及Ⅲ期高血压； 5. 器质性心脏病	噪声易感者 （噪声环境 下工作 1 年， 双耳 3 000 Hz、 4 000 Hz、6 000 Hz 中任意频率 听力损失≥ 65 dBHL）	职业性噪声聋
—	高温	1. Ⅱ期及Ⅲ期高血压； 2. 活动性消化性溃疡； 3. 慢性肾炎； 4. 未控制的甲亢； 5. 糖尿病； 6. 大面积皮肤疤痕	同上岗前	职业性中暑
—	紫外辐射 （紫外线）	1. 活动性角膜疾病； 2. 白内障； 3. 面、手背和前臂等暴露部位严重的皮肤病； 4. 白化病	活动性角膜 疾病	职业性电光性皮 炎、职业性白 内障
630-08-0	一氧化碳	1. 中枢神经系统器质性疾病； 2. 心肌病	同上岗前	职业性急性一氧 化碳中毒
7439-92-1	铅及其无 机化合物	1. 贫血； 2. 卟啉病； 3. 多发性周围神经病	同上岗前	职业性慢性铅 中毒
7439-96-5	锰及其无 机化合物	1. 中枢神经系统器质性疾病； 2. 各类精神病； 3. 严重自主神经功能紊乱性疾病	同上岗前	职业性慢性锰 中毒
1314-13-2	氧化锌	甲状腺功能亢进症	同上岗前	职业性金属烟热
7782-41-4	氟化物	1. 地方性氟病； 2. 骨关节疾病	同上岗前	工业性氟病、职 业性急性氟化物 中毒

表 B.1 轧钢企业常见职业禁忌和职业病(续)

化学文摘号 (CAS No.)	职业性 有害因素	上岗前职业禁忌	在岗期间 职业禁忌	职业病
71-43-2	苯(接触工业甲苯、二甲苯参照执行)	1. 血常规有如下异常者:白细胞计数低于 4.5×10^9/L;血小板计数低于 8×10^{10}/L;红细胞计数男性低于 4×10^{12}/L,女性低于 3.5×10^{12}/L 或血红蛋白定量男性低于 120 g/L,女性低于 110 g/L。 2. 造血系统疾病如各种类型的贫血、白细胞减少症和粒细胞缺乏症,血红蛋白病、血液肿瘤以及凝血障碍疾病等。 3. 脾功能亢进	—	职业性慢性苯中毒、职业性苯所致白血病、职业性急性苯中毒、职业性急性甲苯中毒
75-01-6	三氯乙烯	1. 慢性肝炎; 2. 慢性肾炎; 3. 过敏性皮肤病; 4. 中枢神经系统器质性疾病	同上岗前	职业性急性三氯乙烯中毒

附 录 C
（资料性附录）
轧钢企业职业健康检查项目及周期

轧钢企业职业健康检查项目及周期见表 C.1。

表 C.1 轧钢企业职业健康检查项目及周期

化学文摘号（CAS No.）	职业性有害因素	上岗前检查必检项目	在岗检查必检项目	检查周期
—	其他粉尘（包括电焊烟尘等）	内科常规检查、血常规、尿常规、血清 ALT、心电图、后前位 X 射线高千伏胸片、肺功能	内科常规检查、后前位 X 射线高千伏胸片、心电图、肺功能	不超标 4 年 1 次，超标 2～3 年 1 次
—	噪声	内科常规检查、耳科检查、纯音听阈测试、心电图、血常规、尿常规、血清 ALT	内科常规检查、耳科检查、纯音听阈测试、心电图	1 年
—	高温	内科常规检查、血常规、尿常规、血清 ALT、心电图、血糖	同上岗前	1 年，应在每年高温季节到来之前进行
—	紫外辐射（紫外线）	内科常规检查、眼科检查（常规检查及角膜、结膜、晶状体和眼底检查）、血常规、尿常规、血清 ALT、心电图	皮肤科常规检查、眼科检查（常规检查及角膜、结膜、晶状体和眼底检查）	2 年
630-08-0	一氧化碳	内科常规检查、神经系统常规检查、血常规、尿常规、心电图、血清 ALT	同上岗前	2 年
7439-92-1	铅及其无机化合物	内科常规检查、神经系统常规检查、血常规、尿常规、心电图、血清 ALT	内科常规检查、神经系统常规检查、血常规、尿常规、心电图、血铅或尿铅	1 年
7439-96-5	锰及其无机化合物	内科常规检查、神经系统常规检查及四肢肌力、肌张力、血常规、尿常规、心电图、血清 ALT	内科常规检查、神经系统常规检查及四肢肌力、肌张力、共济失调、肢体震颤、智力、定向力、语速、面部表情、反应能力、血常规、尿常规、心电图、血清 ALT	1 年
1314-13-2	氧化锌	内科常规检查、血常规、尿常规、心电图、血清 ALT	同上岗前	2 年
7782-41-4	氟化物	内科常规检查、口腔科常规检查、血常规、尿常规、心电图、血清 ALT、尿氟	内科常规检查、口腔科常规检查（重点检查牙齿）、血常规、骨盆正位 X 射线摄片、四肢长骨正侧位 X 射线摄片、尿氟	1 年
71-43-2	苯（接触工业甲苯、二甲苯参照执行）	内科常规检查、血常规、尿常规、血清 ALT、心电图	内科常规检查、血常规（注意细胞形态及分类）、尿常规、血清 ALT、心电图、肝脾 B 超	超标 1 年 1 次，不超标 2 年 1 次
75-01-6	三氯乙烯	内科常规检查、神经系统常规检查、皮肤科检查、血常规、尿常规、血清 ALT、心电图、肝脾 B 超、乙肝表面抗原	血常规、尿常规、肝功能、肝脾 B 超、病毒性肝炎血清标志物、心电图	2 年

429

参 考 文 献

[1] GB/T 15236 职业安全卫生术语

[2] GB/T 28001 职业健康安全管理体系 要求

[3] GBZ/T 224 职业卫生名词术语

[4] GBZ/T 225 用人单位职业病防治指南

[5] GBZ/T 231 黑色金属冶炼及压延加工业职业卫生防护技术规范

[6] AQ 2003—2004 轧钢安全规程

[7] 国家职业分类大典和职业资格工作委员会．中华人民共和国职业分类大典．北京：中国劳动社会保障出版社，1999．

[8] 国家劳动部．中华人民共和国工种分类目录．北京：中国劳动出版社，1992．

ICS 13.100
D 09
备案号：44622—2014

中华人民共和国安全生产行业标准

AQ/T 4240—2014

铁矿采选业职业健康管理技术规范

Technical specification on occupational health management
for iron ore mining and dressing

2014-02-20 发布　　　　　　　　　　　　　　　2014-06-01 实施

国家安全生产监督管理总局　　　发 布

AQ/T 4240—2014

前　言

本标准按照 GB/T 1.1—2009 给出的规则起草。

本标准由国家安全生产监督管理总局提出。

本标准由全国安全生产标准化技术委员会防尘防毒分技术委员会(SAC/TC 288/SC 7)归口。

本标准起草单位:鞍山钢铁集团公司劳动卫生研究所、首钢总公司卫生处、舞阳钢铁有限责任公司劳动卫生职业病防治研究所。

本标准主要起草人:于冬雪、林菡、于会明、舒平、牛春生、陈国顺、赵秀君、孙玉欣、冯铁鹏、张武正。

铁矿采选业职业健康管理技术规范

1 范围

本标准规定了铁矿开采(露天和井下)和选矿生产企业职业健康管理的基本要求和技术措施。

本标准适用于铁矿采选生产企业工作场所和建设项目职业病危害防护设计、职业健康管理、评价与监督。

2 规范性引用文件

下列文件对于本文件的应用是必不可少的,凡是注日期的引用文件,仅注日期的版本适用于本文件。凡是不注日期的引用文件,其最新版本(包括所有的修改单)适用于本文件。

GB 2893 安全色

GB 2894 安全标志及其使用导则

GB 5083 生产设备安全卫生设计总则

GB 5749 生活饮用水卫生标准

GB 8958 缺氧危险作业安全规程

GB/T 11651 个体防护装备选用规范

GB/T 12801 生产过程安全卫生要求总则

GB 14052 安装在设备上的同位素仪表的辐射安全性能要求

GB 16423 金属非金属矿山安全规程

GB/T 16758 排风罩的分类及技术条件

GB 18152 选矿安全规程

GB/T 18664 呼吸防护用品的选择、使用与维护

GB 18871 电离辐射防护与辐射源安全基本标准

GB/T 23466 护听器的选择指南

GB 50019 采暖通风与空气调节设计规范

GB 50033 建筑采光设计标准

GB 50034 建筑照明设计标准

GB 50187 工业企业总平面设计规范

GBZ 1 工业企业设计卫生标准

GBZ 2.1 工作场所有害因素职业接触限值 第1部分:化学有害因素

GBZ 2.2 工作场所有害因素职业接触限值 第2部分:物理因素

GBZ 98 放射工作人员的健康标准

GBZ 125 含密封源仪表的放射卫生防护要求

GBZ 128 职业性外照射个人监测规范

GBZ 158 工作场所职业病危害警示标识

GBZ 159 工作场所空气中有害物质监测的采样规范

GBZ/T 160.×× 工作场所空气有毒物质测定

GBZ 188 职业健康监护技术规范

GBZ/T 194　工作场所防止职业中毒卫生工程防护措施规范

GBZ/T 203　高毒物品作业岗位职业病危害告知规范

GBZ/T 205　密闭空间作业职业危害防护规范

GBZ/T 223　工作场所有毒气体检测报警装置设置规范

GBZ 235　放射工作人员职业健康监护技术规范

3　术语和定义

下列术语和定义适用于本文件。

3.1

选矿　mineral processing

把矿石中的废石、杂质和其他矿物分离出去,取得适宜冶炼需要矿物的工艺。

3.2

重选　gravity concentration

即重力选矿。根据矿粒密度不同,因其在运动介质中所受重力、流体力和其他机械力不同,实现按密度分选粒群的工艺过程。

3.3

磁选　magnetic separation

利用矿物磁性的差异,在不均匀磁场中进行分离的选矿方法。

3.4

浮选　flotation

利用矿物表面物理、化学性质的差异使矿石中的一种或者一组矿物选择性附着于气泡上,升浮至矿液表面,从而将有用矿物与脉石矿物分离的工艺。

3.5

职业健康监护　occupational health surveillance

是以预防为目的,根据劳动者的职业接触史,通过定期或不定期的医学健康检查和健康相关资料的收集,连续性地监测劳动者的健康状况,分析劳动者健康变化与所接触的职业病危害因素的关系,并及时地将健康检查和资料分析结果报告给用人单位和劳动者本人,以便及时采取干预措施,保护劳动者健康。职业健康监护主要包括职业健康检查和职业健康监护档案管理等内容。职业健康检查包括上岗前、在岗期间、离岗时和离岗后医学随访以及应急健康检查。

3.6

行动水平　action level

工作场所职业性有害因素浓度达到该水平时,用人单位应采取包括监测、健康监护、职业卫生培训、职业危害告知等控制措施,一般是职业接触限值的一半。

4　基本要求

4.1　铁矿采选生产企业应当加强职业病防治工作,为劳动者提供符合法律、法规、规章、职业卫生标准和卫生要求的工作环境和条件,并采取有效措施保障劳动者的职业健康。

4.2　铁矿采选项目的设计应优先采用有利于预防、控制职业病危害和保护作业人员健康的新工艺、新技术、新材料、新设备,替代产生职业病危害的工艺、技术、材料、设备;限制使用或者淘汰职业病危害严重的工艺、技术、材料、设备;在引进新工艺、新技术、新材料、新设备时,应同时引进与之配套的职业病危害防护工艺、技术、材料和设备;应提高自动化控制水平,减少现场作业人员停留时间;对于生产过程中无法消除或尚不能完全消除的粉尘、毒物及噪声等职业性有害因素,应采取综合控制措施,使工作场所职业性有害因素浓度(强度)符合 GBZ 2.1 和 GBZ 2.2 的要求。

4.3 铁矿采选生产企业新建、改建、扩建和技术改造、技术引进项目的职业病防护设施应与主体工程同时设计、同时施工、同时投入生产使用。应按国家相关法律、法规规定,进行职业病危害预评价、职业病防护设施设计审查、职业病危害控制效果评价和职业病防护设施的竣工验收。

4.4 铁矿采选生产企业应当建立、健全劳动者职业健康监护制度,依法落实职业健康监护工作。

5 选址与布局

5.1 选址

5.1.1 铁矿采选生产企业选址应符合 GB 50187、GBZ 1 的有关规定。

5.1.2 厂(矿)址选择应避开自然疫源地、地方病区域;对于因建设工程需要等原因不能避开的,应在设计阶段考虑采取疫情综合预防控制措施。

5.1.3 新建铁矿采选生产企业的办公区、工业场地、生活区等地面建筑,应选在崩落区、尘毒、污风影响范围和爆破危险区之外。

5.2 总体布局

5.2.1 平面布置

5.2.1.1 总平面设计应符合 GB 50187、GBZ 1 和 GB/T 12801 的有关规定。

5.2.1.2 总平面布置应明确功能分区,生产区宜选在大气污染物本底浓度低或扩散条件好的地带,破碎场、废石场、尾矿坝等粉尘危害严重场所应布置在厂区全年最小频率风向的上风侧;非生产区布置在当地全年最小频率风向的下风侧;辅助生产区布置在两者之间。行政办公用房应设置在非生产区,与生产有关的辅助用室(如值班室、更衣室、浴室等)应布置在生产区内。

5.2.1.3 铁矿采选生产企业的总平面布置,在满足主体工程需要的前提下,宜将可能产生严重职业性有害因素的设施远离产生一般职业性有害因素的其他设施,应将车间按有无危害、危害的类型及其危害程度分开;在产生职业性有害因素的车间与其他车间及生活区之间宜设置一定的卫生防护绿化带。

5.2.1.4 可能发生急性职业中毒的生产车间,应设置事故防范和应急救援设施及设备,并留有应急通道。

5.2.2 竖向布置

5.2.2.1 放散大量热量或有害气体的厂房宜采用单层建筑。当厂房是多层建筑物时,放散热和有害气体的生产过程宜布置在建筑物的高层。如必须布置在下层时,应采取有效措施防止有害因素危害上层工作环境。

5.2.2.2 噪声与振动较大的生产设备宜安装在单层厂房内。当设计需要将这些生产设备安置在多层厂房内时,宜将其安装在底层,并采取有效的隔声和减振措施。

5.2.2.3 含有挥发性气体、蒸气的各类管道不宜从仪表控制室和劳动者经常停留或通过的辅助用室的空中和地下通过;若需通过时,应严格密闭,并应具备抗压、耐腐蚀等性能的无法兰等活接头管道,以防止有害气体或蒸气逸散至室内。

6 工程防护措施

6.1 防护设施设置

6.1.1 防尘防护设施设置

6.1.1.1 铁矿采选生产企业粉尘主要来源于露天开采中钻孔、爆破、铲装、挖掘、推土、运输、排岩等操作过程；地下开采中凿岩、爆破、支护、切割、装岩、放矿、巷运、提升、充填、排岩等操作过程；选矿原辅料的储存、装卸、堆取及选矿工艺过程中的破碎、带式输送机输送、筛分、磨矿等。

6.1.1.2 产生粉尘的作业点或区域应采取有效的防尘措施，采取通风、密闭除尘、喷雾洒水、湿式作业等综合防尘措施，使作业场所空气中粉尘浓度符合 GBZ 2.1 的要求。

6.1.1.3 露天采矿作业区路面应适时洒水或使用路面抑尘剂。

6.1.1.4 地下开采各分段联络巷道必须有足够的新风。

6.1.1.5 平硐溜井须设通风除尘系统，溜井放矿口采取喷雾洒水等防尘措施。

6.1.1.6 凿岩，特别是手动凿岩、钻车凿岩，应采用湿式作业。

6.1.1.7 矿石在输送转运过程中宜密闭，其卸料点及头尾处应设局部密闭罩并设除尘装置。除尘器类型优选专用于带式输送机输送的除尘装置。

6.1.1.8 带式输送机通廊应设置洒水和排水装置，在工艺允许情况下，采取喷雾加湿措施。北方地区应有防冻措施。带式输送机通廊内宜设置良好密闭及隔声性能的岗位小房。

6.1.1.9 矿槽顶层应设洒水和除尘装置，矿槽顶部皮带小车的卸料口宜密封。

6.1.1.10 破碎机、筛分机等主要产尘岗位应采取整体密闭，密闭后应设置吸尘点，合理配置除尘器。

6.1.1.11 密闭罩结构采用钢骨框架，钢板密闭，铆焊或法兰连接，胶垫密封，并留有观察孔或人孔，以便于观察设备运行情况或对设备进行维修。

6.1.1.12 除尘管道设计应与地面成适度夹角。如必须设置水平管道时，应在适当位置设置清扫孔，以利于清除积尘，防止管道堵塞。为便于除尘系统的测试，设计中应在除尘器的进、出口处设可开闭式的测试孔，测试孔的位置应选在气流稳定的直管段。

6.1.1.13 除尘装置吸尘罩的设计、制作和安装应符合 GB/T 16758 的相关要求，罩口风速的大小需保证能将发生源产生的粉尘吸入罩内。

6.1.1.14 除尘装置卸、输灰宜采用机械输送或气力输送，卸、输灰过程不应产生二次扬尘。

6.1.1.15 除尘装置应在生产系统启动之前启动，在生产系统停机之后停机。

6.1.1.16 挖掘机、钻机、推土机、铲车、汽车等司机室，根据不同条件宜采取单机防护措施。

6.1.1.17 粉尘浓度严重超标的作业场所，应设置与作业环境隔离并有空调和空气净化设施的观察休息室。

6.1.2 防毒防护设施设置

6.1.2.1 铁矿采选生产企业毒物主要来源于爆破过程产生的一氧化碳、一氧化氮、二氧化氮，炸药库存在的三硝基甲苯，汽车泄漏的柴油和排出的尾气，浮选过程使用的碱类物质，过滤过程使用的酸类物质，污水处理系统存在的酸、碱、硫化氢、氨，锅炉运行存在的一氧化碳、二氧化硫，输送带胶接过程中存在的苯、甲苯、二甲苯，电焊过程中产生的电焊烟尘、锰及其无机化合物、一氧化碳、一氧化氮、二氧化氮、臭氧等。

6.1.2.2 产生毒物的作业点或区域应采取有效的密闭、机械通风、事故通风、有毒气体检测报警装置等综合防毒措施，使作业场所空气中有害物质浓度符合 GBZ 2.1 的要求。

6.1.2.3 爆破应使用乳化炸药，必须使用 TNT 炸药时，应在其运输、储存、搬运过程中做好个人防护，如穿戴防护服、防护手套(编织致密、孔隙很小的薄绒布手套)、防毒口罩、防护眼镜等。

6.1.2.4 爆破及其相关作业人员在炸药引爆通风 10 min 后进入爆区前,应持便携式毒物检测仪进入检测,进入井下爆破后场所,还应检测空气中氧含量,当炮烟中一氧化碳、氮氧化物等有害物质浓度及氧含量符合 GBZ 2.1 及 GB 8958 的要求时才能进入采场。

6.1.2.5 炸药库、油库、锅炉房等应设置防爆通风系统和事故排风系统。通风系统宜由经常使用的通风系统和事故通风系统共同保证。事故通风的风量宜根据工艺设计要求通过计算确定,但换气次数不应小于 12 次/h。事故通风机的控制开关应分别设置在室内、室外便于操作的地点。

6.1.2.6 装卸、储存、使用强酸、强碱处,应有冲洗地面、墙壁的设施,并应设置喷淋洗眼设施,并在防酸碱个体防护用品穿戴齐全情况下工作。

6.1.2.7 浮选配药间应单独设置,并应设通风排毒装置。

6.1.2.8 配药间、药剂搅拌槽用腐蚀性物质,附近应设喷淋和洗眼设施。

6.1.2.9 过滤车间调节矿浆 pH 加入浓硫酸时,应采用自动加药方式,加药如需手动控制,加药口应设保护罩。硫酸罐车与硫酸储罐对接好之后才可用卸料泵将车内原料自动卸进储罐内。加酸及卸酸处应设喷淋洗眼设施。

6.1.2.10 应特别注意酸、碱设备和输送管道的维护检修,严防跑、冒、滴、漏。

6.1.2.11 采用有毒药剂或有异味药剂的浮选工艺,工艺过程产生大量蒸气的,应设通风换气装置。

6.1.2.12 输送带胶接作业应采用无毒或低毒黏结剂,并保证工作场所的良好通风。

6.1.2.13 使用油浸、六氟化硫变压器室的墙壁下方应设通风孔,墙壁上方或屋顶应有排气孔,其通风应采取机械通风方式,应急通风的开关应置于机房室外墙上,并有防雨措施。

6.1.2.14 污水处理用的各种井、池、泵房、污泥脱水间等应采用自然通风、机械通风或自然通风与机械通风相结合的方式进行通风。对产生硫化氢、氨等有害物质的场所应设置不少于每小时 12 次的事故通风装置,并在醒目位置设警示标识。

6.1.2.15 设备检修、维护中涉及地下管道、烟道、密闭地下室、槽车、罐类等密闭空间作业时,应按照 GB 8958、GBZ/T 205 的有关规定执行。

6.1.2.16 通风排毒和空气调节设计应遵循 GB 50019 及相应的防毒技术规范和规程的要求。排风罩的制作和安装应符合 GB/T 16758 的相关要求。

6.1.2.17 应在锅炉房等一氧化碳易超标区域按 GBZ/T 223 的要求安装报警装置,按 GBZ 158 的要求设置警示标识。

6.1.2.18 化验用药剂应按其性质分类存放,并在通风条件良好的通风橱内使用、操作。

6.1.2.19 维修、更换磨矿机衬板之前应充分通风换气,温度适宜后方可进入,并在通风状态下作业。

6.1.3 防噪声、振动防护设施设置

6.1.3.1 铁矿采选生产企业噪声主要来源于凿岩机、钻孔机、切割机、爆破、放矿、带式输送机、破碎机、振动筛、磨矿机、空压机、泵类、风机等。

6.1.3.2 产生噪声、振动的厂房设计和设备布局应采取降噪和减振措施。产生噪声的设备,其安全卫生设计应符合 GB 5083 的要求。

6.1.3.3 从声源控制入手,选用低噪声设备,采取消声、吸声、隔声及隔振、减振等控制措施,使工作场所噪声符合 GBZ 2.2 的要求。

6.1.3.4 应按照 GBZ 1 要求在带式输送机、破碎机、振动筛、空压机、泵类等噪声较大作业场所建立隔声操作室。

6.1.3.5 在空气动力设备的气流通道、钻孔机的排气口上、风机出口管道上安装消声器;利用隔声效果好的材料将空压站、泵站等发声源隔绝起来;破碎机、振动筛、磨矿机、空压机、除尘风机及机泵等应设置独立基础或减振措施,如弹簧减振器等弹性构件;水泵与其基础之间设有减振垫;风机进、出口与连接

管道间采用软连接,水泵出口设橡胶柔性接头等,以有效降低作业人员接触噪声强度和接触振动强度。

6.1.3.6 手动凿岩机在手持部位应加减振套,掘凿台车及钻孔机等司机座位宜加减振垫。

6.1.3.7 对于少数生产车间及作业场所,采取相应噪声控制措施后其噪声强度仍不能达到 GBZ 2.2 的要求时,应采取有效的个体防护措施,如佩戴合适的耳塞或耳罩。

6.1.3.8 应根据生产特点、实际需要和使用方便的原则设置隔声、隔振辅助用室,辅助用室应符合 GBZ 1 的要求。

6.1.4 防暑、防寒防护设施设置

6.1.4.1 露天、地下采矿应根据当地气候特点采取防暑降温或防冻避寒措施。

6.1.4.2 钻孔机、电铲、挖掘机、推土机、运输车辆内应设冷暖空调系统,起重机天车驾驶室、操作室、值班室或办公室应设冷暖设施。

6.1.4.3 在高温天气期间,用人单位应当按照国家相关法律、法规规定,根据生产特点和具体条件,采取合理安排工作时间、轮换作业、适当增加高温工作环境下劳动者的休息时间和减轻劳动强度、减少高温时段室外作业等措施。

6.1.4.4 冬季应为室外作业人员配备棉袄、棉帽、棉鞋等防寒用品。夏季应为高温作业人员配备耐热工作服,并提供足够的、符合卫生标准的防暑降温饮料及必需的药品。

6.1.5 防电离辐射防护设施设置

6.1.5.1 工作场所密封源表面应有铅制源罐,密封源源口须设开关,X 射线装置机体应按要求进行相应屏蔽,表面剂量率应符合国家标准要求。

6.1.5.2 工作场所密封源及 X 射线装置附近应设置"当心电离辐射"警示标识。

6.1.5.3 密封放射源的安装位置应选在人员活动较少或难以直接触及的高处,对人员可触及的密封源应根据剂量当量率监测结果确定防护距离并依此在必要情况下安装防护围栏。

6.1.5.4 对表面剂量率偏高的密封源及 X 射线装置应增加表面铅屏蔽,作业人员的操作室、休息室均建在远离辐射场所的位置。

6.1.5.5 为接触电离辐射的作业人员配备个人剂量计,同时应尽量减少其接触电离辐射的时间,并对作业人员进行电离辐射危害及防护知识的培训和教育。

6.1.6 防非电离辐射防护设施设置

6.1.6.1 存在非电离辐射的工作场所,防护设施应符合 GBZ 1 的相关要求。

6.1.6.2 为接触非电离辐射的作业人员配备专门的防护用品,并对作业人员进行非电离辐射危害及防护知识的培训和教育。

6.1.7 其他防护设施设置

6.1.7.1 机械通风装置的进风口,应设在室外空气比较洁净的地方。相邻工作场所的进气和排气装置,应合理布置,避免气流短路。当机械通风系统采用部分循环空气时,送入工作场所的空气中粉尘的浓度,不应超过规定接触限值的 30%。

6.1.7.2 工作场所的新风口应设置在空气清洁区,新风量应满足下列要求:非空调工作场所人均占用容积小于 20 m^3 的车间,应保证人均新风量不小于 30 m^3/h;如所占容积大于 20 m^3 时,应保证人均新风量不小于 20 m^3/h。采用空气调节的车间,应保证人均新风量不小于 30 m^3/h。

6.1.7.3 矿井通风系统的有效风量率,应不低于 60%。井下采掘工作面进风流中的空气成分(按体积计算),氧气应不低于 20%,二氧化碳应不高于 0.5%。井巷断面平均最高风速应符合 GB 16423 规定。

6.1.7.4 露天采场人行通道、巷内运输作业区段,放矿格筛等处应有良好的照明。夜间作业时,所有厂

房、作业点、人行道、铁路急转弯、尽头处、站场、料场、道口、建筑物进出口和汽车运输的主要干线等处，均应有足够的照明。工作场所采光照明应分别按 GB 50033 和 GB 50034 执行。

6.1.7.5 有酸碱腐蚀的场所，应选用耐酸碱的照明器材；易燃易爆工段应采用防爆照明器材。

6.1.7.6 厂区生活饮水和生产用水，其水源选择、水源卫生防护及水质标准，应符合 GB 5749 和 GBZ 1 的有关规定。

6.2 防护设施维护

6.2.1 应建立职业病危害防护设施维护、检修和保养制度，有专人负责，确保职业病危害防护设施与主体设备同步有效运行。

6.2.2 不得擅自拆除或者停止使用职业病危害防护设施。

6.2.3 除尘装置宜根据性能参数和运行效果检测与评估情况每年进行大修、中修，日常检修随时进行。

6.2.4 应对职业病危害防护设施的性能参数和运行效果每年至少进行一次检测和评估，结果记入相关技术档案。职业病危害防护设施运行效果应达到设计要求。

7 工作场所职业性有害因素及防护设施性能检测

7.1 铁矿采选生产企业应定期对生产过程中存在的职业性有害因素进行识别，并委托具有相应资质的技术服务机构，每年至少进行一次职业病危害因素检测，职业病危害严重的企业每三年至少进行一次职业病危害现状评价。

7.2 检测、评价结果应当存入本单位职业卫生档案，向安全生产监督管理部门报告并向劳动者公布。

7.3 通风测试内容宜符合 GBZ/T 194 的要求，包括风量、风速、净化效率、全面通风换气量。

8 个体防护措施

8.1 应建立个体防护用品的采购、验收、保管、发放、培训、使用、报废等制度。采购的个体防护用品应具有生产许可证、产品合格证、安全鉴定证，其中特殊个体防护用品还应具有安全标志。

8.2 应按照 GB/T 11651、GB/T 18664、GB/T 23466 的规定，为接触粉尘、毒物、噪声等职业性有害因素的作业人员配备相应的个体防护用品，并针对作业人员接触职业性有害因素浓度和强度的不同发放不同级别的个体防护用品。

8.3 应培训、督促作业人员正确佩戴和使用个体防护用品。

8.4 应根据个体防护用品说明书规定的使用期限及实际使用情况作更换、报废。报废后及时更换新的个体防护用品。

9 事故应急处置措施

9.1 铁矿采选生产企业应制定急性职业病危害事故应急救援专项预案，预案中包括应急救援范围、依据文件、应急救援程序、应急救援内容与方法、应急救援组织和机构、应急救援通信等内容，并根据企业实际情况及预案演练中所暴露的缺陷对预案内容不断进行完善和改进。

9.2 应就近与具有应急救援能力的医疗单位签署医疗救援协议，并应在距医院较远的采场、井下矿、选矿厂，设医疗点，备有急救药品、担架和救护车等。

9.3 易发生急性职业中毒或窒息的工作场所应配备自给式空气呼吸器、担架、供氧设施和其他救援设施。应急救援设施应有清晰的标识，并定期保养维护以确保其处于正常有效状态。

9.4 在进入可能引起急性职业中毒或窒息的工作场所，应事先通风，作业人员应配备相应的便携式有毒气体检测报警仪及氧含量检测仪,有毒气体检测报警仪报警值的设定应符合 GBZ/T 223 的要求。

9.5 应建立急性职业病危害事故应急救援队,救援人员应受过相关专业培训,合格后上岗,保证应急救援的安全有效。

9.6 应定期组织急性职业病危害事故应急救援预案的演练。对一氧化碳中毒、氮氧化物中毒、酸碱化学灼伤、职业性中暑等常见急性职业病危害事故应急救援预案应每年至少进行一次全面演练。

10 职业健康监护

10.1 铁矿采选生产企业应当依照国家相关法律、法规以及 GBZ 188 等国家职业卫生标准的要求,制定、落实本单位职业健康检查年度计划,并保证所需要的专项经费。

10.2 应按照 GBZ 188 的要求组织接触职业性有害因素的作业人员进行上岗前、在岗期间、离岗时和应急的职业健康检查,检查结果应以书面形式如实告知作业人员本人。具体检查项目和周期应符合 GBZ 188 的规定。

10.3 在岗期间进行定期职业健康检查的粉尘作业人员和尘肺患者离岗后应进行医学随访,离岗后的医学随访时间和随访检查内容应符合 GBZ 188 中的规定。

10.4 根据职业健康检查结果需要复查和医学观察的作业人员,应安排其复查和医学观察。对疑似职业病病人应安排其进行职业病诊断或者医学观察。对确诊的职业病病人应及时安排其治疗和康复,并向当地政府有关行政主管部门报告。

10.5 不得安排有职业禁忌的作业人员从事其所禁忌的作业,发现有职业禁忌或与从事职业相关的健康损害的作业人员应及时调离原工作岗位,并妥善安置。铁矿采选生产企业常见职业禁忌和职业病参见附录 B。

10.6 应建立职业健康监护档案。职业健康监护档案的内容应包括:劳动者的一般情况,劳动者职业史、既往病史和职业病危害接触史,历次职业健康检查结果及处理情况,职业病诊疗资料,需要存入职业健康监护档案的其他有关资料。劳动者离开用人单位时有权查阅、复印、索取职业健康监护档案复印件,用人单位应如实、无偿提供,并在所提供的复印件上签章。

10.7 职业健康检查行动水平可根据职业性有害因素检测结果判定,一般为工作场所职业性有害因素浓度大于等于职业接触限值的 50%。

11 职业健康管理措施

11.1 铁矿采选生产企业应设置或指定职业卫生管理机构或组织,配备专(兼)职职业卫生管理人员,负责职业病防治工作。

11.2 铁矿采选生产企业应根据相关法律、法规和标准的要求,结合本单位实际制定职业病危害防治计划和实施方案,建立、健全职业卫生管理制度和操作规程。其内容应包括:职业病危害防治责任、职业病危害警示与告知、职业病危害项目申报、职业病防治宣传教育培训、职业病防护设施维护检修、职业病防护用品管理、职业病危害监测及评价管理、建设项目职业卫生"三同时"管理、劳动者职业健康监护及其档案管理、职业病危害事故处置与报告、职业病危害应急救援与管理、岗位职业卫生操作规程、法律、法规、规章规定的其他职业病防治制度。

11.3 在产生职业病危害的生产车间内、设备旁应按照 GB 2893、GB 2894、GBZ 158 的要求在醒目位置设置警示标识、中文警示说明,警示标识应载明作业场所可能产生的职业病危害、安全操作的要求、职业病防护以及应急救治措施等内容。产生或使用有毒物品的工作场所应按照 GB 2893、GB 2894 和 GBZ 158 要求设置区域警示线以及必要的泄险区。高毒物品作业岗位应按照 GBZ/T 203 的要求设置职业病危害告知卡。

11.4 铁矿采选生产企业的主要负责人和职业健康管理人员应当具备与本单位所从事的生产经营活动相适应的职业卫生知识和管理能力,并接受职业健康培训,同时还应按规定组织本单位作业人员的职业健康培训工作。

11.5 企业应建立职业卫生档案,职业卫生档案应包括的内容参见附录 D。

11.6 企业应将工作场所存在的职业病危害因素,及时、如实向所在地安全生产监督管理部门申报,接受监督。

12 绩效评估

12.1 铁矿采选生产企业应每年组织进行一次本单位的职业健康管理工作评估。

12.2 评估内容应包括:

——组织机构和规章制度建立与完善;

——职业卫生档案建立及动态管理;

——职业病危害警示与告知;

——职业病危害项目申报;

——职业病防治宣传教育培训;

——职业病防护设施维护检修;

——职业病防护用品管理;

——职业病危害检测、评价管理;建设项目职业卫生"三同时"管理;

——劳动者职业健康监护及其档案管理;

——职业病危害事故处置与报告管理;

——职业病危害应急救援与管理;

——原、辅料使用及岗位职业卫生操作规程;

——企业职业病危害群众监督。

12.3 根据评估结果撰写评估报告。评估报告的内容包括:

——提出综合性的评估意见;

——存在的主要问题;

——管理和技术方面的整改意见和建议。

评估报告存入职业卫生档案。

12.4 将评估结果纳入本企业绩效考核管理。

附 录 A
（资料性附录）
铁矿采选企业作业人员接触的主要职业性有害因素

A.1 露天开采

露天开采主要职业性有害因素为：
——钻孔、爆破、铲装、挖掘、推土、运输、排岩等操作过程中产生粉尘、噪声；
——小型器具凿岩产生手传振动；
——操作牙轮钻等钻孔作业产生全身振动；
——爆破过程产生一氧化碳、一氧化氮、二氧化氮等毒物；
——炸药库存在三硝基甲苯；
——露天作业环境中还存在夏季的环境高温和冬季的环境低温危害。

A.2 地下开采

地下开采主要职业性有害因素为：
——凿岩、爆破、支护、切割、装岩、放矿、巷运、提升、充填、排岩等操作过程产生粉尘、噪声；
——爆破过程产生一氧化碳、一氧化氮、二氧化氮；
——凿岩过程产生手传振动；
——汽车泄漏的柴油和排出的尾气（一氧化碳、一氧化氮、二氧化氮）；
——炸药库存在的三硝基甲苯；
——地下开采作业环境中还存在环境高温、低温、潮湿、缺氧危害。

A.3 选矿原料

选矿原料主要职业性有害因素为：
——选矿用铁矿石破碎、带式输送机输送、筛分、采制样等生产过程中产生粉尘、噪声；
——浮选使用碱的装卸、储存过程中产生毒物（如氢氧化钠及氧化钙）；
——过滤用酸的装卸、储存过程中产生毒物（如硫酸）。

A.4 重选

重选主要职业性有害因素为：
——球磨机、粗选螺旋溜槽、精选螺旋溜槽、各种泵等生产过程中产生噪声；
——振动筛产生全身振动；
——皮带核子秤及管道密度计可产生电离辐射。

A.5 磁选

磁选主要职业性有害因素为：

——磁选球磨机、磁选机、各种泵等生产过程中产生噪声；

——振动筛引起全身振动；

——管道密度计及铁矿浆品位仪可产生电离辐射。

A.6 浮选

浮选主要职业性有害因素为：

——球磨机、浮选机、药剂搅拌槽、矿浆搅拌槽、矿浆泵、污水泵、计量泵等生产过程中产生噪声；

——配药、溶药、氧化钙槽、浮选机、药剂搅拌槽、矿浆搅拌槽等生产过程中存在氧化钙和氢氧化钠；

——浮选机、药剂搅拌槽、矿浆搅拌槽等生产过程中产生高温；

——管道密度计及铁矿浆品位仪可产生电离辐射。

A.7 过滤

过滤主要职业性有害因素为：

——过滤机、各种泵产生噪声；

——过滤车间硫酸储罐阀门、流量表存在硫酸；

——管道密度计可产生电离辐射。

A.8 输送

输送主要职业性有害因素为：

——渣浆泵、环水泵站、排渗泵站、精矿泵等各种泵产生噪声；

——管道密度计及铁矿浆品位仪可产生电离辐射。

A.9 废石、尾矿

废石、尾矿主要职业性有害因素为：

——废石经破碎机、带式输送机、排岩机运送到排土场过程产生粉尘、噪声；

——尾矿经放矿、筑坝、推土产生粉尘、噪声；

——尾矿砂泵管道密度计可产生电离辐射。

A.10 公用工程

公用工程主要职业性有害因素为：

——污水处理系统存在酸、碱、硫化氢、氨、噪声；

——高低压变电过程中产生工频电磁辐射；

——给排水水泵运行产生噪声；

——锅炉间存在煤尘、噪声、一氧化碳、二氧化硫、高温；

——化验室存在酸、碱、粉尘、噪声等；

——油库存在柴油；

——燃料库存在煤尘、噪声等。

A.11 维检修

维检修主要职业性有害因素为：

——该行业带式输送机维护、维修作业过程中可接触到苯、甲苯、二甲苯；

——变电设备、电气设备的维护、检修作业过程中可接触到工频电磁辐射和噪声；

——采矿、选矿设备的维护、检修作业可接触相应岗位危害因素；

——电焊作业过程中可接触到电焊烟尘、锰及其无机化合物、一氧化碳、一氧化氮、二氧化氮、臭氧、噪声、紫外辐射、高温等；

——在气割作业过程中可接触到粉尘、一氧化碳、一氧化氮、二氧化氮、噪声、紫外辐射、高温等。

铁矿采选企业作业人员接触的主要职业性有害因素见表 A.1。

表 A.1 铁矿采选企业作业人员接触的主要职业性有害因素

生产单元	职业		工种		工作内容	职业性有害因素
	编码	名称	编码	名称		
井下、露天矿物开采和运输	6-01-03-01	露天采矿挖掘机司机	41-045	挖掘机司机	操作、挖掘机倒运、装载矿物、排弃渣石等	粉尘、噪声、高（低）温
	6-01-03-02	钻孔机司机	41-047	钻孔机操作工	操作钻孔机设备钻孔、清理钻孔运行中的矿渣	粉尘、噪声、全身振动、高（低）温
	6-01-03-03	井筒冻结工	41-049	冻结安装运转工	钻孔、安装并操作冻结设备、制冷冻结井筒	粉尘、噪声、高（低）温
	6-01-03-04	矿井开掘工	41-011	井筒掘砌工	使用风动工具、电动工具或钻车凿岩、爆破、井筒支护等	粉尘、噪声、手传振动、一氧化碳、一氧化氮、二氧化氮、高（低）温
			41-013	巷道掘砌工	使用风动工具、电动工具或钻车凿岩、爆破、巷道支护等	粉尘、噪声、手传振动、一氧化碳、一氧化氮、二氧化氮、高（低）温
			41-014	装岩机司机	使用机具装运矿物或岩石	粉尘、噪声、高（低）温
			41-016	钻车司机	操作钻车凿岩	粉尘、噪声、高（低）温
			41-017	天井钻机工	使用凿岩工具上向凿岩	粉尘、噪声、振动、高（低）温
			41-018	锚喷工	使用锚杆和喷浆方法支护	粉尘、噪声、高（低）温
			41-035	巷修工	维修井筒、巷道，砌筑水沟等	粉尘、噪声、高（低）温
			41-109	抓岩机司机	使用抓岩机装运矿物或岩石	粉尘、噪声、高（低）温
	6-01-03-06	支护工	41-002	支护工	架设棚柱、木垛或使用锚喷、钢筋混凝土等方法支护采掘工作面顶板、底板、围岩	粉尘、噪声、高（低）温

表 A.1 铁矿采选企业作业人员接触的主要职业性有害因素（续）

生产单元	职业		工种		工作内容	职业性有害因素
	编码	名称	编码	名称		
井下、露天矿物开采和运输	6-01-03-07	矿山提升机操作工	41-020	主提升机操作工	操作提升机械运送人员、岩石、物料等	粉尘、噪声
			41-024	拥罐工	按信号命令稳车、摘钩、挂钩、封车、对车、填罐、拉罐	粉尘、噪声、高（低）温
			41-026	信号工	操作信号装置发送、接受运行信号	粉尘、噪声、高（低）温
			41-027	翻罐工	操作翻罐设备倾卸矿物、岩土等,清理场地积渣	粉尘、噪声
	6-01-03-08	矿井机车运输工	41-023	电机车司机	操作井下架线、蓄电、内燃机车,运送矿物、岩土、物料、人员	粉尘、噪声、一氧化碳、高（低）温
			41-028	矿井轨道工	使用机具铺设、拆移、维修矿用轨道	粉尘、噪声、高（低）温
	6-01-03-09	矿井通风工	41-030	矿井通风工	操作矿井通风装置,进行矿山井下通风,维护通风安全设施	粉尘、噪声、高（低）温
			41-031	矿井测风工	使用仪表在测风点或采掘工作面测定风压、风速、风量、温度、湿度及有害气体含量	粉尘、噪声、一氧化碳、一氧化氮、二氧化氮、高（低）温
			41-043	主要通风机操作工	操作矿井主要通风机,为矿井输送新鲜空气,并进行矿井反风	粉尘、噪声
			—	矿井制冷降温工	进行高温矿井或采掘工作面的制冷降温	粉尘、噪声、高温
	6-01-03-13	火工品管理工	—	火工品管理工	运送、保管、收发火工品	三硝基甲苯
	6-01-03-15	矿物开采辅助工	41-042	露天坑下普工	操作小型器具,进行采剥机械设备注油,采矿钻孔、凿岩、爆破服务和料石加工	粉尘、噪声、手传振动、一氧化碳、一氧化氮、二氧化氮、柴油、高（低）温
			41-044	推土犁司机	操作推土犁,排除机车轨道两侧有碍机车运行的岩体	粉尘、噪声、高（低）温
			41-062	翻车指挥工	指挥运输矿物车辆在矿场、废弃土料场、卸矿岩	粉尘、噪声、高（低）温
			41-063	边坡工	对露天矿边坡进行检查、清坡、加固	粉尘、噪声、高（低）温
			—	推土机司机	操作推土机,将废弃物排弃、移动	粉尘、噪声、高（低）温

表 A.1 铁矿采选企业作业人员接触的主要职业性有害因素（续）

生产单元	职业		工种		工作内容	职业性有害因素
	编码	名称	编码	名称		
矿物加工和分选			41-058	破碎工	操作破碎机及附属设备,调整破碎粒度、破碎矿石	粉尘、噪声
	6-01-04-01	筛选破碎工	41-069	筛选工	操作振动筛和运料设备,调整筛分机倾斜度、下矿量、水量,按粒度分级	粉尘、噪声、全身振动
			41-116	采制样工	用仪器、机具对矿物采样、制样	粉尘、噪声
	6-01-04-02	重力选矿工	41-065	重介质分选工	操作重力选矿、给矿设备,调整给矿量及风、水、介质、排料等参数,控制分选过程	粉尘、噪声、电离辐射
	6-01-04-03	浮选工	41-067	浮选工	操作加药、矿浆输送、浮选等设备,回收细粒精矿粉及尾矿;监视精矿品位,调节加药量、给矿量、浓度等,控制分选过程	氢氧化钠、氧化钙等碱性物质、噪声、高温、电离辐射
	6-01-04-04	磁选工	41-083	磁选工	操作磁选设备,利用矿物不同磁性选出矿物,控制工艺过程	噪声、电离辐射
	6-01-04-05	选矿脱水工	41-070	脱水工	操作浓缩机及辅助设备,进行矿物脱水处理	噪声、电离辐射
	6-01-04-06	尾矿处理工	41-080	尾矿工	操作尾矿处理设备,进行尾矿输送、储存、净化尾矿水	噪声、电离辐射
	6-01-04-07	磨矿工	41-077	磨矿分级工	操作球磨机、分级机等设备,对矿物进行磨矿分级达到易选别粒度	噪声、粉尘
			41-078	衬板工	更换、修理衬板	粉尘、电焊烟尘、一氧化碳、锰及其无机化合物、一氧化氮、二氧化氮、臭氧、紫外辐射、噪声、高温、缺氧窒息
			—	球磨机操作工	调整给矿量、返矿水、给水量、加球量、控制浓度、粒度等磨矿过程	噪声、电离辐射
公用工程	6-07-06-02	变配电室值班电工	—	变电值班员	主电室、变电所、配电室	工频电磁辐射
	—	—		水处理	给排水水泵	噪声
					除盐水系统	酸、碱
					清淤泥、检修污水井	硫化氢、氨
	6-03-01-02	压缩机工	16-128	压缩机工	空压站	噪声

表 A.1 铁矿采选企业作业人员接触的主要职业性有害因素（续）

生产单元	职业		工种		工作内容	职业性有害因素
	编码	名称	编码	名称		
维检修	6-04-02-05	焊工	09-033	电焊工	设备维修	电焊烟尘、一氧化碳、锰及其无机化合物、一氧化氮、二氧化氮、臭氧、紫外辐射、高温、噪声
			09-034	气焊工	设备维修	粉尘、一氧化碳、一氧化氮、二氧化氮、紫外辐射、高温、噪声

注：附录A根据《中华人民共和国职业分类大典》《中华人民共和国工种分类目录》及项目组各单位的调研资料及查阅相关文献编制。

附　录　B

（资料性附录）

铁矿采选企业常见职业禁忌和职业病

铁矿采选企业常见职业禁忌和职业病见表 B.1。

表 B.1　铁矿采选企业常见职业禁忌和职业病

化学文摘号（CAS No.）	职业性有害因素	上岗前职业禁忌	在岗期间职业禁忌	职业病
—	硅尘	1. 活动性肺结核病； 2. 慢性阻塞性肺病； 3. 慢性间质性肺病； 4. 伴肺功能损害的疾病	同上岗前	硅肺
—	煤尘（包括煤硅尘）	1. 活动性肺结核病； 2. 慢性阻塞性肺病； 3. 慢性间质性肺病； 4. 伴肺功能损害的疾病	同上岗前	煤工尘肺
—	其他粉尘（包括电焊烟尘等）	1. 活动性肺结核病； 2. 慢性阻塞性肺病； 3. 慢性间质性肺病； 4. 伴肺功能损害的疾病	同上岗前	其他尘肺、电焊工尘肺
—	噪声	1. 各种原因引起永久性感音神经性听力损失（500 Hz、1000 Hz 和 2000 Hz 中任一频率的纯音气导听阈＞25 dBHL）； 2. 中度以上传导性耳聋； 3. 双耳高频（3000 Hz、4000 Hz、6000 Hz）平均听阈≥40 dB； 4. Ⅱ期及Ⅲ期高血压； 5. 器质性心脏病	噪声易感者（噪声环境下工作 1 年，双耳 3000 Hz、4000 Hz、6000 Hz 中任意频率听力损失≥65 dBHL）	职业性噪声聋
—	高温	1. Ⅱ期及Ⅲ期高血压； 2. 活动性消化性溃疡； 3. 慢性肾炎； 4. 未控制的甲亢； 5. 糖尿病； 6. 大面积皮肤疤痕	同上岗前	职业性中暑
—	紫外辐射（紫外线）	1. 活动性角膜疾病； 2. 白内障； 3. 面、手背和前臂等暴露部位严重的皮肤病； 4. 白化病	活动性角膜疾病	职业性电光性皮炎、职业性白内障
—	振动	1. 周围神经系统器质性疾病； 2. 雷诺病	周围神经系统器质性疾病	职业性手臂振动病
630-08-0	一氧化碳	1. 中枢神经系统器质性疾病； 2. 心肌病	同上岗前	职业性急性一氧化碳中毒

表 B.1 铁矿采选企业常见职业禁忌和职业病（续）

化学文摘号 （CAS No.）	职业性 有害因素	上岗前职业禁忌	在岗期间职业禁忌	职业病
7439- 96-5	锰及其无 机化合物	1. 中枢神经系统器质性疾病； 2. 各类精神病； 3. 严重自主神经功能紊乱性疾病	同上岗前	职业性慢性锰中毒
—	氮氧化物	1. 慢性阻塞性肺病； 2. 支气管哮喘； 3. 支气管扩张； 4. 慢性间质性肺病	同上岗前	职业性急性氮氧化物中毒
118- 96-7	三硝基 甲苯	1. 慢性肝炎； 2. 眼晶状体混浊，白内障； 3. 贫血	同上岗前	职业性慢性三硝基甲苯中毒、职业性三硝基甲苯致白内障
—	电离辐射	详见 GBZ 98	详见 GBZ 98	详见 GBZ 98

注：附录 B 根据 GBZ 188，电离辐射根据 GBZ 98 编制。

AQ/T 4240—2014

附 录 C
（资料性附录）
铁矿采选企业职业健康检查项目及周期

铁矿采选企业职业健康检查项目及周期见表 C.1。

表 C.1 铁矿采选企业职业健康检查项目及周期

化学文摘号（CAS No.）	职业性有害因素	上岗前检查必检项目	在岗检查必检项目	检查周期
一	硅尘	内科常规检查、血常规、尿常规、血清 ALT、心电图、后前位 X 射线高千伏胸片、肺功能	内科常规检查、后前位 X 射线高千伏胸片、心电图、肺功能	不超标 2 年 1 次，超标 1 年 1 次
一	煤尘（包括煤硅尘）	内科常规检查、血常规、尿常规、血清 ALT、心电图、后前位 X 射线高千伏胸片、肺功能	内科常规检查、后前位 X 射线高千伏胸片、心电图、肺功能	不超标 3 年 1 次，超标 2 年 1 次
一	其他粉尘（包括电焊烟尘等）	内科常规检查、血常规、尿常规、血清 ALT、心电图、后前位 X 射线高千伏胸片、肺功能	内科常规检查、后前位 X 射线高千伏胸片、心电图、肺功能	不超标 4 年 1 次，超标 2～3 年 1 次
一	噪声	内科常规检查、耳科检查、纯音听阈测试、心电图、血常规、尿常规、血清 ALT	内科常规检查、耳科检查、纯音听阈测试、心电图	1 年
一	高温	内科常规检查、血常规、尿常规、血清 ALT、心电图、血糖	同上岗前	1 年，应在每年高温季节到来之前进行
一	紫外辐射（紫外线）	内科常规检查、眼科检查（常规检查及角膜、结膜、晶状体和眼底检查）、血常规、尿常规、血清 ALT、心电图	皮肤科常规检查、眼科检查（常规检查及角膜、结膜、晶状体和眼底检查）	2 年
一	振动	内科常规检查、血常规、尿常规、血清 ALT、心电图	血常规、冷水复温试验（有症状者）	2 年
630-08-0	一氧化碳	内科常规检查、神经系统常规检查、血常规、尿常规、心电图、血清 ALT	同上岗前	2 年
7439-96-5	锰及其无机化合物	内科常规检查、神经系统常规检查及四肢肌力、肌张力、血常规、尿常规、心电图、血清 ALT	内科常规检查、神经系统常规检查及四肢肌力、肌张力、共济失调、肢体震颤、智力、定向力、语速、面部表情、反应能力、血常规、尿常规、心电图、血清 ALT	1 年
一	氮氧化物	内科常规检查、血常规、尿常规、血清 ALT、心电图、肺功能	内科常规检查、血常规、尿常规、胸部 X 射线摄片、肺功能	2 年

450

表 C.1 铁矿采选企业职业健康检查项目及周期（续）

化学文摘号 （CAS No.）	职业性 有害因素	上岗前检查必检项目	在岗检查必检项目	检查周期
118- 96-7	三硝基 甲苯	内科常规检查,重点检查肝脾,血常规、尿常规、肝脾 B 超、血清 ALT、乙肝表面抗原、心电图;眼科常规检查及眼晶状体、玻璃体和眼底检查	内科常规检查,重点检查肝脾,血常规、肝功能、肝脾 B 超、病毒性肝炎血清标志物、心电图;眼科常规检查及眼晶状体、玻璃体和眼底检查	1 年
—	电离辐射	详见 GBZ 235	详见 GBZ 235	1～2 年
注：附录 C 根据 GBZ 188,电离辐射根据 GBZ 235 编制。				

附 录 D

（资料性附录）

职业卫生档案内容

职业卫生档案内容包括：

——职业病防治责任制文件；

——职业卫生管理规章制度、操作规程；

——工作场所职业病危害因素种类清单、岗位分布以及作业人员接触情况等资料；

——职业病防护设施、应急救援设施基本信息，以及其配置、使用、维护、检修与更换等记录；

——工作场所职业病危害因素检测、评价报告与记录；

——职业病防护用品配备、发放、维护与更换等记录；

——主要负责人、职业卫生管理人员和职业病危害严重工作岗位的劳动者等相关人员职业卫生培训资料；

——职业病危害事故报告与应急处置记录；

——劳动者职业健康检查结果汇总资料，存在职业禁忌证、职业健康损害或职业病处理、安置情况记录；

——建设项目职业卫生"三同时"有关技术资料及其备案、审核、审查或验收等有关回执或者批复文件；

——其他有关职业卫生管理的资料或者文件。

参 考 文 献

[1]　GB/T 15236　职业安全卫生术语

[2]　GB/T 28001　职业健康安全管理体系　要求

[3]　GBZ/T 224　职业卫生名词术语

[4]　GBZ/T 225　用人单位职业病防治指南

[5]　国家职业分类大典和职业资格工作委员会．中华人民共和国职业分类大典．北京：中国劳动社会保障出版社，1999．

[6]　国家劳动部．中华人民共和国工种分类目录．北京：中国劳动出版社，1992．

——————————————

第四部分

应 急 救 援

ICS 13.100
D 09
备案号：22146—2007

中华人民共和国安全生产行业标准

AQ 1008—2007

矿 山 救 护 规 程

Mine rescue regulations

2007-10-22 发布　　　　　　　　　　　　　　　2008-01-01 实施

国家安全生产监督管理总局　　发 布

前　言

　　本标准是以《中华人民共和国安全生产法》《中华人民共和国矿山安全法》《煤矿安全规程》《金属非金属矿山安全规程》等国家有关安全生产的法律、法规、规程和标准为依据制定的。标准的总体结构和内容是根据矿山企业安全生产与建设事故的应急救援实际需要,就其涉及的相关工作和方面进行了规范与规定。

　　本标准以《煤矿救护规程》为基础修订。

　　本标准为强制性标准。

　　本标准由国家安全生产监督管理总局提出。

　　本标准由全国安全生产标准化技术委员会煤矿安全分技术委员会归口。

　　本标准起草单位:国家安全生产监督管理总局矿山救援指挥中心、武汉安全与环保研究院。

　　本标准主要起草人:王志坚、孟斌成、邱雁、田得雨、肖文儒、张安琦、李文俊、彭兴文、侯建明、王立兵、张军义、张延寿。

矿 山 救 护 规 程

1 范围

本标准规定了矿山救护工作涉及的矿山应急救援组织、矿山救护队军事化管理、矿山救护队装备与设施、矿山救护队培训与训练、矿山事故应急救援一般规定、矿山事故救援等各项内容。

本标准适用于中华人民共和国境内矿山企业,矿山救护队伍及管理部门,不适用于石油和天然气、液态矿等。

2 规范性引用文件

下列文件中的条款通过本标准的引用而成为本标准的条款。凡是标注日期的引用文件,其随后所有的修改本(不包括勘误的内容)或修订版均不适用于本标准。然而,鼓励根据本标准达成协议的各方研究是否可使用这些文件的最新版本。凡是不标注日期的引用文件,其最新版本适用于本标准。

GB/T 15663.8—1995 煤矿科技术语

GB 16423—2006 金属、非金属矿山安全规程

《煤炭科技名词》 全国自然科学名词审定委员会 1996

《煤矿安全规程》 2006 年版

3 术语和定义

GB/T 15663.8—1995《煤炭科技名词》确立的术语和定义以及下列术语和定义适用于本标准。

3.1

矿山救护队指挥员 commander of mine rescue team

矿山救护队担任副小队长以上职务人员、技术人员的统称。

3.2

地面基地 surface rescue base

在处理矿山事故时,为及时供应救援装备和器材、提供气体组分分析和矿山医疗急救而设在矿山地面的后勤支持系统。

3.3

井下基地 underground rescue base

选择在井下靠近灾区、通风良好、运输方便、不易受灾害事故直接影响的安全地点,用于井下救灾指挥、通信联络、存放救灾物资、待机小队停留和急救医务人员值班等需要而设立的工作场所。

3.4

反风演习 ventilation reversal exercise

生产矿山用以检查矿井反风设施是否处于灵活、可靠,保证在处理矿山灾害事故需要反风时迅速实现矿井反风的一项安全技术性演练。

3.5

火风压 fire-heating air pressure

井下发生火灾时,高温烟流流经有高差的井巷所产生的附加风压。

3.6

风流逆转　**inversion of air flow**

由于煤与瓦斯突出或爆炸冲击波及火风压的作用,改变了矿井通风网络中局部或全部正常风流方向的现象。

3.7

直接灭火　**direct extinguishing**

用水、砂子、灭火器等器材灭火或直接挖除火源的方法。

3.8

高泡灭火　**high expansion foam extinguishing**

利用高倍数泡沫灭火机产生的空气泡沫混合体进行灭火的方法。

3.9

干粉灭火　**dry-chemical fire extinguishing**

通过内装高压气瓶为动力,将干粉灭火剂发射到着火地点,以扑灭矿山初期明火和油类、电气设备等火灾的方法。

3.10

惰性气体灭火　**fire extinguishing by inert gas**

使用低氧、不燃烧、不助燃的混合气体,扑灭井下火灾的方法。

3.11

隔绝灭火　**extinguishing with air-sealed wall**

在通往火区的所有巷道内构筑风墙,截断空气的供给,使火灾逐渐自行熄灭。

3.12

临时风墙　**temporary bulkhead**

用木板、帆布、砖等轻便材料建造的简易风墙。

3.13

抗爆墙　**antiknock wall**

一种特殊加强结构,能承受一定爆炸压力和冲击波的构筑物。

3.14

风障　**air brattice**

在矿井巷道或工作面内,利用帆布等软体材料构筑的阻挡或引导风流的临时设施。

3.15

防火门　**fire-proof door**

井下防止火灾蔓延和控制风流的安全设施。

3.16

综合灭火　**complex extinguishing**

采取风墙封闭、均压、向封闭的火区灌注泥浆或注入惰性气体等两种以上配合使用的灭火方法。

3.17

水幕　**water curtain**

在巷道中安设的多组喷嘴,通过高压水流喷出的水雾所形成的覆盖全断面的屏障。

3.18

非常仓库　**emergency storage**

井下贮存救灾材料和设备的硐室。

3.19

风流短路　**air flow short out**

打开入、排风联络巷道的风门或挡风墙,使进风巷道的风流直接进入回风巷。

3.20

区域反风 regional reversing of airflow

在矿井主要通风机正常运转的情况下,利用通风设施,使井下局部区域实现风流反向的方法。

3.21

锁风 locking air

在启封井下火区时,为阻止向火区进风,首先在需要启封的风墙外面增设临时风墙控制风流,或需要缩小火区范围时,随推进先增加临时风墙,再拆除外面的风墙,始终至少保持有一道控制风流的临时风墙的一种控风方法。

3.22

风门 air door

在需要通过人员和车辆的巷道中设置的隔断风流的门。

3.23

煤(岩)与瓦斯突出 coal(rock)and gas outburst

简称"突出"。在地应力和瓦斯的共同作用下,破碎的煤、岩和瓦斯由煤体或岩体内突然向采掘空间抛出的异常的动力现象。

3.24

老空水 abandoned goaf water

废弃的井巷和采空区内积存的水源。

3.25

防水墙 water proof dam

在井下受水害威胁的巷道内,为防止地下水突然涌入其他巷道而设置的截流墙。

3.26

中暑 get sun-stroke

由于在炎热潮湿的环境下工作或运动,人体内热量不能及时散发而引起的机体体温调节障碍。

3.27

休克 shock

由于伤情严重或大出血,致使伤员血压下降,循环衰竭、脏器功能衰竭的现象。

3.28

包扎 bind up

为防止受伤人员感染、出血,减轻疼痛和对骨折进行临时固定的一项急救技术。

3.29

人工呼吸 artificial respiration

借助人工的方法,在自然呼吸停止、不规则或不充分时,强迫空气进出肺部,帮助伤员恢复呼吸功能的一项急救技术。

3.30

呼吸器班 respirator team

以 4 h 氧气呼吸器的有效使用时间进行计算,1 个呼吸器班为 3 h～4 h。

3.31

避难硐室 refuge chamber

当灾害发生,人员无法撤出灾区时,为防止有毒、有害气体的侵袭而设置的避难场所。

3.32

氧气呼吸器 respirator

是一种自带氧源的隔绝式再生氧闭路循环的个人特种呼吸保护装置。

3.33

氧气呼吸器校验仪 calibrator of respirator

用以准确检验氧气呼吸器的各项技术指标是否符合规定标准的专用仪器。

3.34

氧气充填泵 oxygen pump

将氧气从氧气瓶抽出并充入小容积氧气瓶内的升压泵。

3.35

自动苏生器 automatic resuscitator

对中毒或窒息的伤员自动进行人工呼吸或输氧的急救器具。

3.36

高倍数泡沫灭火器 extinguisher with high expansion of foam

由发泡泵、局部通风机、发泡网、高倍数发泡液等组成的灭火装置。

3.37

惰气发生装置 inert gas generator

能够产生大量惰气,用于扑灭封闭的火区或有限空间内的火灾,以及抑制瓦斯爆炸的灭火装备。

3.38

灾区 disaster Area

事故的发生点及波及的范围。

3.39

佩戴氧气呼吸器 carry a respirator

救护人员背负氧气呼吸器,但未戴面罩或口具、鼻夹,未打开氧气瓶吸氧。

3.40

佩用氧气呼吸器 carry and use a respirator

救护人员背负氧气呼吸器,戴上面罩或口具、鼻夹,打开氧气瓶吸氧。

3.41

矿山救护队 mine rescue team

处理矿山灾害事故的职业性、技术性并实行军事化管理的专业队伍。

3.42

兼职矿山救护队 part-time rescue brigade team

由符合矿山救护队员身体条件,能够佩用氧气呼吸器的矿山骨干工人、工程技术人员和管理人员兼职组成,协助专业矿山救护队处理矿山事故的组织。

4 总则

4.1 为保证安全、快速、有效地实施矿山企业生产与建设事故应急救援,保护矿山职工和救护人员的生命安全,减少国家资源和财产损失,根据国家有关法律、法规制定本标准。

4.2 矿山救护队是处理矿山灾害事故的专业队伍,实行军事化管理。矿山救护队指战员是矿山一线特种作业人员。

4.3 矿山救护队必须经过资质认证,取得资质证书后,方可从事矿山救护工作。

4.4 矿山企业(包括生产和建设矿山的企业)(以下同)均应设立矿山救护队,地方政府或矿山企业,应根据本区域矿山灾害、矿山生产规模、企业分布等情况,合理划分救护服务区域,组建矿山救护大队或矿山救护中队。生产经营规模较小、不具备单独设立矿山救护队条件的矿山企业应设立兼职救护队,并与就近的取得三级以上资质的矿山救护队签订有偿服务救护协议,签订救护协议的救护队服务半径不得超过 100 km;矿井比较集中的矿区经各省(区)煤炭行业管理部门规划、批准,可以联合建立矿山救护大(中)队。矿山救护队驻地至服务矿井的距离,以行车时间不超过 30 min 为限。年生产规模 60×10⁴ t(含)以上的高瓦斯矿井和距离救护队服务半径超过 100 km 的矿井必须设置独立的矿山救护队。

4.5 矿山救护队必须贯彻执行国家安全生产方针以及"加强战备、严格训练、主动预防、积极抢救"的工作指导原则,坚持矿山救护队质量标准化建设,切实做好矿山灾害事故的应急救援和预防性安全检查工作。

4.6 矿山救护资金实行国家、地方、矿山企业共同保障体制,矿山救护队社会化服务实行有偿服务。

4.7 各级政府有关部门、矿山企业在编制生产建设和安全技术等发展规划时,必须将矿山救护发展规划列为其内容的组成部分。

4.8 矿山救护队必须备有所服务矿山的应急预案或灾害预防处理计划、矿井主要系统图纸等有关资料。矿山救护队应根据服务矿山的灾害类型及有关资料,制订预防处理方案,并进行训练演习。

4.9 矿山救护队所在企(事)业单位和上级有关部门,应对在矿山抢险救灾中作出重大贡献的救护指战员给予奖励;对在抢救遇险人员生命、国家和集体财产中因工牺牲的救护指战员,应为其申报"革命烈士"称号。

5 矿山应急救援组织

5.1 矿山救护队伍

5.1.1 救护大队

　　a) 救护大队由 2 个以上中队组成。

　　b) 救护大队负责本区域内矿山重大灾变事故的处理与调度、指挥,对直属中队直接领导,并对区域内其他矿山救护队、兼职矿山救护队进行业务指导或领导,应具备本区域矿山救护指挥、培训、演习训练中心的功能。

　　c) 救护大队设大队长 1 人,副大队长 2 人,总工程师 1 人(分别为正、副矿处级),副总工程师 1人,工程技术人员数人;应设立相应的管理及办事机构(如办公、战训、培训、后勤等),并配备必要的管理人员和医务人员。矿山救护大队指挥员的任免,应报省级矿山救援指挥机构备案。

5.1.2 救护中队

　　a) 救护中队由 3 个以上的小队组成,是独立作战的基层单位。

　　b) 救护中队设中队长 1 人,副中队长 2 人(分别为正、副区科级),工程技术人员 1 人。直属中队设中队长 1 人,副中队长 2~3 人,工程技术人员至少 1 人。救护中队应配备必要的管理人员及汽车司机、机电维修、氧气充填等人员。

5.1.3 救护小队

救护小队由 9 人以上组成,是执行作战任务的最小战斗集体。救护小队设正、副小队长各 1 人。

5.1.4 兼职矿山救护队

　　a) 兼职矿山救护队应根据矿山的生产规模、自然条件、灾害情况确定编制,原则上应由 2 个以上小队组成,每个小队由 9 人以上组成。

　　b) 兼职矿山救护队应设专职队长及仪器装备管理人员。兼职矿山救护队直属矿长领导,业务上受矿总工程师(或技术负责人)和矿山救护大队指导。

c) 兼职矿山救护队员由符合矿山救护队员条件,能够佩用氧气呼吸器的矿山生产、通风、机电、运输、安全等部门的骨干工人、工程技术人员和干部兼职组成。

5.1.5 救护指战员条件

a) 大队指挥员应由熟悉矿山救护业务及其相关知识,热爱矿山救护事业,能够佩用氧气呼吸器,从事矿山井下工作不少于 5 年,并经国家级矿山救护培训机构培训取得资格证的人员担任。

b) 大队长应具有大专以上文化程度,大队总工程师应具有大专以上学历并中级以上职称。

c) 中队指挥员应由熟悉矿山救护业务及其相关知识,热爱矿山救护事业,能够佩用氧气呼吸器,从事矿山救护工作不少于 3 年,并经培训取得资格证的人员担任。

d) 中队长应具有中专以上文化程度,中队技术员应具有中专以上学历并初级以上职称。

e) 新招收的矿山救护队员应具有高中(中技)以上文化程度,年龄在 25 周岁以下,身体符合矿山救护队员标准,从事井下工作在 1 年以上,并经过培训、考核、试用,取得合格证后,方可从事矿山救护工作。

f) 救护队实行队员服役合同制。正式入队前,必须由矿山救护队、输送队员单位和队员本人三方签订服役合同,合同期为 3~5 年。队员服役合同期满,本人表现较好、身体条件等符合要求的可再续签合同,延长服役年限。

g) 凡有下列疾病之一者,严禁从事矿山救护工作:
1) 有传染性疾病者;
2) 色盲、近视(1.0 以下)及耳聋者;
3) 脉搏不正常,呼吸系统、心血管系统有疾病者;
4) 强度神经衰弱,高血压、低血压、眩晕症者;
5) 尿内有异常成分者;
6) 经医生检查确认或经实际考核身体不适应救护工作者;
7) 脸形特殊不适合佩用面罩者。

救护队指战员每年应进行 1 次身体检查,对身体不合格人员,必须立即调整。企业应根据其自身状况安置工作。

救护队员年龄不应超过 40 岁,中队指挥员年龄不应超过 45 岁,大队指挥员年龄不应超过 55 岁。但根据救护工作需要,允许保留少数(指挥员和队员分别不超过 1/3 的)身体健康、能够下井从事救护工作、有技术专长及经验丰富的超龄人员,超龄年度不大于 5 岁。

超龄人员每半年应进行 1 次身体检查,符合条件方可留用。

5.2 矿山救护队任务与职责

5.2.1 救护队任务

a) 抢救矿山遇险遇难人员。

b) 处理矿山灾害事故。

c) 参加排放瓦斯、震动性爆破、启封火区、反风演习和其他需要佩用氧气呼吸器作业的安全技术性工作。

d) 参加审查矿山应急预案或灾害预防处理计划,做好矿山安全生产预防性检查,参与矿山安全检查和消除事故隐患的工作。

e) 负责兼职矿山救护队的培训和业务指导工作。

f) 协助矿山企业搞好职工的自救、互救和现场急救知识的普及教育。

5.2.2 兼职救护队任务

a) 引导和救助遇险人员脱离灾区,协助专职矿山救护队积极抢救遇险遇难人员。

b) 做好矿山安全生产预防性检查,控制和处理矿山初期事故。

c) 参加需要佩用氧气呼吸器作业的安全技术工作。

d) 协助矿山救护队完成矿山事故救援工作。

e) 协助做好矿山职工自救与互救知识的宣传教育工作。

5.2.3 救护队指战员职责

5.2.3.1 救护队指战员的一般职责

a) 热爱矿山救护工作,全心全意为矿山安全生产服务。

b) 加强体质锻炼和业务技术学习,适应矿山救护工作素质需要。

c) 自觉遵守有关安全生产法律、法规、标准和规定。

d) 爱护救护仪器装备,做好仪器装备的维修保养,使其保持完好。

e) 按规定参加战备值班工作,坚守岗位,随时做好出动准备。

f) 服从命令,听从指挥,积极主动地完成各项工作任务。

5.2.3.2 大队长职责

a) 对救护大队的救援准备与行动,技术培训与训练,日常管理等工作全面负责。

b) 组织制订大队长远规划,年度、季度和月度计划,并组织实施,定期进行检查、总结、评比等。

c) 负责组织全大队的矿山救护业务活动。

d) 事故救援时的具体职责是:

　　1) 及时带队出发到事故矿井;

　　2) 在事故现场负责矿山救护队具体工作的组织,必要时亲自带领救护队下井进行矿山救援工作;

　　3) 参加抢救指挥部的工作,参与事故救援方案的制订和随灾情变化进行方案的重新修订,并组织制订矿山救护队的行动计划和安全技术措施;

　　4) 掌握矿山救护工作进度,合理组织和调动战斗力量,保证救护任务的完成;

　　5) 根据灾情变化与指挥部总指挥研究变更事故救援方案。

5.2.3.3 副大队长职责

a) 协助大队长工作,主管救援准备及行动、技术训练和后勤工作。当大队长不在时,履行大队长职责;

b) 事故救援时的具体职责是:

　　1) 根据需要带领救护队伍进入灾区抢险救灾,确定和建立井下救灾基地,准备救护器材,建立通信联系;

　　2) 经常了解井下事故救援的进展,及时向救援指挥部报告井下救护工作进展情况;

　　3) 当大队长不在或工作需要时,代替大队长领导矿山救护工作。

5.2.3.4 大队总工程师职责

a) 在大队长领导下,对大队的技术工作全面负责。

b) 组织编制大队训练计划,负责指战员的技术教育。

c) 参与审查各服务矿井的矿井灾害预防和处理计划或应急预案。

d) 组织科研、技术革新、技术咨询及新技术、新装备的推广应用等项工作。

e) 负责事故救援和其他技术工作总结的审定工作。

f) 事故救援时的具体职责是：

1) 参与救援指挥部事故救援方案的制订；

2) 与大队长一起制订矿山救护队的行动计划和安全技术措施，协助大队长指挥矿山救护工作；

3) 采取科学手段和可行的技术措施，加快事故救援的进程；

4) 必要时根据抢救指挥部的命令，担任矿山救护工作的领导。

5.2.3.5 中队长职责

a) 负责本中队的全面领导工作。

b) 根据大队的工作计划，结合本中队情况制订实施计划，开展各项工作，并负责总结评比。

c) 事故救援时的具体职责是：

1) 接到出动命令后，立即带领救护队奔赴事故矿井，担负中队作战工作的领导责任；

2) 到达事故矿井后，组织各小队做好下井准备，同时了解事故情况，向抢救指挥部领取救护任务，制订中队行动计划并向各小队下达救援任务；

3) 在救援指挥部尚未成立、无人负责的特殊情况下，可根据矿山灾害事故应急预案或事故现场具体情况，立即开展先期救护工作；

4) 向小队布置任务时，应讲明完成任务的方法、时间，应补充的装备、工具和救护时的注意事项和安全措施等；

5) 在救护工作过程中，始终与工作小队保持经常联系，掌握工作进程，向工作小队及时供应装备和物资；

6) 必要时亲自带领救护队下井完成任务；需要时，及时召请其他救护队协同救援。

5.2.3.6 副中队长职责

a) 协助中队长工作，主管救援准备、技术训练和后勤管理。当中队长不在时，履行中队长职责。

b) 事故救援时的具体职责是：

1) 在事故救援时，直接在井下领导一个或几个小队从事救护工作；

2) 及时向救援指挥部报告所掌握的事故救援和现场情况。

5.2.3.7 中队技术人员职责

a) 在中队长领导下，全面负责中队的技术工作。

b) 事故救援时的具体职责是：

1) 协助中队长做好事故救援的技术工作；

2) 协助中队长制订中队救护工作的行动计划和安全措施；

3) 记录事故救援经过及为完成任务而采取的一切措施；

4) 了解事故的处理情况并提出修改补充建议；

5) 当正、副中队长不在时，担负起中队工作的指挥责任。

5.2.3.8 小队长职责

a) 负责小队的全面工作，带领小队完成上级交给的任务。

b) 领导并组织小队的学习和训练，做好日常管理和救援准备工作。

c) 事故救援时的具体职责是:

 1) 小队长是小队的直接领导,负责指挥本小队的一切救援行动,带领全队完成救援任务;

 2) 接受上级布置的任务,了解事故类别、矿井概括、事故简要经过、井下人员分布、已经采取的救灾措施等;

 3) 向队员布置救护任务,说明灾情类型、与其他队的分工、任务要点、行动路线、联系方式、安全措施,注意事项等;

 4) 必须保持与上级指挥员或救援指挥部经常联系;

 5) 带领队员做好救灾前检查和下井准备工作;

 6) 进入灾区前,确定在灾区作业时间和撤离时氧气呼吸器最低氧气压力;

 7) 在井下工作时,必须注意队员的疲劳程度,指导正确使用救护装备,检查队员和本人氧气呼吸器的氧气消耗;

 8) 出现有人自我感觉不良、氧气呼吸器发生故障或受到伤害时,应带领全小队人员立即撤出灾区;

 9) 带领小队撤出灾区后,经过检查气体情况符合安全规定,确定摘掉氧气呼吸器面罩(或口具)的地点;

 10) 从灾区撤出后,应立即向指挥员(指挥部)报告灾区状况和小队任务完成情况。

5.2.3.9 副小队长职责

协助小队长工作。当小队长不在时,履行小队长职责并指定临时副小队长。

5.2.3.10 队员职责

a) 遵守纪律、听从指挥,积极主动地完成领导分配的各项任务。

b) 保养好技术装备,使之达到战斗准备标准要求。

c) 积极参加学习和技术、体质训练,不断提高思想、技术、业务、身体素质。

d) 事故救援时的具体职责:

 1) 在事故救援时,应迅速、准确地完成指挥员的命令,并与之保持经常的联系;

 2) 了解本队的救援任务,熟练运用自己的技术装备;

 3) 积极救助遇险人员和消灭事故;

 4) 在行进或作业时,时刻注意周围的情况,发现异常现象立即报告小队长;

 5) 注意自己仪器的工作情况和氧气呼吸器的氧气压力,发生故障及时报告小队长;

 6) 在工作中帮助同志,在任何情况下都不准单独离开小队;

 7) 撤出矿井后,应迅速整理好氧气呼吸器及个人分管的装备。

6 矿山救护队军事化管理

6.1 工作规范管理

6.1.1 救护队各项工作应按《矿山救护队质量标准化考核规范》的要求定期进行检查、验收评比。矿山救护中队应每季度组织一次达标自检,矿山救护大队应每半年组织一次达标检查,省级矿山救援指挥机构应每年组织一次检查验收,国家矿山救援指挥机构适时组织抽查。

6.1.2 救护队应建立健全以下制度:岗位责任制度,值班工作制度,待机工作制度,交接班制度,技术装备检查维护保养制度,学习和训练制度,考勤制度,战后总结讲评制度,预防性检查制度,内务卫生管理制度,材料装备库房管理制度,车辆管理使用制度,计划、财务管理制度,会议制度,评比检查制度,奖惩制度等各项规章制度。

6.1.3　救护队应建立以下牌板:"队伍组织机构牌板""服务矿井交通示意图""主要技术装备管理牌板""值班工作安排牌板""事故接警电话记录牌板""救护队伍营区管理分布示意图""竞赛评比检查牌板"等牌板。

6.1.4　救护队应建立和完善以下记录和报表:救护工作日志、大中型装备维护保养记录、小队装备维护保养记录、个人装备维护保养记录、体质训练记录、一般技术训练记录、仪器设备操作训练记录、急救训练记录、理论学习记录、军训记录、预防性检查记录、事故救援记录、战后总结评比记录、安全技术工作记录、竞赛评比记录、各种会议记录、好人好事记录、违章违纪记录、考勤记录、请销假记录、交接班记录、事故电话记录等记录簿。

6.1.5　救护队必须建立昼夜值班制度。战备值班以小队为单位,按照轮流值班表担任值班队、待机队、工作队,值班小队负责电话值班。中队以上指挥员及汽车司机须轮流上岗值班,有事故时和小队一起出动。

6.1.6　值班和待机小队的技术装备,必须装在值班、待机汽车上,保持战斗准备状态。听到事故警报,必须保证在规定时间内出动。

6.1.7　值班室应装备以下设备和图板:

　　a)　普通电话机。

　　b)　专用录音电话机。

　　c)　事故电话记录。

　　d)　事故记录牌板。

　　e)　矿井位置、交通显示图。

　　f)　计时钟。

　　g)　事故紧急出动报警装置。

6.1.8　救护队应做到年有计划、季有安排、月有工作与学习日程表。计划内容包括:队伍建设,教育与训练,技术装备管理,矿井预防性安全检查,内务管理,战备管理,劳动工资及财务,设备维修等。

6.1.9　救护大队(含独立中队)应按规定上报下列报告:

　　a)　年度计划、年度工作总结、人员和装备情况报表。

　　b)　每次救援后,应填写救援登记卡(见表1)及写出救援报告,在救援工作结束15天内上报省级矿山救援指挥机构。跨省(自治区、直辖市)区域救援,应立即报告省级矿山救援指挥机构,省级矿山救援指挥机构应将情况报告国家矿山救援指挥机构。

　　c)　救护队发生自身伤亡后,应在12 h内报省级矿山救援指挥机构;省级矿山救援指挥机构接报后,应在12 h内报国家矿山救援指挥机构,15天内上报自身伤亡教训总结材料及其有关图纸(见表2)。

　　d)　科研成果在通过技术鉴定后报出。

　　上述报告同时上报主管部门。

6.1.10　救护队应利用信息电子网络建立技术、人员档案,加强对技术资料和各种重要记录的管理。技术档案内容包括:

　　a)　矿山救护队指战员登记卡(见表3)。

　　b)　各项工作、会议记录,收集整理的与救护有关的技术资料及经验材料。

　　c)　矿区交通图、矿山救护队到达各矿(井)的距离和行车时间表、矿山事故应急预案(灾害预防和处理计划)、通风系统图等服务矿井的资料。

　　d)　历年救护工作总结,技术状况和评比情况,事故救援报告等。

　　e)　上级的有关指示、通知、文件及有关规定。

　　f)　大型装备、设备的性能(说明书及有关技术资料)及维护、使用情况等。

6.1.11 救护队进行预防性检查工作时,应做到:

a) 了解矿井巷道及采掘工作面、采空区的分布和管理情况。

b) 了解矿井通风、排水、运输、供电、压风、消防、监测等系统的基本情况。

c) 检查矿井有害气体情况。

d) 了解矿井各硐室分布情况和防火设施。

e) 了解矿井瓦斯、水害、自然发火、顶板、煤与瓦斯突出等方面的重大事故隐患,以及矿井火区的分布与管理情况。

f) 检查了解矿井应急预案或灾害预防和处理计划执行情况。

g) 熟悉井下非常仓库的地点及材料、设备的储备情况。

表 1 救援登记卡

填报单位:　　　　　　　　　　　　报出时间:

事故单位名称					
事故发生地点		遇险人员	名	事故性质	
来电时间	月　日　时　分	遇难人员	名	招请人姓名	
出动时间	月　日　时　分	出动人数	名	抢救总指挥	
返回队部时间	月　日　时　分	出动总时间	小时	救护队负责人	
事故现场情况及处理经过					
主要经验与教训					
事故现场示意图	另附事故现场示意图				
佩用呼吸器时间	小时	运出尸体	具	救出受伤人员	人
未佩用呼吸器时间	小时	恢复巷道	米	挽回经济损失	万元
其他工作内容					
填表人姓名					

注1:每次事故救援返队后15天内填写此卡一式四份,分别上报省级矿山救援指挥机构和国家矿山救援指挥机构;存档二份。

注2:此卡应打印填报,人工填写,字迹清楚。

表 2 矿山救护人员伤亡事故报告表

填报单位： 报出时间：

事故发生时间	事故发生地点	伤亡(人)	重伤(人)	队 别	伤亡主要原因
伤亡人员名单					
姓名	年龄	队龄	职务	备 注	

单位负责人： 填表人：

表 3 矿山救护队指战员登记卡

单位： 编号：

姓 名		性别		民族		出生		年 月 日		
政治面貌		文化程度		籍贯					照 片	
毕业院校及专业			职 称			职 务				
参工时间	年 月	入队时间	年 月		入队前工种					
身 高		血 型			身份证号码					
培训时间		培训地点			证书编号					
个人工作简历										
参加事故救援经历										
复 训 情 况				体 检 情 况						
年度	结论	年度	结论	年度	结论	年度	结论			
通 信 地 址				联 系 电 话						

6.1.12 在预防性检查工作中,救护人员发现危及安全生产的重大事故隐患,应通知作业人员立即停止作业并撤出现场人员,同时报告有关主管部门;对查出的重大事故隐患和问题应提出排除建议,并填写三联单,交给企业有关负责人和上级主管部门。

6.2 技术装备管理

6.2.1 救护队个人、小队、中队及大队应定期检查、准确掌握在用、库存救护装备状况及数量,并认真填写登记,保持完好状态。

6.2.2 根据技术装备的使用情况,做出装备的报废、更新、备品备件的补充计划,并及时补充。

6.2.3 库房须设专人管理,保持库房清净卫生,设备存放整齐,严格审批领用制度,做到账、物、卡"三相符"。

6.2.4 小队和个人救护装备应达到"全、亮、准、尖、利、稳"的标准:

　　全:小队和个人装备应齐全。

　　亮:装备带金属的部分要亮。

　　准:仪器经检查达到技术标准。

　　尖:带尖的工具要尖锐。

　　利:带刃的工具要锋利。

　　稳:装把柄的工具要牢靠、稳固。

6.2.5 救护队的各种仪器仪表,须按国家计量标准要求定期校正,使之达到规定标准。小队和个人装备使用后,必须立即进行清洗、消毒、去垢除锈、更换药品、补充备品备件,并检查其是否达到技术标准要求,保持完好状态。

6.2.6 必须保证使用的氧气瓶、氧气和二氧化碳吸收剂的质量,具体要求:

　　a) 氧气符合医用氧气的标准。

　　b) 库存二氧化碳吸收剂每季度化验一次,对于二氧化碳吸收剂的吸收率低于30%,二氧化碳含量大于4%,水分不能保持在15%～21%之间的不准使用。

　　c) 用过的二氧化碳吸收剂,无论其使用时间长短,严禁重复使用。

　　d) 氧气呼吸器内的二氧化碳吸收剂3个月及以上没有使用的,须更换新的二氧化碳吸收剂,否则氧气呼吸器不准使用。

　　e) 使用的氧气瓶,须按国家压力容器规定标准,每3年进行除锈清洗、水压试验;达到标准的氧气瓶不准使用。

6.2.7 新装备使用前必须组织培训,使用人员考试合格后方可上岗操作使用。

6.2.8 救护装备不得露天存放。大型设备,如高倍数泡沫灭火机、惰性气体发生装置、水泵等,应每季检查、保养一次,使其保持完好状态。

6.2.9 任何人不得随意调动矿山救护队、救护装备和救护车辆从事与矿山救护无关的工作。

6.3 内务管理

6.3.1 救护队应根据营区条件,有计划地绿化和美化环境,创造舒适、整洁的环境。

6.3.2 内务卫生要求:

　　a) 集体宿舍墙壁悬挂物体一条线,床上卧具叠放整齐一条线,保持窗明壁净。

　　b) 个人应做到:常洗澡、常理发、常换衣服。

　　c) 人员患病应早报告、早治疗。

6.4 后勤管理

6.4.1 氧气充填泵必须由专人操作,充填工必须遵守有关操作规程。并做到:

a) 氧气充填泵在 20 MPa 压力检查时,应不漏油、不漏气、不漏水、无杂音。

b) 容积为 40 L 的氧气瓶不得少于 5 个,其压力应在 10 MPa 以上。空瓶和实瓶应分别存放,并标明充填日期。

c) 氧气瓶应做到轻拿轻放,距暖气片和高温点的距离在 2 m 以上。

d) 新购进或经水压试验后的氧气瓶在充填前须稀释 2~3 次后,方可进行充氧。

e) 充填泵房应安装防爆灯具,并严禁烟火,严禁存放易燃、易爆物品。

f) 泵房必须保持通风良好、卫生清洁。

6.4.2 救护大队应设立化验室,配备能化验 O_2、CO_2、CH_4、CO、SO_2、H_2S、C_2H_4、C_2H_2 及 N_2 等成分的设备。并做到:

a) 化验员按操作规程规定准确操作,并认真填写化验单,经本人签字,负责人审核后送报样单位,存根保存期不低于 2 年。

b) 化验室内温度应保持在 15 ℃~23 ℃之间,不允许明火取暖和阳光曝晒。

c) 应保持化验设备完好和化验室整洁,备有足够数量的备品。

6.4.3 救护队应自备矿灯,并按有关规定管理。

6.5 劳动保障

6.5.1 矿山救护属特殊工种,并从事高危环境工作。救护指战员应享受与井下采掘工同等待遇,并实行救护岗位津贴。

6.5.2 救护队指战员凡佩用氧气呼吸器工作,应享受特殊津贴。在高温或浓烟恶劣环境佩用氧气呼吸器工作津贴提高一倍。

6.5.3 救护队着装按企业专职消防人员标准配备,劳动保护用品应按井下一线职工标准发放。

6.5.4 救护队指战员除执行企业职工保险政策外,应享受人身意外伤害保险。

6.6 队容、风纪、礼节

6.6.1 救护指战员应严格遵守队容、风纪、礼节的规定。

6.6.2 严格按企业专职消防人员标准着装,不得擅自更改着装标准和样式。着装时应遵守下列规定:

a) 按规定佩戴帽徽、领章、臂章。

b) 着装必须衣帽配套,扣好领扣、衣服扣、裤扣,不得挽袖、卷裤腿,穿拖鞋。

c) 便服和队服不得混穿。

6.6.3 救护指战员应将队列训练作为日常训练科目。

6.7 救护队标志

救护队的队旗、队徽、队歌应按规定制作、管理和使用。

7 矿山救护队装备与设施

7.1 救护队应配备以下装备和器材:

a) 个人防护装备。

b) 处理各类矿山灾害事故的专用装备与器材。

c) 气体检测分析仪器,温度、风量检测仪表。

d) 通信器材及信息采集与处理设备。

e) 医疗急救器材。

f) 交通运输工具。

g) 训练器材等。

7.2 救护队使用的装备、器材、防护用品和安全检测仪器,必须符合国家标准、行业标准和矿山安全有关规定。纳入矿用产品安全标志管理目录的产品,应取得矿用产品安全标志,严禁使用国家明令禁止和淘汰的产品。

7.3 救护队应根据技术和装备水平的提高不断更新装备,并及时对其进行维护和保养,以确保矿山救护设备和器材始终处于良好状态。各级矿山救护队、兼职矿山救护队及救护队指战员的基本装备配备标准,见表4、表5、表6、表7和表8。

7.4 救护队值班车上基本配备装备和进入灾区侦察时所携带的基本配备装备,必须符合表9、表10的规定。矿山救护小队进入灾区抢救时必须携带的技术装备,由矿山救护大队或中队根据本区情况、事故性质做出规定。

7.5 救护队应有下列设施:电话接警值班室、夜间值班休息室、办公室、学习室、会议室、娱乐室、装备室、修理室、氧气充填室、化验室、战备器材库、汽车库、演习训练设施、体能训练设施、运动场地、单身宿舍、浴室、食堂、仓库等。

7.6 兼职矿山救护队应有下列建筑设施:电话接警值班室、夜间值班休息室、办公室、学习室、装备室、修理室、氧气充填室、战备器材库等。

表 4 矿山救护大队(独立中队)基本装备配备标准

类别	装备名称	要求及说明	单位	大队数量	独立中队数量
车辆	指挥车	附有应急警报装置	辆	2	1
	气体化验车	安装气体分析仪器,配有打印机和电源	辆	1	1
	装备车	4 t~5 t 卡车	辆	2	1
通信器材	移动电话	指挥员 1 部/人	部		
	视频指挥系统	双向可视、可通话	套	1	
	录音电话	值班室配备	部	2	1
	对讲机	便携式	部	6	4
灭火装备	惰气(惰泡)灭火装备	或二氧化碳发生器(1 000 m³/h)	套	1	
	高倍数泡沫灭火机	400 型	套	1	
	快速密闭	喷涂、充气、轻型组合均可	套	5	5
	高扬程水泵		台	2	1
	高压脉冲灭火装置	12 L 储水瓶 2 支;35 L 储水瓶 1 支	套	1	1
检测仪器	气体分析化验设备		套		
	热成像仪	矿用本质安全或防爆型	台	1	1
	便携式爆炸三角形测定仪		台	1	1
	演习巷道设施与系统	具备灾区环境与条件	套	1	1
	多功能体育训练器械	含跑步机、臂力器、综合训练器等	套	1	
	多媒体电教设备		套	1	1
	破拆工具		套	1	1

表 4　矿山救护大队（独立中队）基本装备配备标准（续）

类别	装备名称	要求及说明	单位	大队数量	独立中队数量
信息处理设备	传真机		台	1	1
	复印机		台	1	1
	台式计算机	指挥员1台/人	台		
	笔记本电脑	配无线网卡	台	2	1
	数码摄像机	防爆	台	1	1
	数码照相机	防爆	台	1	1
	防爆射灯	防爆	台	2	1
材料	氢氧化钙		t	0.5	
	泡沫药剂		t	0.5	
	煤油	已配备惰性气体灭火装置的	t	1	

表 5　矿山救护中队基本装备配备标准

类别	装备名称	要求及说明	单位	数量
运输通信	矿山救护车	每小队1辆	辆	
	移动电话	指挥员1部/人	部	
	灾区电话		套	2
	程控电话		部	1
	引路线		m	1 000
个人防护	4 h氧气呼吸器		台	6
	2 h氧气呼吸器		台	6
	便携式自动苏生机		台	2
	自救器	压缩氧	台	30
	隔热服		套	12
灭火装备	高倍数泡沫灭火机		套	1
	干粉灭火器	8 kg	个	20
	风障	≥4 m×4 m	块	2
	水枪	开花、直流各2个	支	4
	水龙带	直径63.5 mm或50.8 mm	m	400
	高压脉冲灭火装置	12 L储水瓶2支,35 L储水瓶1支	套	1
检测仪器	呼吸器校验仪		台	2
	氧气便携仪	数字显示,带报警功能	台	2
	红外线测温仪		台	2
	红外线测距仪		台	1

表 5 矿山救护中队基本装备配备标准（续）

类别	装备名称	要求及说明	单位	数量
检测仪器	多种气体检测仪	CH₄、CO、O₂ 等 3 种以上气体	台	1
	瓦斯检定器	10％、100％各 2 台	台	4
	一氧化碳检定器		台	2
	风表	机械中、低速各 1 台；电子 2 台	台	4
	秒表		块	4
	干湿温度计		支	2
	温度计	0～100 ℃	支	10
装备工具	液压起重器	或起重气垫	套	1
	液压剪		把	1
	防爆工具	锤、斧、镐、锹、钎等	套	2
	氧气充填泵		台	2
	氧气瓶	40 L	个	8
		4 h 呼吸器备用 1 个/台	个	
		2 h 呼吸器，备用	个	10
	救生索	长 30 m，抗拉强度 3 000 kg	条	1
	担架	含 2 副负压多功能担架	副	4
	保温毯	棉织	条	3
	快速接管工具		套	2
	手表	副小队长以上指挥员 1 块/人	块	
	绝缘手套		副	3
	电工工具		套	1
	绘图工具		套	1
	工业冰箱		台	1
	瓦工工具		套	1
	灾区指路器	或冷光管	支	10
设施	演习巷道		套	1
	体能训练器械		套	1
药剂	泡沫药剂		t	1
	氢氧化钙		t	0.5

表 6 矿山救护小队基本装备配备标准

类别	名　称	要求及说明	单位	数量
通信器材	灾区电话		套	1
	引路线		m	1 000
个人防护	矿灯	备用	盏	2
	氧气呼吸器	2 h、4 h氧气呼吸器各1台	台	2
	自动苏生器		台	1
	紧急呼救器	声音≥80 dB	个	3
灭火装备	灭火器		台	2
	风障		块	1
	帆布水桶		个	2
检测仪器	呼吸器校验仪		台	2
	光学瓦斯检定器	10%、100%各1台	台	2
	一氧化碳检定器	检定管不少于30支	台	1
	氧气检定器	便携式数字显示,带报警功能	台	1
	多功能气体检测仪	检测CH_4、CO、O_2等	台	1
	矿用电子风表		套	1
	红外线测温仪		支	1
装备工具	氧气瓶	2 h、4 h氧气瓶备用	个	4
	灾区指路器	冷光管或灾区强光灯	个	10
	担架		副	1
	采气样工具	包括球胆4个	套	2
	保温毯		条	1
	液压起重器	或起重气垫	套	1
	刀锯		把	2
	铜顶斧		把	2
	两用锹		把	1
	小镐		把	1
	矿工斧		把	2
	起钉器		把	2
	瓦工工具		套	1
	电工工具		套	1
	皮尺	10 m	个	1
	卷尺	2 m	个	1
	钉子包	内装钉子各1 kg	个	2
	信号喇叭	一套至少2个	套	1

表 6 矿山救护小队基本装备配备标准（续）

类别	名　称	要求及说明	单位	数量
装备工具	绝缘手套		副	2
	救生索	长 30 m,抗拉强度 3 000 kg	条	1
	探险棍		个	1
	充气夹板		副	1
	急救箱		个	1
	记录本		本	2
	圆珠笔		支	2
	备件袋		个	1
其他	个人基本配备装备	不包括企业消防服装,见表8	套/人	1

注 1:急救箱内装止血带、夹板、酒精、碘酒、绷带、胶布、药棉、消炎药、手术刀、镊子、剪刀,以及止痛药、中暑药和止泻药等。

注 2:备件袋内装保明片、防雾液、各种垫圈每件 10 个,以及其他氧气呼吸器易损件等。

表 7 兼职矿山救护队基本装备配备标准

类别	装备名称	要求及说明	单位	数量
通信器材	灾区电话		套	1
	引路线		m	1 000
个人防护	氧气呼吸器	4 h氧气呼吸器1台/人	台	
		2 h氧气呼吸器	台	2
	压缩氧自救器		台	20
	自动苏生器		台	2
灭火装备	干粉灭火器		只	20
	风障		块	2
检测仪器	呼吸器校验仪		台	2
	一氧化碳检定器		台	2
	瓦斯检定器	10%、100%各1台	台	2
	氧气检定器		台	1
	温度计		支	2
装备工具	采气样工具	包括球胆 4 个	套	1
	防爆工具	锤、钎、锹、镐等	套	1
	两用锹		把	2
	氧气充填泵		台	1
	氧气瓶	40 L	个	5
		4 h	个	20
		2 h	个	5

表 7 兼职矿山救护队基本装备配备标准（续）

类别	装备名称	要求及说明	单位	数量
装备工具	救生索	长 30 m,抗拉强度 3 000 kg	条	1
	担架	含 1 副负压担架	副	2
	保温毯	棉织	条	2
	绝缘手套		双	1
	铜钉斧		把	2
	矿工斧		把	2
	刀锯		把	2
	起钉器		把	2
	手表	指挥员 1 块/人	块	
	电工工具		套	1
药剂	氢氧化钙		t	0.5

表 8 矿山救护队指战员(含兼职矿山救护队指战员)个人基本装备配备标准

类别	装备名称	要求及说明	单位	数量
个人防护	氧气呼吸器	4 h	台	1
	自救器	压缩氧	台	1
	战斗服	带反光标志	套	1
	胶靴		双	1
	毛巾		条	1
	安全帽		顶	1
	矿灯	双光源、便携	盏	1
检测仪器	温度计		支	1
装备工具	手套	布手套、线手套各 1 副	副	2
	灯带		条	2
	背包	装战斗服	个	1
	联络绳	长 2 m	根	1
	氧气呼吸器工具		套	1
	粉笔		支	2

表 9 矿山救护队值班车上基本装备配备标准

类别	装备名称	要求及说明	单位	数量
个人防护	压缩氧自救器		台	10

表 9 矿山救护队值班车上基本装备配备标准（续）

类别	装备名称	要求及说明	单位	数量
装备工具	负压担架		副	1
	负压夹板		副	1
	4 h呼吸器氧气瓶		个	10
	防爆工具		套	1
检测仪器	机械风表	中、低速各1台	台	2
药剂	氢氧化钙		kg	30
其他	小队基本配备装备	见表6	套/小队	1

注1：急救箱内装止血带、夹板、碘酒、绷带、胶布、药棉、消炎药、手术刀、镊子、剪刀，以及止痛药和止泻药等。
注2：备件袋内装呼吸器易损件。

表 10 矿山救护小队进入灾区侦察时所携带的基本装备配备标准

类别	装备名称	要求及说明	单位	数量
通信器材	灾区电话	与井下基地联系	台	1
	引路线		m	500
个人防护	2 h氧气呼吸器		台	1
	自动苏生器	放在井下基地	台	1
检测仪器	瓦斯检定器	10％、100％各1台	台	2
	一氧化碳检定器	含各种气体检测管	台	1
	温度计	0～100 ℃	支	1
	采气样工具	包括球胆4个	套	1
	氧气检定器	便携式数字显示，带报警功能	台	1
装备工具	担架		副	1
	保温毯	可放在井下基地	条	1
	4 h呼吸器氧气瓶		个	2
	刀锯		把	1
	铜钉斧		把	1
	两用锹		把	1
	探险棍		个	1
	灾区指路器	或冷光管	个	10
	皮尺	10 m	个	1
	急救箱		个	1
	记录本		本	2
	圆珠笔		支	2
	电工工具		套	1

表 10 矿山救护小队进入灾区侦察时所携带的基本装备配备标准（续）

类别	装备名称	要求及说明	单位	数量
其他	个人基本配备装备	见表 8	套/人	1

注：必要时，应携带热成像仪、红外线测温仪和红外线测距仪进入灾区侦察。

8 矿山救护队培训与训练

8.1 救护队培训

8.1.1 企业有关负责人和救援管理人员应经过救护知识的专业培训。矿山救护队及兼职矿山救护队指战员，必须经过救护理论及技术、技能培训，并经考核取得合格证后，方可从事矿山救护工作。

承担矿山救护培训的机构，应取得相应的资质。

8.1.2 救护人员实行分级培训

a) 国家级矿山应急救援培训机构，承担矿山救护中队长以上指挥员（包括工程技术人员）、大队战训科的管理人员和矿山企业救护管理人员的培训、复训工作。

b) 省级矿山应急救援培训机构，承担本辖区内矿山救护中队副职、正副小队长的培训、复训工作。

c) 救护大队培训机构，承担本区域内矿山救护队员（含兼职矿山救护队员）的培训、复训工作。

8.1.3 培训时间

a) 中队以上指挥员（包括工程技术人员）岗位资格培训时间不少于 30 天（144 学时）；每两年至少复训一次，时间不少于 14 天（60 学时）。

b) 中队副职、正副小队长岗位资格培训时间不少于 45 天（180 学时）；每两年至少复训一次，时间不少于 14 天（60 学时）。

c) 救护队新队员岗位资格培训时间不少于 90 天（372 学时），再进行 90 天的编队实习；每年至少复训一次，学习时间不少于 14 天（60 学时）。

d) 兼职矿山救护队员岗位资格培训时间不少于 45 天（180 学时）；每年至少复训一次，时间不少于 14 天（60 学时）。

8.1.4 培训内容和要求

8.1.4.1 岗位资格培训

a) 中队以上的指挥员（包括工程技术人员）培训内容：矿山救护相关安全法律、法规和技术标准，矿井灾害发生机理、规律及防治技术与方法，矿山自救互救及创伤急救技术，矿山救护队的管理。通过培训，达到以下要求：

1) 掌握与矿山救护工作有关的管理知识、专业理论知识、救护业务基本知识及新技术、新装备的应用知识；

2) 了解国内外有关矿山救护工作的先进技术和管理经验；

3) 具备较熟练地制订矿山灾变事故救援方案、救护队行动计划的能力。

b) 中队副职、正副小队长培训内容：矿山救护相关安全法律、法规和技术标准，矿山救护个人防护装备、矿山救护检测仪器的使用与管理、矿山救护技战术、矿井通风技术理论、矿山事故的

预防与处理、自救互救与现场急救等。通过培训,达到以下要求:

    1) 掌握与矿山救护工作有关的管理知识、专业理论知识、救护业务基本知识及新技术、新装备的应用知识;

    2) 具备根据事故救援方案带队独立作战的能力。

c) 救护队新队员培训内容:矿山救护相关安全法律、法规和技术标准,矿井生产技术、矿井通风与灾害防治、爆破安全技术,机电运输安全技术,矿山救护技战术理论,矿井灾变事故的处理,矿山救护技术操作,矿山救护装备与仪器的使用和管理,自救互救与现场急救等。通过培训,达到以下要求:

    1) 了解矿山救护队的发展史,矿山救护队的组织、任务、性质和工作特点,队员及各类人员的职责等;

    2) 熟练掌握矿山井下开拓系统图、井上井下对照图、通风系统图、配电系统图和井下电气设备布置图等基本图纸的知识;

    3) 掌握救护仪器、装备的操作技能;

    4) 了解灾变处理的基本知识;

    5) 掌握一般技术的操作方法;

    6) 掌握现场急救的基本常识。

d) 兼职矿山救护队员参照矿山救护队员培训内容和要求执行。

8.1.4.2 岗位复训内容

a) 中队以上的指挥员(包括工程技术人员)复训内容:有关矿山应急救护的新法律、新法规、新标准;有关矿山应急救护的新技术、新材料、新工艺、新装备及其安全技术要求,国内外矿山应急救护管理经验,典型矿山应急救护事故案例分析。

b) 中队副职、正副小队长复训内容:有关矿山应急救护的新法律、新法规、新标准;有关矿山应急救护的新技术、新材料、新工艺、新装备及其安全技术要求,国内外矿山应急救护管理经验分析,典型矿山应急救护事故案例研讨。

c) 救护队员复训内容:有关矿山应急救护的新法律、新法规、新标准;有关矿山应急救护的新技术、新材料、新工艺、新装备及其安全技术要求,预防和处理各类矿山事故的新方法,典型矿山应急救护事故案例讨论。

d) 兼职矿山救护队员参照矿山救护队员复训内容执行。

8.2 救护队训练

8.2.1 日常训练

a) 军事化队列训练。

b) 体能训练和高温浓烟训练。

c) 防护设备、检测设备、通信及破拆工具等操作训练。

d) 建风障、木板风墙和砖风墙,架木棚,安装局部通风机,高倍数泡沫灭火机灭火,惰性气体灭火装置安装使用等一般技术训练。

e) 人工呼吸、心肺复苏、止血、包扎、固定、搬运等医疗急救训练。

f) 新技术、新材料、新工艺、新装备的训练。

8.2.2 模拟实战演习

a) 演习训练,必须结合实战需要,制订演习训练计划;每次演习训练佩用呼吸器时间不少于 3 h。

    b) 大队每年召集各中队进行一次综合性演习,内容包括:闻警出动、下井准备、战前检查、灾区侦察、气体检查、搬运遇险人员、现场急救、顶板支护、直接灭火、建造风墙、安装局部通风机、铺设管道、高倍数泡沫灭火机灭火、惰性气体灭火装置安装使用、高温浓烟训练等。

    c) 中队除参加大队组织的综合性演习外,每月至少进行一次佩用呼吸器的单项演习训练,并每季度至少进行一次高温浓烟演习训练。

    d) 兼职救护队每季度至少进行一次佩用呼吸器的单项演习训练。

8.2.3 建立救护技术竞赛制度。救护队及各级矿山救援指挥机构应定期组织矿山救护技术竞赛。

9 矿山事故应急救援一般规定

9.1 矿山救护程序

9.1.1 事故报告

    矿山发生灾害事故后,现场人员必须立即汇报,在安全条件下积极组织抢救,否则应立即撤离至安全地点或妥善避难。企业负责人接到事故报告后,应立即启动应急救援预案,组织抢救。

9.1.2 救护队出动

9.1.2.1 救护队接到事故报告后,应在问清和记录事故地点、时间、类别、遇险人数、通知人姓名(联系人电话)及单位后,立即发出警报,并向值班指挥员报告。

9.1.2.2 救护队接警后必须在 1 min 内出动,不需乘车出动时,不得超过 2 min;按照事故性质携带所需救护装备迅速赶赴事故现场。当矿山发生火灾、瓦斯或矿尘爆炸,煤与瓦斯突出等事故时,待机小队应随同值班小队出动。

9.1.2.3 救护队出动后,应向主管单位及上一级救护管理部门报告出动情况。在途中得知矿山事故已经得到处理,出动救护队仍应到达事故矿井了解实际情况。

9.1.2.4 在救援指挥部未成立之前,先期到达的救护队应根据事故现场具体情况和矿山灾害事故应急救援预案,开展先期救护工作。

9.1.2.5 救护队到达事故矿井后,救护人员应立即做好战前检查,按事故类别整理好所需装备,做好救护准备;根据抢救指挥部命令组织灾区侦察、制订救护方案、实施救护。

9.1.2.6 救护队指挥员了解事故情况、接受任务后应立即向小队下达任务,并说明事故情况、完成任务要点、措施及安全注意事项。

9.1.3 返回驻地

9.1.3.1 参加事故救援的救护队只有在取得救援指挥部同意后,方可返回驻地。

9.1.3.2 返回驻地后,救护队指战员应立即对所有救护装备、器材进行认真检查和维护,恢复到值班战备状态。

9.2 矿山救护指挥

9.2.1 发生重、特大灾害事故后,必须立即成立现场救援指挥部并设立地面基地。救护队指挥员为指挥部成员。

9.2.2 在事故救援时,救护队长对救护队的行动具体负责、全面指挥。事故单位必须向救援指挥部提供全面真实的技术资料和事故状况,矿山救护队必须向救援指挥部提供全面真实的探查和事故救援情况。

9.2.3 如果有多支救护队联合作战时,应成立矿山救护联合作战部,由事故所在区域的救护队指挥员担任指挥,协调各救护队救援行动。如果所在区域的救护队指挥员不能胜任指挥工作,则由救援指挥部另行委任。

9.2.4 到达事故现场后,救护队指挥员必须详细了解:

a) 事故发生的时间,事故类别、范围,遇险人员数量及分布,已经采取的措施。

b) 事故区域的生产、通风系统,有毒、有害气体,矿尘,温度,巷道支护及断面,机械设备及消防设施等。

c) 已经到达的和可以动用的救护小队数量及装备情况。

9.2.5 救护队指挥员应根据指挥部的命令和事故的情况,迅速制订救援行动计划和安全措施,同时调动必要的人力、设备和材料。

9.2.6 救护队指挥员下达任务时,必须说明事故情况、行动路线、行动计划和安全措施。在救护中应尽量避免使用混合小队。

9.2.7 遇有高温、塌冒、爆炸、水淹等危险的灾区,在需要救人的情况下,经请示救援指挥部同意后,指挥员才有权决定小队进入,但必须采取安全措施,保证小队在灾区的安全。

9.2.8 救护指挥员应轮流值班和下井了解情况,并及时与井下救护队、地面基地、井下基地及后勤保障部门联系。

9.2.9 救护队应派专人收集有关矿山的原始技术资料、图纸,做好事故救护的各项记录,包括:

a) 灾区发生事故的前后情况。

b) 事故救援方案、计划、措施、图纸。

c) 出动小队人数,到达事故矿山时间,指挥员及领取任务情况。

d) 小队进入灾区时间、返回时间及执行任务情况。

e) 事故救援工作的进度、参战队次、设备材料消耗及气体分析和检测结果。

f) 指挥员交接班情况。

9.2.10 在事故抢救结束后,必须形成全面、准确、翔实的事故救援报告,报救援指挥部及上级应急救援管理部门。

9.3 矿山救护保障

9.3.1 基地保障

在事故救援时,事故单位应为救护队提供必要的场所、物质等后勤保障。

9.3.1.1 地面基地

根据事故的范围、类别及参战救护队的数量设置地面基地,并应有:

a) 救护队所需的救护装备、器材、通信设备等。

b) 气体化验员、医护人员、通信员、仪器修理员、汽车司机等。

c) 食物、饮料和临时工作与休息场所。

9.3.1.2 井下基地

a) 井下基地应设在靠近灾区的安全地点,并应有:

1) 直通指挥部和灾区的通信设备;

2) 必要的救护装备和器材;

3) 值班医生和急救医疗药品、器材;

4) 有害气体监测仪器;

5) 食物和饮料。

b) 井下基地指挥负责人由指挥部指派。井下基地电话应安排专人值守,做好记录,并经常同救援指挥部、地面基地和在灾区工作的救护小队保持联系。

c) 井下救灾过程中,基地指挥负责人应设专人检测基地及其附近区域有害气体的浓度并注意其他情况的变化。灾情突然发生变化时,井下基地指挥负责人应采取应急措施,并及时向指挥部报告。

d) 若改变井下基地位置,必须取得救援指挥部的同意,并通知在灾区工作的救护小队。

9.3.2 通信工作

9.3.2.1 救护通信方式包括:

a) 派遣通信员。

b) 显示讯号与音响信号。

c) 程控电话和灾区电话。

d) 移动手机、对讲机。

9.3.2.2 在事故救援时,必须保证通信畅通:

a) 抢救指挥部与地面基地、井下基地。

b) 井下基地与灾区救护小队。

c) 队员之间。

9.3.2.3 通信联络的一般规定

a) 在灾区内使用的音响信号:

一声——停止工作或停止前进;

二声——离开危险区;

三声——前进或工作;

四声——返回;

连续不断的声音——请求援助或集合。

b) 在竖井和倾斜巷道用绞车上下时使用的信号:

一声——停止;

二声——上升;

三声——下降;

四声——慢上;

五声——慢下。

c) 灾区中报告氧气压力的手势:

伸出拳头表示 10 MPa,伸出五指表示 5 MPa,伸出一指表示 1 MPa,报告时手势要放在灯头前表示。

9.3.3 气体分析

a) 对灾区气体定时、定点取样,及时分析气样,并提供分析结果。

b) 绘制有关测点气体和温度变化曲线图。

c) 整理总结整个事故救援中的气体分析资料。

d) 必要时可携带仪器到井下基地直接进行化验分析。

9.3.4 医疗站

事故救护时,应建立医疗站,任务是:

a) 派出医疗人员在井下基地值班。

   b)　对从灾区撤出的遇险人员进行急救。

   c)　检查和治疗救护人员的伤病。

   d)　做好卫生防疫工作。

   e)　及时向指挥部汇报伤员救助情况。

9.4　灾区行动的基本要求

9.4.1　进入灾区侦察或作业的小队人员不得少于 6 人。进入灾区前,应检查氧气呼吸器是否完好,并应按规定佩用。小队必须携带备用全面罩氧气呼吸器 1 台和不低于 18 MPa 压力的备用氧气瓶 2 个,以及氧气呼吸器工具和装有配件的备件袋。

9.4.2　如果不能确认井筒和井底车场有无有毒、有害气体,应在地面将氧气呼吸器佩用好。在任何情况下,禁止不佩带氧气呼吸器的救护队下井。

9.4.3　救护小队在新鲜风流地点待机或休息时,只有经小队长同意才能将呼吸器从肩上脱下;脱下的呼吸器应放在附近的安全地点,离小队待机或休息地点不应超过 5 m,确保一旦发生灾变能及时佩用。基地以里至灾区范围内不得脱下呼吸器。

9.4.4　在窒息或有毒有害气体威胁的灾区侦察和工作时,应做到:

   a)　随时检测有毒有害气体和氧气含量,观察风流变化,佩用或不佩用氧气呼吸器的地点由现场指挥员确定。

   b)　小队长应至少间隔 20 min 检查一次队员的氧气压力、身体状况,并根据氧气压力最低的 1 名队员来确定整个小队的返回时间。如果小队乘电机车进入灾区,其返回安全地点所需时间应按步行所需时间计算。

   c)　小队长应使队员保持在彼此能看到或听到信号的范围以内。如果灾区工作地点离新鲜风流处很近,并且在这一地点不能以整个小队进行工作时,小队长可派不少于 2 名队员进入灾区工作,并保持直接联系。

   d)　在窒息区域内,任何情况下都严禁指战员单独行动。佩用负压氧气呼吸器时,严禁通过口具或摘掉口具讲话。

9.4.5　佩用氧气呼吸器的人员工作 1 个呼吸器班后,应至少休息 6 h。但在后续救护队未到达而急需抢救人员的情况下,指挥员应根据队员体质情况,在补充氧气、更换药品和降温器并校验呼吸器合格后,方可派救护队员重新投入救护工作。

9.4.6　在窒息或有毒、有害气体威胁的灾区抢救遇险人员时应做到:

   a)　在引导及搬运遇险人员时,应给遇险人员佩用全面罩氧气呼吸器或隔绝式自救器。

   b)　对受伤、窒息或中毒的人员应进行简单急救处理,然后迅速送至安全地点,交现场医疗救护人员处置,并尽快送医院治疗。

   c)　搬运伤员时应尽量避免振动;注意防止伤员精神失常时打掉队员的面罩、口具或鼻夹,而造成中毒。

   d)　在抢救长时间被困在井下的遇险人员时,应有医生配合;对长期困在井下的人员,应避免灯光照射其眼睛,搬运出井口时应用毛巾盖住其眼睛。

   e)　在灾区内遇险人员不能一次全部抬运时,应给遇险者佩用全面罩氧气呼吸器或隔绝式自救器;当有多名遇险人员待救时,矿山救护队应根据“先活后死、先重后轻、先易后难”的原则进行抢救。

9.4.7　救护队有义务协助事故调查,在满足救援的情况下应保护好现场,在搬运遇难人员和受伤矿工时,将矿灯等随身所带物品一并运送。

9.4.8　救护队返回到井下基地时,必须至少保留 5 MPa 气压的氧气余量。在倾角小于 15°的巷道行进时,将 1/2 允许消耗的氧气量用于前进途中,1/2 用于返回途中;在倾角大于或等于 15°的巷道中行进时,将 2/3 允许消耗的氧气量用于上行途中,1/3 用于下行途中。

9.4.9 救护队撤出灾区时,应将携带的救护装备带出灾区。

9.4.10 救护侦察时,应探明事故类别、范围、遇险、遇难人员数量和位置,以及通风、瓦斯、粉尘、有毒有害气体、温度等情况。中队或以上指挥员应亲自组织和参加侦察工作。

9.4.11 指挥员布置侦察任务时应该做到:

    a) 讲明事故的各种情况。

    b) 提出侦察时所需要的器材。

    c) 说明执行侦察任务时的具体计划和注意事项。

    d) 给侦察小队以足够的准备工作时间。

    e) 检查队员对侦察任务的理解程度。

9.4.12 带队侦察的指挥员应该做到:

    a) 明确侦察任务。任务不清或感到人力、物力、时间不足时,应提出自己的意见。

    b) 认真研究行进路线及特征,在图纸上标明小队行进的方向、标志、时间,并向队员讲清楚。

    c) 组织战前检查。了解指战员的氧气呼吸器氧气压力,做到仪器100%的完好。

    d) 贯彻事故救援的行动计划和安全措施,带领小队完成侦察工作。

9.4.13 侦察时必须做到:

    a) 井下应设待机小队,并用灾区电话与侦察小队保持联系;只有在抢救人员的情况下,才可不设待机小队。

    b) 进入灾区侦察,必须携带救生索等必要的装备。在行进时应注意暗井、溜煤眼、淤泥和巷道支护等情况,视线不清时可用探险棍探查前进,队员之间要用联络绳联结。

    c) 侦察小队进入灾区时,应规定返回时间,并用灾区电话与基地保持联络。如没有按时返回或通信中断,待机小队立即进入救护。

    d) 在进入灾区前,应考虑到如果退路被堵时所采取的措施。

    e) 侦察行进中,在巷道交叉口应设明显的标记,防止返回时走错路线;对井下巷道情况不清楚时,小队应按原路返回。

    f) 在进入灾区时,小队长在队列之前,副小队长在队列之后,返回时与此相反。在搜索遇险、遇难人员时,小队队形应与巷道中线斜交式前进。

    g) 侦察人员应有明确分工,分别检查通风、气体浓度、温度、顶板等情况,并做好记录,把侦察结果标记在图纸上。

    h) 在远距离或复杂巷道中侦察时,可组织几个小队分区段进行侦察。

    i) 侦察工作应仔细认真,做到灾害波及范围内有巷必查,走过的巷道要签字留名做好标记,并绘出侦察路线示意图。

9.4.14 侦察时应首先把侦察小队派往遇险人员最多的地点。

9.4.15 侦察过程中,在灾区内发现遇险人员应立即救助,并将他们护送到新鲜风流巷道或井下基地,然后继续完成侦察任务。发现遇难人员应逐一编号,并在发现遇难、遇险人员巷道的相应位置做好标记;同时,检查各种气体浓度,记录遇难、遇险人员的特征,并在图上标明位置。

9.4.16 在侦察过程中,如有队员出现身体不适或氧气呼吸器发生故障难以排除时,全小队应立即撤到安全地点,并报告救援指挥部。

9.4.17 在侦察或救护行进中因冒顶受阻,应视扒开通道的时间决定是否另选通路;如果是唯一通道,应采取安全措施,立即进行处理。

9.4.18 侦察结束后,小队长应立即向布置侦察任务的指挥员汇报侦察结果。

10 矿山事故救援

10.1 煤矿事故救援

10.1.1 矿井火灾事故救援

10.1.1.1 一般要求

10.1.1.1.1 处理矿井火灾应了解以下情况：

a) 发火时间、火源位置、火势大小、波及范围、遇险人员分布情况。

b) 灾区瓦斯情况、通风系统状态、风流方向、煤尘爆炸性。

c) 巷道围岩、支护状况。

d) 灾区供电状况。

e) 灾区供水管路、消防器材供应的实际状况及数量。

f) 矿井的火灾预防处理计划及其实施状况。

10.1.1.1.2 处理井下火灾应遵循的原则：

a) 控制烟雾的蔓延，防止火灾扩大。

b) 防止引起瓦斯或煤尘爆炸，防止因火风压引起风流逆转。

c) 有利于人员撤退和保护救护人员安全。

d) 创造有利的灭火条件。

10.1.1.1.3 指挥员应根据火区的实际情况选择灭火方法。在条件具备时，应采用直接灭火的方法。采用直接灭火法时，须随时注意风量、风流方向及气体浓度的变化，并及时采取控风措施，尽量避免风流逆转、逆退，保护直接灭火人员的安全。

10.1.1.1.4 在下列情况下，采用隔绝方法或综合方法灭火：

a) 缺乏灭火器材或人员时。

b) 火源点不明确、火区范围大、难以接近火源时。

c) 用直接灭火的方法无效或直接灭火法对人员有危险时。

d) 采用直接灭火不经济时。

10.1.1.1.5 井下发生火灾时，根据灾情可实施局部或全矿井反风或风流短路措施。反风前，应将原进风侧的人员撤出，并注意瓦斯变化；采取风流短路措施时，必须将受影响区域内的人员全部撤离。

10.1.1.1.6 灭火中，只有在不使瓦斯快速积聚到爆炸危险浓度，且能使人员迅速撤出危险区时，才能采用停止通风或减少风量的方法。

10.1.1.1.7 用水灭火时，必须具备下列条件：

a) 火源明确。

b) 水源、人力、物力充足。

c) 有畅通的回风道。

d) 瓦斯浓度不超过2%。

10.1.1.1.8 用水或注浆的方法灭火时，应将回风侧人员撤出，同时在进风侧有防止溃水的措施。严禁靠近火源地点作业。用水快速淹没火区时，密闭附近不得有人。

10.1.1.1.9 灭火应从进风侧进行。为控制火势可采取设置水幕、拆除木支架（不致引起冒顶时）、拆掉一定区段巷道中的木背板等措施阻止火势蔓延。

10.1.1.1.10 用水灭火时，水流不得对准火焰中心，随着燃烧物温度的降低，逐步逼向火源中心。灭火时应有足够的风量，使水蒸气直接排入回风道。

10.1.1.1.11 扑灭电气火灾，必须首先切断电源。电源无法切断时，严禁使用非绝缘灭火器材灭火。

10.1.1.1.12 进风的下山巷道着火时,应采取防止火风压造成风流紊乱和风流逆转的措施。如有发生风流逆转的危险时,可将下行通风改为上行通风,从下山下端向上灭火;在不可能从下山下端接近火源时,应尽可能利用平行下山和联络巷接近火源灭火。改变通风系统和通风方式时,必须有利于控制火风压。在风量发生变化、特别是流向变化时,或在水源供水或灭火材料供应中断时,救护队员应立即撤退。

10.1.1.1.13 扑灭瓦斯燃烧引起的火灾时,不得使用震动性的灭火手段,防止扩大事故。

10.1.1.1.14 处理火灾事故过程中,应保持通风系统的稳定,指定专人检查瓦斯和煤尘,观测灾区气体和风流变化。当瓦斯浓度超过 2%,并继续上升时,必须立即将全体人员撤到安全地点,采取措施排除爆炸危险。

10.1.1.1.15 检查灾区气体时,应注意全断面检查瓦斯、氧气浓度,并注意氧气浓度低等因素会导致 CH_4、CO 气体浓度检测出现误差。在检测气体时,应同时采集灾区气样。对采集的气样应及时化验分析,校对检测误差。

10.1.1.1.16 巷道烟雾弥漫能见度小于 1 m 时,严禁救护队进入侦察或作业,需采取措施,提高能见度后方可进入。

10.1.1.1.17 采用隔绝法灭火时,必须遵守下列规定:

a) 在保证安全的情况下,应尽量缩小封闭范围。

b) 隔绝火区时,首先建造临时风墙,经观察和气体分析表明灾区趋于稳定后,方可建造永久风墙。

c) 在封闭火区瓦斯浓度迅速增加时,为保证施工人员安全,应进行远距离的封闭火区。

d) 在封闭有瓦斯、煤尘爆炸危险的火区时,根据实际情况,可先设置抗爆墙(见表 11)。在抗爆墙的掩护下,建立永久风墙。砂袋抗爆墙应采用麻袋或棉布袋,不得用塑料编织袋装砂。

表 11 各类抗爆墙的最小厚度

井巷断面 m²	水砂充填厚度 m	石膏墙		砂袋墙	
		厚度 m	石膏粉 t	厚度 m	砂袋数量 袋
5.0	≤5	2.2	11	5	1 500
7.5	5~8	2.5	19	6	2 600
10.5	8~10	3	30	7	4 200
14	10~15	3.5 以上	42	8	6 400

10.1.1.1.18 隔绝火区封闭风墙的 3 种方法:

a) 首先封闭进风巷中的风墙。

b) 进风巷和回风巷中的风墙同时封闭。

c) 首先封闭回风侧风墙。

10.1.1.1.19 封闭火区风墙时应做到:

a) 多条巷道需要进行封闭时,应先封闭支巷,后封闭主巷。

b) 火区主要进风巷和回风巷中的风墙应开有通风孔,其他一些风墙可以不开通风孔。

c) 选择进风巷和回风巷的风墙同时封闭时,必须在建造这两个风墙时预留通风孔。封堵通风孔时必须统一指挥,密切配合,以最快的速度同时封堵。在建造砂袋抗爆墙时,也应遵守这一规定。

10.1.1.1.20 建造火区风墙时应做到:

a) 进风巷道和回风巷道中的风墙应同时建造。

b) 风墙的位置应选择在围岩稳定、无破碎带、无裂隙、巷道断面小的地点,距巷道交叉口不小于10 m。

c) 拆掉压缩空气管路、电缆、水管及轨道。

d) 在风墙中应留设注惰性气体、灌浆(水)和采集气样测量温度用的管孔,并装上有阀门的放水管。

e) 保证风墙的建筑质量。

f) 设专人随时检测瓦斯变化。

10.1.1.1.21 在建造有瓦斯爆炸危险的火区风墙时,应做到:

a) 采取控风手段,尽量保持风量不变。

b) 注入惰性气体。

c) 检测进风、回风侧瓦斯浓度、氧气浓度、温度等。

d) 在完成密闭工作后,迅速撤至安全地点。

10.1.1.1.22 火区封闭后,必须遵守下列原则:

a) 人员应立即撤出危险区。进入检查或加固密闭墙,应在 24 h 之后进行。

b) 封闭后,应采取均压灭火措施,减少火区漏风。

c) 如果火区内 O_2、CO 含量及温度没有下降趋势,应查找原因,采取补救措施。

10.1.1.1.23 火区风墙被爆炸破坏时,严禁立即派救护队探险或恢复风墙。如果必须恢复破坏的风墙或在附近构筑新风墙前,必须做到:

a) 采取惰化措施抑制火区爆炸。

b) 检查瓦斯,只有在火区内可燃气体浓度已无爆炸危险时,方可进行火区封闭作业;否则,应在距火区较远的安全地点建造风墙。

10.1.1.2 高温下的救护工作

10.1.1.2.1 井下巷道内温度超过 30 ℃时,即为高温,应限制佩用氧气呼吸器的连续作业时间。巷道内温度超过 40 ℃时,禁止佩用氧气呼吸器工作,但在抢救遇险人员或作业地点靠近新鲜风流时例外;否则,必须采取降温措施。

10.1.1.2.2 为保证在高温区工作的安全,应采取降温措施,改善工作环境。

10.1.1.2.3 在高温作业巷道内空气升温梯度达到 0.5~1 ℃/min 时,小队应返回基地,并及时报告井下基地指挥员。

10.1.1.2.4 在高温区工作的指挥员必须做到:

a) 向出发的小队布置任务,并提出安全措施。

b) 在进入高温巷道时,要随时进行温度测定。测定结果和时间应做好记录,有可能时写在巷道帮上。如果巷道内温度超过 40 ℃,小队应退出高温区,并将情况报告救护指挥部。

c) 救人时,救护人员进入高温灾区的最长时间不得超过表 12 中的规定。

表 12 救护人员进入高温灾区的最长时间值

巷道中温度 ℃	40	45	50	55	60
进入时间 min	25	20	15	10	5

d) 与井下基地保持不断的联系,报告温度变化、工作完成情况及队员的身体状况。

e) 发现指战员身体有异常现象时,必须率领小队返回基地,并通知待机小队。

f) 返回时,不得快速行走,并应采取一些改善其感觉的安全措施,如手动补给供氧,用水冷却头、面部等。

g) 在高温条件下,佩用氧气呼吸器工作后,休息的时间应比正常温度条件下工作后的休息时间增加 1 倍。

h) 在高温条件下佩用氧气呼吸器工作后,不应喝冷水。井下基地应备有含 0.75% 食盐的温开水和其他饮料。

10.1.1.3 扑灭不同地点火灾的方法

10.1.1.3.1 进风井口建筑物发生火灾时,应采取防止火灾气体及火焰侵入井下的措施:

a) 立即反风或关闭井口防火门;如不能反风,应根据矿井实际情况决定是否停止主要通风机。

b) 迅速灭火。

10.1.1.3.2 正在开凿井筒的井口建筑物发生火灾时,如果通往遇险人员的通道被火切断,可利用原有的铁风筒及各类适合供风的管路设施向遇险人员送风;同时,采取措施将火扑灭,以便尽快靠近遇险人员进行抢救。扑灭井口建筑物火灾时,事故矿井应召请消防队参加。

10.1.1.3.3 回风井筒发生火灾时,风流方向不应改变。为了防止火势增大,应适当减少风量。

10.1.1.3.4 竖井井筒发生火灾时,不管风流方向如何,应用喷水器自上而下的喷洒。只有在确保救护人员生命安全时,才允许派遣救护队进入井筒灭火。灭火时,应由上往下进行。

10.1.1.3.5 扑灭井底车场的火灾时,应坚持的原则:

a) 当进风井井底车场和毗连硐室发生火灾时,应进行反风(反风前,撤离进风侧人员)、停止主要通风机运转或风流短路,不使火灾气体侵入工作区。

b) 回风井井底发生火灾时,应保持正常风向,可适当减少风量。

c) 救护队要用最大的人力、物力直接灭火和阻止火灾蔓延。

d) 为防止混凝土支架和砌碹巷道上面木垛燃烧,可在碹上打眼或破碹,安设水幕。

e) 如果火灾的扩展危及关键地点(如井筒、火药库、变电所、水泵房等),则主要的人力、物力应用于保护这些地点。

10.1.1.3.6 扑灭井下硐室中的火灾时,应坚持的原则:

a) 着火硐室位于矿井总进风道时,应反风或风流短路。

b) 着火硐室位于矿井一翼或采区总进风流所经两巷道的连接处时,应在可能的情况下,采取短路通风,条件具备时也可采用区域反风。

c) 爆炸材料库着火时,有条件时应首先将雷管、导爆索运出,然后将其他爆炸材料运出;否则,关闭防火门,救护队撤往安全地点。

d) 绞车房着火时,应将相连的矿车固定,防止烧断钢丝绳,造成跑车伤人。

e) 蓄电池机车库着火时,为防止氢气爆炸,应切断电源,停止充电,加强通风并及时把蓄电池运出硐室。

f) 硐室发生火灾,且硐室无防火门时,应采取挂风障控制入风,积极灭火。

10.1.1.3.7 火灾发生在采区或采煤工作面进风巷,为抢救人员,有条件时可进行区域反风;为控制火势减少风量时,应防止灾区缺氧和瓦斯积聚。

10.1.1.3.8 火灾发生在倾斜上行风流巷道时,应保持正常风流方向,可适当减少风量。

10.1.1.3.9 火源在倾斜巷道中时,应利用联络巷等通道接近火源进行灭火。不能接近火源时,可利用矿车、箕斗将喷水器送到巷道中灭火,或发射高倍数泡沫、惰气进行远距离灭火。需要从下方向上灭火时,应采取措施防止落石和燃烧物掉落伤人。

10.1.1.3.10 位于矿井或一翼总进风道中的平巷、石门和其他水平巷道发生火灾时,应采取有效措施控风;如采取短路通风措施时,应防止烟流逆转。

10.1.1.3.11 采煤工作面发生火灾时,应做到:

a) 从进风侧利用各种手段进行灭火。

b) 在进风侧灭火难以取得效果时,可采取区域反风,从回风侧灭火,但进风侧要设置水幕,并将人员撤出。

c) 采煤工作面回风巷着火时,应防止采空区瓦斯涌出和积聚造成危害。

d) 急倾斜煤层采煤工作面着火时,不准在火源上方灭火,防止水蒸气伤人;也不准在火源下方灭火,防止火区塌落物伤人;而要从侧面利用保护台板和保护盖接近火源灭火。

e) 用上述方法灭火无效时,应采取隔绝方法和综合方法灭火。

10.1.1.3.12 处理采空区或巷道冒落带火灾时,必须保持通风系统的稳定可靠,检查与之相连的通道,防止瓦斯涌入火区。

10.1.1.3.13 独头巷道发生火灾时,应在维持局部通风机正常通风的情况下,积极灭火。矿山救护队到达现场后,应保持独头巷道的通风原状,即风机停止运转的不要开启,风机开启的不要停止,进行侦察后再采取措施。

10.1.1.3.14 矿山救护队到达井下,已经知道发火巷道有爆炸危险,在不需要救人的情况下,指挥员不得派小队进入着火地点冒险灭火或探险;已经通风的独头巷道如果瓦斯浓度仍然迅速增长,也不得入内灭火,而应在远离火区的安全地点建筑风墙,具体位置由救护指挥部确定。

10.1.1.3.15 在扑灭独头巷道火灾时,矿山救护队必须遵守下列规定:

a) 平巷独头巷道掘进头发生火灾,瓦斯浓度不超过2%时,应在通风的情况下采用直接灭火。灭火后,必须仔细清查阴燃火点,防止复燃引起爆炸。

b) 火灾发生在平巷独头煤巷的中段时,灭火中必须注意火源以里的瓦斯情况,设专人随时检测,严禁将已积聚的瓦斯经过火点排出。如果情况不清,应远距离封闭。

c) 火灾发生在上山独头煤巷的掘进头时,在瓦斯浓度不超过2%的情况下,有条件时应直接灭火,灭火中应加强通风;如瓦斯超过2%仍在继续上升,应立即把人员撤到安全地点,远距离进行封闭。若火灾发生在上山独头巷的中段时,不得直接灭火,应在安全地点进行封闭。

d) 上山独头煤巷火灾不管发生在什么地点,如果局部通风机已经停止运转,在无须救人时,严禁进入灭火或侦察,应立即撤出附近人员,远距离进行封闭。

e) 火灾发生在下山独头煤巷掘进头时,在通风的情况下,瓦斯的浓度不超过2%,可直接进行灭火。若火灾发生在巷道中段时,不得直接灭火,应远距离封闭。

10.1.1.3.16 救护队处理不同地点火灾时,小队执行紧急任务的安排原则:

a) 进风井井口建筑物发生火灾时,应派一个小队去处理火灾,另一个小队去井下救人和扑灭井底车场可能发生的火灾。

b) 井筒和井底车场发生火灾时,应派一个小队灭火,派另一个小队去火灾威胁区域救人。

c) 当火灾发生在矿井进风侧的硐室、石门、平巷、下山或上山,火烟可能威胁到其他地点时,应派一个小队灭火,派另一个小队到最危险的地点救人。

d) 当火灾发生在采区巷道、硐室、工作面中,应派一个小队从最短的路线进入回风侧救人,另一个小队从进风侧灭火、救人。

e) 当火灾发生在回风井井口建筑物、回风井筒、回风井底车场,以及其毗连的巷道中时,应派一个小队灭火,派另一个小队救人。

10.1.1.3.17 处理矸石山火灾事故时,应做到:

a) 查明自燃的范围、温度、气体成分等参数。

b) 处理火源时,可采用注黄泥浆、飞灰、凝胶、泡沫等措施。

    c) 直接灭火时,应防止水煤气爆炸,避开矸石山垮塌面和开挖暴露面。

    d) 在清理矸石山爆炸产生的高温抛落物时,应戴手套、防护面罩、眼镜,穿隔热服,使用工具清除,并设专人观察矸石山变化情况。

10.1.2 瓦斯、煤尘爆炸事故救援

10.1.2.1 处理瓦斯、煤尘爆炸事故时,救护队的主要任务是:

    a) 灾区侦察。

    b) 抢救遇险人员。

    c) 抢救人员时清理灾区堵塞物。

    d) 扑灭因爆炸产生的火灾。

    e) 恢复通风。

10.1.2.2 爆炸产生火灾,应同时进行灭火和救人,并应采取防止再次发生爆炸的措施。

10.1.2.3 井筒、井底车场或石门发生爆炸时,在侦察确定没有火源,无爆炸危险的情况下,应派一个小队救人,另一个小队恢复通风。如果通风设施损坏不能恢复,应全部去救人。

10.1.2.4 爆炸事故发生在采煤工作面时,派一个小队沿回风侧、另一个小队沿进风侧进入救人,在此期间必须维持通风系统原状。

10.1.2.5 井筒、井底车场或石门发生爆炸时,为了排除爆炸产生的有毒、有害气体,抢救人员,应在查清确无火源的基础上,尽快恢复通风。如果有害气体严重威胁回风流方向的人员,为了紧急救人,在进风方向的人员已安全撤退的情况下,可采取区域反风。之后,矿山救护队应进入原回风侧引导人员撤离灾区。

10.1.2.6 处理爆炸事故,小队进入灾区必须遵守下列规定:

    a) 进入前,切断灾区电源,并派专人看守。

    b) 保持灾区通风现状,检查灾区内各种有害气体的浓度、温度及通风设施的破坏情况。

    c) 穿过支架破坏的巷道时,应架好临时支架。

    d) 通过支架松动的地点时,队员应保持一定距离按顺序通过,不要推拉支架。

    e) 进入灾区行动应防止碰撞、摩擦等产生火花。

    f) 在灾区巷道较长、有害气体浓度大、支架损坏严重的情况下,如无火源、人员已经牺牲时,必须在恢复通风、维护支架后方可进入,确保救护人员的安全。

10.1.3 煤与瓦斯突出事故救援

10.1.3.1 发生煤与瓦斯突出事故时,救护队的主要任务是抢救人员和对充满有害气体的巷道进行通风。

10.1.3.2 救护队进入灾区侦察时,应查清遇险、遇难人员数量及分布情况,通风系统和通风设施破坏情况,突出的位置,突出物堆积状态,巷道堵塞情况,瓦斯浓度和波及范围,发现火源立即扑灭。

10.1.3.3 采掘工作面发生煤与瓦斯突出事故后,一个小队从回风侧、另一个小队从进风侧进入事故地点救人。

10.1.3.4 侦察中发现遇险人员应及时抢救,为其配用隔绝式自救器或全面罩氧气呼吸器,使其脱离灾区,或组织进入避灾硐室等待救护。对于被突出煤矸阻困在里面的人员,应及时打开压风管路,利用压风系统呼吸,并组织力量清除阻塞物。如需在突出煤层中掘进绕道救人时,必须采取防突措施。

10.1.3.5 发生突出事故时,应立即对灾区采取停电、撤人措施。在逐级排出瓦斯后,方可恢复送电。

10.1.3.6 灾区排放瓦斯时,必须撤出回风侧的人员,以最短路线将瓦斯引入回风道,排风井口 50 m 范围内不得有火源,并设专人监视。

10.1.3.7 发生突出事故时,不得停风和反风,防止风流紊乱和扩大灾情。如果通风系统和通风设施被

破坏,应设置临时风障、风门及安装局部通风机,逐级恢复通风。

10.1.3.8 因突出造成风流逆转时,应在进风侧设置风障,并及时清理回风侧的堵塞物,使风流尽快恢复正常。

10.1.3.9 瓦斯突出引起火灾时,应采用综合灭火或惰气灭火。如果瓦斯突出引起回风井口瓦斯燃烧,应采取控制风量的措施。

10.1.3.10 在处理突出事故时,必须做到:

a) 进入灾区前,确保矿灯完好;进入灾区内,不准随意启闭电气开关和扭动矿灯开关或灯盖。

b) 在突出区应设专人定时定点检查瓦斯浓度,并及时向指挥部报告。

c) 设立安全岗哨,非救护队人员不得进入灾区;救护人员必须佩用氧气呼吸器,不得单独行动。

d) 当发现有异常情况时,应立即撤出全部人员。

10.1.3.11 处理岩石与二氧化碳突出事故时,除执行煤与瓦斯突出的各项规定外,还应对灾区加大风量,迅速抢救遇险人员。佩用负压氧气呼吸器进入灾区时,应戴好防烟眼镜。

10.1.4 水灾事故救援

10.1.4.1 矿山发生水灾事故时,救护队的任务是抢救受淹和被困人员,恢复井巷通风。

10.1.4.2 救护队到达事故矿井后,应了解灾区情况、水源、事故前人员分布、矿井有生存条件的地点及进入该地点的通道等,并分析计算被堵人员所在空间体积,O_2、CO_2、CH_4 浓度,计算出遇险人员最短生存时间。根据水害受灾面积、水量和涌水速度,提出及时增大排水设备能力、抢救被困人员的有关建议。

10.1.4.3 救护队在侦察中,应探查遇险人员位置,涌水通道、水量、水的流动线路,巷道及水泵设施受淹程度,巷道冲坏和堵塞情况,有害气体(CH_4、CO_2、H_2S 等)浓度及在巷道中的分布和通风状况等。

10.1.4.4 采掘工作面发生水灾时,救护队应首先进入下部水平救人,再进入上部水平救人。

10.1.4.5 救助时,被困灾区的人员,其所在地点高于透水后水位时,可利用打钻、掘小巷等方法供给新鲜空气、饮料及食物,建立通信联系;如果其所在地点低于透水后水位时,则禁止打钻,防止泄压扩大灾情。

10.1.4.6 矿井涌水量超过排水能力,全矿和水平有被淹危险时,在下部水平人员救出后,可向下部水平或采空区放水;如果下部水平人员尚未撤出,主要排水设备受到被淹威胁时,可用装有黏土、砂子的麻袋构筑临时防水墙,堵住泵房口和通往下部水平的巷道。

10.1.4.7 救护队在处理水淹事故时,必须注意下列问题:

a) 水灾威胁水泵安全,在人员撤往安全地点后,救护小队的主要任务是保护泵房不致被淹。

b) 小队逆水流方向前往上部没有出口的巷道时,应与在基地监视水情的待机小队保持联系;当巷道有很快被淹危险时,立即返回基地。

c) 排水过程中保持通风,加强对有毒、有害气体的检测。

d) 排水后进行侦察、抢救人员时,注意观察巷道情况,防止冒顶和底板塌陷。

e) 救援队员通过局部积水巷道时,应采用探险棍探测前进。

10.1.4.8 处理上山巷道水灾时,应注意下列事项:

a) 检查并加固巷道支护,防止二次透水、积水和淤泥的冲击。

b) 透水点下方要有能存水及存沉积物的有效空间,否则人员要撤到安全地点。

c) 保证人员在作业中的通信联系和退路安全畅通。

d) 指定专人检测 CH_4、CO、H_2S 等有毒、有害气体和氧气浓度。

10.1.5 顶板事故救援

10.1.5.1 发生冒顶事故后,救护队应配合现场人员一起救助遇险人员。如果通风系统遭到破坏,应迅速恢复通风。当瓦斯和其他有害气体威胁到抢救人员的安全时,救护队应抢救人员和恢复通风。

10.1.5.2 在处理冒顶事故前,救护队应向冒顶区域的有关人员了解事故发生原因、冒顶区域顶板特性、事故前人员分布位置、检查瓦斯浓度等,并实地查看周围支架和顶板情况,在危及救护人员安全时,首先应加固附近支架,保证退路安全畅通。

10.1.5.3 抢救被埋、被堵人员时,用呼喊、敲击等方法,或采用探测仪器判断遇险人员位置,与遇险人员联系,可采用掘小巷、绕道或使用临时支护通过冒落区接近遇险者;一时无法接近时,应设法利用钻孔、压风管路等提供新鲜空气、饮料和食物。

10.1.5.4 处理冒顶事故时,应指定专人检查瓦斯和观察顶板情况,发现异常,应立即撤出人员。

10.1.5.5 清理大块矸石等压人冒落物时,可使用千斤顶、液压起重器具、液压剪、起重气垫等工具进行处理。

10.1.6 淤泥、黏土和流砂溃决事故救援

10.1.6.1 处理淤泥、黏土和流砂溃决事故时,救护队的主要任务是救助遇险人员,加强有毒、有害气体检查,恢复通风。

10.1.6.2 溃出的淤泥、黏土和流砂如果困堵了人员,应用呼喊、敲击等方法与他们取得联系,并及时采取措施输送空气、饮料和食物。在进行清除工作的同时,寻找最近距离掘小巷接近他们。

10.1.6.3 当泥砂有流入下部水平的危险时,应将下部水平人员撤到安全处。

10.1.6.4 开采急倾斜煤层,黏土和淤泥或流砂流入下部水平巷道时,救护工作只能从上部水平巷道进行,严禁从下部接近充满泥砂的巷道。

10.1.6.5 当矿山救护小队在没有通往上部水平安全出口的巷道中逆泥浆流动方向行进时,基地应设待机小队,并与进入小队保持不断联系,以便随时通知进入小队返回或进入帮助。

10.1.6.6 在淤泥已停止流动,寻找和救助人员时,应在铺于淤泥上的木板上行进。

10.1.6.7 因受条件限制,需从斜巷下部清理淤泥、黏土、流砂或煤渣时,必须设置牢固的阻挡设施,并制订专门措施,由矿长亲自组织抢救,设有专人观察,防止泥砂积水突然冲下;并应设置有安全退路的躲避硐室。出现险情时,人员立即进入躲避硐室暂避。在淤泥下方没有阻挡的安全设施时,严禁进行清除工作。

10.2 非煤矿山事故救援

10.2.1 火灾事故救援

10.2.1.1 灭火方法的选择

10.2.1.1.1 按灭火原理,常用的灭火方法有:
    a) 冷却法:使用各种水流、惰性气体、泡沫灭火。
    b) 覆盖法:用泡沫、沙子、泥土等覆盖灭火。
    c) 抑制法:用干粉、强水流、卤代烷等灭火。
    d) 窒息法:有高倍泡沫、快速气囊封堵巷道,设风墙阻绝火源。
    e) 其他方法:反风控制火势蔓延和火烟流向,撤除可燃烧物品,防止火势扩大。

10.2.1.1.2 在选择灭火方法时,指挥员应该考虑火灾的特点,发生地点、范围,以及灭火的人力、物力。一般情况下,应该尽量采用直接灭火法。

10.2.1.1.3 在下列情况下,应采用隔绝方法或综合方法灭火:
    a) 缺乏灭火器材或人员时。
    b) 难以接近火源时。
    c) 用直接灭火法无效或用直接灭火法对灭火人员有危险时。

采用隔绝窒息法灭火时,应待火焰已经熄灭和温度降低后,再打开风墙用直接法灭火。

10.2.1.2 灭火方法的具体要求

10.2.1.2.1 用水或卤代烷、泡沫或注浆的方法灭火时,应将回风侧人员撤出。

10.2.1.2.2 用水灭火时,必须具备下列条件:

a) 火源明确。

b) 水源、人力、物力充足。

c) 有畅通的回风巷。

d) 瓦斯浓度不超过 2%。

10.2.1.2.3 采用隔绝法灭火时,必须遵守下列规定:

a) 在保证安全的情况下,应尽量缩小封闭范围。

b) 隔绝火区时,首先建造临时风墙,然后建造永久风墙。在有爆炸危险时,应先设置抗爆墙,在抗爆墙的掩护下,建造永久风墙。

10.2.1.3 处理井下火灾应遵循的原则

参照 10.1.1 执行,并应考虑非煤矿山特点采取措施。

10.2.2 水害事故救援

参照 10.1.4 执行,并应考虑非煤矿山特点采取措施。

10.2.2.1 地面水处理

分析地面水系与灾区水源的关系,积极处理可能导致灾情扩大的地面水系,采取疏干、截流等办法,防止地面水流向灾区。

10.2.3 冒顶、边坡及尾矿库事故救援

10.2.3.1 发生冒顶片帮事故后,救护队应配合现场人员一起救助遇险人员。如果通风系统遭到破坏,应迅速恢复通风。当有毒、有害气体威胁到抢救人员的安全时,救护队应积极抢救遇险人员和恢复通风。

10.2.3.2 在处理冒顶片帮事故前,救护队应向在附近地区工作的人员了解事故发生原因,冒顶、片帮地区地压特征,事故前人员分布位置,有毒、有害气体浓度等情况,并实地查看周围巷道支护情况,必要时加固有关巷道、保证退路畅通。

10.2.3.3 抢救人员时,用喊话、敲击等方法判断遇险人员位置,与遇险人员保持联系,要求他们配合救护工作。对于被埋、被堵的人员,应在支护好顶板的情况下,用掘小巷、绕道通过冒落区或使用矿山救护轻便支架穿越冒落区接近遇险者;一时无法接近时,应设法利用风管提供新鲜空气、饮料和食品。

10.2.3.4 在处理冒顶片帮事故过程中,应指定专人监测地压活动情况,监测有毒、有害气体浓度变化情况,发现异常,应立即撤出救护人员。

10.2.3.5 清理堵塞物时,使用工具要避免伤害遇险人员;遇有大块矿石、木柱、金属网、铁梁、铁柱等物压住遇险人员时,可使用千斤顶、液压起重器、液压剪、多功能钳、金属切割机等工具进行处理。

10.2.3.6 露天矿边坡坍塌或排土场滑坡事故救护处理时。救护队应快速进入灾区,侦察灾区情况,救助遇险人员;对可能坍塌的边坡进行支护,并要加强现场观察,保证救护人员安全;配合事故救护工程人员挖掘被埋遇险人员,在挖掘过程中应避免伤害被困人员。

10.2.3.7 尾矿库事故救护时,应通过查阅资料和现场调查了解以下情况:

a) 尾矿库事故前实际坝高、库容、尾矿物质组成、坝体结构、坝外坡坡比。

b) 尾矿库溃坝发生时间、溃坝规模、破坏特征。

c) 溃坝后库内水体情况、坝坡稳定性情况。

d) 遇险人员数量、可能的被困位置。

e) 下游人员分布现状及村庄、重要设施、交通干线等。

10.2.3.8 尾矿库事故救护时,救护队员应戴安全帽、穿救生服装、系安全联络绳,首先抢救被困人员,将被困人员转移到安全地点救护。

10.2.3.9 对坍塌、溃堤的尾矿坝进行加固处理,用抛填块石、打木桩、砂袋堵塞等方法堵塞决堤口。在挖掘抢救被掩埋人员过程中,要采用合理的挖掘方法,加强观察,不得伤害被埋困人员。

10.2.3.10 如果不能保证救护人员安全,应首先对尾矿库堤坝进行加固和水砂分流,保证救护人员和被困人员安全。

10.2.3.11 尾矿泥沙仍处于持续流动状态,对下游村庄、重要工矿企业、交通干线形成威胁时,应采取拦截、疏导、改变尾矿砂流向等方法,避免事故损失的扩大。

10.2.3.12 在夜间实施尾矿坝事故救护时,救护现场充足的照明条件应得到保证。

10.2.4 爆破事故救援

10.2.4.1 炮烟中毒事故

a) 处理爆破炮烟中毒事故时,救护队的主要任务是救助遇险人员,加强通风,监测有毒、有害气体。

b) 对独头巷道、独头采区或采空区发生的炮烟中毒事故,在救护过程中,应在分析并确认没有气体爆炸危险情况下,采用局部通风的方式,稀释该区域的炮烟浓度。

c) 救护小队进入炮烟事故区域,应不间断地与救护基地保持通信联系。如果救护小队有 1 人出现体力不支或者呼吸器氧气压力不足的情况,全小队应立即撤出事故区域,返回基地。

10.2.4.2 炸药库意外爆炸事故

a) 首先侦察爆炸现场的有毒、有害气体浓度,温度,巷道及硐室坍塌情况,爆炸前人员情况,以及爆炸事故发生后人员伤亡情况。救护指挥部制订救护计划,恢复矿井通风系统进行排烟通风。

b) 救护小队佩用防护面具或全面罩呼吸器进入事故现场救助遇险人员,撤出尚未爆炸的爆破器材,控制并迅速扑灭因爆炸产生的火灾。

10.3 安全技术性工作

10.3.1 救护队佩用氧气呼吸器在井下从事的各项非事故性工作,均属安全技术工作。矿山救护队在实施安全技术工作时,应和矿山有关部门共同研究实施措施,并制订行动方案。

10.3.2 救护队排放瓦斯工作,应按下列规定进行:

a) 对排放瓦斯措施,应逐项检查,符合规定后方可排放。

b) 对已确定的措施和方案,应向参与救护人员进行贯彻落实。

c) 排放前,应撤出回风侧人员,切断回风流电源,并派专人看守;如果回风侧有火区时,应进行认真检查,并予以严密的封闭。

d) 进入瓦斯巷道的救护队员,必须佩用氧气呼吸器;在排放瓦斯过程中,应有专人检查瓦斯,排出的瓦斯与全风压风流混合处的瓦斯浓度不得超过 1.5%,并要采用增阻或减阻的方法进行控制,逐段排放,严禁一风吹。

e) 排放结束后,救护队应与现场通风、安监部门一起进行检查,待通风正常后,方可撤出工作地点。

10.3.3 救护队启封火区,必须按下列规定进行:

a) 贯彻火区启封措施,逐项检查落实,制订救护队行动安全措施。

b) 启封前,应检查火区的温度、各种气体浓度及密闭前巷道支护等情况;切断回风流电源,撤出回风侧人员;在通往回风道交叉口处设栅栏、警示标志;做好重新封闭的准备工作。

c) 启封时,必须在佩用氧气呼吸器后采取锁风措施,逐段检查各种气体和温度,逐段恢复通风。有复燃征兆时,必须立即重新封闭火区;火区进风端密闭启封时,应注意防止二氧化碳等有害气体溃出。

d) 启封后3天内,每班必须由救护队检查通风状况,测定水温、空气温度和空气成分,并取气样进行分析,只有确认火区完全熄灭时,方可结束启封工作。

10.3.4 救护队参加实施震动爆破措施时,应按下列规定进行:

a) 按照批准的措施,检查准备工作落实情况。

b) 佩带氧气呼吸器,携带灭火器和其他必要的装备在指定地点待机。

c) 爆破30 min后,救护队佩用氧气呼吸器进入工作面检查,发现爆破引起火灾应立即灭火。

d) 在瓦斯全部排放完毕后,救护队应与通风、安监等部门共同检查,通风正常后,方可离开工作地点。

10.3.5 救护队参加反风演习,必须按下列规定进行:

a) 按照批准的反风演习计划措施,逐项检查准备工作落实情况。

b) 贯彻反风计划措施,并制订出救护队行动计划和安全措施。

c) 反风前,救护队应佩带氧气呼吸器和携带必要的技术装备在井下指定地点值班,同时测定矿井风量和检查瓦斯浓度。

d) 反风10 min后,经测定风量达到正常风量的40%,瓦斯浓度不超过规定时,应及时报告指挥部。

e) 恢复正常通风后,救护队应将测定的风量、检测的瓦斯浓度报告指挥部,待通风正常后方可离开工作地点。

10.4 医疗急救

10.4.1 救护队必须配备急救器材和训练器材,并应符合表13、表14的规定。

表 13 救护中队急救器材基本配备清单

器材名称	单位	数量	备 注
模拟人	套	1	
抗休克服	套	3	
背夹板	副	4	
充气夹板	套	3	
颈托	副	5	
聚酯夹板	副	10	
止血带	个	20	
三角巾	块	20	
绷带	m	50	
剪子	个	5	
手术刀	个	5	
镊子	个	10	

表 13 救护中队急救器材基本配备清单（续）

器材名称	单位	数量	备 注
口式呼吸面具	个	5	
医用手套	副	20	
开口器	个	6	
夹舌器	个	6	
伤病卡	张	100	
相关药剂		若干	碘酒、消炎药、止泻药、止痛药
环甲膜穿刺针	个	5	
医疗急救箱	个	1	

表 14 小队急救药品基本配备清单

器材名称	单位	数量	备 注
颈托	副	2	
聚酯夹板	副	2	
三角巾	块	10	
绷带	m	5	
消炎药水	瓶	2	
药棉	卷	2	
剪子	个	1	
衬垫	卷	5	
冷敷药品	份	2	
口式呼吸面具	个	2	
医用手套	副		
夹舌器	个	1	
开口器	个	1	
镊子	个	1	
手术刀	个	2	
止血带	个	5	
伤病卡	个	20	
无菌敷料	份	10	或无菌纱布

10.4.2 矿山救护队指战员必须熟练掌握现场急救常识及处理技术,主要内容有:伤员的伤情检查和诊断,常用医疗急救器材的使用方法及人工呼吸,以及胸外心脏挤压、止血、包扎、骨折固定、伤员搬运等。

10.4.3 救护队应将急救常识和现场急救处理技术的培训纳入到每年度的复训中,并进行考核。

10.4.4 救护队在医疗救护人员没有到达现场之前,应采取适当的急救措施:

a) 检查现场是否安全。观察周围环境,确保抢救人员和伤员的安全。不要轻易移动伤员。

  b) 人体隔离防护。在接触伤员以前,要使用合适的个人防护用具。

  c) 分析受伤机理。了解伤员受伤的原因以及体检的阳性特征。

  d) 确定受伤人数。依据受害者的伤病情况,按轻、中、重、死亡分类,分别以"红、黄、蓝、黑"的伤病卡作出标志,置于伤病员的左胸部或其他明显部位,便于医疗救护人员辨认并及时采取相应的急救措施。

  e) 固定脊椎。怀疑脊椎受伤,应先固定头部。

  f) 技术处理。根据伤情的特点,采取相关的处理技术。

  g) 伤员搬运。不同的伤势,应采用不同的搬运方法。

10.4.5 救护队应以最快的速度,把伤员移交给到达现场的医疗救护人员。医疗救护人员对伤员再进行必要的技术处理后,需提供医疗文书一式两份,一份向抢救指挥部提交,一份向接纳伤员的医疗机构提交。搬运危重伤员时必须由医疗救护人员护送。

10.4.6 有害气体中毒伤员的抢救措施:

  a) 当感到有刺激性气体,有臭鸡蛋气味或有毒气体中毒症状产生时,除应立即向调度室汇报外,所有人员应立即戴好防护装置迅速将中毒人员抬离现场,撤到通风良好而又比较安全的地方,并就地立即进行抢救。

  b) 对中、重度中毒的人员应立即给予吸氧、保暖,严重窒息者,应在给予吸氧的同时进行人工呼吸。

  c) 有因喉头水肿致呼吸道阻塞而窒息者,医疗救护人员应速用环甲膜穿刺术,以确保呼吸道畅通。

  d) 若呼吸和心跳停止时,应立即进行心肺复苏。

  e) 昏迷伤员可予针灸,针刺人中、内关、合谷等穴位,以促其苏醒。

  f) 快速转送至医院进行综合救治。

10.4.7 溺水伤员的抢救措施:

  a) 立即将溺水者救至安全、通风、保暖的地点,首先清除口鼻内的异物,确保呼吸道的通畅。将救起的伤员俯卧于救护者屈曲的膝上,救护者一腿跪下,一腿向前屈膝,使溺水者头向下倒悬,以利于迅速排出肺内和胃内的水,同时用手按压背部做人工呼吸。

  b) 如上述抢救效果欠佳,应立即改为俯卧式或口对口人工呼吸法,至少要连续做 20 min 不间断;然后再解开衣服检查心音,抢救工作不要间断,直至出现自主呼吸才可停止。

  c) 心跳停止时,应立即采取心肺复苏术。

  d) 呼吸恢复后,可在四肢进行向心按摩,促使血液循环的恢复;神志清醒后,可给热开水喝。

  e) 经过抢救后,应立即转运至医院进行综合治疗。

10.4.8 触电伤员的抢救措施:

  a) 立即切断电源,或以绝缘物将电源移开,使伤员迅速脱离电源,防止救护者触电。

  b) 将伤员迅速移至通风安全处,解开衣扣、裤带,检查有无呼吸、心跳。若呼吸、心跳停止时,应立即进行心脏按压和口对口人工呼吸术以及输氧等抢救措施。

  c) 抢救同时可针刺或指掐人中、合谷、内关、十宣等穴,以促其苏醒。

  d) 轻型伤员可给予保暖,对烧伤、出血及骨折等症,应给予及时的包扎、止血及骨折固定。

  e) 病情稳定后,迅速转运出井至医院进行综合治疗。

10.4.9 烧伤伤员的抢救措施:

  a) 首先应使伤员迅速脱离灼热物体及现场,尽快设法以就地翻滚、按压、泼水等方法扑灭伤员身上的火,力求尽量缩短烧伤时间。

  b) 立即用冷水直接反复泼浇伤面,若有可能可用冷水浸泡 5 min～10 min,彻底清除皮肤上的余热,以减轻伤势和疼痛,少起水疱,降低伤面深度。

c) 脱衣困难时,应快速将衣领、袖口、裤腿提起,反复用冷水浇泼,待冷却后再脱去伤员的衣服,用被单或毯子包裹覆盖伤面和全身。

d) 衣服和皮肉贴住时,切勿强行拉扯,可先用剪子剪开粘连周围的衣服,再进行包扎。水泡不应弄破,焦痂不应扯掉。烧伤创口不应涂任何药物,只需用敷料覆盖包扎即可。

e) 检查有无并发症,如有呼吸道烧伤,面部五官烧伤,CO 中毒、窒息、骨折、脑震荡、休克等并发症,要及时予以抢救处理。

f) 转运要快速,少颠簸,途中应有医护人员照顾,随时注意预防窒息和休克的发生。

10.4.10 休克伤员的抢救措施:

a) 将伤员迅速撤至安全、通风、保暖的地方,松解伤员衣服,让伤员平卧或两头均抬高 30°左右,以增加血流的回心量,改善脑部血流量。

b) 清除伤员呼吸道内的异物,确保呼吸道的畅通。

c) 迅速找出休克病因,尽力予以祛除,出血者立即止血,骨折者迅速固定,剧痛者予以止痛剂,呼吸心跳停止者应立即进行心脏按压及口对口人工呼吸。

d) 保持伤员温暖,有可能时可让伤员喝点热开水,但腹部内脏损伤疑有内出血者不能喝水。也可针刺或用手掐人中、合谷、内关、十宣等急救穴位,以促其苏醒。

e) 针对休克的不同的病理生理反应及主要病症积极进行抢救,尽量制止原发病的继续恶化。出血性休克应尽快止血、输液、输氧等。不可过早使用升压药物,以免加重出血。

f) 经抢救,休克症状消失,伤员清醒、血压、脉律相对稳定时才可运送。运送途中应继续输液、输氧,并时刻注意伤员的呼吸、脉搏、血压的变化。昏迷伤员运送时面部应偏向一侧,以防呕吐物阻塞呼吸道。

10.4.11 昏迷伤员的抢救措施:

a) 立即将伤员撤至安全、通风、保暖的地方,使其平卧,或两头抬高 30°,以增加血流的回心量,改善脑部血流量。解松衣扣,清除呼吸道内的异物,可给热水喝。呕吐时头应偏向一侧,以免呕吐物吸入气管和肺内。

b) 可针刺或指掐人中、内关、合谷、十宣等穴位,以促其苏醒。

c) 迅速转送至医院进行救治。

10.4.12 常用的止血方法:

a) 加压包扎止血法。适用范围:小静脉出血、毛细血管出血,头部、躯干、四肢以及身体各处的伤口均可使用。

b) 指压止血法。适用范围:头面部、四肢部位出血。

c) 止血带止血法。用加压包扎法止血不能奏效的四肢大血管出血,应及时采用止血带止血,并要标记止血带止血部位和时间,每 60 min～90 min 放松一次。适用范围:受伤肢体有大而深的伤口,血液流动速度快;多处受伤,出血量大;受伤同时伴有开放性骨折;肢体完全离断或部分离断;受伤部位可见喷血。

10.4.13 常用的包扎方法。

10.4.13.1 三角巾包扎法。

a) 头部包扎法:底边齐眉,沿耳上方拉向脑后,将顶角从头顶拉向脑后,两底角压住顶角,再绕至前额部打结。

b) 单眼包扎法:将三角巾折成四横指宽的布条,斜盖在伤员眼上。三角巾长度的 1/3 向上,2/3 向下。下部的一端从耳下绕到脑后,再从另一只耳上绕到前额,压住眼上的一端,然后将上部的一端向外翻转,向脑后拉紧,与另一端相遇打结。

c) 下腹部置碗包扎法:在伤口上放置一只小碗(或代用品),三角巾顶角向下从会阴部拉向腰后,底边横放在腹部,两底角在腰后与顶角打结。

d) 胸部包扎法:底边放在伤侧胸部,顶角拉过肩到背后,与左右底角在背后打结。

e) 手足部包扎法:将手(足)掌心向下放在三角巾中央,手(足)指(趾)朝向三角巾的顶角,底边横向腕(踝)部把顶角折回,两底角分别围绕手(足)掌左右交叉压住顶角之后,在腕(踝)部打结。最后顶角折回固定好。

f) 膝(肘)关节包扎法:根据伤口的情况,把三角巾折成适当宽度,使之成为带状,然后把它的中段斜放在膝(肘)部的伤处,两端向膝(肘)后交叉,再绕到膝(肘)前外侧打结固定。

10.4.13.2 绷带包扎法。

a) 环形包扎法:多用于圆柱形部位短部位的包扎。

b) 螺旋包扎法:用于肢体周径近似均等部位较长距离的包扎。

c) 螺旋反折包扎法:用于肢体周径悬殊部位的较长距离的包扎。

d) "8"字形包扎法:主要用于关节部位的包扎。

10.4.14 常用的骨折固定方法。

10.4.14.1 前臂固定法:选用长度与前臂相当的,宽 6 cm 的小夹板两块,用绷带包好后夹住前臂,用绷带固定四道或缠绕固定,然后用三角巾或绷带将前臂悬吊在胸前。

10.4.14.2 肱骨骨折固定法:用两块长度与上臂适宜,宽 6 cm 的小夹板,缠绕上绷带之后,放在上臂内外两侧固定好,然后把前臂屈曲固定在胸前。

10.4.14.3 大腿骨折固定法。

a) 夹板固定法:用长度从腋下到踝部宽 12 cm 及长度从腹股沟到足底宽 8 cm 的木板各一块,缠绕绷带后,在踝、膝、髋部加垫,放在伤肢内外两侧,再用双股绷带或三角巾分 5~7 处固定好。

b) 利用健肢固定法:将伤肢与健肢伸直并拢,在两侧踝关节、小腿中段、膝关节、大腿上段和髋关节处用双股绷带或布条等将两下肢分 5 段扎紧固定。

10.4.14.4 小腿骨折固定法。

a) 利用健肢固定法:固定方式同大腿骨折相似。两下肢并拢,分别在踝、膝、大腿中段以三角巾或绷带固定。

b) 夹板固定法:用长 80 cm,宽约 1 cm 的小夹板 2 块固定,方法与大腿骨折固定相似。

10.4.14.5 脊柱骨折固定法:对有脊柱骨折的伤员,多用"T"形夹板固定。用长约 75 cm 和长 60 cm,宽 8 cm,厚约 2 cm 的夹板各一块,绑成"T"字形,固定于双肩与脊柱上。

10.4.15 常用的搬运方法。

a) 平托法:将担架放在病人的一侧,搬运者 3~4 人蹲在病人的另一侧,两手分别托住头部、肩背部、髋臀部、双下肢,然后动作一致地将伤员托起,平放在担架上,并用 2 条绷带将伤员固定在担架上。此方法适用于脊柱骨折、颅脑损伤等重伤员。

b) 翻滚法:搬运者双手伸入伤员的头部、前胸部、腹部、髋部、膝关节部,然后动作一致地将伤员翻滚在担架上,伤员应仰卧。此方法适用于脊柱骨折,颅脑损伤等重伤员。

c) 颈椎骨折搬运法:一人专门牵引头部,不使头部左右转动,用平托法搬运到担架上,再用专制的小沙袋 2 只或就地取材用毛巾、衣服折叠成小枕头,塞在伤员的颈部两侧,以防止搬运时头部左右摆动造成脊髓损伤。

d) 骨盆骨折搬运法:用 2 块三角巾对叠四层,在骨盆部做环行包扎固定后,再用平托法搬运到担架上。

e) 胸部损伤搬运法:胸部损伤的伤员,均有呼吸困难的症状,搬运时应让伤员上半身靠起,呈端坐位,这样能减轻呼吸困难的症状。在平托搬运时,托头部的人应将伤员的上半身托高搬到担架上,使伤员上半身靠起。

ICS 13.100
D 09
备案号：22147—2007

中华人民共和国安全生产行业标准

AQ 1009—2007

矿山救护队质量标准化考核规范

Assessment standard of quality assurance for mine rescue team

2007-10-22 发布 2008-01-01 实施

国家安全生产监督管理总局 发 布

前　言

　　本标准规定了矿山救护大队、中队质量标准化考核标准及评定办法。为加强矿山救护队的管理,全面促进矿山救护队的专业化、正规化、标准化建设,提高管理水平、技术水平、装备水平和整体素质,保证安全、迅速有效地处理矿山事故,最大限度地减少人员伤亡和财产损失,保护矿工生命和国家财产的安全,编制本标准。

　　本标准是依据国家有关法律法规的要求,在充分考虑矿山安全生产事故特点和救援工作实际的基础上编制而成。

　　本标准为强制性标准。

　　本标准由国家安全生产监督管理总局提出。

　　本标准由全国安全生产标准化技术委员会煤矿安全分技术委员会归口。

　　本标准负责起草单位:国家安全生产监督管理总局矿山救援指挥中心。

　　本标准参加起草单位:山东煤矿安全监察局、中国安全生产科学研究院。

　　本标准主要起草人:王志坚、孟斌成、田得雨、邱雁、高中强、李刚业、王云海、李春民。

矿山救护队质量标准化考核规范

1　范围

本标准规定了矿山救护大队、中队质量标准化考核标准及评定办法。

本标准适用于矿山救护大队、中队开展质量标准化考核达标活动。

2　规范性引用文件

下列文件中的条款通过本标准的引用而成为本标准的条款。凡是注日期的引用文件,其随后所有的修改单(不包括勘误的内容)或修订版均不适用于本标准,然而,鼓励根据本标准达成协议的各方研究是否可使用这些文件的最新版本。凡是不注日期的引用文件,其最新版本适用于本标准。

AQ 1008—2007　矿山救护规程

《煤矿安全规程》　2006年版

3　术语和定义

下列术语和定义适用于本标准。

3.1

矿山救护队　mine rescue team

处理矿山灾害事故的职业性、技术性并实行军事化管理的专业队伍。

3.2

矿山救护指挥员　commander of mine rescue

矿山救护队担任副小队长以上职务人员、技术人员的统称。

3.3

演习巷道　tunnel for exercising

指专供矿山救护队进行实战演习训练的地下巷道、硐室或地面密封构筑物。

3.4

井下基地　surface rescue base

选择在井下靠近灾区、通风良好、运输方便、不易受灾害事故直接影响的安全地点,用于井下救灾指挥通信联络、存放救灾物资、待机小队停留和急救医务人员值班等需要而设立的工作场所。

3.5

火区　fire area

井下火灾燃烧区域或无法直接扑灭而予以封闭的区域。

3.6

风障　air brattice

在矿井巷道或工作面内引导风流的设施。

3.7

人工呼吸　artificial respiration

在自然呼吸停止、不规则或不充分时,借助人工的方法,强迫空气进出肺部,帮助伤员恢复呼吸功能的一项急救技术。

3.8

氧气呼吸器校验仪　calibrator of respirator

用以准确检验氧气呼吸器相关技术指标是否合乎规定标准的专用仪器。

3.9

氧气充填泵　oxygen pump

将氧气从大容积氧气瓶抽出并充入小容积氧气瓶的升压泵(主要供矿山救护队充填氧气用)。

3.10

自动苏生器　automatic resuscitator

对中毒或窒息的伤员自动进行人工呼吸或输氧的急救器具。

3.11

高泡灭火　high expansion foam fire extinguishing

利用高倍数泡沫灭火机产生的空气泡沫混合体进行灭火的方法。

3.12

热成像仪　thermal imaging device

通过红外光学系统、红外探测器及电子处理系统,将物体表面红外辐射转换成可见图像的一种设备。它具有测温功能,能够定量显示物体表面温度分布情况,将灰度图像进行伪彩色编码,在每组编码中都带有图像和温度数据,可随时读取。

4　一般规定

4.1　矿山救护大队质量标准化考核包括:组织机构、技术装备与设施、救护培训、综合管理、所属各矿山救护中队质量标准化考核共五项,满分为100分。

4.2　采用各单项单独扣分的方法计分,标准分扣完为止。五个项目中,前四项标准分合计为40分,第五项为所属矿山救护中队质量标准化考核(百分制计分)平均得分乘以60%。

矿山救护大队质量标准化考核得分=前四项分数之和+所属各矿山救护中队质量标准化考核平均得分×60%。

4.3　矿山救护中队质量标准化考核包括:救护队伍及人员,救护培训,救援装备、维护保养与设施,业务技术工作,救援准备,医疗急救,一般技术操作,综合体质,军事化队容、风纪、礼节,综合管理共十项,满分为100分。

矿山救护中队质量标准化考核时,业务知识,军事化队容、风纪、礼节和综合管理由中队集体完成,其他项目以小队为单位独立完成。两个及以上小队完成同一项目,小队平均得分为该项目中队得分。

4.4　矿山救护大队、中队质量标准化考核分为四个等级:

a)　特级:总分90分以上(含90分)。

b)　一级:总分85分以上(含85分)。

c)　二级:总分80分以上(含80分)。

d)　三级:总分75分以上(含75分)。

质量标准化考核75分以下,必须限期整改。

4.5　矿山救护中队应每季度组织一次达标自检,矿山救护大队(独立中队)应每半年组织一次达标检查,省级矿山救援指挥机构应每年组织一次检查验收,国家矿山救援指挥机构适时组织抽查。

4.6　凡被评为特级、一级、二级和三级的矿山救护大队(独立中队),由国家矿山救援指挥机构命名;凡被评为特级、一级、二级和三级的矿山救护中队,由省级矿山救援指挥机构命名。当年发生违章自身伤亡事故的矿山救护队质量标准化考核等级应降低一级。

4.7 矿山企业应将矿山救护队伍的质量标准化考核工作与矿山质量标准化工作同布置、同检查、同总结,并纳入到本企业质量标准化建设的活动中去。

5 矿山救护大队质量标准化考核标准及评定办法

5.1 组织机构(8分)

a) 矿山救护大队设大队长1人,副大队长2人,总工程师1人,副总工程师1人。

b) 大队指挥员应由熟悉矿山救护业务及其相关知识,能够佩用氧气呼吸器,从事井下工作不少于5年,并经培训取得资格证的人员担任。

c) 大队长应具有大专以上文化程度,大队总工程师应具有大专以上学历和中级以上职称。

d) 大队设立业务科室不少于2个,专职人员不少于3人。负责战训、宣传、培训、技术装备管理。

评分办法:大队指挥员缺1人扣1分;指挥员未达到第5.1条b)、c)项规定,1人扣0.5分;未按规定参加培训缺1人扣1分;业务科室少1个扣1分,专职人员少1人扣1分。

5.2 技术装备与设施(14分)

矿山救护大队(独立中队)基本装备配备标准及其扣分办法见表1。

表 1 矿山救护大队(独立中队)基本装备配备标准

类别	装备名称	要 求	单位	大队数量	独立中队数量	扣分
车辆	指挥车	附有通信警报装置	辆	2	1	1
	气体化验车	包括化验仪器仪表	辆	1	1	1
	装备车	4 t~5 t卡车	辆	2	1	1
通信器材	移动电话	指挥员1部/人	部			0.1
	视频指挥系统		套	1		0.3
	程控电话	值班室配备、带录音	部	2	1	0.1
	对讲机	便携式	部	6	4	0.1
灭火装备	惰气(惰泡)灭火装备	或二氧化碳发生器	套	1		0.5
	高倍数泡沫灭火机	BGP400	套	1		0.2
	快速密闭		套	5	5	0.1
	高扬程水泵		台	2	1	0.1
	高压脉冲灭火装置		套	1		0.1
检测仪器	气体分析化验设备		套	1	1	1
	热成像仪	矿用本质安全或防爆型	台	1	1	0.1
	便携式爆炸三角形测定仪		台	1	1	0.1
	演习巷道设施与系统	具备灾区环境与条件	套	1	1	1
	多功能体育训练器械		套	1	1	0.2
	多媒体电教设备		套	1	1	0.2
	破拆工具		套	1	1	0.2

表 1 矿山救护大队（独立中队）基本装备配备标准（续）

类别	装备名称	要 求	单位	大队数量	独立中队数量	扣分
信息处理设备	传真机		台	1	1	0.1
	复印机		台	1	1	0.1
	台式计算机	指挥员1台/人	台			0.1
	笔记本电脑	配无线网卡	台	2	1	0.1
	数码摄像机	防爆	台	1	1	0.1
	数码照相机	防爆	台	1	1	0.1
	防爆射灯	防爆	台	2	1	0.1
材料	氢氧化钙	直属中队除外	t	0.5		0.1
	泡沫药剂	直属中队除外	t	0.5		0.1
	煤油	直属中队除外	t	1		0.1

注1：化验车和气体分析化验室两者配备任意其中一项即可。
注2：破拆工具包括剪切工具、切割工具、扩张工具、起重设备。救护大队应设置有专用电子邮箱。
注3：在用设备应保持完好、及时更新。

5.3 救护培训（6分）

a) 建立培训机构，并取得相应的资质，并制定救护大队指战员年度培训计划。

b) 协助矿山企业对职工开展矿山救援知识的普及教育。

c) 按规定组织对救护队（兼职救护队）人员进行技术培训及特种训练。

d) 举办矿山救援新技术、新装备的推广、应用和典型案例的专题讲座。

e) 指战员按规定要求参加各种培训。

评分办法：查原始记录和资料，每有1项达不到要求扣1分。

5.4 综合管理（12分）

a) 实行军事化管理，统一着装，佩戴矿山救护标志。未统一着装扣1分。未按规定配备服装扣1分。

b) 战备值班管理。大队必须坚持24 h值班工作制度。制定大队领导及业务科室的岗位责任制和各项管理制度，并严格执行。制度缺1项扣0.5分，1项制度未落实扣0.2分。

c) 计划管理。根据本队实际情况，必须做到年有计划，季有安排，月有工作流程。计划内容：教育与训练、技术装备管理、预防性检查、内务管理、战备管理、劳动工资及财务、设备维修等。各项工作有组织、有实施、有监督、有落实。缺计划扣0.2分，计划内容缺1项扣0.1分。

d) 技术竞赛。每年至少组织1次全大队技术竞赛。内容包括：业务理论、仪器装备操作、模拟救灾、体能测试、医疗急救、军事化队列。未组织开展竞赛扣2分，竞赛内容缺1项扣0.5分。

e) 建立各种记录簿。有战备值班、各种会议、业务技术训练、安全技术工作、事故处理、有偿服务及其执行情况的各种记录。缺1项记录扣0.2分，记录不完整1项扣0.1分。

f) 坚持开展质量标准化考核达标活动。未按规定开展质量标准化考核活动扣 2 分。

g) 内务后勤保障。加强对所属中队各项工作的指导和管理,创造良好的学习和工作环境,保障救护指战员享受矿山采掘一线待遇,并发给救护岗位津贴等。指战员未享受矿山采掘一线待遇、救护津贴落实不到位扣 1 分。

6 矿山救护中队质量标准化考核标准及评定办法

6.1 救护队伍及人员(5 分)

a) 中队由 3 个以上小队组成,设中队长 1 人,副中队长 2 人,工程技术人员 1 人。小队由不少于 9 人组成,设正、副小队长各 1 人。

b) 中队指挥员应由熟悉矿山救护业务及其相关知识,能够佩用氧气呼吸器,从事矿山救护工作不少于 3 年,并经培训取得资格证的人员担任。

c) 中队长应具有中专以上文化程度。中队技术员应具有中专及以上学历和初级及以上职称。

d) 中队指挥员年龄不应超过 45 岁,队员不应超过 40 岁。35 岁以下的队员至少要保持 2/3 以上。

e) 指战员每年进行一次体检,对体检不合格人员及时调整。

评分办法:查阅资料和现场抽查相结合。中队指挥员缺 1 人扣 1 分;指挥员未达到第 6.1 条 b)、c) 项规定,1 人扣 0.5 分;未按规定参加培训的指挥员缺 1 人扣 1 分;小队人员缺 1 人扣 1 分;指战员超龄 1 人扣 0.1 分;35 岁以下的队员在 2/3 以下扣 2 分;未按规定进行体检,缺 1 人扣 0.5 分;对不符合条件的人员不及时调整,发现 1 人扣 0.5 分。

6.2 救援培训与训练(5 分)

a) 新队员入队前须经过救援工作基础培训;在职救护队员每年须经过救护大队组织的复训。

b) 救援指挥员应按规定参加培训或复训。

c) 中队应组织军事和体质训练,有计划地进行业务技术工作、救援准备、医疗急救、一般技术操作训练等。

d) 中队应定期进行高温浓烟演习训练,每月至少进行 1 次单项或多项演习训练。

评分办法:查阅证件,未按规定参加培训,缺少 1 人扣 0.5 分;查阅原始训练记录,缺少 1 项扣 0.5 分。

6.3 救援装备、维护保养与设施(15 分)

6.3.1 救援装备(7 分)

矿山救护中队、小队和救护队员基本装备配备及检查详见表 2、表 3、表 4。

表 2 矿山救护中队基本装备配备标准

类别	装备名称	要 求	单位	数量	扣分
运输通信	矿山救护车	每小队 1 辆	辆		1
	移动电话	中队指挥员 1 部/人	部		0.1
	灾区电话		套	2	0.2
	程控电话		部	1	0.1
	引路线		m	1 000	0.1

表 2　矿山救护中队基本装备配备标准（续）

类别	装备名称	要　　求	单位	数量	扣分
个人防护	4 h 呼吸器		台	6	0.3
	2 h 呼吸器		台	6	0.2
	便携式自动苏生机		台	2	0.1
	自救器	压缩氧	台	30	0.1
	隔热服		套	12	0.1
灭火装备	高倍数泡沫灭火机		套	1	0.1
	干粉灭火器	8 kg	个	20	0.1
	风障	≥4 m×4 m	块	2	0.1
	水枪	开花、直流各2个	支	4	0.1
	水龙带	直径 63.5 mm 或 50.8 mm	m	400	0.1
	高压脉冲灭火装置	12 L 2 支和 35 L 1 支	套	1	0.2
检测仪器	呼吸器校验仪		台	2	0.1
	数字式氧气便携仪		台	2	0.1
	红外线测温仪		台	2	0.1
	红外线测距仪		台	1	0.1
	多种气体检测仪	CH_4、CO、O_2 等 3 种以上气体	台	1	0.2
	光学瓦斯检定器	10%、100% 各 2 台	台	4	0.1
	一氧化碳检定器		台	2	0.1
	风表	机械中、低速各1台；电子2台	台	4	
	秒表		块	4	0.1
	干湿温度计		支	2	0.1
	温度计	0～100 ℃	支	10	0.1
装备工具	液压起重器	或起重气垫	套	1	0.1
	液压剪刀		把	1	0.1
	防爆工具	锤、斧、镐、锹、钎等	套	2	0.1
	氧气充填泵		台	2	0.2
	氧气瓶	40 L	个	8	0.1
		4 h 呼吸器 1 个/人	个		0.1
		2 h 呼吸器备用	个	10	0.1
	救生索	长 30 m，抗拉强度 3 000 kg	条	1	0.1
	担架	含 2 副负压多功能担架	副	4	0.2
	保温毯	棉织	条	3	0.1
	快速接管工具		套	2	0.1
	手表	副小队长以上指挥员 1 块/人	块		0.1

表 2 矿山救护中队基本装备配备标准（续）

类别	装备名称	要 求	单位	数量	扣分
装备工具	绝缘手套		副	3	0.1
	绘图工具		套	1	0.1
	电工工具		套	1	0.1
	工业冰箱		台	1	0.1
	瓦工工具		套	1	0.1
	灾区指路器	或冷光管	支	10	0.1
设施	演习巷道		套	1	0.5
	体能训练器械		套	1	0.3
药剂	氢氧化钙		t	0.5	0.1
	泡沫药剂		t	1	0.1

注：在用设备应保持完好、及时更新。

表 3 矿山救护小队基本装备配备标准

类别	装备名称	要 求	单位	数量	扣分
通信器材	灾区电话		套	1	0.2
	引路线	可用电话线代替	m	1 000	0.2
个人防护	矿灯	备用	盏	2	0.1
	氧气呼吸器	2 h、4 h氧气呼吸器各备用1台	台	2	0.2
	自动苏生器		台	1	0.2
	紧急呼救器	声音≥80 dB	个	3	0.1
灭火装备	灭火器		台	2	0.1
	风障		块	1	0.1
	帆布水桶		个	2	0.1
检测仪器	呼吸器校验仪		台	2	0.2
	光学瓦斯检定器	10%、100%各1台	台	2	0.2
	一氧化碳检定器	检定管不少于30支	台	1	0.1
	氧气检定器		台	1	0.1
	多功能气体检测仪	检测CH_4、CO、O_2等	台	1	0.2
	矿用电子风表		套	1	0.1
	红外线测温仪		支	1	0.1
装备工具	灾区指路器	冷光管或灾区强光灯	个	10	0.1
	担架		副	1	0.1
	氧气瓶	4 h、2 h氧气瓶备用	个	4	0.1
	采气样工具	包括球胆4个	套	2	0.1

表 3 矿山救护小队基本装备配备标准（续）

类别	装备名称	要求	单位	数量	扣分
装备工具	保温毯		条	1	0.1
	液压起重器	或起重气垫	套	1	0.2
	刀锯		把	2	0.1
	铜顶斧		把	2	0.1
	两用锹		把	1	0.1
	小镐		把	1	0.1
	矿工斧		把	2	0.1
	起钉器		把	2	0.1
	瓦工工具		套	1	0.1
	电工工具		套	1	0.1
	皮尺	10 m	个	1	0.1
	卷尺	2 m	个	1	0.1
	钉子包	内装钉子各 1 kg	个	2	0.1
	信号喇叭	1 套至少 2 个	套	1	0.1
	绝缘手套		副	2	0.1
	救生索	长 30 m,抗拉强度 3 000 kg	条	1	0.1
	探险棍		个	1	0.1
	充气夹板		副	1	0.1
	急救箱		个	1	0.2
	记录本		本	2	0.1
	圆珠笔		支	2	0.1
	备件袋		个	1	0.1
其他	个人基本技术装备	不包括企业消防服装	套/人	1	1

注 1：急救箱内装止血带、夹板、酒精、碘酒、绷带、胶布、药棉、消炎药、手术刀、镊子、剪刀,以及止痛药、中暑药和止泻药等。

注 2：备件袋内装:保明片、防雾液、各种垫圈每件 10 个,以及其他氧气呼吸器易损件等。

注 3：在用设备应保持完好、及时更新。

表 4 矿山救护队指战员个人基本装备配备标准

类别	装备名称	要求	单位	数量	扣分
个人防护	氧气呼吸器	4 h	台	1	0.5
	自救器	压缩氧	台	1	0.2
	战斗服	带反光标志	套	1	0.1
	胶靴		双	1	0.1

表 4 矿山救护队指战员个人基本装备配备标准（续）

类别	装备名称	要　求	单位	数量	扣分
个人防护	毛巾		条	1	0.1
	安全帽		顶	1	0.1
	矿灯	便携、双光源	盏	1	0.1
装备工具	手套	布手套、线手套各 1 副	副	2	0.1
	灯带		条	2	0.1
	背包	装战斗服	个	1	0.1
	联络绳	长 2 m	根	1	0.1
	氧气呼吸器工具		套	1	0.1
	粉笔		支	2	0.05
	温度计	0～100 ℃	支	1	0.05

注:在用设备应保持完好、及时更新。

6.3.2 技术装备的维护保养(5 分)

a) 正压氧气呼吸器:按照各种氧气呼吸器说明书的规定标准,检查在用氧气呼吸器性能。

b) 负压氧气呼吸器:附件齐全,氧气瓶压力在 18 MPa 以上,前五项性能检查合格。

c) 自动苏生器:自动肺工作范围在 12～16 次/min,氧气瓶压力在 15 MPa 以上,附件、工具齐全,各系统完好,不漏气。

气密性检查方法:打开氧气瓶,关闭分配阀开关,再关闭氧气瓶,观看氧气压力下降值,大于 0.5 MPa/min 为不合格。

d) 氧气呼吸器检验仪:按说明书检查其性能。

e) 瓦斯检定器:光谱清晰,性能良好、气密性、附件、吸收剂符合要求。

f) 一氧化碳检定器:气密,推拉灵活,附件全,检定管在有效期内不少于 30 支。

g) 氧气测定仪:数值准确,灵敏度高。

h) 灾区电话:使用方便,通话清晰。

i) 氧气充填泵:专人管理,工具齐全,按规程操作,氧气压力达到 20 MPa 时,不漏气、不漏水,运转正常。

j) 矿山救护车:灯亮,信号响,方向灵活,制动好,能在规定时间出车;电、水、油要足;不漏水,不漏油,传动正常;车体内外清洁,工具、附件齐全。

k) 值班车及库房的装备要摆放整齐,挂牌管理,无脏乱现象。大、中型装备要有保养制度,放在固定地点,指定专人保管,保证战时好用。

l) 小队装备、工具:须有专人保养,达到全、亮、准、尖、利、稳的规定要求。

评分办法:按要求对个人、小队、中队装备的维护保养情况进行全面检查,对小队及个人装备的抽检率应达到 50% 以上。在检查过程中所发现的装备维护保养方面的问题均纳入考评范围。发现有一台、件、处、人次不合格扣 0.1 分。

6.3.3 设施(3 分)

中队应有下列设施:电话值班室、值班宿舍、办公室、会议室、着装室、修理室、氧气充填室、战备器材库、汽车库、演习训练设施、运动场地等。

评分办法:每缺少 1 项设施扣 0.5 分。

6.4 业务技术工作(15 分)

6.4.1 业务知识及战术运用(7 分)

6.4.1.1 业务知识(5 分)

标准要求及评分办法:按《煤矿安全规程》《矿山救护规程》等相关内容按百分制出题,中队全体人员参加考试,考试少 1 人扣 0.5 分,中队平均分乘以 5% 即为中队业务知识得分。

6.4.1.2 战术运用(2 分)

标准要求及评分办法:假设一次事故(火灾、瓦斯、煤尘事故),根据《矿山救护规程》制定作战方案,15 min 完成;被检中队指挥员全部参加考试,考试少 1 人扣 1 分,不合格 1 人扣 0.5 分。

6.4.2 仪器操作(8 分)

标准要求及评分办法:以小队为单位,每个队员随机确定 6 种仪器进行考核。单个队员采用各仪器单独扣分的方法计分,单项标准分扣完为止,满分减去个人合计扣分为个人仪器操作得分。所有参加考核人员的平均得分为中队仪器操作得分。

仪器部件名称及有关操作内容以仪器说明书为准;应知与应会得分各占 50%;应知部分每种仪器至少提两个问题,每错 1 题扣 0.5 分。

6.4.2.1 4 h 正压氧气呼吸器(2 分)

应知:仪器的构造、性能、各部件名称、作用和氧气循环系统。

应会:按规定对仪器设置至少 6 个故障,30 min 内正确进行仪器故障的判断并排除。故障判断错误或未排除 1 处扣 0.5 分,超过时间扣 1 分。

6.4.2.2 4 h 正压氧气呼吸器更换氧气瓶(1 分)

更换氧气瓶:60 s 按程序完成,操作不正确扣 0.5 分,超过时间扣 1 分。

6.4.2.3 4 h 负压氧气呼吸器(1 分)

应知:仪器的构造、性能、各部件名称、作用和氧气循环系统。

应会:正确进行仪器故障判断,90 s 时间内完成,故障判断错误一处扣 0.2 分,超过时间扣 0.5 分。

6.4.2.4 4 h 负压氧气呼吸器自换氧气瓶(1 分)

自换氧气瓶:60 s 按程序完成,操作不正确扣 0.5 分,超过时间扣 1 分。

6.4.2.5 2 h 氧气呼吸器(1 分)

应知:仪器的构造、性能、各部件名称、作用和氧气循环系统。

应会:能熟练地将 4 h 氧气呼吸器更换成 2 h 氧气呼吸器,30 s 按程序完成,操作不正确扣 0.5 分,超过时间扣 0.5 分。

6.4.2.6 自动苏生器(2 分)

应知:仪器的构造、性能、使用范围、主要部件名称及作用。

应会:按程序进行苏生器准备,60 s 完成,操作不正确扣 0.5 分,超过时间扣 1 分。

6.4.2.7 氧气呼吸器校验仪（1分）

应知：仪器的构造、性能、各部件名称、作用，检查氧气呼吸器各项性能指标。

应会：对氧气呼吸器能正确进行检查，检查不正确扣0.5分。

6.4.2.8 瓦斯检定器（1分）

应知：仪器的构造、性能、各部件名称及作用，吸收剂名称。

应会：正确检查瓦斯和二氧化碳；操作不正确扣0.5分。

6.4.2.9 一氧化碳检定器（1分）

应知：仪器的构造、性能、各部件名称及作用。

应会：对一氧化碳三量（常量、微量、浓量）进行检查，会读数，会换算结果；三量检查不正确扣0.5分。

6.4.2.10 氧气测定仪（1分）

应知：仪器的构造、性能、各部件名称及作用。

应会：正确检查氧气在空气中的含量，不能正确检查扣0.5分。

6.4.2.11 自救器（1分）

应知：过滤式、隔离式自救器的构造、原理、作用性能、使用条件及注意事项。

应会：能自己或给他人正确佩用，不能正确佩用扣0.5分。

6.4.2.12 灾区电话（1分）

应知：灾区电话的构造、性能、各部件名称及作用。

应会：正确使用电话通信，不能正确使用扣0.5分。

6.5 救援准备（5分）

6.5.1 闻警集合（2分）

6.5.1.1 标准要求

a) 值班小队不少于6人，集体住宿，24 h值班。

b) 接到事故电话通知时，电话值班员应立即按下电铃（作为预备铃）。

c) 电话值班员按规定接听和记录事故内容，具体包括：事故单位名称、地点、类别、遇险人数、通知人姓名及单位；出动小队及人数、带队指挥员、记录人、出动时间，并立即拉响事故警报。

d) 60 s出动。不需乘车出动时，不得超过120 s。

e) 值班队员听到事故警报，立即跑步集合，面向汽车列队，小队长清点人数，电话值班员向指挥员报告事故情况，指挥员简单布置任务后，立即发出上车命令。

f) 在值班队出动后，待机队120 s内转为值班队，必要时与值班队一起出动。

6.5.1.2 评分办法

a) 少于6人或未进行24 h值班，该项无分。

b) 不打预备铃扣0.2分。

c) 出动时间超过规定，扣1分。

计时方法:自发出事故警报起至人员上车后汽车轮转动为止;不需乘车时,为最后一名队员离开着装室止。

    d) 事故电话内容错误、记录不全或缺项,每处扣 0.2 分。

    e) 未按规定的程序上车,缺 1 个程序扣 0.2 分。

    f) 待机队转为值班队超过规定时间扣 0.2 分。

6.5.2　入井准备(3分)

6.5.2.1　标准要求

    a) 按《矿山救护规程》的规定,根据事故类别要求带齐基本技术装备。

    b) 指战员穿统一的战斗服、携带装备下车。

    c) 领取和布置任务明确。

    d) 正确进行氧气呼吸器战前(包括自检和互检)检查,并做好入井准备,120 s 完成。

6.5.2.2　评分办法

    a) 小队和个人装备每缺少 1 件扣 0.2 分。

    b) 每有 1 人不穿战斗服,扣 0.5 分。

    c) 入井准备顺序颠倒、漏项、漏报或报告内容错误,每处扣 0.3 分。

    d) 战前检查超过规定时间扣 0.5 分。每有 1 人战前检查不正确扣 0.3 分。

入井准备的顺序为:到达事故现场后,全小队携带必要的技术装备下车,列队待命。中队指挥员向小队长发布"进行战前检查"的命令后,跑步到指挥所领取任务。报告词是"报告首长:××中队第××小队,奉命来到,请指示。队长×××"。在首长宣布任务后回答"是",跑步归到队前一侧。小队长接到中队指挥员发布的战前检查命令后,立即组织队员列队(装备可放置身前),并宣布"战前检查"。检查完毕后,小队长向中队指挥员报告,并领取任务。报告词是"报告首长:第××小队实到×人,装备齐全,仪器良好,最低气压×××,请指示。小队长×××"。中队指挥员发布命令后,小队长回答"是",然后向小队宣布任务。最后问"明白吗?"全队回答"明白"。此时小队应成立正姿势。

6.6　医疗急救(8分)

6.6.1　急救知识及心肺复苏操作(4分)

6.6.1.1　标准要求

掌握现场急救基本常识,能够对伤员受何种伤害、伤害部位、伤害程度进行正确的分析判断,并熟练掌握各种现场急救方法和处理技术。主要内容包括:能准确地判断伤员的真死和假死,正确对伤员进行伤情检查和诊断,掌握人工呼吸、心肺复苏(CPR)、止血、包扎、骨折固定,以及伤员搬运等现场急救处理技术,能够正确对模拟人进行心肺复苏的单人操作。

6.6.1.2　评分办法

急救知识回答不正确 1 处扣 0.2 分。按照模拟人使用说明书的要求,发现操作错误 1 处扣 0.2 分。

6.6.2　伤员急救包扎模拟训练(4分)

6.6.2.1　标准要求

    a) 由 3 人对一名模拟"小腿开放性骨折"伤员进行急救,7 min 完成。

    b) "模拟伤员"应穿工作服、高筒胶鞋、戴矿工帽,佩戴好矿灯,在规定地点仰卧好,并按检查组的要求回答操作者的提问。

c) 操作小队着战斗服、佩戴氧气呼吸器。

d) 操作队员携带夹板 2 块、保温毯、急救箱,急救箱内要有止血带、止血垫、绷带、衬垫等。

e) 应检小队抽 3 人组成医疗急救组,距抢救现场 10 m 处待令。检查组向小队长递交任务书,发出"开始"口令后起表,操作人员根据检查组提供的任务书,商议处理办法,并立即进入急救现场。

f) 准备工作:

    1) 由首先到达现场的人员检查现场环境的安全状况,确保抢救人员的安全。

    2) 检查伤情。由一名操作人员询问伤员"你怎么了?"若是清醒的伤员则回答"我的腿受伤了"。若是昏迷的伤员则不回答。随后操作人员将伤员矿帽、矿灯头摘下,解开矿灯带。

    3) 将伤腿上的高筒胶鞋脱下,剪开伤腿裤腿。

g) 止血固定:

    1) 用指压法对动脉止血。

    2) 用止血带对伤员进行止血。先在伤员小腿上部处用布料或衬垫将腿包扎一圈,再用止血带缠绕止血,然后在扎止血带处签上止血时间。

    3) 伤口处理。在伤口上盖上无菌纱布和干净敷料,然后用绷带包紧、扎牢。

    4) 固定。在踝关节、膝关节两侧放上衬垫,再在小腿两侧放上两块合适的夹板,用四段绷带将夹板固定。

    5) 四段绷带布置均匀,缠绕时绷带要展开理顺。

    6) 每一圈绷带都要留打结头,打结要牢固,松紧度要适当(顺夹板拉动位移不得超过 20 mm),打结要打方结,结要打在一边的夹板上。

    7) 两侧夹板要平行一致,两端头相差不得大于 50 mm。

    8) 在 3 名队员处置伤员时,小队另 2 名队员将担架展开,同时,再由 1 名队员躺在担架上,试验担架是否牢固可靠。

h) 搬运伤员:伤肢包扎固定好后,由 3 名包扎伤员的队员将伤员正确地搬运至担架上,并给伤员盖上保温毯,抬起伤员并走一步说"好",时间终止。

6.6.2.2 评分办法

a) 伤员和操作小队不按要求着装或佩戴装备,每少 1 件扣 0.5 分。

b) 超过时间扣 0.2 分。

c) 准备工作:

    1) 对伤员伤情了解错误,扣 0.5 分。

    2) 未检查现场安全,伤员矿工帽、矿灯、高筒胶鞋未脱下,每处扣 0.2 分。

    3) 裤腿未剪开(可示意)、顺腿向上打折、未询问伤员伤情,每处扣 0.2 分。

d) 止血固定:

    1) 止血带未扎紧,未做止血标签,扣 0.2 分。

    2) 止血带开扣,扣 1 分。

    3) 止血垫位置放错、伤口未放无菌纱布或敷料、绷带不是从远端向近端包扎、打结打在伤口处、绷带压距小于 1/3,每处扣 0.5 分。

    4) 未放止血垫扣 1 分。

    5) 夹板和衬垫放错位置或未加衬垫,每处扣 0.2 分。

    6) 绷带布置不均匀,缠绕时未展开,每处扣 0.2 分。

    7) 绷带圈数不足 4 圈、打结不紧、松紧度超过规定、打死结,每处扣 0.2 分。

8) 夹板不齐,超过规定,扣 0.3 分。

9) 未给伤员盖保温毯扣 0.3 分。

e) 搬运伤员。搬运伤员方法错误扣 0.3 分/次。

6.7 一般技术操作(12分)

6.7.1 一般要求

a) 佩用氧气呼吸器在模拟灾区工作,在每次工作的开始和结束时都应正确使用规定的音响信号(负压氧气呼吸器)。暂不使用的装备、工具可放置在基地,但工作结束后必须带回。音响信号使用不正确,每次扣 0.2 分,发现丢失工具 1 件扣 0.2 分。

b) 在灾区工作时,氧气呼吸器发生故障应立即处理。当处理不了时,全小队退出灾区,处理后再进入灾区。操作中出现工伤事故,不能坚持工作时,全小队退出灾区,安置伤员后,再进入灾区继续操作;少于 6 人时,不得继续操作。出现呼吸器故障、工伤每次扣 2 分。退出灾区不能完成任务时按小项分值扣分。

c) 挂风障、建造木板密闭墙、建造砖密闭墙、架木棚(均在断面为 4 m² 的不燃性梯形巷道内进行)、安装局部通风机接风筒、安装高倍数泡沫灭火机、安装惰性气体发生装置或惰泡装置等项目连续操作,每项之间允许休息时间不得超过 10 min,休息超时每次扣 0.5 分。

6.7.2 挂风障(1分)

6.7.2.1 标准要求

a) 用 4 根方木架设带底梁的梯形框架,在框架中间用方木打一立柱。架腿、立柱必须坐在底梁上。中柱上下垂直,边柱紧靠两帮。

b) 风障四周用压条压严,钉在骨架上。中间立柱处,竖压 1 根压条,每根压条不少于 3 个钉子,压条两端与钉子间距不得大于 100 mm。同一根压条上的钉子分布均匀(相差不得超过 150 mm)。

c) 同一根压条上的钉子分布大致均匀,底压条上相邻两个钉子的间距不得小于 1 m,其余各根压条上相邻两个钉子的间距不得小于 0.5 m。钉子必须全部钉入骨架内,跑钉、弯钉允许补钉。

d) 结构牢固,四周严密。

e) 4 min 完成。

6.7.2.2 评分办法

a) 不按规定结构操作扣 0.5 分。

b) 少一根立柱或结构不牢,该项无分(用一只手推,不能用力冲击)。

c) 每少一根压条扣 0.5 分。

d) 每少一个钉子、钉子未钉在骨架上、钉帽未接触到骨架,每处扣 0.1 分。

e) 钉子距压条端大于 100 mm,每处扣 0.1 分。

f) 压条搭接或压条接头处间隙大于 50 mm,每处扣 0.1 分。

g) 中柱上下垂度超过 5 cm,边柱与帮缝大于 2 cm,长度大于 30 cm,障面孔隙大于 20 cm²,每处扣 0.3 分(从压条距顶、帮、底的空隙宽度大于 20 mm 处始量长度,计算面积)。

h) 障面不平整,折叠宽度大于 15 mm,每处扣 0.3 分。

i) 同一根压条上,相邻两个钉子的间距不符合要求,每处扣 0.2 分。

j) 超过时间扣 0.5 分。

6.7.3 建造木板密闭墙(2分)

6.7.3.1 标准要求

a) 骨架结构:

1) 先用3根方木设一梯形框架,再用一根方木紧靠巷道底板,钉在框架两腿上。

2) 在框架顶梁和紧靠底板的横木上钉上4根立柱,立柱排列必须均匀,间距在380 mm~460 mm之间(中对中测量,量上不量下)。

b) 钉板要求:

1) 木板采用搭接方式,下板压上板,压接长度不少于20 mm,两帮镶小板,在最上面的大板上钉托泥板。

2) 每块大板不得少于8个钉子(可一钉两用),钉子必须穿过两块大板钉在立柱上。每块小板不得少于一个钉子,每个钉子要穿透两块小板钉在大板上。钉子必须钉实,不得空钉。

3) 小板不准横纹钉,不得钉劈(通缝为劈),压接长度不少于20 mm。

4) 托泥板宽度为30 mm~60 mm,与顶板间距为30 mm~50 mm,两头距小板间距不大于50 mm,托泥板不少于3个钉子,两头钉子距板头不大于100 mm,钉子分布均匀。

5) 大板要平直,以巷道为准,大板两端距顶板距离差不大于50 mm。

6) 板闭四周严密,缝隙不准超过宽5 mm,长200 mm。

7) 结构牢固。

c) 10 min完成。

6.7.3.2 评分办法

a) 骨架不牢,缺立柱,缺大板,边柱松动(用一手推拉边柱移位),边柱与顶梁搭接面小于1/2,立柱断裂未采取补救措施的,该项无分。

b) 立柱排列不均匀(间距不在380 mm~460 mm之间)扣1分。

c) 大板压茬小于20 mm,大板水平超过50 mm,每处扣0.3分。

d) 缺小板、小板横纹钉、小板钉劈、小板压茬小于20 mm,每处扣0.3分。

e) 大板钉子未钉在立柱上,小板未坐在大板上,少钉1个钉子,空钉或弯钉(可以补钉),钉子未钉在大板上,钉帽与板面未接实(以钉帽与板之间能放进起钉器为准),每处扣0.3分。

f) 未钉托泥板扣0.5分。

g) 托泥板与顶板或小板的间距超过规定,每处扣0.2分,少1个钉子,扣0.3分,两头钉子距板头超过规定扣0.1分,均匀误差大于100 mm扣0.1分。

h) 板闭四周缝隙宽度超过5 mm,且长度超过200 mm,每处扣0.3分。

i) 超过时间扣0.5分。

6.7.4 建造砖密闭墙(3分)

6.7.4.1 标准要求

a) 密闭墙牢固、面平、浆饱、不漏风、不透明、结构合理、接顶充实(宽度不少于墙厚的2/3),30 min完成。

b) 墙厚370 mm左右,结构为(砖)一横一竖,不准事先把地凿平。按普通密闭施工,可不设放水沟和管孔。

c) 前倾、后仰不大于100 mm。

d) 砖墙完成后,除两帮和顶可抹不大于100 mm宽的泥浆外,墙面应整洁,砖缝线条应清晰,符合要求。

6.7.4.2 评分办法

a) 墙体不牢(用一只手推晃动、位移);结构不合理(不按一横一竖施工或竖砖使用大半头);墙面透亮,接顶不实(接顶宽度少于墙厚的 2/3);用木质材料接顶;墙面封顶前,里侧人员未出来,该项无分。

b) 墙面平整以砖墙最上和最下两层砖所构成的平面为基准面,墙面任何砖块凹凸,应不超过基准面的±20 mm,否则每发现 1 处扣 0.1 分。检查方法:分别连接上宽、下宽各 1/3 处,形成两条线,在两条线上每层砖各查一次。

c) 前倾、后仰大于 100 mm 扣 0.5 分。检查方法:从最上一行砖两端的 1/3 处挂两条垂线,分别测量两条垂线上最上及最下一行砖至垂线的距离,其间距差均不超过±100 mm,否则,即为前倾、后仰。

d) 砖缝应符合要求。每有一处大缝、窄缝、对缝各扣 0.2 分,墙面泥浆抹面,扣 0.5 分。

e) 接顶不实(接顶宽度小于墙厚的 2/3,连续长度达到 120 mm),该项无分。使用可燃性材料扣 0.5 分。

f) 超过时间扣 0.5 分。

注 1:大缝——砖缝大于 15 mm 为大缝(水平缝连续长度达到 120 mm 为一处,竖缝达到 50 mm 为一处)。

注 2:窄缝——砖缝小于 3 mm 为窄缝(水平缝连续长度达到 120 mm 为一处,竖缝达到 50 mm 为一处)。

注 3:对缝——上下砖的缝距小于 20 mm 为对缝。

注 4:紧靠两帮的砖缝不能大于 30 mm(高度达到 50 mm),否则,按大缝计。

注 5:接顶处不足一砖厚时,可用碎石砖瓦等非燃性材料填实,间隙大于 30 mm 宽,30 mm 高时为大缝;若该大缝的水平长度大于 120 mm 时为接顶不实,按结构不牢处理。

6.7.5 架木棚(3 分)

6.7.5.1 标准要求

a) 结构牢固、亲口严密,无明显歪扭,叉角适当。

b) 棚距 0.8~1 m,两边棚距(以腰线位置量)相差不超过 50 mm,一架棚高,一架棚低或同一架棚的一端高一端低,相差均不得超过 50 mm,6 块背板(两帮和棚顶各两块),楔子准备 16 块。

c) 棚腿必须做"马蹄"。

d) 棚腿窝深度不得少于 200 mm,工作完成之后,必须埋好与地面平,棚子前倾后仰不得超过 100 mm。

e) 棚腿大头向上,亲口间隙不得超过 4 mm,后穷间隙不得超过 15 mm,梁腿亲口不准砍,不准砸。

f) 棚子叉角范围 180 mm~250 mm(从亲口处作一垂线 1 m 处到棚腿的水平距离),同一架棚两叉角相差不得超过 30 mm,梁亲口深度不少于 50 mm,腿亲口深度不少于 40 mm,梁刷头必须盖满柱顶(如腿径小于梁子直径,则两者中心应在一条直线上)。

g) 棚梁的两块背板压在梁头上,从梁头到背板外边缘距离不大于 200 mm,两帮各两块背板,从柱顶到第一块背板上边缘的距离应大于 400 mm、小于 600 mm,从巷道底板到第二块背板下边缘的距离,应大于 400 mm、小于 600 mm。

h) 一块背板打两块楔子,楔子使用位置正确,不松动,不准同点打双楔。

i) 30 min 完成。

6.7.5.2 评分方法

a) 结构不牢(用一只手推动位移)扣 3 分。超过时间扣 0.5 分。

b) 亲口间隙超过 4 mm(用宽 20 mm,厚 5 mm 的钢板插入 10 mm 为准),梁头与柱间隙(后穷)超过 15mm(用高 15 mm、宽 20 mm 的方木插入 10 mm 为准)均为亲口不严,每发现 1 处扣 0.2 分。

c) 叉角不在 180 mm～250 mm 范围,同一架棚两叉角直差超过 30mm,每处扣 0.2 分。

d) 砍砸棚梁或棚腿接口,少一个楔子,楔子松动,楔子使用位置不正确,同点打双楔,每处扣 0.2 分。

e) 棚腿大腿朝下,背板少一块,每处扣 0.2 分。

f) 棚距不在 0.8 mm～1.0 m 范围内(以两腿中心测量)扣 0.2 分。两帮棚距相差超过 50 mm 扣 0.3 分,木棚一架高一架低超过 50 mm,每处扣 0.2 分。

g) 棚腿不做马蹄,每个扣 0.2 分,柱窝未埋出地面,每处扣 0.2 分。

h) 背板位置不正确,每处扣 0.1 分。

i) 棚子明显歪扭(以每架棚为一处),梁或腿歪扭差大于 50 mm,每处扣 0.2 分。棚梁或棚腿亲口深度不当,每处扣 0.2 分。

j) 每架棚前倾、后仰超过 100 mm 扣 0.2 分。检验方法:在两棚距地面 300 mm 处拉一条线,从棚梁中点向下吊一条线,与水平连线的水平距离,即为前倾、后仰的检测距离。

6.7.6 安装局部通风机和接风筒(1分)

6.7.6.1 标准要求

a) 安装和接线正确。

b) 风筒接口严密不漏风。

c) 现场做接线头,局部通风机动力线接在防爆开关上,操作人员不限,使用挡板密封圈。

d) 5 节风筒,每节长度为 10 m,直径 400 mm;采用双反压边接头,吊环向上一致。

e) 8 min 完成。

6.7.6.2 评分办法

a) 安装与接线不正确(线头绕向错误),每处扣 0.5 分。

b) 接头漏风,每处扣 0.2 分。

c) 事先做好线头,不使用挡板、密封圈,该项无分。

d) 不采用双反压边接头,吊环错距大于 20 mm,每处扣 0.2 分。

e) 未接地线或接错,该项无分。

f) 超过时间扣 0.5 分。

6.7.7 安装高倍数泡沫灭火机(1分)

6.7.7.1 标准要求

a) 在安装地点备好 1 台防爆磁力启动器、3 个防爆插座开关、连好线的四通接线盒、带电源的三相闸刀及水源。

b) 将高泡机、潜水泵、配制好的药剂、水龙带等器材运至安装地点,进行安装。防爆四通接线盒的输入电缆要接在磁力启动器上,磁力启动器的输入电缆接在三相闸刀电源上,两处接线头必须现场做。风机、潜水泵与四通接线盒之间均采用事先接好的防爆插销、插座开关连接和控制,接线、安装应符合防爆要求。

c) 安装完成后,送电开机,发泡灭火。

d) 15 min 完成。

6.7.7.2 评分办法

a) 不能发泡、地线接错,接线未接完整或磁力启动器盖子上的螺钉未上全就送电开机,接线电缆没有密封圈,风机安装颠倒,未将火扑灭,发现上述情形之一者,该项无分。

b) 接线不正确(线头绕向错误),每处扣 0.3 分。

c) 螺钉未拧紧(凡用工具上的螺钉,用手能拧动为未拧紧),每处扣 0.5 分。

d) 螺钉垫圈,压线金属片,每缺 1 件扣 0.3 分。

e) 发泡不满网的 2/3 扣 0.5 分。

f) BGP200 型高倍数泡沫灭火机单机运转或风机反转各扣 1 分。

g) 超过时间扣 0.5 分。

6.7.8 安装惰性气体发生装置或惰泡装置(1分)

6.7.8.1 标准要求

正确进行安装,熟练使用,会排除故障,30 min 安装完毕,发气(发泡)灭火。

6.7.8.2 评分办法

不能产生惰性气体或不发泡,该项无分;超过时间扣 0.5 分;尚未配备的,该项无分。

6.8 综合体质(10 分)

6.8.1 标准要求

a) 引体向上(0.5 分):正手握杠,连续 8 次。

b) 举重(0.5 分):杠铃重 30 kg,连续举 10 次。

c) 跳高(0.5 分):1.1 m。

d) 跳远(0.5 分):3.5 m。

e) 爬绳(0.5 分):爬高 3.5 m。

f) 哑铃(0.5 分):哑铃重 8 kg(两个)上、中、下各 20 次。

g) 负重蹲起(0.5 分):负重为 40 kg 的杠铃,连续蹲起 15 次。

h) 跑步(0.5 分):2 000 m,10 min 完成。

i) 激烈行动(2分):佩用氧气呼吸器,按火灾事故携带装备,8 min 行走 1 000 m,每人在 150 s 拉检力器 100 次(携带装备行走 1 000 m 与拉检力器要连续进行,不得间隔)。

j) 耐力锻炼(2分):佩用氧气呼吸器负重 15 kg,4 h 行走 10 000 m。

k) 高温浓烟训练(2分):演习巷道内,在 50 ℃的浓烟中,30 min 每人拉检力器 100 次,并锯ϕ16~ϕ18 的木段两块。

6.8.2 评分办法

a) 前 8 项有 1 人不参加或达不到标准扣中队 0.1 分。

b) 第 i)、j)项有 1 人不参加或完不成任务,扣中队 0.3 分。

c) 第 k)项发现有 1 人不参加或完不成任务,扣中队 0.3 分。拉检力器达不到标准(质量 20 kg,拉距 1.2 m),扣中队 1 分。

d) 第 i)、j)、k)项查看中队平时训练记录,未按规定进行训练,扣中队 1 分。

6.9 军事化风纪、礼节、队容(10分)

6.9.1 风纪、礼节(2分)

全队人员按规定着装,正常佩戴标志(肩章、臂章、领花、帽徽),着装整齐一致,帽子要戴端正,不得留胡须;全体指战员做到服从命令,听从指挥;发现1人不符合规定扣0.5分。

6.9.2 队容(8分,其中整齐2分,操练6分)

6.9.2.1 基本规定

a) 标准要求:
  1) 队列操练由检查组指定一名中队指挥员指挥,由全中队人员完成,着装统一整齐;
  2) 队列操练由领队指挥员在场外(指定位置)整理队伍,跑步进入场地内开始至各项操练完毕;
  3) 项目操练按照排列顺序依次进行,不得颠倒;
  4) 除领取与布置任务、整理服装外,其余各单项均操练两次;
  5) 行进间队列操练时,行进距离不小于10 m;
  6) 操练完毕,领队指挥员向首长请示后,将中队成纵队跑步带出场地结束。

指挥员要做到:
  1) 指挥位置正确;
  2) 姿态端正,精神振作,动作准确;
  3) 口令准确、清楚、洪亮;
  4) 清点人数,检查着装,严格要求,维护队列纪律。

b) 评分办法:
  1) 指挥员位置不合适,1处扣0.5分;
  2) 队列操练项目,每缺1项扣0.5分,各单项少做1次扣0.2分;项目之间或单项内前后顺序颠倒,每次扣0.2分;
  3) 行进距离小于10 m扣0.5分(步伐变换时要求两种步伐的总行进距离为10 m,纵队队形和方向变化除外)。

6.9.2.2 领取与布置任务

a) 标准要求:
  1) 领队指挥员整好队伍后,应跑步到首长处报告及领取任务,再返回向队列人员简要布置任务;
  2) 报告前和领取任务后向首长行举手礼;
  3) 领队指挥员在报告和向队列人员布置任务时,队列人员应成立正姿势,不许做其他动作;
  4) 在各项操练过程中,不许再分项布置任务和用口令、动作提示。

领队指挥员报告词:"报告!×××救护队操练队列集合完毕,请首长指示!报告人:队长×××"首长指示词:"请操练!"接受指示后回答:"是!"行礼后返回队列前,向队列人员简要布置操练的项目。

b) 评分办法:
  1) 指挥员在操练过程中有口令和动作提示,每次扣0.5分;
  2) 队列人员有1人次动作不正确扣0.2分;
  3) 报告词有漏项或报告词出现错误,每处扣0.2分。

6.9.2.3 解散

a) 标准要求：

队列人员听到口令后要迅速离开原位散开。

b) 评分办法：

每有1人次不按要求散开扣0.2分。

6.9.2.4 集合（横队）

a) 标准要求：

    1) 中队人员听到集合预令,应在原地面向指挥员,成立正姿势站好。

    2) 听到口令应跑步按口令集合（凡在指挥员后侧人员均应从指挥员右侧绕行）。

b) 评分办法：

每有1人次不正确,扣0.2分。

6.9.2.5 立正、稍息

a) 标准要求：

按动作要领分别操练,姿势正确、动作整齐一致。

b) 评分办法：

每有1人次做错扣0.2分。

6.9.2.6 整齐（依次为:整理服装、向右看齐、向左看齐、向中看齐）

a) 标准要求：

在整齐时,先整理服装一次（按《中国人民解放军队列条例》中整理队帽、衣领、上口袋盖、军用腰带、下口袋盖的规定进行）。

b) 评分办法：

看齐时发现有1人与口令不符扣0.2分。

6.9.2.7 报数

a) 标准要求：

报数时要准确、短促、洪亮、转头（最后一名不转头）。

b) 评分办法：

报数不转头或报错数,每有1人次扣0.2分。

6.9.2.8 停止间转法（依次为:向右转、向左转、向后转、半面向右转、半面向左转）

a) 标准要求：

动作准确,整齐一致。

b) 评分办法：

每有1人次转错扣0.2分。

6.9.2.9 齐步走、正步走、跑步走（均为横队）

a) 标准要求：

队列排面整齐,步伐一致。

b) 评分办法：

每有 1 人次走(跑)错扣 0.2 分。

6.9.2.10 立定

a) 标准要求：

在齐步走、正步走和跑步走时分别做立定动作进行检查考核，要整齐一致。

b) 评分办法：

每有 1 人次做错扣 0.2 分。

6.9.2.11 步伐变换(依次为：齐步变跑步、跑步变齐步、齐步变正步、正步变齐步)

a) 标准要求：

按要领操练，排面整齐、步伐一致。

b) 评分办法：

每有 1 人次做错扣 0.2 分；顺序颠倒扣 0.1 分。

6.9.2.12 行进间转法(均在齐步走时向左转走、向右转走、向后转走)

a) 标准要求：

队列排面整齐，步伐一致。

b) 评分办法：

每有 1 人次转错、走错扣 0.2 分。

6.9.2.13 纵队方向变换(停止间左转弯齐步走、右转弯齐步走；行进间右转弯走、左转弯走)

a) 标准要求：

排面整齐，步伐一致。

b) 评分办法：

方向转错、步伐走错，每有 1 人次扣 0.2 分。

6.9.2.14 队列敬礼(停止间)

a) 标准要求：

排面整齐，动作一致。

b) 评分办法：

每有 1 人次做错扣 0.2 分。

注：整齐分是针对队列的动作整齐、排面整齐，在操练结束后，若干名检查人员根据自己所见情况综合评定分数，最
　　高分为 2 分，最低分为 1 分，最后取平均值。

队列操练场地布置如图 1 所示。

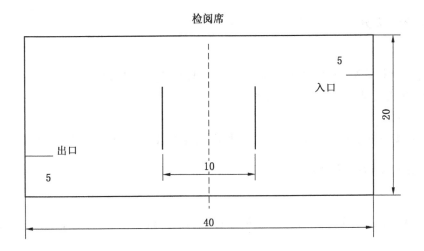

图 1 队列操练场地布置图

6.10 综合管理（15 分）

6.10.1 工作管理（11 分）

6.10.1.1 值班室管理（1 分）

a) 标准要求：

电话值班室应装备普通电话机、专用录音电话机、事故记录图板、矿山（井）位置交通显示图板、当月工作与学习日程图表、值班图表、作息时间表、计时钟表、紧急出动警报装置和事故通知记录簿。

b) 评分办法：

每缺 1 种扣 0.2 分。

6.10.1.2 规章制度（1 分）

a) 标准要求：

必须建立如下制度：值班工作制度、待机工作制度、交接班制度、技术装备维修保养制度、学习和训练制度、考勤制度、战后总结讲评制度、预防性检查制度、内务卫生管理制度、材料装备库房管理制度、车辆管理使用制度、计划与财务管理制度、会议制度、评比检查制度和奖惩制度等。

b) 评分办法：

每缺少一种制度扣 0.2 分。

6.10.1.3 各种记录（3 分）

a) 标准要求：

应建立以下几种记录簿：矿山救护工作日志、大中型装备维护保养记录、小队装备维护保养记录、个人装备维护保养记录、体质训练记录、一般技术训练记录、仪器设备操作训练记录、演习训练记录、急救训练记录、理论学习记录、军训记录、预防检查记录、事故处理记录、战后总结评比记录、安全技术工作记录、月（季）考核记录、竞赛评比记录、各种会议记录、奖惩记录、考勤记录、小队交接班记录、中队交接班记录、电话值班员交接班记录、事故电话记录等。

工作日志由值班队长填写，其他记录按岗位责任制的要求认真、及时填写。

b) 评分办法：

缺少记录簿或登记不全，每发现 1 处扣 0.2 分。

6.10.1.4　计划管理(2分)

a)　标准要求：

应做到年有计划和总结,季有安排,月有工作学习日程表。计划内容:培训与训练、技术装备管理、预防性安全检查、内务管理、战备管理、设备维修等。

b)　评分办法：

年计划和总结缺一项,扣0.5分,季月工作计划、总结和工作日程表每缺少一项扣0.2分。

6.10.1.5　预防性安全检查(2分)

a)　标准要求：

有计划地派出小队到服务矿山(井)进行熟悉巷道和预防性安全检查,绘出检查路线及通风系统示意图。

b)　评分办法：

预防性安全检查无计划和有计划未执行分别扣0.5分,未绘制检查路线示意图扣0.2分。

6.10.1.6　考核评比(2分)

a)　标准要求：

中队每季度至少开展一次考核评比活动。考核内容包括:事故处理与预防检查、装备维护保养、执行规章制度、政治与技术业务学习、演习训练、体质锻炼等。

b)　评分办法：

查资料,无记录、无总结扣1分,少开展一次考核扣0.5分。

6.10.2　技术装备管理(2分)

a)　标准要求：

救护队的个人、小队、中队、大队装备及车辆等,应保持战备状态,数量符合规定,账、卡、物相符,专人管理,定期检查。各种材料、医药用品必须符合国家标准。救护车辆必须专车专用,保持完好。

b)　评分办法：

发现装备、药品有一件不符合要求扣0.2分。救护车辆没有专车专用,缺少一辆扣0.5分。

6.10.3　内务管理(2分)

a)　标准要求：

1)　绿化、美化环境,无杂草、积水、纸屑、果皮、烟头等;

2)　室内保持窗明几净,无痰迹,物品陈设整齐,无脏乱杂物;

3)　宿舍、值班室做到物品悬挂一条线、床上卧具叠放一条线、洗刷用品放置一条线。

b)　评分办法：

发现1项(处)不符合要求扣0.5分。

ICS 13.100
D 09
备案号：20415—2007

中华人民共和国安全生产行业标准

AQ 1044—2007
代替 MT/T 698—1997

矿井密闭防灭火技术规范

Technical standard of prevention and extinguish of mine fire by air stopping

2007-03-30 发布

2007-07-01 实施

国家安全生产监督管理总局　　发　布

前　言

本标准对 MT/T 698—1997 进行了修订,主要变化如下:

——对原标准第 1 条的适用条件进行了限定,指出了本标准适用于采用密闭防灭火技术的煤矿矿井火灾防治。

——增加了规范性引用文件条款。

——根据标准技术内容的相关性,删除了原标准 3.1.2.3"防水密闭"项。

——对原标准的 4.2.1,5.2.3,7.2,9.4 中有争议的"分步缩封"技术条文进行了修订或删除。

——对原标准 4.6.2 封闭方案内容进行补充与完善。

——对原标准 8.2,9.1 进行了修订,按自然发火标志气体指标,增加了 C_2H_4 和 C_2H_2 气体分析观测内容,对具体技术途径不作限制。

——对原标准 9.3 按《煤矿安全规程》对密闭火区的熄灭标准及启封或注销条件进行了修订。

本标准的附录 A 和附录 B 均为规范性附录。

本修订标准由国家安全生产监督管理总局提出。

本标准由全国安全生产标准化技术委员会煤矿安全分技术委员会归口。

本标准修订单位:煤炭科学研究总院抚顺分院、湖南省煤炭科学研究所、大同矿务局通风处。

本标准主要起草人:梁运涛、黄翰文、孟凡龙、罗海珠。

矿井密闭防灭火技术规范

1 范围

本标准规定了矿井密闭防灭火技术的使用范围、使用通则；技术方案的制定、实施、管理，防灭火效果强化和效果检验。

本标准适用于采用密闭防灭火技术的煤矿矿井火灾防治。

2 规范性引用文件

下列文件中的条款通过本标准的引用而成为本标准的条款。凡是注日期的引用文件，其随后所有的修改单(不包括勘误的内容)或修订版均不适用于本标准，然而，鼓励根据本标准达成协议的各方研究是否可使用这些文件的最新版本。凡是不注日期的引用文件，其最新版本适用于本标准。

AQ/T 1019　煤层自然发火标志气体色谱分析及指标优选方法

MT 142　煤矿井下气体采样方法

MT/T 626　矿井均压防灭火技术规范

MT/T 701　煤矿用氮气防灭火技术规范

MT/T 702　煤矿注浆防灭火技术规范

MT/T 757　煤矿自然发火束管监测系统通用技术条件

《矿山救护规程》

《煤矿安全规程》

3 术语和定义

本标准采用下列定义。

3.1

矿井密闭防灭火技术　technology on prevention and extinguish of mine fire by fire seal

一种采取封闭措施断绝氧气来源的矿井防灭火技术。采用这种技术将井下有煤炭自燃危险的区域进行封闭，断绝其氧气来源，以达到防火的目的；采用这种技术将井下已经发生自燃火灾或外源火灾的区域进行封闭，断绝其氧气来源，以达到灭火的目的。

注：封闭措施指封堵漏风以达到矿井正常生产期间防火和灾变期间灭火的技术手段。包括建筑各种密闭、建立隔绝带、留隔离煤柱、堵塞各种裂隙和空隙、形成采空区压实带、人工假顶及水封等。建立密闭是实施密闭防灭火技术的基础。

3.2

密闭(名词)　air stopping

建筑在矿井生产区与欲封闭区之间的连通巷道中，用于切断连通巷道中的空气流动，同时防止人员进入的隔离构筑物。

为封闭火区而砌筑的密闭隔墙特指防火墙。

3.3

密闭(动词)　seal

建筑密闭的行为。

3.4

封闭区 sealed area

矿井中为了防灭火用封闭措施隔离的区域。

3.5

火区 sealed area of fire

矿井中发生火灾时被封闭的火灾区域。

3.6

危险漏风 air leakage in dangerous condition

渗漏入封闭区或火区而产生发火危险的新鲜供氧风流。

4 总则

4.1 密闭的分类与命名

4.1.1 按墙体倾角分

4.1.1.1 垂直密闭

墙体垂直布置,用于水平巷道和倾角小于等于30°的倾斜巷道中,墙体自重主要由基础支承。

4.1.1.2 倾斜密闭

墙体垂直于巷道轴线,用于倾角大于30°的倾斜巷道中,墙基表现为基座形式,墙体自重由基座支承,底板一侧受有侧压。

4.1.1.3 水平密闭

墙体水平布置,用于垂直巷道中,墙体自重由基座支承,基座四周均受有侧压。

4.1.2 按墙体受力特点及使用性能分

4.1.2.1 普通密闭

墙体重要承受地压与自重,用于一般场合。

4.1.2.2 防爆密闭

墙体能承受一定爆炸压力和冲击波,用于有瓦斯、煤尘爆炸危险的场合。

4.1.2.3 防水密闭

墙体能承受较大静水压力,用于尚需堵水的场合。

4.1.3 按服务时间分

4.1.3.1 临时防密闭

发生火灾时,为了紧急切断风流控制火势或缩封火区锁风,用木板、帆布、砖等轻便材料建造的简易密闭。

4.1.3.2 永久密闭

为了长期封堵漏风、密闭防火或封闭灭火,用砖、石、水泥等不燃性材料建造的坚固密闭。

4.1.3.3 防火门

防止井下火灾蔓延和控制风流的安全设施,包括为了紧急控制与隔离机电硐室等地点发生的外源火灾而设置的常开风门,以及工作面投产时进、回风顺槽构建的防火用常开风门等设施。

4.1.4 按墙体材料和结构分

4.1.4.1 木板密闭

墙体由立柱、顶梁、墙板上涂抹的黏土、石灰石或水泥砂浆组成,用作临时密闭。

4.1.4.2 排柱密闭

墙体由单排密集支柱和涂抹的黏土、石灰石或水泥砂浆组成,用作临时密闭。

4.1.4.3 风布密闭

墙体由立柱、衬板和衬板上钉挂的风布组成,用作临时密闭。

4.1.4.4 喷塑密闭

墙体由立柱、衬底和衬底上喷涂的泡沫塑料组成,用作临时密闭。

4.1.4.5 木段密闭

墙体用木段垒砌,木段之间逐层充填黏土或砂浆,可耐动压,常用作临时密闭。

4.1.4.6 沙(土)袋密闭

墙体用沙(土)袋垒砌,沙(土)袋常用麻袋、编织袋,每袋装其容量的 $60\%\sim80\%$,不超过 $50\ kg$。能耐动压,抗冲击,可用作临时密闭或防爆密闭。

4.1.4.7 石膏密闭

墙体用石膏浇筑,整体性密封性强,可用作防爆防火墙。

4.1.4.8 砖墙密闭

墙体用砖砌筑,可用作临时密闭或永久密闭。

4.1.4.9 料石(或片石)密闭

墙体用料石(或片石)砌筑,承压性好,可用作永久密闭。

4.1.4.10 混凝土密闭

墙体用混凝土浇筑,整体性和承压性好,能防水、防爆,可用作永久密闭。

4.1.4.11 单墙充填密闭

仅用于倾角大于 $30°$ 的倾斜巷道和垂直巷道,在砖密闭或料石密闭上方,充填河沙、黏土或粉煤灰等不燃性材料构筑的密闭,可做永久密闭。

4.1.4.12 双墙充填密闭

由两座密闭及其间充填的河沙、黏土、粉煤灰或凝胶等材料组成,能耐压,用于倾斜巷道和水平巷道,可做永久密闭。

4.1.4.13 充气气囊密闭

用塑料布或橡胶布等制成的气囊在现场充气,用作快速临时密闭。

4.2 密闭防灭火技术的使用范围

密闭防灭火技术主要适用于采煤工作面回采结束后的采空区、报废的煤巷、煤巷高冒区或空洞的自燃火灾防治,以及直接灭火缺乏条件或有危险或不奏效的外源火灾灭火。

4.3 密闭防灭火技术的使用通则

4.3.1 必须对发火地点、发火原因及漏风状况进行详细的分析,使密闭防灭火技术做到有的放矢、因地制宜。

4.3.2 必须正确选择密闭的位置、结构和施工方法,尽可能缩小封闭范围,减少密闭数量,并保证密闭的施工安全和工程质量,以提高密闭防灭火的窒息效果。

4.3.3 必须加强对封闭区的管理,加强对密闭的维护和检修,严格限制其邻近区域生产活动对封闭区的采动影响,以保证封闭区良好的密闭状态。

4.3.4 必须选定可靠的观测地点,建立完善的观测制度,随时随地掌握密闭区的自然发火趋势或火情变化。

5 密闭防灭火方案的制定

5.1 火情及漏风分析

5.1.1 对密闭防火而言必须分析掌握最易发生自燃的危险地点。

5.1.2 对密闭灭火而言必须查明发火原因、火源显现和潜伏的位置。

5.1.3 必须查明漏风分布、流向和危险漏风通道。

5.1.4 对存在疑问的漏风通道应做连通性分析判断,难以判断的可采用六氟化硫(SF_6)示踪气体做连通性判断(按 MT/T 626 进行)。

5.2 封闭范围圈定

5.2.1 封闭范围的圈定应尽可能小。

5.2.2 相邻的采空区与火区之间应尽可能隔离,避免连通。

5.2.3 几个相邻的封闭区可以再圈成一个大封闭区进行双层封闭。

5.3 密闭位置选择

5.3.1 密闭位置的选择应在确保施工安全的条件下使封闭范围尽可能小,尽可能靠近火源。

5.3.2 密闭位置应选择在动压影响小、围岩稳定、巷道规整的巷段内,密闭外侧离巷口应留有 4～5 m 的距离。

5.4 密闭结构选择

5.4.1 密闭的总体结构包括墙体和辅助设施,密闭的墙体必须具有足够的承压强度、气密性能和使用寿命,满足特殊使用性能;密闭的辅助设施应根据需要配齐。

5.4.2 临时密闭要求结构简单严密、材料质量轻、施工方便迅速,完成任务后需要拆除的应便于拆除。临时密闭一般选用木板密闭、风布密闭、喷塑密闭、砖密闭、石膏密闭或沙(土)袋密闭。

5.4.3 永久密闭必须采用不燃性建筑材料。

5.4.4 永久密闭要求墙体结构稳定严密、材料经久耐用,墙基与巷壁必须紧密结合,连成一体。永久密闭一般采用掘槽结构,也可采用锚杆注浆结构。煤巷密闭必须掘槽,帮槽深度为见实煤后 0.5 m,顶槽深度为见实煤后 0.3 m,底槽深度为见实煤后 0.2 m,掘槽宽度大于墙厚 0.3 m;岩巷不要求掘槽,但必须将松动岩体刨除,见硬岩体。

  墙身应选用高强度材料砌筑或浇筑,墙厚可见附录 A,墙面覆盖层厚度应大于 20 mm,石墙不抹面的应勾缝,四周应抹裙边,厚度应大于 20 mm,宽度应大于 200 mm。

5.4.5 在倾角超过 30°的巷道砌筑密闭时,密闭墙体宜垂直于巷道轴线,并采用基座结构,用以承受侧压和墙体自重。墙基四周必须嵌入巷帮一定深度,岩壁宜大于 0.5 m,煤壁宜大于 1 m。墙体上方可充填河沙、黏土或粉煤灰等惰性材料或予以注浆。

5.4.6 对密闭有防爆要求时宜先作防爆密闭,再建筑永久密闭。

5.4.7 要求耐动压时宜选用木段密闭。

5.4.8 在巷帮破裂的巷道中可选用充填型密闭,或对巷帮进行注浆或喷混凝土处理。

5.4.9 要求承受一定的静水或灌浆压力时,宜选用料石或混凝土密闭,并进行承压计算。料石密闭内侧应边砌边用水泥砂浆抹面,静水压力大于 0.1 MPa 时,应专门进行设计。

5.5 观测系统的确定

5.5.1 火区密闭和防火永久密闭都应在离底板高度为墙高的 2/3 处设置直径不小于 25 mm 的检测口,用于观测压差、气温和取气样;离底板高度为 0.3 m 处应安装直径不小于 50 mm 的放水管,并带有水封结构或安装阀门,用于观测水温、释放积水;在密闭的顶部还要安装直径不小于 100 mm 的防灭火备用管。

5.5.2 选择封闭区回风侧密闭,定期观测封闭区内的气体状态,重点掌握封闭区内气体成分的变化,严格检验密闭防灭火方案的实施效果。用球胆或聚乙烯袋采集密闭内气样(按 MT 142 进行),或通过束管监测系统采取气样(按 MT/T 757 进行)进行气体成分分析,并将气体分析浓度等观测结果写入观测记录。

5.6 方案图纸与方案说明

5.6.1 以通风系统为底图绘制密闭防灭火方案图,图上应按统一的符号和文字标明密闭的位置、漏风的路线和有关的通风设施。同时绘制封闭方案的通风网络图,在网络图中要详细绘出封闭区与系统的连接关系,在各节点要标明节点编号和节点压能值。网络图自下而上绘制进风段、用风段和回风段,用虚线绘出漏风路线。

5.6.2 封闭方案应有详尽的说明书,其内容应包括:
  a) 基本情况的分析;
  b) 封闭范围的圈定;
  c) 密闭位置的选择;
  d) 密闭结构的选择;
  e) 观测系统的确定;

    f)   方案实施的安排；

    g)   封闭效果的预计；

    h)   封闭时的装备保障；

    i)   封闭时的安全技术措施。

6　密闭防灭火方案的实施

6.1　为了抓住密闭防火的有利时机,应根据煤的自然发火期,回采工作面回采结束后要及时进行封闭,必须在回采结束后45天内完成封闭。

6.2　必须制定可靠的安全措施,确保密闭施工安全。

6.2.1　密闭前5 m巷道内必须支护牢固,防止冒顶、片帮事故。

6.2.2　瓦斯矿井采用密闭灭火时,密闭结构必须具有足够的防爆能力。一般先作防爆密闭,再建筑永久密闭。

6.2.3　应根据通风方式和瓦斯涌出量大小合理确定火区封闭顺序(火区封闭顺序及工作实施按《矿山救护规程》进行)。

6.2.4　密闭过程中,必须严格掌握火区气体的爆炸危险趋向,采取正确的通风措施。建议采用爆炸三角形法判断火区气体的爆炸危险性和危险趋向(见附录 B)。

6.3　必须确保密闭的工程质量,严格按质量要求验收,密闭完成后应出具验收报告。

7　封闭区的管理

7.1　必须绘制封闭系统图(实施后的实际封闭方案图),所有密闭都必须编号、登记、上图。

7.2　所有密闭前都必须安设栅栏、警标和记事牌。记事牌内容包括密闭编号、密闭地点、密闭检查观测记录。

7.3　必须建立密闭管理卡片。密闭管理卡片内容包括密闭编号、密闭地点、巷道倾角、墙体结构、性能要求、建筑日期及完好程度、维修记录、观测记录等。

7.4　必须建立火区管理卡片。火区管理卡片在密闭工程管理卡片的基础上增加密闭观测记录汇总与灭火效果分析。

7.5　必须加强密闭的检查和维修,保证密闭完好。

7.6　严格限制对密闭防灭火效果有破坏作用的生产活动。

8　防灭火效果的强化

8.1　应加强对整个封闭区的封闭堵漏。

8.1.1　封闭区的所有通道均应密闭,所有密闭均应加强维修和堵漏。

8.1.2　井下大面积漏风地点宜建立隔绝带实行堵漏。

8.1.3　巷帮裂隙及碹外空帮等漏风地点宜采取注浆、充填等有效的局部堵漏措施。

8.1.4　地面漏风裂隙应采用黄土覆盖、充填等堵漏措施。

8.2　采取均压措施以降低封闭区的漏风压差,按 MT/T 626 进行技术实施,并满足以下要求:

    a)   设法使封闭区成为通风网络中的角联分支,进行均压调节；

    b)   设法使封闭区所有密闭同时处于通风系统中的进风侧或回风侧；

    c)   设法开辟与封闭区并联的通路。

8.3　采取灌注惰性气体的措施可以提高封闭区的惰化程度(封闭区注氮按 MT/T 701 进行),对于瓦斯矿井灭火还可以起到阻爆的作用。

8.4 采取注水、注浆、注凝胶等措施可以降低封闭区内部温度(封闭区浆按 MT/T 702 进行),加快灭火速度。

9 防灭火效果的检验

9.1 定期测定封闭区密闭内外压差,进行漏风分析。

9.2 指定有代表性的回风侧密闭,测定封闭区内、外的 O_2、CO、CO_2、CH_4、C_2H_4、C_2H_2 等气体浓度,空气温度及密闭四帮煤、岩温度,测定频率为每天一次。

9.3 每次测定都必须仔细填写观测记录,至少记录观测地点、观测日期和观测人名,并绘制观测曲线。

9.4 根据测定,出现下列现象之一即认定封闭区有自燃火灾隐患或危险:

    a) 密闭内出现 CO 等火灾标志性气体(标志气体指标确定按 AQ/T 1019 进行),且呈上升趋势;

    b) 密闭内水温、气温呈上升趋势;

    c) 密闭附近煤温、岩温呈上升趋势;

    d) 密闭内出现烟雾。

9.5 密闭火区熄灭、启封或注销按《煤矿安全规程》第二百四十八条执行。

9.6 火区长期封闭仅 O_2 浓度达不到熄灭条件且各种气体浓度综合分析不存在爆炸危险性时,可组织进行火区侦察,以确认火区是否熄灭。火区侦察必须制定侦察方案,报上级部门批准后由矿山救护队组织实施。

9.7 火区达到熄灭条件需要启封时,可以制定启封方案申报启封。启封时发现火尚未熄灭应立即进行直接灭火,直接灭火有危险或不奏效时,应立即重新封闭火区。

附　录　A

（规范性附录）

各种防火墙使用条件汇总表

表 A.1

密闭结构		密闭厚度 m	服务年限 年	巷道断面 m²	特殊性能
木　板		0.3	0.25～0.3	小于 10	临时快速密闭
风　布		—	0.1	小于 8	临时快速密闭
喷　塑		—	0.1	小于 8	临时快速密闭
木　段		0.8	0.5	小于 8	抗动压
沙（土）袋		4～10	1	—	防爆、抗冲击
石　膏		2	1	—	充填密封
砖		0.24	1	小于 8	抗较大地压
		0.37	2	小于 10	
		0.50	3	小于 15	
		0.75	3	小于 15	
料　石		0.80	大于 5	大于 10	抗较大地压和静水压力
		1.60	大于 5	大于 10	
混　凝　土		0.50	大于 6	小于 10	抗很大地压和静水压力
		0.75	大于 6	大于 10	
		1.00	大于 6	大于 10	
单墙充填	木板墙	充填 0.5,1	1	小于 6	抗一般地压
	砖　墙	充填 2.0	1.3	小于 10	抗较大地压
	料石墙	充填 2.0	3.6	大于 10	抗很大地压
双墙充填	木板墙	充填 0.5,1	1	小于 8	抗一般地压
	砖　墙	充填 3.5	1.3	小于 10	抗较大地压
	料石墙	充填 3.5	3.6	大于 10	抗很大地压

附　录　B
（规范性附录）
判断火区气体爆炸危险性的爆炸三角形法

判断火区内气体爆炸危险性的爆炸三角形法,分为爆炸三角形合成法和爆炸三角形归一法两种。

B.1　爆炸三角形合成法

设火区气体中含有 n 种可爆炸气体,浓度分别为 $X_i(i=1,2,\cdots,n)$;含两种超量惰性气体(CO_2 和 N_2),浓度分别为 $\overline{X}_1$ 和 $\overline{X}_2$;含氧气浓度为 Y_P,火区气体爆炸三角形三顶点坐标按下列各式计算:

上限点 U 的坐标:

$$\left.\begin{aligned}X_U &= \frac{\sum X_{Ui} \cdot X_i}{\sum X_i}\\Y_U &= \frac{\sum Y_{Ui} \cdot X_i}{\sum X_i}\end{aligned}\right\} \quad \cdots\cdots\cdots\cdots（B\text{-}1）$$

下限点 L 的坐标:

$$\left.\begin{aligned}X_L &= \frac{\sum X_{Li} \cdot X_i}{\sum X_i}\\Y_L &= \frac{\sum Y_{Li} \cdot X_i}{\sum X_i}\end{aligned}\right\} \quad \cdots\cdots\cdots\cdots（B\text{-}2）$$

临界点 S 的坐标:

$$\left.\begin{aligned}X_S &= \frac{\sum X_{Si} \cdot X_i}{\sum X_i}\\Y_S &= \frac{\sum Y_{Si} \cdot X_i}{\sum X_i}\end{aligned}\right\} \quad \cdots\cdots\cdots\cdots（B\text{-}3）$$

式中:

$$\left.\begin{aligned}X_{Si} &= \frac{\sum X_{Sij} \cdot \overline{X}_j}{\sum X_j}\\Y_{Ui} &= \frac{\sum Y_{Sij} \cdot \overline{X}_j}{\sum X_j}\end{aligned}\right\} \quad \cdots\cdots\cdots\cdots（B\text{-}4）$$

$$(j=1,2)$$

至此,可在直角坐标系中绘出火区气体合成爆炸三角形图。

按下式计算火区气体组成状态点 P 的横坐标:

$$X_P = \sum X_i \qquad \cdots\cdots\cdots\cdots（B\text{-}5）$$

根据 X_P,Y_P 在爆炸三角形图中绘出 P 点,根据危险性的分区即可判断该火区气体的爆炸危险性(图 B-1)。

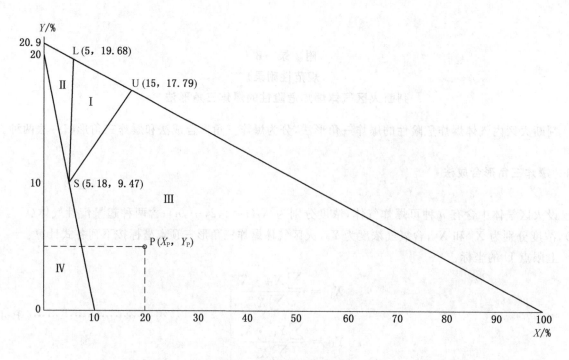

图 B-1 爆炸三角形图

P 点位于爆炸三角形图中的"爆炸危险区(即Ⅰ区)"时,随时存在爆炸危险性,应当立即停止作业,撤退人员;

P 点位于"减风危险区(即Ⅱ区)"时,应当适当增加风量;

P 点位于"增风危险区(即Ⅲ区)"时,应当适当减少风量;

P 点位于"增减风安全区(即Ⅳ区)"时,增减风量均无危险。

几种火区可爆性气体爆炸三角形三顶点坐标值见表 B.1。

表 B.1

气体名称	爆炸下限 %		爆炸上限 %		临界点 S,%			
					超 N₂ 时		超 CO₂ 时	
	X_L	Y_L	X_U	Y_U	X_S	Y_S	X_S	Y_S
CH_4	5.00	19.88	15.0	17.79	5.18	9.47	5.96	12.32
H_2	4.00	20.09	74.2	5.40	4.20	5.13	5.20	8.46
CO	12.5	18.81	74.2	5.40	13.06	5.16	15.57	8.01
C_2H_2	2.5	20.41	80.0	4.19	2.36	5.07	3.27	8.51
C_2H_4	2.75	20.35	28.6	14.49	2.89	6.06	3.53	9.45
C_2H_6	3.00	20.30	12.5	18.31	3.12	8.41	3.82	11.17
C_3H_6	2.00	20.51	11.1	18.61	2.09	7.62	2.50	10.92
C_3H_8	2.12	20.49	9.35	18.97	2.21	8.36	2.61	11.57
C_4H_{10}	1.86	20.54	8.41	19.17	1.93	8.39	2.29	11.57

B.2 爆炸三角形归一法

下面介绍库—马归一法。该法由波兰库库兹卡河马楚拉提出,CH_4 爆炸三角形图为归一基准图,一爆炸气体总浓度为横坐标,按下式计算修正后的气体组成状态点 P 的坐标,根据危险性分区即可判别该火区气体的爆炸危险性。

$$\left. \begin{aligned} X'_\rho &= \frac{\sum(c_i + d_i + eY_P + f_i\alpha\beta_i)X_i}{\sum X_i} \\ 注\quad Y'_\rho &= \frac{\sum(c'_i + d'_i + e'Y_P + f'_i\alpha\beta_i)X_i}{\sum X_i} \end{aligned} \right\} \quad\cdots\cdots(B\text{-}6)$$

$$(i=1,2,\cdots,n)$$

式中:

α——CO_2 对爆炸三角形的影响系数,

$$\alpha = \frac{\overline{X_1} - 0.03}{\overline{X_1} + \overline{X_2}}$$

β——CO_2 对 P 点坐标的影响系数,

$$\beta = \frac{20.93 - (Y_P + 0.2093\sum X_i)}{a_i - ab_i}$$

a_i、b_i、c_i、d_i、f_i、e_i、c'_i、d'_i、e'_i、f'_i——换算系数,由表 B.2 查得。

表 B.2

气体名称	换 算 系 数									
	a_i	b_i	c_i	d_i	f_i	e_i	c'_i	d'_i	e'_i	f'_i
CH_4	10.376	3.016	0	1	0	−0.78	0	0	1	−2.852
H_2	14.918	2.533	4.643	0.14	−0.01	−0.107	5.401	0.116	0.698	−2.435
CO	13.039	3.396	3.117	0.101	−0.007	−0.4	3.622	0.144	0.797	−2.619
C_2H_2	15.308	3.577	4.901	0.277	0.011	−0.044	5.719	0.115	0.68	2.415
C_2H_4	14.269	3.526	4.121	0.385	−0.009	−0.216	4.849	0.072	0.729	−2.519
C_2H_6	11.872	2.909	1.937	1.052	−0.005	−0.724	2.233	−0.037	0.875	−2.391
C_3H_6	12.896	3.383	2.937	1.098	−0.006	−0.429	3.442	−0.061	0.808	−2.637
C_3H_8	12.105	3.294	2.164	1.952	−0.005	−0.538	2.537	−0.110	0.859	−2.710
C_4H_{10}	12.139	3.264	2.296	1.525	−0.006	−0.530	2.562	−0.140	0.856	−2.677

ICS 13.340.10
C 73
备案号：44602—2014

中华人民共和国安全生产行业标准

AQ/T 1105—2014

矿山救援防护服装

Protective clothing for mine rescue

2014-02-20 发布　　　　　　　　　　　　　　2014-06-01 实施

国家安全生产监督管理总局　　发 布

前　言

本标准按照 GB/T 1.1—2009 给出的规则起草。

请注意本文件的某些内容可能涉及专利,本文件的发布机构不承担识别这些专利的责任。

本标准由国家安全生产监督管理总局提出。

本标准由全国安全生产标准化技术委员会煤矿安全分技术委员会(SAC/TC 288/SC 1)归口。

本标准起草单位:国家安全生产监督管理总局矿山救援指挥中心、中国安全生产科学研究院。

本标准主要起草人:王志坚、孟斌成、田得雨、邱雁、张振东、赵阳、吴宗之、李双会、董会君。

矿山救援防护服装

1 范围

本标准规定了矿山救援防护服装的性能要求,检测方法,检验规则,包装、运输和贮存。

本标准适用于矿山救援人员在矿山事故抢险救援作业时穿戴的矿山救援防护服装,包括矿用安全帽、矿山救援防护服和矿工安全靴。

本标准不适用于救援人员处置放射性物质、生物物质及危险化学物品时穿戴的防护服装。

2 规范性引用文件

下列文件对于本文件的应用是必不可少的。凡是注日期的引用文件,仅注日期的版本适用于本文件。凡是不注日期的引用文件,其最新版本(包括所有的修改单)适用于本文件。

GB 2811 安全帽

GB/T 2812 安全帽测试方法

GB/T 2912.1 纺织品 甲醛的测定 第1部分:游离和水解的甲醛(水萃取法)

GB/T 3917.3 纺织品 织物撕破性能 第3部分:梯形试样撕破强力的测定

GB/T 3920 纺织品 色牢度试验 耐摩擦色牢度

GB/T 3922 纺织品耐汗渍色牢度试验方法

GB/T 3923.1 纺织品 织物拉伸性能 第1部分:断裂强力和折裂伸长率的测定(条样法)

GB/T 4669—2008 纺织品 机织物 单位长度质量和单位面积质量的测定

GB/T 5455 纺织品 燃烧性能试验 垂直法

GB/T 5713 纺织品 色牢度试验 耐水色牢度

GB/T 7573 纺织品 水萃取液 pH 值的测定

GB/T 8629—2001 纺织品 试验用家庭洗涤和干燥程序

GB/T 8630 纺织品 洗涤和干燥后尺寸变化的测定

GB 8965.1—2009 防护服装 阻燃防护 第1部分:阻燃服

GB/T 12014—2009 防静电服

GB/T 12490 纺织品 色牢度试验 耐家庭和商业洗涤色牢度

GB/T 12704.1 纺织品 织物透湿性试验方法 第1部分:吸湿法

GB/T 12903 个体防护装备术语

GB/T 13640 劳动防护服号型

GB/T 13773.1 纺织品 织物及其制品的接缝拉伸性能 第1部分:条样法接缝强力的测定

GB 18401 国家纺织产品基本安全技术规范

GB 20653—2006 职业用高可视性警示服

GB/T 20991 个体防护装备 鞋的测试方法

GB/T 21196.2 纺织品 马丁代尔法织物耐磨性的测定 第2部分:试样破损的测定

AQ 6105—2008 足部防护 矿工安全靴

FZ/T 81007—2003 单、夹服装

3 术语和定义

GB 8965.1—2009、GB/T 12903 界定的以及下列术语和定义适用于本文件。

3.1

矿山救援防护服装 protective clothing for mine rescue

矿山救援人员在进行矿山事故抢险救援作业时穿戴的专用防护服装,包括头部防护用矿用安全帽、躯体防护用矿山救援防护服和足部防护用矿工安全靴。

4 性能要求

4.1 矿用安全帽

4.1.1 矿用安全帽基本式样如图 1 所示。

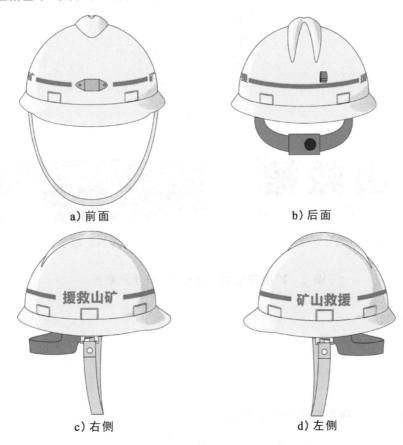

a) 前面　　　　　　　　　　　　b) 后面

c) 右侧　　　　　　　　　　　　d) 左侧

图 1 矿用安全帽基本式样示意图

4.1.2 矿用安全帽的颜色为黄色,颜色色标如图 2 所示。

13-0648PTX

图 2 矿用安全帽颜色色标

4.1.3 矿用安全帽按 GB/T 2812 规定的方法测试,其基本性能、阻燃性能、防静电性能均应满足 GB 2811 的要求。

4.1.4 矿用安全帽标识:矿用安全帽两侧印有红色"矿山救援"字样,字体为微软雅黑,颜色色标如图3 所示;在"矿山救援"字样两侧环绕矿用安全帽粘贴 10 mm 宽红色定向反光条。字样及反光条的位置、尺寸如图3所示。

单位为毫米

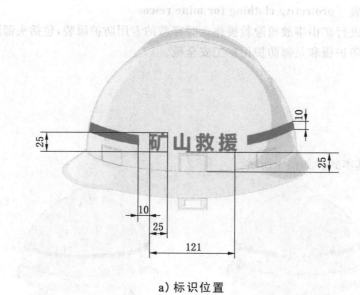

a) 标识位置

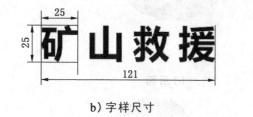

b) 字样尺寸

c) 字样颜色色标

图 3　矿用安全帽标识位置、尺寸及颜色

4.2　矿山救援防护服

4.2.1　面料

4.2.1.1　颜色

面料的颜色为橙红色,颜色色标如图4所示。

17-1464PTX

图 4　面料颜色色标

4.2.1.2　阻燃性能

面料洗涤处理前后的阻燃性能应符合表1的规定。

表 1 面料的阻燃性能

检测项目		标 准 指 标	预处理条件	检测依据
阻燃性能	续燃时间 s	洗涤前后均≤2	洗涤 50 次	5.1
	阴燃时间 s	洗涤前后均≤2		
	损毁长度 mm	洗涤前后均≤100		
	燃烧特征	无熔融、滴落		
热稳定性		经(180±5)℃热稳定性能试验后,沿经、纬方向尺寸变化率不应大于 10%,且试样表面应无明显变化	—	5.2

4.2.1.3 理化性能

外层面料不应对皮肤有刺激性,理化性能应符合表 2 的规定。

表 2 外层面料的理化性能

检测项目		性 能 指 标	检测依据
单位面积质量 g/m²		200~250	5.3
断裂强力 N		≥750	5.4
撕破强力 N		≥50	5.5
耐磨性能		在 12 kPa 的名义压力下,经 8 000 次循环摩擦后,不应被磨穿	5.6
透湿性 g/(m²·d)		≥5000	5.7
水洗尺寸变化率 %		+2.5~-2.5	5.8
色牢度/级	耐洗(变色/沾色)	≥4/3~4	5.9
	耐水(变色/沾色)	≥4/3~4	5.10
	耐干摩擦	≥3~4	5.11
	耐湿摩擦	≥3	5.11
	耐汗渍(变色/沾色)	≥3~4/3~4	5.12
甲醛含量 mg/kg		直接接触皮肤≤75,非直接接触皮肤≤300	5.13
pH 值		直接接触皮肤 4.0~8.5,非直接接触皮肤 4.0~9.0	5.14

4.2.2 辅料

4.2.2.1 一般要求

辅料应符合下列要求：

a) 优先选用阻燃材料，未使用阻燃材料的，应使用阻燃材料包覆或掩盖；

b) 应使用金属附件或橡筋材料的，应使用阻燃材料包覆、掩盖，不应与穿着者身体直接接触或暴露在外；

c) 所有硬质附件的表面应光滑、无毛刺和锋利的边缘，五金件应经过防腐蚀处理；

d) 缝纫线与外露的附件颜色应与外层面料相匹配；

e) 上衣前门襟应选用不小于 5 号的铜制拉链，拉链颜色应与外层面料相匹配。

4.2.2.2 硬质附件热稳定性能

在温度为(180±5)℃条件下，经 5 min 后，应保持其原有的功能，测试按 5.2 进行。

4.2.2.3 缝纫线热稳定性能

在温度为(180±5)℃条件下，经 5 min 后，应无熔融、烧焦、断裂的现象，测试按 5.2 进行。

4.2.3 矿山救援防护服成品

4.2.3.1 款式

矿山救援防护服为两件套分身式，可制成单衣或夹衣，基本款式见附录 A。

4.2.3.2 结构

矿山救援防护服的结构设计应符合以下要求：

a) 夏装为单层，冬装可内挂阻燃内衬。

b) 上衣下摆应至少覆盖裤腰以下 20 cm，并可以收紧。

c) 上衣腋窝插入三角片，避免抬起手臂或其他作业时过度拉扯上衣。

d) 衣领可向上翻，拉直后应能保持直立并可以收紧封住；领子中间宽度(8±1)cm；袖口应有收紧设计。

e) 适宜处可留有透气孔隙，以便排汗散湿调节体温。透气孔隙结构不应影响服装强度，不应使外界异物进入。

f) 膝盖、肘部和臀部有加固层。

g) 上衣口袋包括 2 个胸袋，2 个下衣袋；裤子口袋包括 2 个斜插袋，2 个裤吊袋；口袋应有袋盖，宽(6±1)cm，袋盖两侧超出口袋 0.5 cm。胸袋为暗袋，但应从外面缝上，深×宽＝(14±1)cm×(14±1)cm，袋盖封扣至少长 10 cm；下衣袋开口长度、深度、宽度均为(18±1)cm，袋盖封扣至少长 15 cm；吊袋应缝于左右裤边缝中心的大腿区域，深×宽＝(22±1)cm×(18±1)cm，袋盖封扣至少长 15 cm。

h) 上衣贴边至领部缝制单向拉链，裤子裤裆到裤腰缝制双向拉链。掩襟全部覆盖拉链的长和宽，并用封扣封闭。

i) 裤腰两侧部位加装 10 cm～20 cm 长的松紧带，以调节裤腰尺寸。

j) 避免明省、折褶向上倒，以防进入或存留飞溅金属、火花及其他异物。

4.2.3.3 基本号型和规格

矿山救援防护服基本号型见表3,超出范围的按档差自行设置,也可量身定制。

表 3 矿山救援防护服基本号型

单位为厘米

号	型								
160	80	84	88	92	96	100	—	—	—
165	80	84	88	92	96	100	104	—	—
170	80	84	88	92	96	100	104	108	—
175	80	84	88	92	96	100	104	108	112
180	—	—	88	92	96	100	104	108	112
185	—	—	—	92	96	100	104	108	112

4.2.3.4 外观

矿山救援防护服外观应符合以下要求:

a) 各部位的缝合顺直、整齐、平服、牢固、松紧适宜,无跳针、开线、断线;

b) 各部位熨烫平整、整齐美观、无水渍、无烫光;

c) 衣领平服、不翻翘;

d) 对称部位基本一致;

e) 黏合衬不应有脱胶及表面渗胶;

f) 标签位置正确,标识准确清晰。

4.2.3.5 缝制

矿山救援防护服缝制应符合以下要求:

a) 针距密度符合FZ/T 81007—2003中3.9.1的规定;

b) 缝制要求符合FZ/T 81007—2003中3.9.2~3.9.14的规定;

c) 成品主要部位尺寸允许偏差符合FZ/T 81007—2003中3.10的规定。

4.2.3.6 接缝强力

矿山救援防护服接缝按5.15规定的方法进行检测,断裂强力不应小于320 N。

4.2.3.7 防静电性能

按5.16规定的方法进行检测,经洗涤处理后单件矿山救援防护服的带电荷量不应大于0.6 μC。

4.2.4 标识

矿山救援防护服的标识包括背部标识、前胸标识、臂章、反光标识以及个人信息标识等,标识应符合本标准附录A和附录B的要求。

4.3 矿工安全靴

足部防护用矿工安全靴应符合AQ 6105—2008的要求,式样为D式高筒靴,颜色为普通黑色。测试方法符合GB/T 20991的规定。

4.4 配套服饰

与矿山救援防护服装配套穿着的服饰,包括穿着在内部的所有内衣、袜子等均应具备阻燃、防静电性能,且应符合 GB 18401 规定的安全卫生要求。

5 检测方法

5.1 矿山救援防护服面料及反光标识阻燃性能的检测依据 GB/T 5455 的规定进行,阻燃性能检测前的耐洗处理按 GB 8965.1—2009 中 6.2 的规定进行。

5.2 矿山救援防护服面料、硬质附件、缝纫线、反光标识的热稳定性检测按 GB 8965.1—2009 附录 B 的规定进行,加热温度为(180±5)℃。样品的尺寸与数量符合表 4 的规定。

表 4 热稳定性检测中试样的尺寸与数量

类 别	试样数量	试样尺寸
面料	3 块	100 mm×100 mm
硬质附件	每类 3 件	—
缝纫线	3 根	100 m
反光标识	3 条	长度 100 m

5.3 矿山救援防护服面料单位面积的质量检测按 GB/T 4669—2008 中 6.7 规定的方法 5 进行。

5.4 矿山救援防护服面料的断裂强力检测按 GB/T 3923.1 的规定进行。

5.5 矿山救援防护服面料的撕破强力检测按 GB/T 3917.3 的规定进行。

5.6 矿山救援防护服面料的耐磨性能检测按 GB/T 21196.2 的规定进行。

5.7 矿山救援防护服面料的透湿性检测按 GB/T 12704.1 的规定进行。

5.8 矿山救援防护服面料的水洗尺寸变化率按 GB/T 8629—2001 中 6A 程序的规定洗涤,按 GB/T 8630 的规定测试。

5.9 矿山救援防护服面料的耐洗色牢度检测按 GB/T 12490 的规定进行。

5.10 矿山救援防护服面料的耐水色牢度检测按 GB/T 5713 的规定进行。

5.11 矿山救援防护服面料的耐干、湿摩擦色牢度检测按 GB/T 3920 的规定进行。

5.12 矿山救援防护服面料的耐汗渍色牢度检测按 GB/T 3922 的规定进行。

5.13 矿山救援防护服面料的甲醛含量检测按 GB/T 2912.1 的规定进行。

5.14 矿山救援防护服面料的 pH 值检测按 GB/T 7573 的规定进行。

5.15 矿山救援防护服的接缝强力检测按 GB/T 13773.1 的规定进行。

5.16 单件矿山救援防护服的防静电性能检测依据 GB/T 12014—2009 附录 B 进行,洗涤处理按 GB/T 12014—2009 附录 C 进行。

6 检验规则

6.1 检验分类

检验分为出厂检验和型式检验,检验项目及不合格分类见表 5。

表 5 检验项目及不合格分类

产品名称	标准条款号	检验项目	不合格分类	出厂检验	型式检验
矿用安全帽	4.1	头部防护			
	4.1.1	基本式样	C	√	√
	4.1.2	颜色	C	√	√
	4.1.3	材料	C	√	√
	4.1.4	基本性能	A	√	√
	4.1.4	阻燃性能	A	√	√
	4.1.4	防静电性能	A	√	√
	4.1.5	标识	A	√	√
矿山救援防护服	4.2	躯体防护			
	4.2.1	面料			
	4.2.1.1	颜色	C	√	√
	4.2.1.2	阻燃性能	A	√	√
	4.2.1.2	热稳定性	A	√	√
	4.2.1.3	面料质量	B	√	√
	4.2.1.3	断裂强力	A	√	√
	4.2.1.3	撕破强力	A	√	√
	4.2.1.3	耐磨性能	A	√	√
	4.2.1.3	透湿性	B	√	√
	4.2.1.3	水洗尺寸变化率	C	√	√
	4.2.1.3	耐洗色牢度	B	√	√
	4.2.1.3	耐水色牢度	B	√	√
	4.2.1.3	耐干、湿摩擦色牢度	B	√	√
	4.2.1.3	耐汗渍色牢度	B	√	√
	4.2.1.3	甲醛含量	B	√	√
	4.2.1.3	pH 值	B	√	√
	4.2.2	辅料			
	4.2.2.1	一般要求	B	√	√
	4.2.2.2	硬质附件热稳定性	B	√	√
	4.2.2.3	缝纫线热稳定性	B	√	√
	4.2.3	整体服装			
	4.2.3.1,A.2	款式	C	√	√
	4.2.3.2	结构	B	√	√
	4.2.3.3	号型规格	C	√	√
	4.2.3.4	外观	C	√	√

AQ/T 1105—2014

表 5 检验项目及不合格分类（续）

产品名称	标准条款号	检验项目	不合格分类	出厂检验	型式检验
矿山救援防护服	4.2.3.5	针距密度	B	√	√
	4.2.3.5	缝制要求	B	√	√
	4.2.3.5	主要部位尺寸允许偏差	C	√	√
	4.2.3.6	接缝强力	B	√	√
	4.2.3.7	防静电性能	A		√
	4.2.4,A.3	标识	A		
	A.3.1	背部标识	A	√	√
	A.3.2	右前胸标识	A	√	√
	A.3.3	左前胸标识	A	√	√
	A.3.4,B	臂章	A	√	√
	A.3.5	反光标识带			
	A.3.5.1	设置	B	√	√
	A.3.5.2	规格与颜色	C	√	√
	A.3.5.3	逆反射性能	A	√	√
	A.3.5.4	阻燃性能	A	√	√
	A.3.6	标识章	A	√	√
矿工安全靴	4.3	足部防护	A	√	√
全套防护服装	7.1.1.1	产品合格证	A	√	√
	7.1.1.2	产品说明书	A	√	√

6.2 出厂检验

6.2.1 组成矿山救援防护服装的矿用安全帽、矿山救援防护服、矿工安全靴,均应经生产企业质量检验部门按表 5 规定的项目进行出厂检验,经检验合格后方可出厂。

6.2.2 产品出厂应逐批进行出厂检验,检验批量以一次生产投料为一批次,每批抽取三件(套)样品,按表 5 进行检验。

6.3 型式检验

6.3.1 有下列情况之一时,产品应进行型式检验:
a) 新产品试制的定型检验;
b) 材料、款式和工艺有较大改变时;
c) 产品正常生产满两年时;
d) 停产一年以上重新恢复生产时;
e) 主管部门或监督监管机构提出要求时;
f) 仲裁检验。

6.3.2 型式检验的样品从出厂检验合格的产品中随机抽取,抽样数量为三件(套),按表 5 进行检验。

6.3.3 型式检验应委托具有甲级资质的安全生产检测检验机构进行。

6.4 判定原则

按照表5中的不合格分类,产品合格条件为:A类检验项目不合格数＝0、B类检验项目不合格数＝0、C类检验项目不合格数≤2,或A类检验项目不合格数＝0、B类检验项目不合格数≤1、C类检验项目不合格数≤1。

7 包装、运输和贮存

7.1 包装

7.1.1 一般要求

组成矿山救援防护服装的矿用安全帽、矿山救援防护服、矿工安全靴,均应使用防潮包装物独立包装,独立包装内应附中文产品合格证和产品说明书。

7.1.2 产品合格证

产品合格证应包括但不限于以下内容:
a) 本标准编号和年号;
b) 产品名称;
c) 号型规格;
d) 制造商名称;
e) 生产日期;
f) 标称合格的标识;
g) 检测员标识。

7.1.3 产品说明书

产品说明书应包括但不限于以下内容:
a) 本标准编号和年号;
b) 产品名称;
c) 制造商厂名、厂址、联系方式;
d) 生产日期;
e) 号型规格;
f) 适用及不适用条件;
g) 穿着指导说明,包括对防止静电所需要的特殊说明;
h) 产品判废条件;
i) 洗涤、熨烫、晾干说明;
j) 建议的贮存条件;
k) 使用期限和保养方法;
l) 商标;
m) 国家标准或行业标准规定应具备的其他说明。

7.1.4 包装箱信息标记

组成矿山救援防护服装的矿用安全帽、矿山救援防护服、矿工安全靴外包装箱上应至少印有以下信息或标记:

a) 产品名称、号型、规格；

b) 数量及总质量；

c) 包装箱的外形尺寸；

d) 生产日期或生产批号；

e) 防雨、防晒、防钩挂的说明；

f) 本标准编号和年号；

g) 生产厂名、商标。

7.2 运输

矿山救援防护服装在运输中应防雨淋、受潮、曝晒，不得与油和酸碱等化学药品混装。

7.3 贮存

矿山救援防护服装贮存时，应避免阳光直射、雨淋及受潮，不得与酸碱、油及有腐蚀性物品放在一起。贮存库内要保持干燥通风，产品存放应距地面和墙壁 200 mm 以上。

附　录　A

（规范性附录）

矿山救援防护服款式及标识

A.1　款式

矿山救援防护服款式如图 A.1 所示。

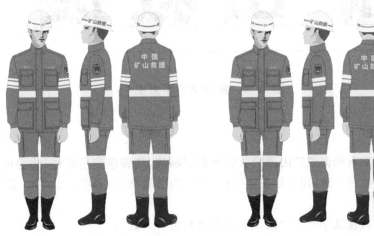

a）大队指挥员款式　　　　　　　　　　b）中队指挥员款式

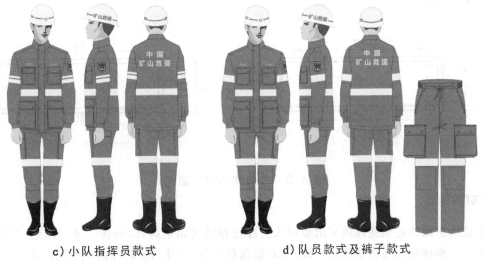

c）小队指挥员款式　　　　　　　　d）队员款式及裤子款式

图 A.1　矿山救援防护服款式示意图

A.2　标识

A.2.1　背部标识

矿山救援防护服的背部印制银灰色反光"中国矿山救援"字样,字体为微软雅黑,字号为 180 号。总体外形尺寸如图 A.2 所示。

单位为毫米

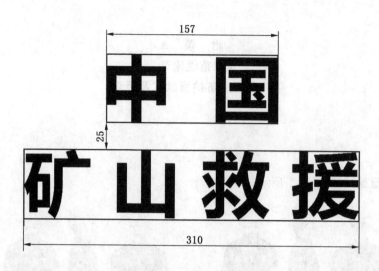

图 A.2　背部标识示意图

A.2.2　右前胸标识

矿山救援防护服的右前胸佩戴矿山救护队队别识别胸牌,胸牌应使用阻燃、防静电材料,固定在服装上。胸牌底色与服装颜色一致,印有银灰色字样,字体为微软雅黑,字号为 21 号。总体外形尺寸如图A.3 所示。字样包括:

a)　国家矿山应急救援队字样为:"国家矿山应急救援××队";

b)　其他矿山救护队字样为:"×××××××矿山救护队",队名较长的,建议使用规范简称,字数不宜过多。

单位为毫米

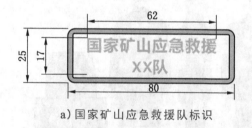

a)国家矿山应急救援队标识

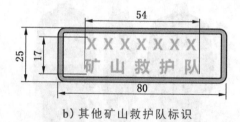

b)其他矿山救护队标识

图 A.3　右前胸标识示意图

A.2.3　左前胸标识

矿山救援防护服的左前胸佩戴矿山救援人员身份和姓名识别胸牌,胸牌应使用阻燃、防静电材料,固定在服装上。胸牌底色与服装颜色一致,印有银灰色字样,字体为微软雅黑,字号为 25 号。总体外形尺寸如图 A.4 所示。字样包括:大队长×××、中队长×××、小队长×××、队员×××等。

单位为毫米

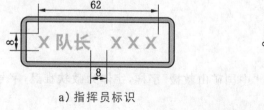

a)指挥员标识

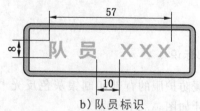

b)队员标识

图 A.4　右前胸标识示意图

A.2.4　臂章

矿山救援防护服的左臂部缝制如附录 B 所示的臂章。

A.2.5　反光标识

A.2.5.1　设置

在矿山救援防护服上衣双臂肘上部、上衣腰部和裤子双膝上部设置环形反光标识带,其中,上衣双臂肘上部的反光标识带兼具标识矿山救援指挥员级别和队员身份的功能,反光标识带应牢固缝合在矿山救援防护服上述的规定位置,如图 A.1 所示。

A.2.5.2　颜色和规格

反光标识带的颜色为黄色,上衣腰部、裤子双膝上部的反光标识带宽度为 50 mm;上衣双臂肘上部反光标识带的规格见表 A.1。

表 A.1　上衣双臂肘上部反光标识带规格

级别和身份	反光标识带数 道	反光标识宽度 mm		反光标识带间距 mm
大队指挥员	3	上道宽 10		10
		中道宽 25		
		下道宽 10		
中队指挥员	2	上道宽 25		10
		下道宽 25		
小队指挥员	2	上道宽 10		10
		下道宽 25		
队员	1	宽 50		—

A.2.5.3　反光性能

依据 GB 20653—2006 中附录 C、7.4 规定的方法检测,反光标识带的反光性能应符合 GB 20653—2006 中 2 级反光材料的要求。

A.2.5.4　阻燃性能

随矿山救援防护服共同洗涤 50 次后,无破损、脱落现象,按本标准的 5.1 测试,续燃时间不应大于5 s,且不应有熔融、滴落现象。

A.2.6　个人信息标识

矿山救援防护服应附有个人信息标识。个人信息标识可采用印章的形式,分别印制在矿山救援防护服上衣内侧的左胸部、裤子内侧的左前腰部,尺寸如图 A.5 所示。

单位为毫米

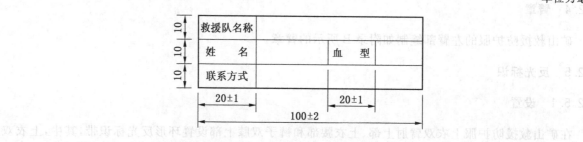

图 A.5 个人信息标识示意图

个人信息标识印章中"救援队名称、姓名、血型、联系方式"等字样,字体为加粗 3 号黑体字。

A.2.7 标识位置

矿山救援防护服背部标识、前胸标识、臂章、反光标识等标识的位置如图 A.6 所示。

单位为毫米

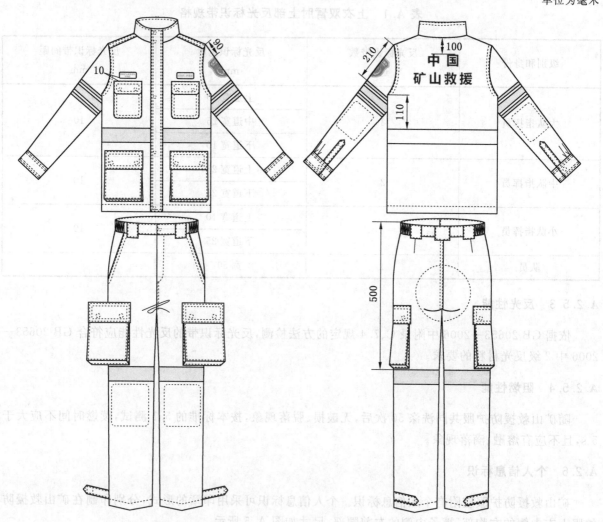

图 A.6 标识位置示意图

附 录 B
（资料性附录）
矿山救援防护服臂章

B.1 材料

臂章应选用阻燃、防静电织物制作。

B.2 视觉图形

B.2.1 图形

臂章视觉图形如图 B.1 所示。

中国矿山救援
CHINA MINE RESCUE

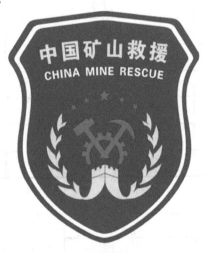

图 B.1 臂章视觉图形

B.2.2 图案寓意

臂章的整体外形为盾形，寓意安全与防护。五角星寓意在中国共产党和中国政府的坚强正确领导下，中国矿山救援队为灾区矿工带来胜利和希望；锤头镐头齿轮组合表示安全生产领域和矿山开采行业的职业特点，体现了矿山救援是安全生产工作的重要组成部分；两边的两列飞鹰组合表示快速反应的矿山救援队伍和应急救援机制，又似两束橄榄枝，象征平安、和谐；两列飞鹰最后形成“人”字形，体现矿山救援工作以人为本、拯救生命的主题；“人”字形上面是两个汉字“山”，体现矿山开采行业特点且山山相连形似长城，寓意矿山救援队伍是矿山的安全卫士、是坚不可摧的钢铁长城。

B.2.3 颜色

臂章颜色的色标如图 B.2 所示。

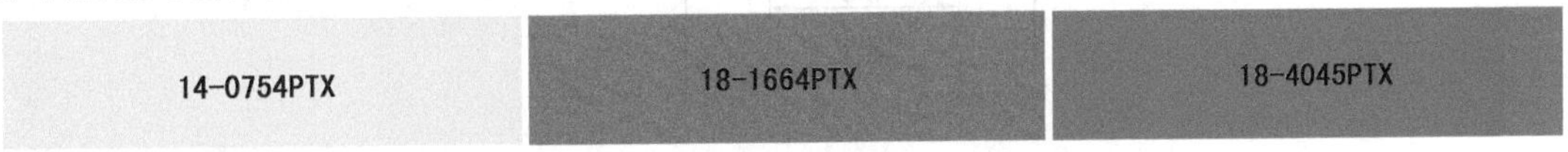

14-0754PTX
18-1664PTX
18-4045PTX

图 B.2 臂章各元素颜色的色标

AQ/T 1105—2014

B.3 尺寸

臂章主要尺寸应符合表 B.1、图 B.3、图 B.4 的规定。

表 B.1 臂章主要尺寸

单位为毫米

项　目	图 B.3 中代号	尺　寸
臂章宽度	W1	85±1
臂章高度	H1	100±1
中文字宽度	W2	57±1
中文字高度	H2	11±1
英文字宽度	W3	53±1
英文字高度	H3	5±0.5
五星飞鹰组合宽度	W4	52±1
五星飞鹰组合高度	H4	48±1
锤头镐头齿轮宽度	W5	28±1
锤头镐头齿轮高度	H5	20±1
包边宽度	K1	3±0.5
白边宽度	K2	3±0.5

图 B.3　臂章尺寸示意图

558

图 B.4 臂章网格墨线图

参 考 文 献

[1] GB/T 13640 劳动防护服号型
[2] GB/T 17591—2006 阻燃织物
[3] AQ 1008—2007 矿山救护规程
[4] AQ 1009—2007 矿山救护队质量标准化考核规范
[5] DIN 23320—2003 矿井用防火服
[6] GA 633—2006 消防员抢险救援防护服装
[7] 国家安全生产监督管理总局.矿山救护队资质认定管理规定.2005 年 8 月 23 日.
[8] 国家安全生产监督管理总局,国家煤矿安全监察局.煤矿安全规程.2011 年 1 月 25 日.

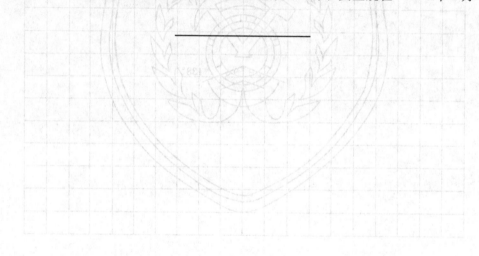

ICS 13.100
D 09
备案号：44603—2014

中华人民共和国安全生产行业标准

AQ/T 1106—2014

矿山救护队队旗

Mine rescue team flag

2014-02-20 发布 2014-06-01 实施

国家安全生产监督管理总局　　发　布

前　言

本标准按照 GB/T 1.1—2009 给出的规则起草。

请注意本文件的某些内容可能涉及专利,本文件的发布机构不承担识别这些专利的责任。

本标准由国家安全生产监督管理总局提出。

本标准由全国安全生产标准化技术委员会煤矿安全分技术委员会(SAC/TC 288/SC 1)归口。

本标准起草单位:国家安全生产监督管理总局矿山救援指挥中心、中煤科工集团重庆研究院有限公司。

本标准主要起草人:王志坚、孟斌成、田得雨、邱雁、张振东、唐述明、祁海莹、贾海军、李晶。

矿山救护队队旗

1 范围

本标准规定了矿山救护队队旗(以下简称队旗)的技术要求、试验方法、检验规则、标识和包装、使用和管理。

本标准适用于以化学纤维织物(不含人造纤维织物)、丝绸为材料制作的队旗,也适用于以棉、毛、麻织物为材质制作的队旗。以纸张、塑料等材质制作的队旗外观质量控制亦应参照本标准相关要求执行。

2 规范性引用文件

下列文件对于本文件的应用是必不可少的。凡是注日期的引用文件,仅注日期的版本适用于本文件。凡是不注日期的引用文件,其最新版本(包括所有的修改单)适用于本文件。

GB/T 250 纺织品 色牢度试验 评定变色用灰色样卡

GB/T 3921 纺织品 色牢度试验 耐皂洗色牢度

GB/T 8427—2008 纺织品 色牢度试验 耐人造光色牢度:氙弧

GB/T 8430—1998 纺织品 色牢度试验 耐人造气候色牢度:氙弧

GB 12983 国旗颜色标准样品

GB/T 17392 国旗用织物

3 术语和定义

下列术语和定义适用于本文件。

3.1

矿山救护队 mine rescue team

处理矿山灾害事故的职业性、技术性并实行军事化管理的专业队伍。

3.2

矿山救护队队旗 mine rescue team flag

是绘有中国矿山救援标识主要图案、写有矿山救护队名称的红旗,是矿山救护队的象征和标识。

4 技术要求

4.1 队旗形状和图案

4.1.1 队旗为长方形,其长度与高度之比为 3:2。

4.1.2 矿山救护队队旗图案为中国矿山救援标识主要图案,并写有队名"□□□□□□□矿山救护队"字样,如图 1 所示。

图 1 矿山救护队队旗

4.1.3 国家矿山应急救援队队旗图案为中国矿山救援标识主要图案,并写有队名"国家矿山应急救援
□□□队"字样,如图 2 所示。

图 2 国家矿山应急救援队队旗

4.1.4 队旗图案的含义:五角星寓意在中国共产党和中国政府的坚强正确领导下,中国矿山救援为灾
区矿工带来胜利和希望;锤头镐头齿轮组合取自国家安全生产监督管理总局局徽,表示安全生产领域和
矿山开采行业的职业特点,体现了矿山救援是安全生产工作的重要组成部分;两边的两列飞鹰组合表示
快速反应的矿山救援队伍和应急救援机制,又似两束橄榄枝,象征平安、和谐;两列飞鹰最后形成"人"字
形,体现矿山救援工作以人为本、拯救生命的主题;"人"字形上面是两个汉字"山",体现矿山开采行业特
点且山山相连形似长城,寓意矿山救援队伍是矿山的安全卫士、是坚不可摧的钢铁长城。文字部分表明
了矿山救护队的队名。

4.2 标准队旗尺寸和允许误差

4.2.1 标准队旗分为1号~5号旗,共5种规格,标准队旗各部图形尺寸和允许误差见表1和图3。

表 1 标准队旗各部图形尺寸和允许误差

单位为毫米

项 目	代号	1 号	2 号	3 号	4 号	5 号
队旗宽度	B	2880±30	2400±24	1920±20	1440±18	960±15
队旗高度	H	1920±20	1600±16	1280±13	960±12	640±10
旗杆套宽度	B_1	80~85	70~75	60~65	50~55	40~45
旗杆套高度	H_1	1920±20	1600±16	1280±13	960±12	640±10
队徽图案定位宽度	B_2	567±10	472±10	378±8	283±6	189±4
队徽图案定位高度	H_2	212±10	177±10	141±8	106±8	71±8
队徽图案宽度	B_3	648±10	540±10	432±10	324±8	216±8
队徽图案高度	H_3	592±10	493±10	394±8	296±6	197±4
汉字定位高度	H_4	209±10	174±10	139±8	105±8	70±8
汉字宽度	B_4	(929~1178)±10	(773~981)±10	(619~785)±8	(464~589)±8	(310~393)±6
汉字高度	H_5	(209~279)±6	(174~232)±6	(139~185)±6	(105~140)±4	(70~93)±4

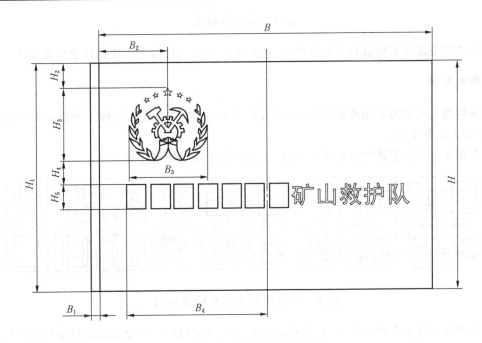

图 3 标准队旗各部图形尺寸

4.2.2 队旗各部分画法和尺寸可根据方格图之比例放大或缩小。队旗方格图如图4所示。

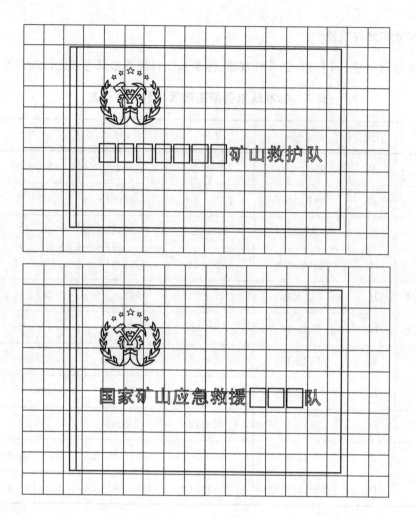

图 4　队旗方格图

4.2.3　因特殊需要制作非标准尺寸队旗时,应按标准尺寸和允许误差成比例地放大或缩小。

4.3　队旗旗面文字

4.3.1　队旗旗面上文字为矿山救护队队名,队名较长的,可使用规范化简称。国家矿山应急救援队队旗旗面上文字为队名全称。

4.3.2　队旗旗面上文字字体为方正大黑简体,应符合图 5 所示标准字样。

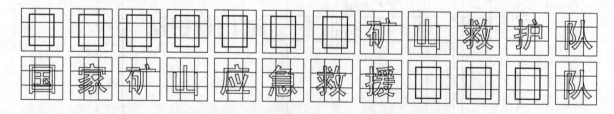

图 5　队旗旗面上中文标准字样

4.3.3　队旗中文字应居中排列为一行,可根据队名字数多少与生产企业协商后对字体大小及间距进行微调,应使队旗整体协调美观,且应符合表 1 中的要求。

4.4 队旗用织物

制作队旗的织物应符合 GB/T 17392 中的有关规定。

4.5 队旗颜色及允许误差

4.5.1 用化学纤维织物、丝绸制作的队旗旗面中的红色分别以 GB 12983 中化学纤维织物、丝绸制作的国旗颜色标准样品的红色为准。按 GB/T 250 进行评定时,色差不得低于 3 级～4 级。

4.5.2 用化学纤维织物、丝绸制作的队旗旗面上的黄色分别以 GB 12983 中化学纤维织物、丝绸制作的国旗颜色标准样品的黄色为准。按 GB/T 250 进行评定时,色差不得低于 3 级～4 级。

4.5.3 旗杆套白色以 GB 12983 中的旗杆套白色为准。按 GB/T 250 进行评定时,色差不得低于 3 级～4 级。

4.5.4 棉、毛、麻织物材质制作的队旗颜色,以 GB 12983 中丝绸材质制作的国旗颜色为准。按 GB/T 250 进行评定时,色差不得低于 3 级～4 级。

4.6 队旗染色牢度

队旗染色牢度规定见表 2。

表 2 队旗染色牢度

织物材质	项目	红色	黄色
化学纤维织物	耐光色牢度	4 级	4 级
	耐气候色牢度	3 级	3 级
	耐洗色牢度(原样褪色)	3 级～4 级	3 级～4 级
丝绸	耐光色牢度	3 级	3 级
	耐气候色牢度	3 级	3 级
	耐洗色牢度(原样褪色)	3 级～4 级	3 级

棉、毛、麻织物材质的队旗,其染色牢度不应低于表 2 中对丝绸材质规定的要求。

4.7 队旗缝制

队旗缝制时不应有拼接缝,旗周边、旗杆套与旗面接缝处的缝制针脚数目为每 100 mm 有 34 针～42 针。缝制针脚应平直均匀,不应起皱。

4.8 队旗旗面外观

队旗旗面外观不应有明显的污渍、搭色、色渍、皱条等缺陷,旗面不应有深浅边、破损及明显影响外观等缺陷。旗面图案不应有明显的轮廓不清。旗面上、中、下色差按 GB/T 250 进行检验时,不得低于4 级。

5 试验方法

5.1 队旗形状和图案采用目视进行判断。

5.2 标准队旗尺寸和允许误差的计量应使用检验合格的、准确度不低于 0.5％的量具。

5.3 队旗旗面文字采用目视进行判断。

5.4　队旗用织物检验方法按 GB/T 17392 中的规定进行。

5.5　队旗颜色及允许误差评定方法按 GB/T 250 中的规定进行。

5.6　染色牢度

5.6.1　耐光色牢度试验按 GB/T 8427—2008 中 7.2.4 的规定进行。

5.6.2　耐洗色牢度试验按 GB/T 3921 中的规定进行。

5.6.3　耐气候色牢度试验按 GB/T 8430—1998 中 6.4 的规定进行。

5.7　队旗旗面外观检验应在明亮的自然光下距离旗面 1.0 m～1.2 m 处,用目视进行判断;采用灯光进行检验时需用日光色荧光灯,照度不低于 750 lx。

6　检验规则

6.1　检验分类

检验分为出厂检验、型式检验两种。检验项目见表 3。

表 3　出厂检验和型式检验项目

序号	检验项目	技术要求	试验方法	出厂检验	型式检验
1	队旗形状和图案	4.1	5.1	○	○
2	标准队旗尺寸和允许误差	4.2	5.2	○	○
3	队旗旗面文字	4.3	5.3	○	○
4	队旗用织物	4.4	5.4	—	○
5	队旗颜色及允许误差	4.5	5.5	○	○
6	队旗染色牢度	4.6	5.6	—	○
7	队旗旗面外观	4.8	5.7	○	○
注:"○"表示应进行检验的项目,"—"表示不进行检验的项目。					

6.2　出厂检验

每面队旗均应进行出厂检验。出厂检验时,每个产品的所有检验项目全部合格的,判定为检验合格,否则为不合格。不合格品不得出厂。

6.3　型式检验

有下列情况之一时,应进行型式检验:

a)　当材质、染料、工艺等有较大改变,可能影响队旗质量时;

b)　停产超过一年,恢复生产时;

c)　出厂检验结果与上次型式检验结果有较大差异时;

d)　国家有关机构提出要求时。

型式检验时,表 3 中规定的所有检验项目全部合格的,判定为检验合格,允许正式生产。

7 标识和包装

7.1 标识

每面队旗都应附有生产企业的商标,置于旗杆套下端。标识各向尺寸不得大于旗杆套宽度。

7.2 包装

7.2.1 每面队旗应单独包装。其包装上应注明产品名称、规格、材质、生产企业的名称和地址、商标、执行标准的编号。

7.2.2 批量队旗的外包装应保证队旗品质不受损坏,便于运输。外包装上应标明产品名称、规格、材质、数量、生产企业的名称和地址、商标、包装尺寸、质量、安全运输标识。

8 使用和管理

8.1 队旗使用范围为:

    a) 所有矿山救护队驻地应每日升挂队旗;

    b) 矿山救护队参加全国和各地区矿山救援技术竞赛时应使用队旗;

    c) 矿山救护队的训练场、训练馆可以升挂队旗;

    d) 矿山救护队举行重大庆祝、纪念活动或开展集体活动时可升挂或使用队旗;

    e) 矿山救护队参加重要活动时可以使用队旗;

    f) 矿山救护队参加国际矿山救援技术竞赛或其他外事活动时可以使用队旗。

8.2 依照本标准升挂队旗的,应早晨升起,傍晚降下,遇有恶劣天气,可以不升挂。

8.3 升旗仪式应按照以下规定进行:

    a) 升挂队旗时,可以举行升旗仪式;

    b) 举行升旗仪式时,在队旗升起的过程中,参加者应当面向队旗肃立致敬;

    c) 矿山救护队驻地,应每周举行一次升旗仪式;

    d) 新建矿山救护队,应当举行升旗仪式。

8.4 升挂队旗,应当将队旗置于显著的位置。

8.5 不得升挂或使用破损、污损、褪色或者不合规格的队旗。

8.6 队旗及其图案不得用作商标和广告,不得用于商业活动。

8.7 不应有任何有损于队旗的行为。

ICS 13.100
D 09
备案号：44604—2014

中华人民共和国安全生产行业标准

AQ/T 1107—2014

矿山救护队队徽

Mine rescue team emblem

2014-02-20 发布   2014-06-01 实施

国家安全生产监督管理总局   发 布

前　言

本标准按照 GB/T 1.1—2009 给出的规则起草。

请注意本文件的某些内容可能涉及专利,本文件的发布机构不承担识别这些专利的责任。

本标准由国家安全生产监督管理总局提出。

本标准由全国安全生产标准化技术委员会煤矿安全分技术委员会(SAC/TC 288/SC 1)归口。

本标准起草单位:国家安全生产监督管理总局矿山救援指挥中心、中煤科工集团重庆研究院有限公司。

本标准主要起草人:王志坚、孟斌成、田得雨、邱雁、张振东、唐述明、祁海莹、陈波。

矿山救护队队徽

1 范围

本标准规定了矿山救护队队徽(以下简称队徽)的技术要求、试验方法、检验规则、标识和包装、使用和管理。

本标准适用于以纤维增强塑料或铝合金等材料制作的、用于悬挂的队徽,以印刷等工艺制作的其他材质的平面队徽图案亦应参照本标准相关要求执行。

2 规范性引用文件

下列文件对于本文件的应用是必不可少的。凡是注日期的引用文件,仅注日期的版本适用于本文件。凡是不注日期的引用文件,其最新版本(包括所有的修改单)适用于本文件。

GB/T 1449　纤维增强塑料弯曲性能试验方法

GB 1720　漆膜附着力测定法

GB/T 1733　漆膜耐水性测定法

GB/T 1740　漆膜耐湿热测定法

GB/T 1766　色漆和清漆 涂层老化的评级方法

GB/T 1771　色漆和清漆 耐中性盐雾性能的测定

GB/T 3854　纤维增强塑料巴氏(巴柯尔)硬度试验方法

GB/T 4380—2004　圆度误差的评定 两点、三点法

GB/T 6739　色漆和清漆 铅笔法测定漆膜硬度

GB 9274　色漆和清漆 耐液体介质的测定

GB/T 9754　色漆和清漆 不含金属颜料的色漆漆膜的20°、60°和85°镜面光泽的测定

GB/T 11337—2004　平面度误差检测

3 术语和定义

下列术语和定义适用于本文件。

3.1

矿山救护队　mine rescue team

处理矿山灾害事故的职业性、技术性并实行军事化管理的专业队伍。

[AQ/T 1106—2014,定义3.1]

3.2

矿山救护队队徽　mine rescue team emblem

是我国矿山救护队使用的代表矿山救护队的徽章标识。

4 技术要求

4.1 队徽形状和图案

4.1.1 队徽整体呈圆形,中间是五角星、飞鹰、长城环绕着的锤头镐头齿轮组合,周围写有"中国矿山救援"和"CHINA MINE RESCUE"字样。队徽图案如图1所示。

图 1 队徽图案

4.1.2 队徽图案的含义:五角星寓意在中国共产党和中国政府的坚强正确领导下,中国矿山救援为灾区矿工带来胜利和希望;锤头镐头齿轮组合取自国家安全生产监督管理总局局徽,表示安全生产领域和矿山开采行业的职业特点,体现了矿山救援是安全生产工作的重要组成部分;两边的两列飞鹰组合表示快速反应的矿山救援队伍和应急救援机制,又似两束橄榄枝,象征平安、和谐;两列飞鹰最后形成"人"字形,体现矿山救援工作以人为本、拯救生命的主题;"人"字形上面是两个汉字"山",体现矿山开采行业特点且山山相连形似长城,寓意矿山救援队伍是矿山的安全卫士、是坚不可摧的钢铁长城。

4.2 队徽徽面颜色

队徽徽面颜色为红、黄、蓝三色:五角星、锤头镐头齿轮组合为红色,飞鹰、长城及中英文字体为金黄色,队徽底色为蓝色。色相以主管部门批准的标准色样为准。

4.3 标准队徽尺寸和允许误差

4.3.1 标准队徽各部尺寸和允许误差见表1、图2、图3。

AQ/T 1107—2014

表 1　标准队徽尺寸和允许误差

项　目	代号	标准尺寸和允许误差			
		1 号	2 号	3 号	4 号
队徽直径 mm	ϕ	400±3	600±4	800±5	1000±6
队徽蓝色外圆宽度 mm	B_1	5±0.5	8±0.5	13±0.5	15±0.5
队徽白色外圆宽度 mm	B_2	6±0.5	12±0.5	15±0.5	15±0.5
队徽白色外圆厚度 mm	T_6	10±0.5	15±0.5	18±0.5	20±0.5
中文字区夹角 (°)	α_1	148±1	148±1	148±1	148±1
中文字定位半径 mm	R_1	151±2	209±2.5	309±2	370±3
中文字高度 mm	H_1	47±1	70±1	90±2	110±2
中文字厚度 mm	T_1	8±0.5	8±0.5	10±0.5	13±0.5
英文字区夹角 (°)	α_2	138±1	138±1	138±1	138±1
英文字定位半径 mm	R_2	163±2	244±2.5	319±3	398±3.5
英文字高度 mm	H_2	25±0.5	40±0.5	46±1	60±1
五星定位高度 mm	H_3	116±1	155±2	240±2.5	245±2.5
大五星半径 mm	R_3	17±0.5	27±0.5	30±0.5	35±0.5
大五星厚度 mm	T_2	10±0.5	15±0.5	16±0.5	20±0.5
小五星半径 mm	R_4	10±0.5	14±0.5	16±0.5	20±0.5
小五星厚度 mm	T_3	8±0.5	10±0.5	10±0.5	15±0.5
飞鹰图案定位高度 mm	H_4	66±1	100±1	135±1.5	160±2
	H_5	117±1	175±2	228±2.5	235±2.5
飞鹰图案宽度 mm	B_3	245±2.5	371±3	490±4	600±4.5
飞鹰图案厚度 mm	T_5	10±0.5	11±0.5	12±0.5	20±0.5

574

表 1 标准队徽尺寸和允许误差（续）

项 目	代号	标准尺寸和允许误差			
		1 号	2 号	3 号	4 号
锤头定位高度 mm	H_6	58±1	87±1	109±1	130±1.5
镐头定位高度 mm	H_7	49±1	73±1	102±1	123±1.5
锤头镐头组合定位高度 mm	H_8	10±0.5	16±0.5	23±0.5	30±0.5
	H_9	23±0.5	35±0.5	45±1	50±1
	H_{10}	32±0.5	45±1	55±1	65±1
锤头镐头组合定位宽度 mm	B_4	133±1.5	201±2	262±2.5	320±3
锤头镐头组合夹角 （°）	α_3	74±1	74±1	74±1	74±1
锤头镐头组合厚度 mm	T_4	10±0.5	12±0.5	18±0.5	18±0.5
齿轮外圆半径 mm	R_5	10±1	75±1	99±1	120±1.5
齿轮中圆半径 mm	R_6	49±1	61±1	79±1	100±1.5
齿轮内圆半径 mm	R_7	33±0.5	50±1	65±1	95±1
齿轮夹角 （°）	α_4	138±1	138±1	138±1	138±1
长城定位高度 mm	H_{11}	14±0.5	20±0.5	25±0.5	30±0.5
长城宽度 mm	B_5	62±1	89±1	114±1	140±1.5
长城夹角 （°）	α_5	138±1	138±1	138±1	138±1
长城厚度 mm	T_7	10±0.5	12±0.5	18±0.5	19±0.5
长城底部厚度 mm	T_8	2±0.5	4±0.5	5±0.5	6±0.5
徽面不平度 mm	E_1	1	1	1.5	2
徽面不圆度 mm	S	1	2	2	3

AQ/T 1107—2014

表 1 标准队徽尺寸和允许误差（续）

项 目	代号	标准尺寸和允许误差			
		1 号	2 号	3 号	4 号
徽底面不平度 mm	E_2	2	3	4	5
队徽背面安装螺孔 mm	M	6×1.25	8×1.25	10×1.5	12×1.5
	R	由生产企业和用户协商确定			

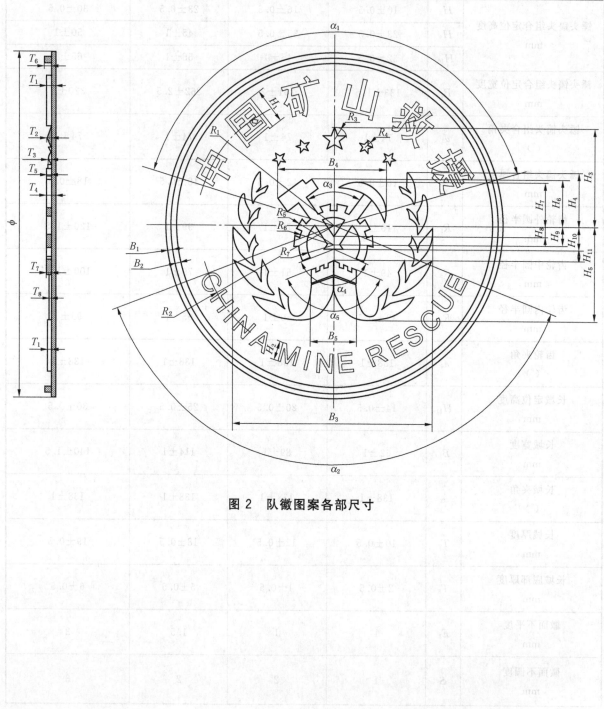

图 2 队徽图案各部尺寸

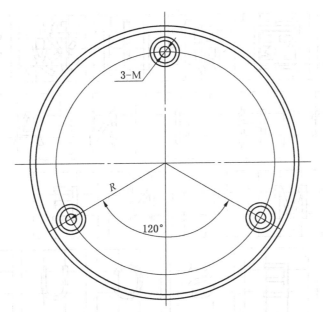

注:队徽背面安装孔直径及安装孔距徽背中心的半径由生产企业和用户协商后确定。

图 3　队徽背面安装孔示意图

4.3.2　队徽图案各部分画法和尺寸可根据方格图之比例放大或缩小。队徽图案方格图如图 4 所示。

图 4　队徽图案方格图

4.3.3　需要制作非标准尺寸队徽时,应按标准尺寸和允许误差成比例地放大或缩小。

4.4　队徽徽面上中英文字体

4.4.1　队徽徽面上"中国矿山救援"金黄色字体应符合图 5 所示队徽标准字样。

4.4.2　队徽徽面上"CHINA MINE RESCUE"金黄色字体应符合图 5 所示队徽标准字样。

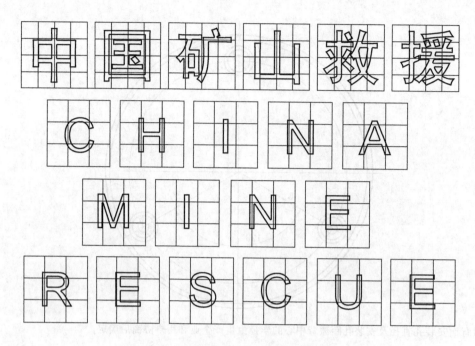

图5 队徽徽面上中英文标准字样

4.5 队徽徽面漆膜性能

队徽徽面漆膜性能要求见表2。

表2 队徽徽面漆膜性能要求

项 目	指 标
耐气候 级	<1
光泽(60°) %	>90
附着力 级	>2
硬度(巴氏)	>2
耐水性(24 h)	不起泡,不脱落
耐湿热性(7 d) 级	1
耐盐雾性(7 h) 级	1

4.6 队徽徽体材质强度

队徽徽体材质强度要求见表3。

表 3   队徽徽体材质强度要求

项　目	指　标
弯曲强度 MPa	不低于 140
表面硬度（巴氏）	不低于 30
落球冲击强度	队徽徽体无裂纹、无损坏
自由坠落强度	队徽徽体无裂纹、无损坏

4.7　队徽徽面外观

队徽徽面外观要求见表 4。

表 4   队徽徽面外观要求

项　目	要　求
徽面外观	表面图案清晰、色泽鲜艳,不应有局部图案模糊,不得有缩孔、冷裂、热裂、变形、豁边、破边,不得有明显影响外观的沙粒、杂质、气孔
徽面颜色	不应有明显的污渍、搭色、色渍

5　试验方法

5.1　队徽的形状和图案检验采用目视进行判断。

5.2　队徽徽面颜色及色差按主管部门批准的标准色样比照检验。

5.3　队徽各部图形尺寸和允许误差的计量应使用检验合格的、准确度不低于 0.5% 的量具。

5.4　队徽徽面上的中英文字体检验采用目视进行判断。

5.5　队徽徽面漆膜性能按 GB/T 1720、GB/T 1733、GB/T 1740、GB/T 1766、GB/T 1771、GB/T 6739、GB 9274 和 GB/T 9754 中的规定进行测定。

5.6　队徽徽体材质强度试验方法见表 5。

表 5   队徽徽体材质强度试验项目及要求

项　目	要　求
弯曲强度试验	按 GB/T 1449 中的规定进行
表面硬度试验	按 GB/T 3854 中的规定进行
落球冲击	将队徽正面向上,水平铺放在水泥地面上,在离样件上方 2 m 处放置一个质量为 112 g 的钢球,将钢球自由坠落在徽面中心部位,反复冲击三次,观察样件表面有无裂纹、脱层等
坠落试验	将队徽样件垂直悬挂离水泥地面高 1 m 处,自由坠落反复两次,观察其表面有无开裂、裂纹及脱层

5.7　徽面和徽底面不平度测试应按 GB/T 11337—2004 中 4.4b 的方法进行。

5.8　徽体不圆度测试应按 GB/T 4380—2004 中 2.3 两点测量的方法进行。

5.9　徽面外观检验:应在明亮的自然光下距离徽面 1.0 m 处,用目视进行判断;在灯光下进行检验时需采用照度不低于 750 lx 的日光色荧光灯。

6 检验规则

6.1 检验分类

检验分为出厂检验、型式检验两种。检验项目见表 6。

表 6 出厂检验和型式检验项目

序号	检 验 项 目	技术要求	试验方法	出厂检验	型式检验
1	队徽形状和图案	4.1	5.1	○	○
2	队徽徽面颜色	4.2	5.2	○	○
3	队徽尺寸和允许误差	4.3	5.3	○	○
4	队徽徽面上中英文字体	4.4	5.4	○	○
5	队徽徽面漆膜性能	4.5	5.5	—	○
6	队徽徽体材质强度	4.6	5.6	—	○
7	队徽不平度	4.3 表 1	5.7	—	○
8	队徽不圆度	4.3 表 1	5.8	—	○
9	队徽徽面外观	4.7	5.9	○	○
注："○"表示应进行检验的项目，"—"表示不进行检验的项目。					

6.2 出厂检验

每面队徽产品出厂时均应进行出厂检验。出厂检验时，每个产品的所有出厂检验项目全部合格的，判定为检验合格，否则为不合格。不合格品不得出厂。

6.3 型式检验

有下列情况之一时，应进行型式检验：

a) 徽体材质、徽面漆配方、生产工艺或生产厂发生变化时；

b) 停产超过一年，恢复生产时；

c) 出厂检验结果与上次型式检验结果有较大差异时；

d) 国家有关机构提出要求时。

型式检验时，表 6 中规定的所有检验项目全部合格的，判定为检验合格，允许正式生产。

7 标识和包装

7.1 标识

每面队徽背面应标明制造厂、产品编号。

7.2 包装

7.2.1 每面队徽应单独包装。包装应确保队徽不受损坏，便于运输、贮存。外包装外侧应注明产品名称、规格、材质、包装尺寸、质量、生产企业名称和地址、商标和执行标准的编号、运输标识。外包装内应附有安装时必要的配件、安装与保管说明和检验合格证。检验合格证上应标明队徽规格、材质、产品编号、生产日期、5年有效使用期、生产企业名称及地址、商标、检验员姓名(或代号)。

7.2.2 批量队徽的包装应确保队徽不受损坏,便于运输。包装外表上应标明产品名称、规格、材质、数量、包装尺寸、质量、生产企业名称和地址、运输标识。

8 使用和管理

8.1 队徽使用范围为:

    a) 全国各矿山救护队驻地的主办公楼正门上方正中处应悬挂队徽;

    b) 矿山救护队的会议室、培训室、训练馆等场所可悬挂队徽;

    c) 以矿山救护队为主要参与对象的相关会议、技术竞赛、国际交流与合作等活动场所可以悬挂队徽;

    d) 矿山救护队使用的车辆、设施、设备、服装上可印有或使用队徽图案;

    e) 为矿山救护队或矿山救护队指战员颁发的奖状、奖旗、奖章、证书和其他荣誉性文书、证件上可印有或使用队徽图案;

    f) 矿山救护队使用的信封、信笺、请柬等文书上可印有队徽图案;

    g) 矿山救护队的出版物上可以印有队徽图案。

8.2 队徽及其图案不得用作商标和广告,不得用于商业活动。

8.3 不得悬挂或使用破损、污染、褪色或者不合格的队徽。

8.4 不准许任何有损于队徽的行为。

————————